C. Payne-Gaposchkin

Sterne und Sternhaufen

Spektrum der Astronomie

C. Payne-Gaposchkin, Sterne und Sternhaufen

Herausgeber dieses Bandes

Dr. Werner W. Weiss, Wien

Cecilia Payne-Gaposchkin

Sterne und Sternhaufen

Mit 141 Bildern, 31 Tabellen
und einem Sternatlas

Übersetzt von Christian Köberl

Friedr. Vieweg & Sohn Braunschweig / Wiesbaden

Dieses Buch ist die deutsche Übersetzung von

Cecilia Payne-Gaposchkin
Stars and Clusters

Übersetzung:
Dr. Christian Köberl, Wien (Österreich)

Umschlaggestaltung: Horst Dieter Bürkle, Darmstadt
Satz: Vieweg, Braunschweig

ISBN 978-3-528-08486-8 ISBN 978-3-322-86266-2 (eBook)
DOI 10.1007/978-3-322-86266-2

Inhaltsverzeichnis

Über die Autorin Cecilia Payne-Gaposchkin

Cecilia Payne wurde am 10. Mai 1900 in Wendover, England, als ältestes von drei Kindern von Edward und Emma Payne geboren. Ihr Vater war ein begabter Musiker, ihre Mutter Malerin. In frühen Schuljahren lernte sie Französich und Deutsch und entdeckte schon bald ihre Leidenschaft für die Natur. Als ihre Familie dann nach London übersiedelte und sie in eine Schule kam, in der die Naturwissenschaften vernachlässigt wurden, studierte sie privat viele wissenschaftliche Bücher. 1919 gewann sie ein Stipendium zum Studium am Newnham College der University of Cambridge, wo sie Botanik, Chemie und Physik inskribierte. Kurze Zeit später hörte sie eine Vorlesung von A. S. Eddington, einem der führenden Astrophysiker Englands, und war von dem Gebiet so fasziniert, daß sie beschloß, Astronomie zu studieren. Nach Abschluß der ersten Prüfungen nahm sie eine Einladung von Harlow Shapley nach Cambridge, Massachusetts (USA), an, um am Harvard College Observatory zu arbeiten. 1925 erhielt sie in Harvard den Doktortitel für eine Arbeit über Sternatmosphären. Später beschäftigte sie sich sehr intensiv mit Sternatmosphären, Spektralklassifikation, Spektroskopie und vor allem mit veränderlichen Sternen. 1934 heiratete sie Sergei I. Gaposchkin, einen Astronomen, der sich, ebenfalls in Harvard, mit veränderlichen Sternen beschäftigte. Zusammen hatten sie drei Kinder. Im Laufe der Zeit entstanden, teilweise zusammen mit ihrem Mann, neun Bücher (1. Stellar Atmospheres, Harvard 1925, 2. Stars of High Luminosity, McGraw-Hill 1930, 3. Variable Stars, Harvard 1938, 4. Stars in the Making, Harvard 1952, 5. Variable Stars and Galactic Structure, London 1954, 6. Introduction to Astronomy, Prentice Hall 1954, 7. The Galactic Novae, North Holland 1957, 8. Introduction to Astronomy, 2nd Ed. 1970, 9. Stars and Clusters, Harvard, 1979) sowie zahllose wissenschaftliche Veröffentlichungen. Schon früh wurde sie Assistant Professor der Astronomie in Harvard. 1956 war sie die erste Frau, die in Harvard die Stelle eines ordentlichen Professors übernahm, wo sie auch noch Chairman des Departments for Astronomy wurde. Ihr Name ist auch heute noch mit der Forschung der Veränderlichen unauslöschlich verbunden. Cecilia Payne-Gaposchkin starb am 7. Dezember 1979 nach einem reichen wissenschaftlichen Leben im Alter von 79 Jahren.

Christian Köberl

Institut für Astronomie
der Universität Wien

Die Originalausgabe ist gewidmet
For my husband,
that "bright particular star"

Kapitel 1

Die ganze Welt ist eine Bühne – Die Galaxie

Das kosmische Drama spielt auf der gigantischen Bühne von Raum und Zeit. Unser Verstand, der sich auf „Flügeln, so schnell wie Gedanken" bewegt, erkennt heute die Ereignisse, die sich an den Grenzen des beobachtbaren Universums viele Milliarden Jahre vor unserer Zeit abgespielt haben – Ereignisse, von denen uns die Kunde, unterwegs mit der Geschwindigkeit des Lichtes, gerade eben erst erreicht hat. Einige dieser Ereignisse scheinen fremd für uns zu sein, so wie die Gebräuche eines fernen Landes. Sie mögen ihren Ursprung in einer verschiedenen Umgebung, in einer unterschiedlichen Geschichte haben. Oder aber sie stammen aus einer anderen Entwicklungsphase. Wir erhaschen flüchtige Blicke auf dieses Drama, daß sich am Rande unserer Welt abspielt, und diese Blicke tragen Andeutungen auf das „Absurde Theater" in sich.

Das Stück, daß ich hier vorstellen möchte, hat einen viel bescheideneren Rahmen. Es wird auf bekanntem Boden gespielt werden, der kleinen Bühne unserer eigenen Galaxie. Unsere ist ja nur eine von vielen Hundert Millionen Sternsystemen – eine kleine Probe des Universums, und gewiß nicht in irgendeiner Weise einmalig. Einige Galaxien sind größer, heller, dichter mit Sternen besetzt. Einige andere sind kleiner und schwächer und haben weniger Mitglieder. Ein abgeplatteter und rotierender Komplex von Sternen und interstellarer Materie, wie unsere Galaxie einer ist, enthält vielleicht Hundert Milliarden Sterne und mißt von einem zum anderen Ende etwa 30 Kiloparsec. Das Universum, daß wir studiert haben, hat eine Ausdehnung, die über fünfzigtausendmal größer ist und enthält vielleicht zehntausend Millionen Galaxien. Unser eigenes System ist nur ein Tropfen in einem Ozean.[1]

Daß unsere Galaxie in keiner Weise einmalig ist, bedeutet aber noch lange nicht, daß sie ein typisches Muster des Universums darstellt. Einzelheiten ihrer Struktur und ihres Aufbaues können nur Anhaltspunkte über die Funktionsweise dieses einen Sternsystems liefern und Auskunft über seine eigene Entwicklung und die seiner Bestandteile geben.

1 In der Verwendung von Entfernungen, Geschwindigkeiten und Massen ist es bequem, Einheiten zu verwenden, die keine unhandlichen Zahlen mit sich bringen. Die Basiseinheit in der Stellarastronomie ist das *Parsec*, etwa $3 \cdot 10^{13}$ Kilometer. Ein Parsec ist die Entfernung eines Sterns, dessen scheinbare Position am Himmel um zwei Bogensekunden differiert, wenn er von den entgegengesetzten Punkten der Erdbahn um die Sonne beobachtet wird. Ausgedrückt in Einheiten des oft verwendeten, aber wörtlich genommen verwirrenden Lichtjahres (welches natürlich eine Entfernung und kein Zeitintervall darstellt), ist ein Parsec gleich 3.263 Lichtjahre. Im enormen Maßstab der interstellaren Entfernungen wird sogar das Parsec zu einer unzureichenden Einheit, und so wird hier bequemerweise das *Kiloparsec* (1000 Parsec oder etwa $3 \cdot 10^{16}$ Kilometer) verwendet. Für intergalaktische Entfernungen können wir das *Megaparsec* (eine Million Parsec) verwenden.
Geschwindigkeiten werden in Kilometern pro Sekunde ausgedrückt.
Sternmassen werden bequemerweise in Einheiten der Sonnenmasse, $1.99 \cdot 10^{33}$ Gramm, angegeben. In diesem Maßstab liegen alle bekannten Sternmassen zwischen 100 und 1/100.

Daß eine Anzahl anderer Sternsysteme ähnliche Bestandteile besitzen und daß sie sich ähnlich zu entwickeln scheinen, bringt eine gewisse Verallgemeinerung unserer Fragestellung mit sich – mehr als das können wir aber nicht behaupten.
Galaxien gibt es in einer großen Vielzahl von Formen und Größen. In Bild 1.1 illustrieren uns sieben Galaxien die bekannten Galaxientypen: spiralig, elliptisch und irregulär. Es besteht die verständliche Tendenz, für Abbildungen Systeme zu wählen, die eine schöne symmetrische Struktur aufweisen, und auch ich habe dem nicht wiederstehen können. Aber alle Galaxien besitzen ihre individuellen Eigenheiten. Viele Spiralen sind schief oder verzogen, besonders dann (aber nicht immer), wenn andere Galaxien in der Nähe stehen. Es ist ein großer Fehler, sich Galaxien als schöne gewundene Spiralen vorzustellen, genauso wie es ein Fehler ist, sich einen Stern als glühende Billardkugel vorzustellen. Beide entwickeln sich, beide befinden sich im unausweichlichen Griff der physikalischen Gesetze. Weder die Galaxie noch der Stern war in der Vergangenheit der gleiche, der er heute ist, noch wird er in der Zukunft der gleiche sein. Beide haben auf unserer Theaterbühne ihre „Ein- und Ausgänge". Die Aufgabe, die ich mir hier selbst gestellt habe, ist die, die Ein- und Ausgänge der Sterne auf dieser kleinen Arena unserer eigenen Galaxie zu verfolgen und zu beobachten, wie jeder einzelne Stern „seine Rolle über die Runden bringt".

Bild 1.1 Sieben typische Galaxien. Oben: NGC 628 (Messier 74), Frontalansicht; NGC 4725, Schrägansicht (rechts). Mitte: NGC 4565, Kantenansicht (links); die kleine elliptische Galaxie NGC 205, ein Begleiter der Andromeda-Galaxie (Messier 31) (rechts). Unten: die elliptische Riesengalaxie Messier 87, die von einem Halo aus Kugelsternhaufen umgeben ist (links); die irreguläre Galaxie NGC 4449 (rechts); und die irreguläre Galaxie Messier 82, die Anzeichen dafür aufweist, daß sie in der Vergangenheit Schauplatz einer gigantischen Explosion war (rechts unten).
(Photographien: Hale-Observatorien)

▶

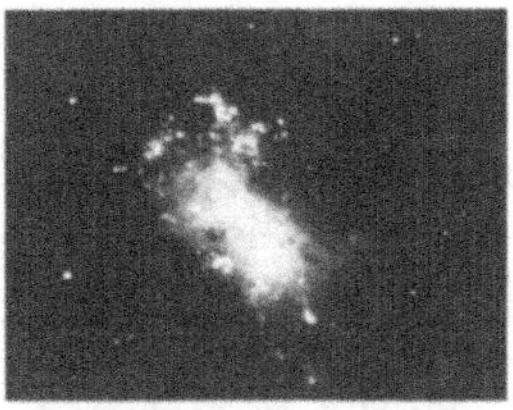

Die Mehrzahl aller Galaxien ist elliptisch und umfaßt einen Bereich, der von dem gigantischen Objekt Messier 87 (Bild 1.1) bis zu kleinen, schwachen Objekten mit wenigen Sternen, wie zum Beispiel dem Skulptor-System, reicht.[2] Irreguläre Galaxien scheinen am seltensten zu sein. Aber auch hier findet man hellere und dichter besetzte, wie z.B. die Große Magellansche Wolke, [wobei angemerkt werden sollte, daß heute die Große Magellansche Wolke oft auch als sogenannte „Balkenspirale" bezeichnet wird (Anmerkung des Übersetzers)] aber auch kleinere wie etwa Leo II. Unsere eigene Galaxie ist eine Spiralgalaxie von durchschnittlicher Größe. Es gibt aber größere Spiralsysteme wie Messier 31 in der Andromeda, die viel größer als unser eigenes System ist. Natürlich gibt es auch viel kleinere Spiralgalaxien wie Messier 33 im Triangulum und Messier 51 in den Jagdhunden, aber solche „sehr kleinen" Objekte sind selten. Die Spiralgalaxien sehen so aus, als ob sie sich drehen – dies tun sie auch tatsächlich.

Galaxien sind nicht gleichförmig im Raum verteilt, sie konzentrieren sich zu Haufen. Einige Galaxienhaufen enthalten tausende Mitglieder, andere hunderte. Unsere eigene ist Mitglied einer kleinen Gruppe, der sogenannten Lokalen Gruppe, die insgesamt etwa 20 Mitglieder enthält – Spiralen, elliptische und irreguläre Galaxien. Sogar innerhalb der Lokalen Gruppe gibt es die Tendenz, noch kleinere, kompaktere Gruppen zu bilden. Unsere eigene Galaxie besitzt zwei „Junge", die Große und die Kleine Magellansche Wolke. Die Andromedagalaxie, selbst Mitglied der Lokalen Gruppe, wir von mindestens vier kleinen elliptischen Systemen begleitet. Dieser Tendenz der Bildung von Gruppen innerhalb größerer Gruppen werden wir noch öfters begegnen.

Ironischerweise können wir kein genaues Bild unserer eigenen Galaxie entwickeln – und das, obwohl wir uns nicht nur mitten in ihr befinden, sondern dazu nicht genau in der Zentralebene liegen, die (wie bei allen solchen Spiralsystemen) besonders viel interstellare Materie – wie Staub und Gase – enthält. Mehr als die Hälfte des Systems ist wegen des absorbierenden Materials optischen Beobachtungen nicht zugänglich, und der Rest läßt sich nur undeutlich beobachten, falls er nicht völlig verdeckt ist. Beobachtungen mit Radioteleskopen erzählen uns hier mehr, da Radiowellen die verdeckenden Nebelmassen durchdringen können und somit die Anfertigung einer Karte von großen Teilen unserer Galaxie ermöglicht wird. Radiobeobachtungen, die die Verteilung von Atom- und Molekülwolken in unserer Galaxie erforschen, haben unser optisches Bild zu jenem wirbeligen, als „Spiralstruktur" bezeichneten Muster erweitert.

2 Einige Galaxien und Sternhaufen haben bekanntere Namen, wie etwa der große Andromedanebel (in Wirklichkeit kein Nebel, sondern eine Galaxie) oder die Hyaden. Die meisten von ihnen kennt man nur durch die Nummern, die sie in speziellen Katalogen erhalten haben; vor diese Nummern setzt man dann Buchstaben wie M, NGC oder IC, die den Katalog symbolisieren.
M steht für Charles Messier, ein französischer Astronom, der vor über eineinhalb Jahrhunderten einen Katalog von nichtkometaren Objekten zusammengestellt hat (das sind solche Objekte, die die Jäger von Schweifsternen immer wieder mit diesen verwechselt haben). So stellte Messier eine der ersten Listen von Galaxien und Sternhaufen her.
NGC steht für *New General Catalogue*, der von John Louis Emil Dreyer zusammengestellt wurde, und der, wie Messiers Liste, eine große Zusammenstellung von Galaxien, Sternhaufen und wirklichen Nebeln darstellt. Er wurde im Jahr 1888 aus verschiedenen früheren Katalogen zusammengestellt und ist somit schon längst nicht mehr neu, aber die Nummern, die den Objekten in ihm zugewiesen wurden, sind nachwievor die anerkannten Bezeichnungen. IC steht für zwei zusätzliche *Index Catalogues*, die dem *New General Catalogue* in den Jahren 1895 und 1908 nachfolgten.
Seitdem der *New General Catalogue* und die *Index Catalogues* zusammengestellt worden waren, hat man eine große Anzahl von Galaxien und Sternhaufen entdeckt und studiert, und sie alle haben verschiedene Bezeichnungen erhalten. So ist z.B. Leo II eine schwache Galaxie im Sternbild des Löwen. Sternhaufen wie Hogg 5 und Lynga 6 tragen Nummern, die ihnen von den Zusammenstellern des jeweils relevanten Kataloges zugewiesen worden sind.

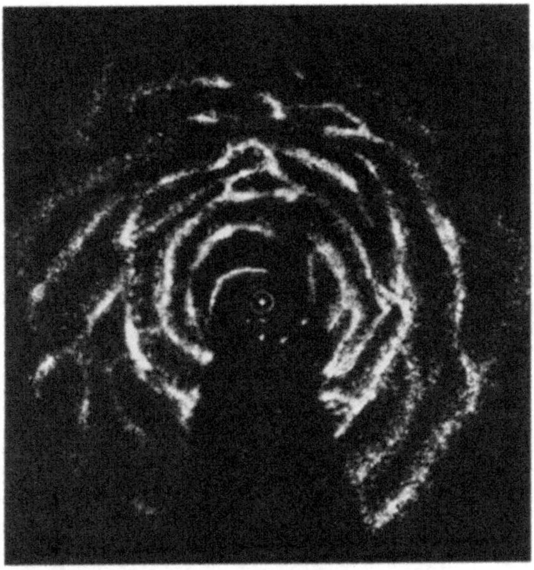

Bild 1.2
Zeichnung unseres galaktischen Systems, gesehen vom nördlichen galaktischen Pol. Die Zeichnung wurde nach Radiobeobachtungen der Emission des neutralen Wasserstoffs angefertigt. Zur Verdeutlichung der Spiralstruktur wurde der Kontrast verstärkt. Die Beobachtungen wurden von der Niederländischen Astronomischen Stiftung in Leiden und von der Abteilung für Radiophysik der Commonwealth Scientific and Industrial Research Organisation (CSIROT), Sydney, Australien angefertigt. (Zeichnung von G. Westerhout, mit freundlicher Genehmigung)

Bild 1.2 zeigt die Verteilung des neutralen Wasserstoffgases in der Zentralebene unseres Systems. Diese Verteilung wurde von den beobachteten Geschwindigkeiten der Gaswolken mit Hilfe eines gutentwickelten Modells der Massenverteilung in der Galaxie unter Berücksichtigung der Rotation im System abgeleitet. Die Resultate, die man aus der Radioastronomie erhält, erweitern und bestätigen die Beschreibung unserer Galaxie als eine Spirale, obwohl dieses Muster manchmal nur als Fragment auftritt oder unterbrochen ist. Tatsächlich haben auch nur wenige der bekannten Spiralgalaxien schön gewundene Spiralarme. Bild 1.3 zeigt zwei bekannte Systeme, die wahrscheinlich unserem eigenen sehr ähnlich sind: die Andromeda-Spiralgalaxie und die Spiralgalaxie im Großen Bären.

Von optischen Untersuchungen und Radiobeobachtungen der Verteilung und Bewegung der Sterne kommen wir zu einem Überblicksbild unserer Galaxie. Die Zentralebene ist ein großes, abgeplattetes, rotierendes System, in dem ein wirbelndes Muster aus leuchtendem Gas liegt, daß von absorbierendem Material durchzogen wird. Die äußeren Wirbeln bleiben hinter der normalen Rotation zurück: Ihre Winkelgeschwindigkeit ist kleiner als die der näher dem Zentrum gelegenen Spiralarme. Ähnliche Spiralen – wenn auch nicht aus dem selben Grund – zeigen sich, wenn Wasser durch einen Ausguß fließt. Die hellsten und heißesten Sterne nehmen an der Rotationsbewegung teil und konzentrieren sich in den Gaswirbeln der abgeflachten Zentralebene. Sie zählen auch zu den jüngsten Sternen. Ältere Sterne sind nicht so sehr zur Zentralebene oder zu den Spiralarmen konzentriert. Viele von ihnen bilden eine dickere Scheibe, die nach außen hin weniger dicht besetzt ist, und beteiligen sich auch an der Rotationsbewegung. Die ältesten Sterne hingegen verteilen sich sphärisch mit einem Konzentrationsmaximum in Richtung des galaktischen Zentrums und bilden eine Art Halo. Diese Sterne entfernen sich mehr und mehr von der Rotation der Zentralebene und können daher durch ihre Geschwindigkeit und durch ihre Positionen leicht erkannt werden. Sie zeigen keine Anzeichen einer spiraligen Anordnung. Wir haben also eine dünne, rotierende Zentralebene mit Spiralarmen, eine dickere Scheibe, in welcher diese Zentralebene liegt, und einen Halo, dessen Mitglieder sich durch Geschwindigkeit und Verteilung vom Rest unterscheiden.

Bild 1.3 Die beiden nahen Galaxien Messier 31 (links in der Andromeda) und Messier 81 (rechts, im Großen Bären). Sowohl in Form wie auch in Größe sind sie unserem eigenen System ähnlich. Sie sind hier schräg von der Seite zu sehen. Wäre es möglich, sie von oben zu beobachten, so würde man ihre Umrisse als annähernd kreisförmig erkennen.
(Photographien: Hale-Observatorien)

Die komplexe Natur der Galaxie – sphärischer Halo, Scheibe und flache Zentralebene – wird durch Unterschiede der jeweiligen Eigenschaften noch betont.
Heiße Sterne von hoher Leuchtkraft kommen nur in der Zentralebene vor. Der Halo hingegen enthält viele kühlere Sterne von geringer Leuchtkraft. Das Ergebnis dieser Beobachtungen, das man viel leichter bei entfernteren Galaxien, die man als Ganzes beobachten kann, sieht, ist, daß es zwischen Halo und Zentralebene einen Farbunterschied gibt (d.h. einen Unterschied der Oberflächentemperaturen der beteiligten Sterne). In gleicher Weise bemerkenswert ist der Gradient der chemischen Zusammensetzung zwischen Zentrum und Rand des abgeplatteten Systems: Metallatome werden mit zunehmender Entfernung vom Zentrum rasch seltener. Noch auffälliger ist das Fehlen von Metallatomen im Halo, wenn man ihn mit der Zentralebene vergleicht.
Die Bestandteile der Galaxie zeigen verschiedene Ebenen der Komplexität. Am einfachsten sind Ionen und Atome, wie z. B. der Wasserstoff der Wolken in den Spiralarmen. Dann folgen die Moleküle, einige von ihnen sind so einfach wie die Moleküle des Wasserstoffs (H_2), Kohlenstoff (C_2), Kohlenmonoxid (CO), das Cyanradikal (CN), das Hydroxylradikal (OH), und einige etwas kompliziertere wie Methan (CH_4), Methylalkohol (CH_3OH), Ethylalkohol (C_2H_5OH), Formaldehyd (HCHO), Acetaldehyd (CH_3CHO) und Ameisensäure (HCOOH), die alle durch radioteleskopische Beobachtungen entdeckt wurden. Das bisher komplizierteste Molekül, daß man im interstellaren Raum gefunden hat, ist Cyanoundecapentaen ($HC_{11}N$). Bis heute wurden schon mehr als 30 interstellare Moleküle beobachtet. Aber einzelne Atome oder Moleküle können für die starke Absorption, die sich durch die Zentralebene zieht, nicht verantwortlich sein. Hier muß Materie auch in Form von Staub und größeren Partikeln, vermutlich als Graphit und Silikate, vorhanden sein.

Das Licht der entfernteren Sterne ist polarisiert, und dafür müssen feste Partikel verantwortlich sein. Fast die gesamte interstellare Materie liegt in der Zentralebene und nimmt an der Rotation teil.

Die nächstkomplexeren Objekte sind die Sterne. Wenn man die Sonne nicht mitzählt, so reichen die mit dem bloßen Auge sichtbaren Sterne vom hellen Sirius bis zu vieltausendmal schwächeren Objekten. Unser System der Messung von Sternhelligkeiten geht auf Claudius Ptolemäus zurück, einen alexandrinischen Astronomen des zweiten nachchristlichen Jahrhunderts, der den Sternen Nummern von 1 bis 6 zuwies, wobei die Sterne der ersten Größe die hellsten sind. Nach dem sogenannten „Gesetz" von Gustav Theodor Fechner, „wenn die Intensität einer Empfindung arithmetisch zunimmt, so muß der Reiz geometrisch zunehmen" ist die Ptolemäische Skala logarithmisch. Gleiche Stufen in Größenklassen entsprechen gleichen Helligkeitsverhältnissen: Eine Differenz von fünf Größenklassen entspricht einem Faktor Hundert in der Helligkeit. Die modernen Teleskope erlauben die Beobachtung von Sternen bis zur 23. Größenklasse, mehr als tausendmillionenmal schwächer als der Sirius. Diese direkt beobachtete Helligkeit nennt man die *scheinbare Größenklasse*. Als dieses System auf genauere Grundlagen gestellt worden war, mußten Null und negative Größenklassen für einige wenige Sterne wie Sirius und Canopus eingeführt werden. Die scheinbare Größenklasse unserer Sonne beträgt –26,72.

Auch einem flüchtigen Beobachter wird auffallen, daß nicht alle Sterne die selbe Farbe aufweisen. Sirius ist hellweiß, Antares („Gegenmars") ist rötlich. Zwei Sterne, die dem Auge, das besonders auf gelb empfindlich ist, gleichhell erscheinen, werden auf einer nichtsensibilisierten photographischen Platte, die für blaues Licht empfindlich ist, nicht den gleichen Eindruck wiedergeben: Der blaue Stern wird hier heller erscheinen. Diesen Unterschied kann man messen, wenn man durch Filter, die nur Licht von bestimmter Farbe durchlassen, beobachtet. Wenn die genaue Helligkeit eines Sternes angegeben werden soll, so muß auch die Farbe, in der er beobachtet worden ist, angegeben werden. Mit Standardfiltern kann man das V-(visuell) und das B-(blau, das ungefähr der Empfindlichkeit von photographischen Platten entspricht) System definieren. Andere Filter beinhalten den U-(ultravioletten) oder IR-(infraroten) Bereich. Die Farbe eines Sterns wird dann durch die Differenz zwischen den einzelnen Helligkeiten ausgedrückt, die in den jeweiligen Systemen gemessen wurden. Die Eichung wurde so gewählt, daß für einen Stern von etwa der Farbe des Sirius alle Helligkeiten gleich sind. Den so erhaltenen Wert nennt man den *Farbindex* – zum Beispiel B-V, wobei B die Helligkeit im B-System, V die im V-System gemessene ist. Für Achernar (α Eridani) ist z. B. V = 0,47 und B = 0,28, der Farbindex daher –0,19; für Aldebaran (α Tauri) ist V = 0,86 und B = 2,39, und der Farbindex dementsprechend +1,53. Der Farbindex ist eine Maßeinheit für die Oberflächentemperatur: Je röter ein Stern ist, desto kühler ist er.

Da aber die Sterne nicht alle gleich weit entfernt sind, repräsentieren ihre scheinbaren Helligkeiten nicht ihre wahren Helligkeiten oder ihre Leuchtkräfte. Wenn die Entfernung eines Sternes bekannt ist, so kann man seine absolute Größenklasse (per Definition die Helligkeit, die er besitzen würde, wenn er sich in einer Distanz von zehn Parsec befinden würde) berechnen. Der Bereich der absoluten Größenklassen von Sternen (ausgenommen explodierende Sterne) reicht von etwa –8 bis maximal +16.

Bild 1.4 zeigt die Leuchtkräfte, Farbindizes und Temperaturen einer Gruppe von Sternen, die aufgrund ihrer Helligkeit und Bekanntheit ausgewählt wurden. Man sieht, daß zwischen diesen Größen keine einfache Beziehung besteht. Dies wäre tatsächlich auch eine Unterschätzung des gigantischen Bereichs ihrer Eigenschaften. Der Einfachheit halber, um diese Vielzahl besser in den Griff zu bekommen, hat man verschiedene Gruppen (Leuchtkraftklassen) eingeführt, die mit römischen Ziffern bezeichnet werden: Überriesen (I),

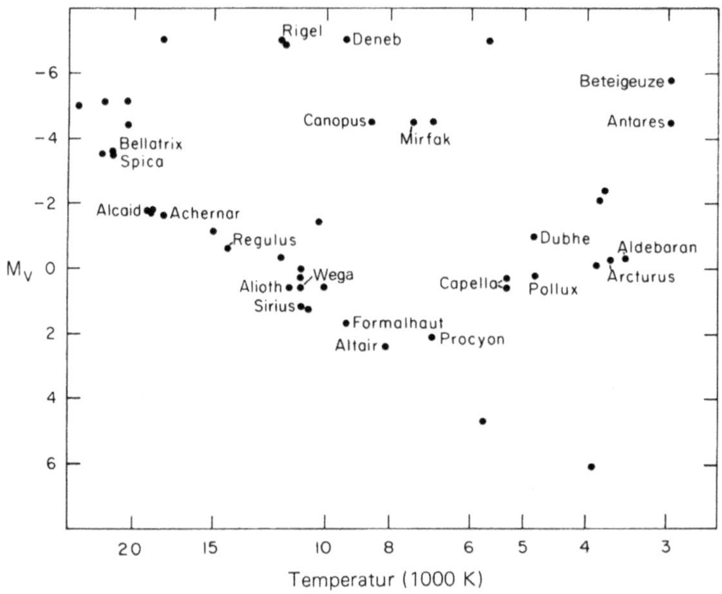

Bild 1.4 Helligkeiten und Oberflächentemperaturen für einige repräsentative Sterne unserer Galaxie. In diesem Diagramm sind nur die leuchtkräftigeren Sterne eingezeichnet. Die uns bekannten schwächeren Sterne reichen bis zu einer absoluten visuellen Helligkeit von + 20^m, mit Oberflächentemperaturen bis herab zu etwa 3000 K.

helle Riesen (II), Riesen (III), Unterriesen (IV), Hauptreihensterne (V), und Weiße Zwerge (D). Es muß aber betont werden, daß diese mit Ausnahme der Weißen Zwerge nicht scharf voneinander getrennt sind, sondern ineinander übergehen. Wenn man bei einer bestimmten Temperatur von I bis V geht, so findet man eine kontinuierliche Änderung der Eigenschaften. Sterne der Leuchtkraftklasse I sind die größten und seltensten, solche der Leuchtklasse V sind die kleinsten und häufigsten. Die meisten Sterne sind tatsächlich solche der Klasse V, und die Beziehung, die sie verbindet, ist als die Hauptreihe bekannt.
Bild 1.5 zeigt eine Beziehung zwischen den durchschnittlichen Größen von Sternen, den verschiedenen Farbindizes (B-V) und den Leuchtkraftklassen. Die Durchmesser reichen von tausendfachem Sonnendurchmesser bis zu einem Hundertstel des Sonnendurchmessers. Sie wurden aus den Leuchtkräften und Farbindizes berechnet, die durch die Anwendung eines Strahlungsgesetzes, das von Max Planck aufgestellt wurde, in Oberflächentemperaturen umgerechnet wurden. Wenn die Sterne vollkommene schwarze Strahler („schwarze Körper“) wären, würde die Energie, die pro Oberflächeneinheit (zum Beispiel pro Quadratzentimeter) abgestrahlt würde, nach dem Stefan-Boltzmannschen Gesetz der vierten Potenz der Temperatur proportional sein. Daher muß ein kühlerer Stern eine größere Oberfläche besitzen als ein heißerer, wenn ihre Gesamtstrahlung die gleiche sein soll. Tatsächlich sind die Sterne natürlich keine schwarzen Strahler, aber für die meisten ergeben diese Gesetze eine gute Näherung ihrer Größen. Die auffälligste Abweichung gibt es bei den kühleren Sternen, die aus der Absorption ihres Lichtes durch chemische Verbindungen in ihren Atmosphären resultiert. Die gestrichelte Linie in Bild 1.5 deutet diesen Effekt für die kühlsten Sterne der Leuchtkraftklasse V an.

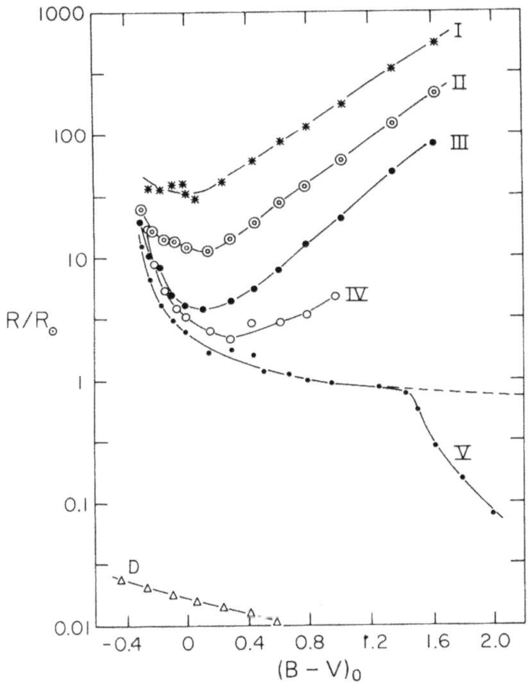

Bild 1.5

Radius und Farbe von Sternen in verschiedenen Leuchtkraftklassen. Die Sternradien sind in Vielfachen des Radius der Sonne ausgedrückt. Die gestrichelte Linie bei Klasse V enthält eine Helligkeits- und Größenkorrektur aufgrund der Absorptionserscheinungen von Metalloxiden in der Sternatmosphäre. Der Farbindex (B-V) (Helligkeit im blauen Bereich minus Helligkeit im Visuellen) wurde für die interstellare Absorption korrigiert und lautet jetzt $(B\text{-}V)_0$.

Helligkeit, Temperatur und Größe sind die augenscheinlichsten äußeren Charakteristika von Sternen. Aber ihre wichtigste Eigenschaft, die ihren Aufbau ihre Entwicklung und ihr letztendliches Schicksal bestimmt, ist ihre Masse. Sterne kleinerer Masse entwickeln sich langsam – so, wie es auch gewisse Grenzen gibt, die sie in ihrer Entwicklung erreichen können. Sterne mit größeren Massen entwickeln sich rascher; hier gibt es aber Grenzen, die die Länge ihres Lebens betreffen; sie können in einem letzten Auflodern verenden. In Kapitel 3 werden wir den Einfluß der Masse eines Sterns auf seine Lebensgeschichte untersuchen.

Frühe Untersuchungen von Sternspektren bewiesen, daß alle Sterne aus den gleichen chemischen Elementen aufgebaut sind, die uns auch von der Erde her bekannt sind. Es war daraufhin nicht schwer, zu dem falschen Ergebnis zu gelangen, daß auch ihre chemische Zusammensetzung identisch sei. Wir wissen heute, daß diese Annahme weit von der Wahrheit entfernt ist. Die chemische Zusammensetzung ist hinter der Masse der zweitwichtigste Faktor für die Bestimmung der Art und Weise sowie der Geschwindigkeit der Entwicklung eines Sternes. Auch läßt sie wichtige Rückschlüsse auf Entstehung und Verhalten der Sterne zu.

Was ich das Verhalten genannt habe – Änderungen der Helligkeit, der Temperatur und des Spektrums, durch die veränderliche Sterne ausgezeichnet sind – ist die herausfordernste und auffälligste Sterneigenschaft. Viele Sterne scheinen stabil und ruhig zu sein, obwohl uns hier die Sonne einiges lehren könnte. Trotz der Tatsache, daß unser eigener Stern – der, weil er uns so nahe ist, auch so leicht studiert werden kann – vor Aktivität überzugehen scheint, so würde man von seiner Aktivität überhaupt nicht spüren, wenn er so weit entfernt wäre wie α Centauri (ein Doppelsternsystem, dessen hellerer Stern der Zwilling unserer Sonne sein könnte). Und das α Centauri-System ist unter den Sternen noch unser nächster Nachbar.

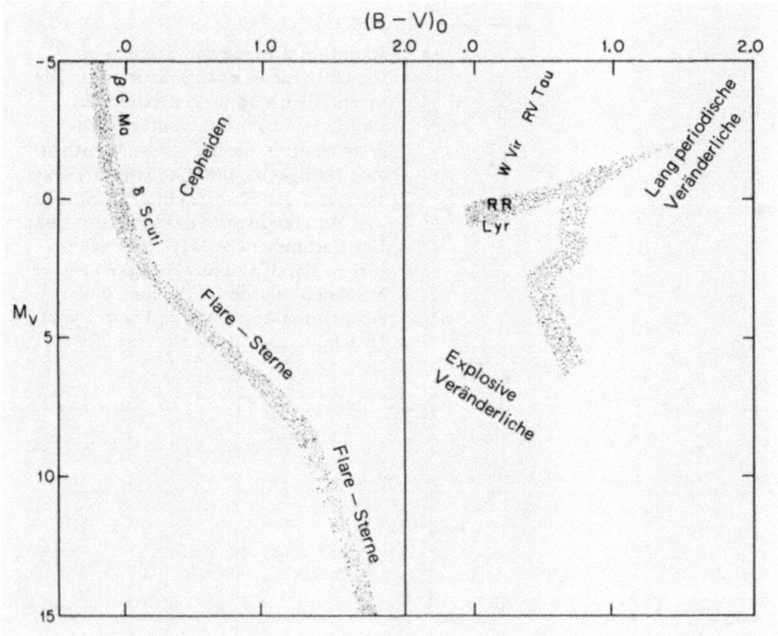

Bild 1.6 Der Zusammenhang von Farbindex $(B\text{-}V)_0$ und absoluter visueller Helligkeit bei den wichtigsten Veränderlichen. Das Gebiet der in offenen und kugelförmigen Sternhaufen vorkommenden nichtveränderlichen Sterne ist in den beiden Hälften des Diagramms leicht schattiert.
Links: Die irregulär veränderlichen Vorhauptreihen-Flare-Sterne besetzen ein Gebiet, das rechts der Hauptreihe liegt. Die pulsierenden β Canis-Majoris-Sterne, die sehr kurze Perioden (im Stundenbereich) aufweisen, befinden sich in der Nähe des hellen Endes der Hauptreihe. Etwas weiter unten, ebenfalls in der Nähe der Hauptreihe, liegen die ebenfalls mit sehr kurzen Perioden pulsierenden δ Scuti-Sterne. Heller und röter als sie sind die δ Cephei-Veränderlichen (Cepheiden), die längere Perioden (im Bereich von Tagen) sowie einen regelmäßigeren Lichtwechsel aufweisen.
Rechts: Die hellsten und rötesten Sterne sind die langperiodischen Mira-Veränderlichen, die Pulsationen im Bereich von mehreren Monaten durchführen. Die W Virginis und die RV Tauri-Sterne weisen cepheidenähnliche Perioden auf. Die etwas schwächeren und mehr blauen RR Lyrae-Sterne besitzen eine Lichtwechselperiode im Stundenbereich. Zu den explosiven Veränderlichen zählen die Novae und die Zwergnovae, die in Intervallen von Jahrzehnten bis zu Jahrtausenden (Novae) bzw. Wochen bis Monaten (Zwergnovae) heftige Ausbrüche durchmachen.

Anders als die Sonne ändern die veränderlichen Sterne ihre Helligkeit, ihre Farbe und ihr Spektrum periodisch oder auch eruptiv. Vor einiger Zeit noch wurden sie als pathologische Sterne bezeichnet. Heute sehen wir sie als Sterne, die in ganz natürlicher Weise auf einige kritische Phasen in ihrer Entwicklung reagieren, und so können wir sie in die Abfolge der einzelnen Stadien der Sternentwicklung einfügen. Tatsächlich spielt ein Stern in seinem Leben viele verschiedene Rollen. Gestern war er ein blauer Überriese, heute ist er ein Delta-Cephei-Veränderlicher, morgen wird er vielleicht eine Supernova sein. Gestern war er ein Stern wie unsere Sonne, heute ist er ein Mira-Veränderlicher, morgen eventuell ein Planetarischer Nebel. Die bekanntesten Veränderlichen sind in Bild 1.6 schematisch in ein Farben-Leuchtkraft-Diagramm eingetragen. Sie alle werden uns dann wiederbegegnen, wenn wir uns näher mit dem Leben der Sterne befassen werden. Hier machen sie nur eine kurze Verbeugung, um sich vorzustellen.

Enge Beziehungen können auch im Leben eines Sternes ein bestimmender Faktor sein: Heute mag er ein enger Doppelstern sein, morgen ist er vielleicht eine Nova. Die Untersuchung der uns nächsten Sterne enthüllt ein interessantes Faktum: Viele von ihnen, mindestens die Hälfte, sind eng mit anderen Sternen verbunden. In einigen Fällen *(visuelle Doppelsterne)* können beide Sterne beobachtet werden, wie sie sich umkreisen. In anderen Fällen, wo nur ein Stern sichtbar ist, kann eine sinusförmige Bewegung des Sterns über den Himmel als Kombination der Linearbewegung und der Bahnbewegung um einen unsichtbaren Begleiter interpretiert werden *(astrometrische Doppelsterne)*. In wieder anderen Fällen sind die Sterne optisch nicht trennbar, aber man kann aus periodischen Doppler-Verschiebungen[3] ihre Spektrallinien die auf eine Bahnbewegung hindeuten, auf einen Doppelstern schließen *(spektroskopische Doppelsterne)*. Diese periodischen Geschwindigkeitsänderungen können einen Doppelstern selbst dann anzeigen, wenn auf Grund der ungleichen Helligkeit nur ein Spektrum sichtbar ist. Schlußendlich können sich Sterne auch noch gegenseitig bedecken *(bedeckungsveränderliche Doppelsterne)*. Doppelsterne stellen das Rückgrat unseres Wissens über Sterneigenschaften dar, da nur bei Doppelsternen direkt Sternmassen gemessen werden können.

Während schon ein großer Prozentsatz von Sternen doppelt sind, gibt es noch einige Mehrfachsysteme. Castor (α Geminorum) etwa hat sechs Einzelkomponenten. Albireo (β Cygni) besitzt mindestens drei, und das Trapez im Orion (θ Orionis) besteht aus mindestens vier Komponenten, wobei zwei davon bedeckungsveränderlich und die beiden anderen eventuell auch noch doppelt sind. Diese Liste könnte sogar noch mit freisichtigen Sternen beliebig erweitert werden (siehe Kapitel 5).

Doppel- und Mehrfachsterne können den Kern von viel größeren Sternansammlungen bilden. In Kapitel 6 werden wir uns mit NGC 6231, einem Haufen, der aus hellen Sternen besteht und der im Sternbild des Skorpions gelegen ist, beschäftigen. Einige seiner hellsten Mitglieder sind Doppelsterne. Der Haufen ist relativ kompakt und selbst Kern einer großen Sternassoziation, einer Gruppe von jungen Sternen, die im Weltall zusammengehören.

Assoziationen sind nicht so kompakt, als daß sie auffällige Haufen bilden würden; sie sind eine lose Gruppe von Sternen, die ähnliche Eigenschaften und manchmal einige kompaktere Sternhaufen als Kerne besitzen. Alle weisen sie Zeichen von extremer Jugend auf. Sie werden Bestandteil unserer Betrachtungen in Kapitel 4 sein.

Etwas kompakter als die Assoziationen sind die offenen Sternhaufen. Sie können ein paar Dutzend bis mehrere Hundert Sterne enthalten und werden, anders als die Assoziationen, vermutlich vollständig durch die Gravitation ihrer Mitglieder zusammengehalten; Offene Sternhaufen gibt es in einer großen Altersvielfalt, von extrem jungen bis zu sehr alten Objekten.

3 Die Änderung der Tonhöhe eines Geräusches, die dann auftritt, wenn sich die Schallquelle (z.B. ein vorbeifahrender Zug) erst auf uns zu- und dann von uns wegbewegt, ist jedem bekannt. Die Schallwellen werden, wenn sich die Schallquelle zu uns her bewegt, zusammengeschoben, und auseinandergezogen, wenn sie sich von uns wegbewegt – das Ergebnis ist ein plötzlicher Abfall der Tonhöhe (Frequenz). Lichtquellen von einer bewegten Quelle verhalten sich ähnlich. Die von einer auf uns zubewegten Lichtquelle ausgesandten Wellen sind zusammengedrückt; daher wird das Licht blauer. Die von einer sich entfernenden Quelle ausgesandten Wellen werden auseinandergezogen; daher wird das Licht röter. Dies Objekte zeigen also ihre roten „Rücklichter". Die daraus folgende Änderung in der Wellenlänge von Spektrallinien, die von einer Quelle ausgesandt werden, wird mit einem Spektrograph untersucht. Da die Lichtgeschwindigkeit bekannt ist, kann so die Geschwindigkeit der Quelle ermittelt werden.

Sehr junge Haufen und Assoziationen unterscheiden sich vermutlich nur durch die Umstände ihrer Entstehung voneinander. Ein reicher, kompakter Haufen wird von der Eigengravitation seiner Mitglieder zusammengehalten, während die gravitative Wechselwirkung unter den Mitgliedern einer großen, lockeren Assoziation notwendigerweise viel geringer ist. Beide Objektgruppen können durch Effekte von nahen Sternfeldern, an denen sie vorbeiziehen, gestört und sogar aufgelöst werden, aber die gravitativ gebundenen Sternhaufen widerstehen einer solchen Zerstreuung viel besser als die nur locker gebundenen Assoziationen. Daher überleben auch nur die jüngsten Assoziationen als individuelle und zusammengehörig erkennbare Gruppen. Aber auch Sternhaufen können langsam Mitglieder verlieren. Diesen Prozeß können wir bei den Hyaden beobachten.

Ein weiter entfernter Sternhaufen sieht auch tatsächlich wie ein Sternhaufen aus, ein sehr naher hingegen kann durch sein Aussehen nicht als solcher erkannt werden. Ein Beispiel für diesen Fall bietet hier die Ursa-Major-Gruppe, die als Sternhaufen nur dadurch erkannt werden konnte, daß die Bewegungen ihrer am Himmel verteilten Einzelsterne parallel waren. Tatsächlich befinden wir uns mitten in dieser Gruppe, ohne ihr aber anzugehören. Alle der uns bekannten Sternströme sind uns sehr nahe, da man sie andernfalls nicht entdeckt haben würde. Eine scharfe Unterscheidung zwischen solchen Sternströmen und Sternhaufen existiert nicht. Die meisten bekannten Sternströme sind nur spärlich besetzt und auch wahrscheinlich durch ihre Eigengravitation nicht so fest zusammengehalten wie die kompakteren Sternhaufen. So sind alle Mitglieder der Hierarchie der Sterngruppen unserer Galaxie sehr eng untereinander verwoben. Ein gravitativ gebundener Sternhaufen bildet oft den Kern eines Sternstromes oder einer Assoziation; Doppel- oder Mehrfachsysteme, die noch fester aneinander gebunden sind, können den Kern eines offenen Sternhaufens bilden.

Zu den offenen Sternhaufen zählen einige der bemerkenswertesten Objekte überhaupt. Objekte wie die Pleiaden, die Hyaden, die Präsepe, Coma Berenices, κ Crucis (das Schatzkästchen) und Messier 11 springen jedem Beobachter, ob am Himmel oder auf einer Photographie, sofort ins Auge. Aber andere scheinbare Häufungen, speziell in sehr sternreichen Gebieten, können sich bei näheren Untersuchungen als nicht physisch zusammengehörende Gruppen herausstellen.

Die jüngsten offenen Sternhaufen liegen sehr nahe an der Zentralebene unserer Galaxie und konzentrieren sich auf die deutlich durch helle Wasserstoffwolken gekennzeichneten Spiralarme. Die älteren offenen Sternhaufen fügen sich nicht so gut in dieses Schema, während die ganz alten Haufen überhaupt nicht in dieses Verteilungsbild passen, obwohl auch sie an der generellen Rotationsbewegung des Systems, so wie auch die anderen Sterne, teilnahmen. An offenen Sternhaufen kennt man bisher einige Hundert Objekte. Viele sind bis heute unentdeckt geblieben, da offene Sternhaufen bevorzugt in den dichteren Regionen unserer Galaxie oder aber auf der anderen Seite des galaktischen Zentrums liegen und daher nicht beobachtet werden können. Eine Abschätzung würde ergeben, daß in unserer Galaxie etwa tausend offene Sternhaufen vorhanden sind.

Die wohl eindrucksvollsten Sterngruppen unserer Galaxie sind die Kugelsternhaufen, von denen über hundert bekannt sind. Insgesamt könnte es etwa zweihundert von ihnen geben. Sie sind kompakt, besitzen normalerweise eine zentrale Verdichtung und können etwa eine Million Sterne enthalten, obwohl auch viele von ihnen weitaus weniger Mitglieder besitzen. Sowohl ihre Verteilung als auch ihre Bewegung weist sie eindeutig als extreme Halopopulation aus.[4] Sie erreichen in Richtung des galaktischen Zentrums ein Konzentrationsmaximum; dort müssen sich auch die meisten bisher noch nicht entdeckten Kugel-

4 Als Halopopulation bezeichnet man Objekte, die realtiv alt und metallarm sind und die Galaxie kugelsymmetrisch umgeben. Sie werden auch Population II genannt. Im Gegensatz dazu kennt man auch die Population I (die Scheibenpopulation). (Anmerkung des Übersetzers)

sternhaufen befinden. Sie zählen vermutlich zu den ältesten Bewohnern unseres Systems und werden uns noch in den letzten Kapiteln wiederbegegnen.
Assoziationen, Sternströme, Sternhaufen und Doppelsterne sind die Prüfsteine für unsere Ideen der Sternentwicklung, da die Eigenschaften der einzelnen Haufenmitglieder nicht zufällig verteilt sind. In jedem Sternhaufen folgen Helligkeit, Farbe und Größe der einzelnen Sterne einem bestimmten Schema, und diese bei den einzelnen Haufen vorhandenen Schemata können zu zusammengehörigen Gesetzmäßigkeiten zusammengefaßt werden. Auch die Beobachtungen bestärken uns in der Vermutung, daß Sternhaufen nicht nur zufällige Sternansammlungen sind, sondern Gruppen, die durch eine gemeinsame Entstehung und durch eine gemeinsame Geschichte vereint worden sind.
Diese Überzeugung hat umgekehrt auch die theoretischen Arbeiten so angeleitet und angespornt, daß sie den Ablauf der Sternentwicklung sehr erfolgreich erklären können (siehe Kapitel 2). Diese Forschungen, die ihren Ursprung in der Suche nach der Energiequelle der Sterne gehabt haben, machten es möglich, das gesamte von den Sternhaufen gebotene Spektrum von Alter und Entwicklungszuständen in eine zusammenhängende Reihe einzufügen. Mein Ziel ist es, vor allem die Beobachtungen zu besprechen. Allerdings werde ich auch auf das theoretische Bild der Sternentwicklung zurückgreifen, da es bisher viele Eigenschaften der Teilnehmer an unserem Schauspiel sehr gut erklären konnte. Die Theorie bietet heute einen überzeugenden Beitrag zum Verständnis ihres Verhaltens, und als solche Hilfe möchte ich sie vorstellen.
Im kosmischen Maßstab gerechnet, ist unsere Galaxie eher klein. Aber trotzdem ist sie sehr komplex und besitzt eine Hierarchie, die von Ionen und Atomen über Sterne zu Sternhaufen und Assoziationen reicht. Viele andere Galaxien sind der unseren ähnlich, nicht nur in der Form, sondern auch im Aufbau. Auch die Andromeda-Spiralgalaxie (M 31) zeigt interstellare Wolken und eine große Vielzahl von Sternen; auch sie besteht aus einer Zentralebene, einer Scheibe und einem Halo; auch sie rotiert. Sie enthält große Assoziationen, offene und kugelförmige Sternhaufen, von denen viele denen in unserer Galaxie ähneln, und auch ihre Population an Delta-Cephei-Veränderlichen und an Novae ist der unseren sehr ähnlich. Daher können wir annehmen, daß Schlußfolgerungen, die sich aus der Untersuchung unseres eigenen Systems ergeben haben, auch für Messier 31 und für andere Galaxien Gültigkeit haben werden.
Aber so weit müssen wir gar nicht gehen. Praktisch in unserem Vorgarten befinden sich die Große und die Kleine Magellansche Wolke, die sich von unserer und von anderen Galaxien in vieler Weise unterscheiden: In ihrer Struktur, im Aufbau ihrer Sternhaufen, der Verteilung ihrer Delta-Cephei-Veränderlichen und vielleicht auch in ihrer chemischen Struktur. Nicht weit entfernt befindet sich die irreguläre Galaxie Messier 82 (ein Begleiter von Messier 81, siehe Bilder 1.1 und 1.3), einst Schauplatz einer gigantischen Explosion. Sie ist von einer so großen Staubmenge umgeben, daß kein einziger Einzelstern auszumachen ist, obwohl das Licht, das den Staub durchdringt, Sternenlicht ist – Sterne müssen also in ausreichender Zahl vorhanden sein. Das kleine elliptische Skulptor-System hat eine Population von Veränderlichen, die sich von der unseren stark unterscheidet. Für solche Galaxien müssen wir eine völlig andere Geschichte erzählen. Sie erinnern uns an die Begrenztheit der Bühne unseres Schauspiels und an die unvollständige Auswahl unserer Objekte.
Neue Technologien schieben nicht nur die Grenzen des beobachtbaren Universums weiter hinaus, sondern bieten uns auch bisher ungeahnte Ausblicke: Weit entfernte, kompakte galaktische Systeme, die völlig anders sind als die, die wir bisher kennengelernt haben, in denen wir leben und die wir zu verstehen glauben. Die astronomische Forschung von den Galaxien scheint nun in eine neue Phase zu treten. In diesem kritischen Augenblick wollen wir einen Blick auf die begrenzten Ereignisse in unserer kleinen, bekannten Galaxie werfen.

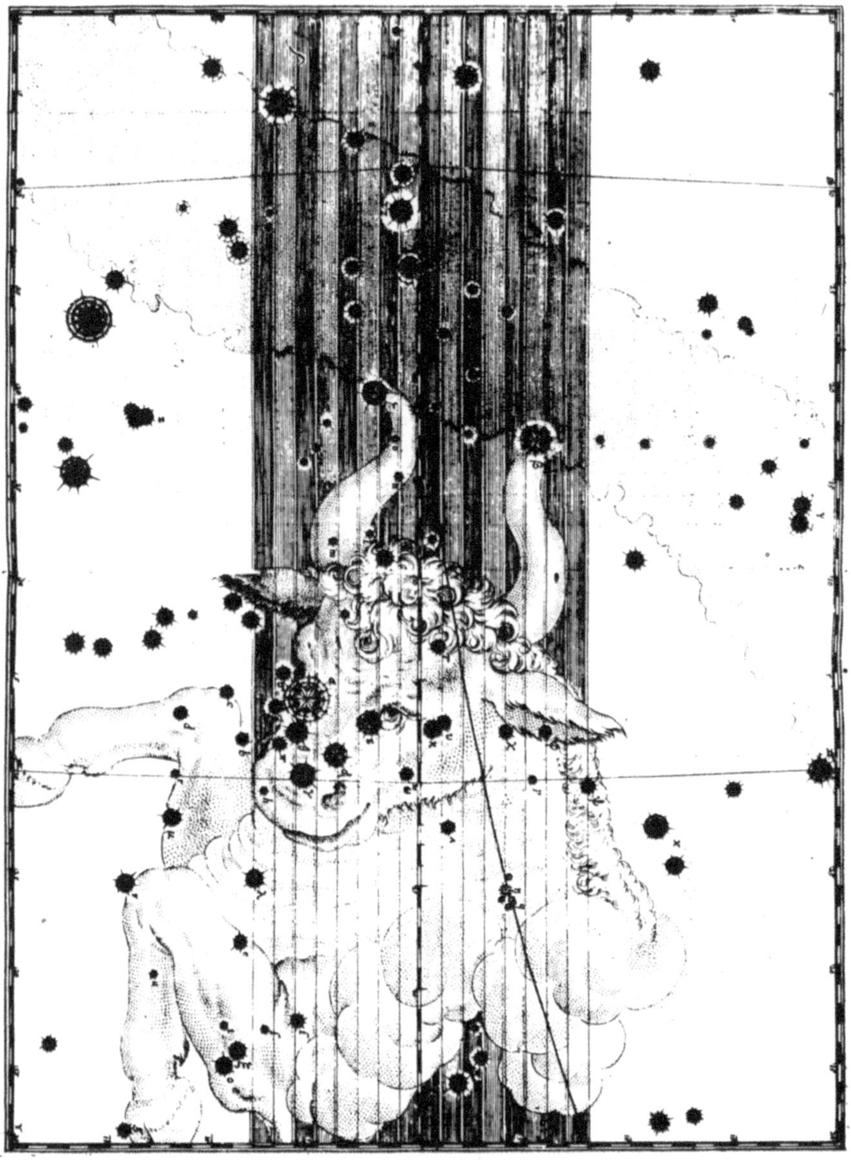

Bild 2.1 Das Sternbild Stier (Taurus) nach Johann Bayers Uranometria (1603). Die wundervollen Gravuren in diesem Atlas stammen von Albrecht Dürer.

Kapitel 2

Einfach nur Schauspieler – Die Hyaden

Taurus, der Himmelsstier, ist der Vorbote des Frühlings. Breit thront er über dem Tierkreis:

candidus auratis aperit cum cornibus annum Taurus

(„wenn der schimmernde Stier mir seinen goldenen Hörnern das Jahr einläutet", *Vergil, Georgica* 1,217) und bringt so eine passende Einleitung zu unserem kosmischen Schauspiel. Sein aus der Antike überliefertes Bild zeigt eine Hälfte seines Körpers: *„nube candentes humeros amictus"* („seine strahlenden Schultern sind mit einer Wolke verhüllt", *Horaz, Oden* 1,2). Eine V-förmige Gruppe von Sternen zeigt seine Schnauze an, die noch besonders von dem brillianten Aldebaran betont wird (Bild 2.1). Für astronomisch Interessierte bietet dieses Sternbild eine große Anzahl von schönen Objekten. Innerhalb seiner Grenzen steht, halb verdeckt von interstellaren Wolken, ein Nest von jungen Sternen. Die Spitze eines seiner Hörner weist auf die Stelle, an der der Crab-Nebel zu finden ist – der Rest einer ehemaligen Supernovaexplosion, wobei nur ein Pulsar diese Katastrophe überlebt hat. In ihm liegen zwei der auffälligsten Sternhaufen: Die Plejaden und die Hyaden, wobei die letzteren die Schnauze des Stiers bilden. Seine Hörner tauchen in die Ausläufer der Milchstraße ein. Wenn wir zu ihm aufschauen, so haben wir das galaktische Zentrum genau hinter uns. während unsere Blicke somit in Richtung des galaktischen Antizentrums[5] weisen.

In dieser Richtung kann man den beobachtbaren Teil unserer Galaxie mit Hilfe von einigen entfernten Sternhaufen noch bis in einen Abstand von etwa sechs Kiloparsec verfolgen. Die Hyaden liegen hier mit einem Abstand von nur 40 Parsec in unserer unmittelbaren Nachbarschaft (Bild 2.2). Wenn man sie am Himmel betrachtet, so scheinen sie eher weiter von der Milchstraße entfernt zu sein: Ihre galaktische Breite ist $-23{,}90^{\circ}$. Dieser Effekt ist allerdings, gerade weil sie uns sehr nahe stehen, perspektivisch bedingt. Tatsächlich befinden sie sich nur 16 Parsec südlich der galaktischen Ebene[6].

5 Als galaktisches Antizentrum bezeichnet man jenes Gebiet, das von uns aus gesehen 180 Grad vom galaktischen Zentrum entfernt liegt. (A. d. Ü.)

6 Wenn die Position eines Objektes in der Galaxie beschrieben werden soll, so ist es bequem, ein Koordinatensystem ähnlich dem System von Länge und Breite, wie es auf der Erdoberfläche verwendet wird, zu benutzen. Die irdischen Breitenangaben werden in Bezug auf den Erdäquator gemacht, galaktische Breiten beziehen sich in ähnlicher Weise auf den Verlauf der Milchstraße, in der eine imaginäre Linie am Himmel den Verlauf des galaktischen Äquators angibt. Auf der Erde werden Längenangaben ab einer willkürlichen Linie, dem Nullmeridian (der aus der historischen Überlieferung übernommen wurde) gezählt. In der Galaxie werden die Längen entlang des galaktischen Äquators, beginnend von der Richtung auf das galaktische Zentrum aus, gezählt. Die Bestimmung dieser galaktischen Koordinaten erfolgt bevorzugt mit Radioteleskopen – mit Instrumenten also, die besonders gut dazu geeignet sind, den vor allem in der Zentralebene sehr häufigen Staub und die Absorption zu durchdringen. Die Zentrallinie durch die Milchstraße, der galaktische Äquator, de-

Bild 2.2 Der offene Sternhaufen der Hyaden

Wenn wir bedenken, daß sich unsere Galaxie in Richtung der Hyaden noch mindestens sechs Kiloparsec weit ausdehnt, so ist es ganz klar, daß nicht alle Sterne, die wir in diesem Sternhaufen sehen können, auch tatsächlich als seine Mitglieder zu zählen sind. Einige von ihnen, vor allem die schwächeren, werden weiter entfernt sein, andere wieder werden zwischen uns und dem Haufen liegen. Der helle Aldebaran, der auffälligste von allen, ist wahrscheinlich gar kein Mitglied dieses Sternhaufens. Wenn wir eine Zählung der Mitglieder der Hyaden durchführen wollen, so müssen wir ein Kriterium für die Mitgliedschaft suchen.

Alle Mitglieder einer permanenten Sterngruppe besitzen eine gemeinsame Bewegung. Eine Gruppe wie die Hyaden kreist schon seit über hundert Millionen Jahren um unsere Galaxie. Über den Daumen gepeilt könnte man sagen, daß bei einer Geschwindigkeit von einem Kilometer pro Sekunde in einer Million von Jahren eine Strecke von ungefähr einem Parsec zurückgelegt wird. Demnach müßte sich ein Stern, der sich relativ zum Stern-

Fortsetzung Fußnote 6

finiert die galaktische Ebene, in der das galaktische Zentrum liegt. Die scheinbare Position eines Objektes in der Galaxie wird durch seine galaktische Länge und durch seine galaktische Breite beschrieben: Diese Werte betragen z.B. für den Fall der Hyaden 179,1° und −23,9°. Dieser Sternhaufen liegt mit seiner galaktischen Länge sehr nahe am galaktischen Antizentrum, dessen Länge 180° beträgt, (während das galaktische Zentrum – definitionsgemäß der Nullpunkt – bei 0° galaktischer Länge liegt). Die *tatsächliche* Position eines Objektes sowie sein Abstand von der galaktischen Ebene läßt sich berechnen, wenn seine Entfernung von der Erde bekannt ist. Per definitionem tragen Breiten, die nördlich der galaktischen Ebene liegen, positive, solche, die südlich der galaktischen Ebene liegen, negative Vorzeichen; ebenso werden nördlich und südlich manchmal als über oder unter der galaktischen Ebene gelegen beschrieben. Unsere Sonne liegt ein wenig nördlich der galaktischen Ebene.

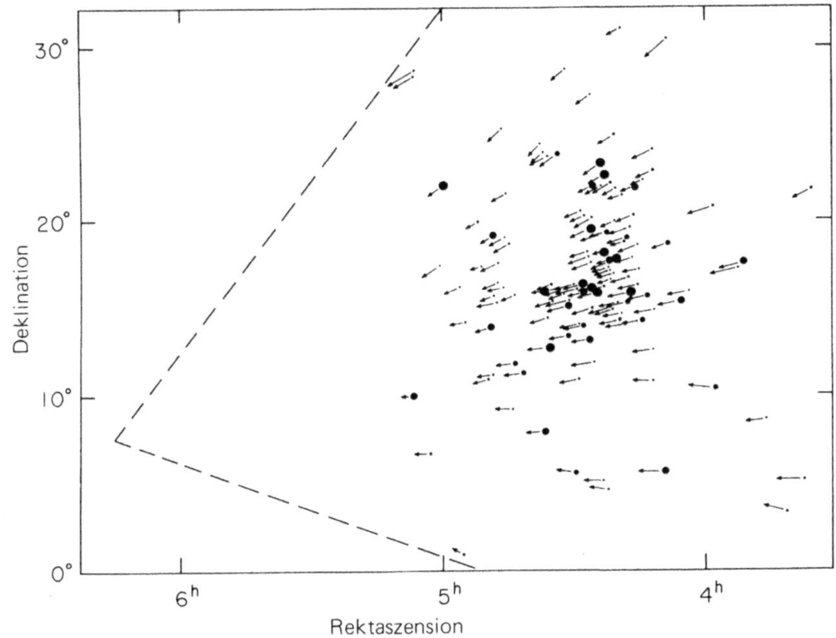

Bild 2.3 In diesem Diagramm sind die scheinbaren Bewegungen der helleren Mitgliedssterne der Hyaden sowie der Punkt, auf den sie zu konvergieren scheinen, eingezeichnet.
(Nach einem Diagramm von H. G. van Bueren)

haufen mit einer Geschwindigkeit von einem Kilometer pro Sekunde bewegt, in hundert Millionen Jahren um etwa 100 Parsec vom Haufen entfernt haben, was ungefähr seinem siebenfachen Durchmesser entsprechen würde. Auf diese Weise ist es möglich, durch genaue Bewegungsstudien die Mitglieder dieser Gruppe zu bestimmen.

Die Hyaden als der uns am nächsten stehende Sternhaufen können uns wichtige Grunddaten liefern, die auch in anderen Sternhaufen gelten. Sie stehen so nahe, daß uns ihre Bewegungen perspektivisch verzerrt erscheinen: Die scheinbaren Bewegungen ihrer Mitglieder am Himmel konvergieren in einem Punkt und verlaufen nicht parallel. (Bild 2.3). Wenn zusätzlich zu scheinbaren Bewegungen am Himmel noch Radialgeschwindigkeiten bestimmt werden können, so kann daraus die tatsächliche Raumbewegung ermittelt werden.[7] Der Effekt der perspektivischen Verzerrung erlaubt dann eine geometrische Bestimmung der Entfernung ebenso wie die Bestimmung der räumlichen Anordnung der Sterne.

Die peinlich genaue und exakte Arbeit, die notwendig war, um die Bewegungen der Hyaden zu bestimmen und die echten Mitglieder dieses Haufens auszuwählen, kann nur dann richtig eingeschätzt werden, wenn man sich die Unmenge an Daten, die über viele Jahrzehnte hinweg gesammelt wurden, selbst genau ansehen würde. Viele Jahrzehnte müssen nämlich verstreichen, ehe die Änderungen in den beobachteten Positionen so groß gewor-

7 Die Geschwindigkeit eines Objektes in Richtung unserer Sichtlinie, die aus der Dopplerverschiebung abgeleitet werden kann, nennt man Radialgeschwindigkeit. Per Definition erhält eine Bewegung in unserer Richtung ein negatives Vorzeichen, während eine von uns weggerichtete Bewegung ein positives Vorzeichen aufweist.

den sind, daß sie genau gemessen werden können. Anschließend müssen noch diffizile und schwer zu bestimmende Korrekturen angebracht werden. Das Bild der Hyaden, das wir aus diesen ganzen langen Arbeiten erhalten haben, zeigt uns etwa 400 Sterne, die innerhalb eines Radius von etwa 14 Parsec konzentriert sind und sich etwa 40 Parsec von der Sonne entfernt befinden. Dieses Bild kann sich sicherlich im Laufe der Jahre noch ein wenig ändern, da ständig neue Daten gesammelt werden. Bessere Instrumente und weiter ausholende Forschungen werden es uns erlauben, neue Mitglieder festzustellen sowie die Natur von zweifelhaften Objekten endgültig zu klären.

Trotz allem besitzen wir heute schon sehr gute Kenntnisse über die Anzahl der in den Hyaden vorhandenen Sterne und über ihre Entfernung. Eine normalerweise auf die Entfernungsbestimmung Einfluß nehmende Fehlerquelle ist hier glücklicherweise nicht vorhanden: Die Sterne der Hyaden liegen so nahe in unserer Nachbarschaft, daß ihr Licht kaum merklich durch die interstellare Absorption geschwächt wird. Eine solche Absorption würde natürlich nicht die Geometrie der Entfernungsbestimmung beeinflussen, kann aber falsche Ergebnisse bei der Ermittlung der absoluten Helligkeit der Mitgliedssterne aus ihren scheinbaren Helligkeiten geben. Bei den Hyaden können wir mit großer Sicherheit die Daten, die sich aus diesen Untersuchungen ergeben haben, verwenden, während bei den meisten anderen Sternhaufen Annahmen über die Größe der interstellaren Absorption gemacht werden müssen, wobei solche Annahmen naturgemäß immer mit Schwierigkeiten und Unsicherheiten verbunden sind.

Die anerkannten Mitglieder des Sternhaufens der Hyaden (das sind solche, deren Bewegungen innerhalb der durch die vorhin beschriebenen Untersuchungen abgesteckten Grenzen liegen) sind in Bild 2.4 als große ausgefüllte Punkte dargestellt, während mögliche Mitglieder als offene Kreise eingezeichnet sind. Die kleinen Punkte symbolisieren andere Sterne von bekannter Farbe und Helligkeit, die im Gebiet der Hyaden liegen. Ein Blick auf die Verteilung dieser anderen Sterne zeigt, daß nicht alle sich im Gebiet der Hyaden befindenden Sterne Mitglieder dieses Sternhaufens sind. Sterne, die nicht zu den Hyaden zählen – eine Auswahl, die aus ihren Geschwindigkeiten getroffen wurde – zeigen, daß sie auch abseits des für diesen Haufen typischen Zusammenhangs zwischen Leuchtkraft und Farbe liegen. Es wird nützlich sein, sich dieses Diagramm in Erinnerung zu rufen, wenn wir ähnliche Bilder von Sternhaufen betrachten, die zu weit entfernt sind, als daß ihre Mitglieder durch Bewegungsmessungen aussortiert werden können. Natürlich existieren hier immer wieder Überlappungen, die allerdings für Haufen geringer Größe auch weniger bedeutsam sind.

Die Sterne der Hyaden zeigen eine große Vielfalt von Helligkeit und Farbe. Trotzdem erkennt man in Bild 2.4 einen bemerkenswerten Zusammenhang: Sterne einer bestimmten Farbe beschränken sich auf einen kleinen Bereich in der Leuchtkraft. Die meisten Sterne liegen auf einem Streifen, der von den schwächsten zu den hellsten (von unten nach oben) und von den blauen zu den roten Objekten (von links nach rechts) verläuft. Vier von den helleren Mitgliedern, die in Leuchtkraft und Farbe fast identisch sind, stehen außerhalb dieses Streifens, ebenso wie einige der schwächeren Objekte. Daher können die Hyaden auf den ersten Blick in Hauptreihensterne (die im diagonalen Streifen gelegenen Objekte), Riesensterne (die vier isolierten Roten Riesen) und einige Weisse Zwerge (die isolierten blauen Sterne) unterteilt werden (vergleiche auch die Erläuterungen zu Bild 2.4).

Ein ähnliches Muster tritt bei allen bekannten Sternhaufen auf. Viele solcher Diagramme (bekannt als *Farben-Leuchtkraft-Diagramme*) sind wesentlich weniger scharf bestimmt als das der Hyaden. Die Ursache für diese Ungenauigkeit mag aus der interstellaren Absorption resultieren, die über und in dem Sternhaufen nicht völlig gleich sein muß und so-

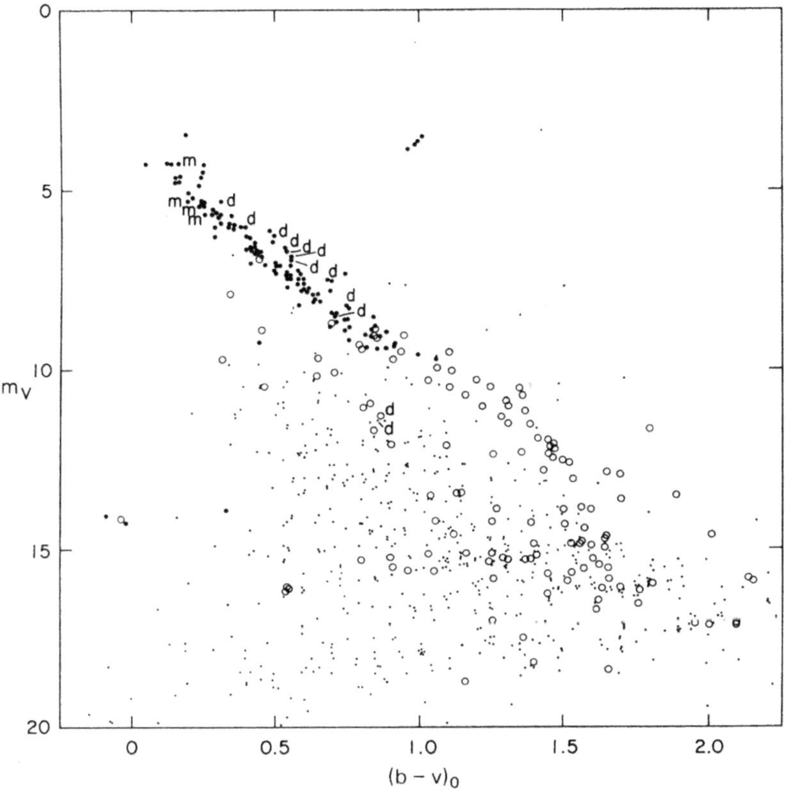

Bild 2.4 Scheinbare visuelle Größenklasse (m_V)* und Farbindex $(b\text{-}v)_0$ für Sterne im Bereich der Hyaden. Mit großen Punkten sind sichere, mit Kreisen mögliche Mitglieder des Sternhaufens bezeichnet. Die kleinen Punkte sind Sterne, von denen man aus den Bewegungen auf eine Nichtzugehörigkeit zum Haufen geschlossen hat. Über der Hauptreihe befinden sich eng nebeneinander vier Rote Riesen. Links am Rand unter der Hauptreihe kann man einige Weiße Zwege erkennen.
Um die Farbe eines Sternes anzugeben, kann man mehrere Methoden verwenden. Hier wurde der Farbindex, die Differenz zwischen zwei bei verschiedenen Wellenlängen (hier blau (b) und gelb (v) gemessenen Helligkeiten, verwendet. Mit dem Buchstaben d sind Doppelsterne markiert, während m einen Stern kennzeichnet, in dessen Spektrum Metallinien vorherrschend sind.

* Werden die Helligkeiten mit klein „m" angegeben, handelt es sich um scheinbare Größen; werden sie in Großbuchstaben angeführt, handelt es sich um absolute Größen (d.h., auf 10 Parsec Einheitsentfernung bezogen).

wohl auf Farbe wie auch auf scheinbare Helligkeit Einfluß nimmt. Die Unsicherheiten können auch von der Wahl der Mitglieder des Sternhaufens kommen: Wenn sie nahe genug sind, können ihre Bewegungen ein Kriterium für eine Mitgliedschaft bilden; wenn sie hell genug sind, so bildet die Radialgeschwindigkeit dieses Kriterium. Aber für die weit entfernten und schwachen Sternhaufen fehlen uns diese Daten, und die Mitgliedschaft muß aus photometrischen und statistischen Daten abgeleitet werden. Alle diese Unsicherheiten verschmieren das in dem Diagramm beobachtete Muster. Aber auch wenn man diese Unsicherheiten mit in Betracht zieht, so bleibt doch das Faktum bestehen, daß viele Sternhaufen wesentlich weniger gut bestimmte Farben-Leuchtkraft-Diagramme besitzen als die Hyaden, was besonders bei sehr jungen Objekten auffällt.

Die Farben-Leuchtkraft-Diagramme von verschiedenen Sternhaufen sind weit davon entfernt, identisch zu sein, besitzen aber vor allem in ihren Hauptreihen große Ähnlichkeiten. Die meisten Sterne der Galaxie liegen auf der Hauptreihe, diesem diagonalen Streifen im Farben-Leuchtkraft-Diagramm, der von hellen blauen bis zu schwachen roten Sternen reicht. Rechts über der Hauptreihe liegt die Region der Unterriesen, Riesen und Überriesen; links unterhalb liegt der Bereich der Weißen Zwerge (siehe auch Bild 1.4).
Stellt man einige verschiedene Sternhaufen in einem gemeinsamen Farben-Leuchtkraft-Diagramm dar (siehe Bild 2.5), so erkennt man, daß jeder Sternhaufen einen – aber nicht jeder den gleichen – Teil zur diagonalen Hauptreihe beiträgt. Dieses Diagramm wurde aus dem Farben-Leuchtkraft-Diagramm einiger offener Sternhaufen konstruiert. Ein ähnliches Bild erhält man auch bei den Kugelsternhaufen, wobei aber ihre Hauptreihen nur den untersten Teil der bei den offenen Sternhaufen vorhandenen Streifen besitzen und auch sonst mit den Hauptreihen der offenen Sternhaufen nicht sehr gut übereinstimmen.

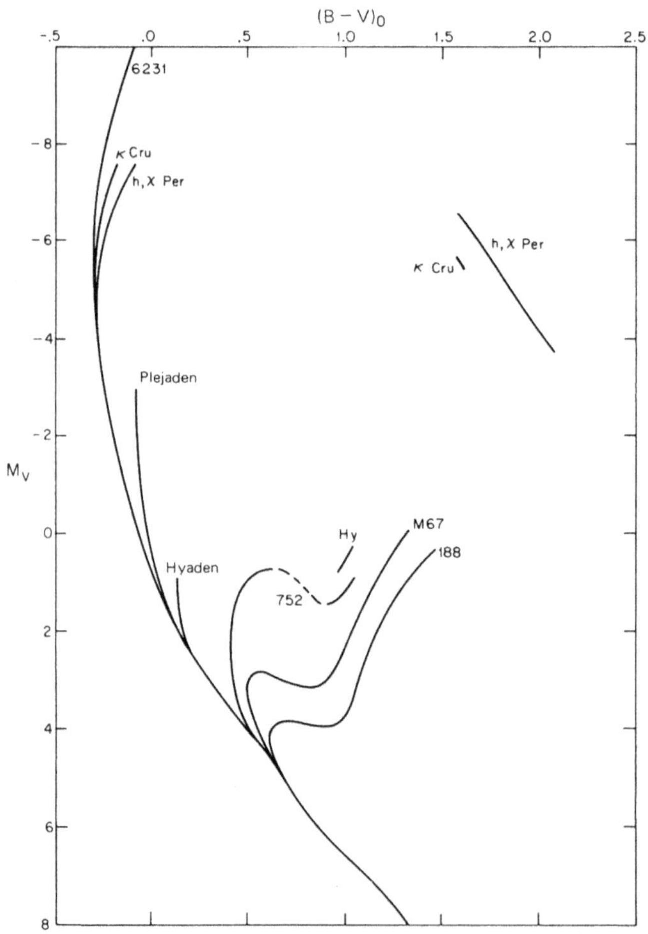

Bild 2.5
Farben-Leuchtkraft-Diagramm für eine Anzahl bekannter offener Sternhaufen unterschiedlichen Alters.
Von oben nach unten: NGC 6231, κ Crucis (NGC 4755), h und χ Persei (NGC 864 und 886), Plejaden, Hyaden, NGC 752, Messier 67 (NGC 2682) und NGC 188

Wir sehen in Bild 2.4, daß fast alle Sterne entweder auf der Hauptreihe liegen, oder zumindest sehr nahe an der Hauptreihe, ein wenig nach rechts verschoben, liegen. Die Ausnahmen – das sind die Weißen Zwerge – sind von sehr großem Interesse. Manche der helleren Sterne in den Hyaden (die Unterriesen) haben sich leicht von der Hauptreihe wegbewegt, während vier Objekte, die Riesensterne, schon weit von ihr entfernt liegen. Alle Sternhaufen zeigen in einem gewissen Ausmaß diesen Effekt, der einen sehr guten Anhaltspunkt für ihr Alter gibt (siehe folgende Kapitel).
Eine größere Anzahl von Hyadensternen befindet sich auf einer Linie etwas über und fast parallel zum unteren Rand dieser Hauptreihe. Viele dieser dort gelegenen Sterne sind als Doppelsterne bekannt (entweder visuell oder spektroskopisch). Wenn die einzelnen Mitglieder von Doppel- und Mehrfachsystemen einander so nahe stehen, daß sie getrennt nicht mehr gesehen werden können, und wenn man annimmt, daß sie gleich hell sind, so wäre die Helligkeit eines einzelnen Sterns eines Doppelsternsystems um etwa eine dreiviertel Größenklasse geringer als die gesamte Helligkeit dieses Systems. Es ist also gut möglich, daß Doppelsterne für die große Streuung in der Hauptreihe eines Farben-Leuchtkraft-Diagramms verantwortlich sind. In diesem Zusammenhang ist es nicht weiter verwunderlich, daß eine große Anzahl von Sternen von diesem Effekt betroffen ist – denn mindestens die Hälfte aller Sterne in unserer Umgebung sind Doppelsterne.
Leuchtkraft und Farbe führen uns noch zu zwei anderen wichtigen Sterneigenschaften: zur effektiven Temperatur[8] und zur Größe. Bei den beobachteten Hauptreihensternen in den Sternhaufen reichen die Temperaturen von etwa 12000 bis 3000 Kelvin und die Durchmesser vom 2,25- bis 0,45fachen des Sonnendurchmessers. Die Riesensterne der Hyaden weisen Oberflächentemperaturen von etwa 5000 Kelvin und Größen vom 25fachen Sonnendurchmesser auf; die Weißen Zwerge: 12000 Kelvin oder weniger und Größen zwischen 1/100 bis 2/100 des Sonnendurchmessers.
Veränderliche Sterne sind in den Hyaden relativ selten. Kein einziger im Farben-Leuchtkraft-Diagramm eingetragener Doppelstern ist so orientiert, daß sich seine Helligkeit wegen gegenseitiger Bedeckung ändert. Ein Doppelstern, der derartige Helligkeitsschwankungen zeigt – ein sogenannter Bedeckungsveränderlicher – liegt bei V471 Tauri vor. Er ist möglicherweise Mitglied eines Sternhaufens und bildet ein sehr merkwürdiges Sternenpaar, bestehend aus einem Weißen Zwerg und einem kühlen Hauptreihenstern (siehe Bild 2.6). Normalerweise bilden solche Paare kataklysmische Veränderliche oder auch potentielle Novae (siehe Kapitel 16). Aber dieser Stern scheint keine Anzeichen einer solchen Aktivität zu zeigen. Auch scheint der Sternhaufen nur unter seinen schwächeren Mitgliedern einige wenige der unregelmäßig veränderlichen T Tauri-Sterne zu besitzen, obwohl wir bei den Plejaden und bei anderen Haufen und Assoziationen sehr häufig auf solche Sterne stoßen.
Eine andere fundamentale Größe eines Sternes ist seine Masse. Es ist ein glücklicher Umstand, daß der Hyadenhaufen eine so große Anzahl von Doppelsternen besitzt: Doppelsterne stellen nämlich die einzige bekannte Möglichkeit dar, Massen direkt zu messen. Fünf solcher Systeme in den Hyaden zeigen eine gut ausgebildete Beziehung zwischen Leucht-

8 Die effektive Temperatur eines Sterns ist die Temperatur, die ein „schwarzer Körper" (ein perfekter schwarzer Strahler) haben müßte, um seine gesamte Strahlung durch die selbe Oberfläche wie der Stern abgeben zu können. Natürlich sind die Sterne keine perfekten schwarzen Strahler, was hauptsächlich auf das Vorhandensein von absorbierenden Atomen und Molekülen in ihren Atmosphären zurückzuführen ist. Aber für fast alle Sterne, ausgenommen die sehr kühlen, liegt die effektive Temperatur nicht sehr weit von der tatsächlichen Temperatur entfernt, die man aus den Zuständen von Atomen und Molekülen an ihren Oberflächen abschätzen kann.

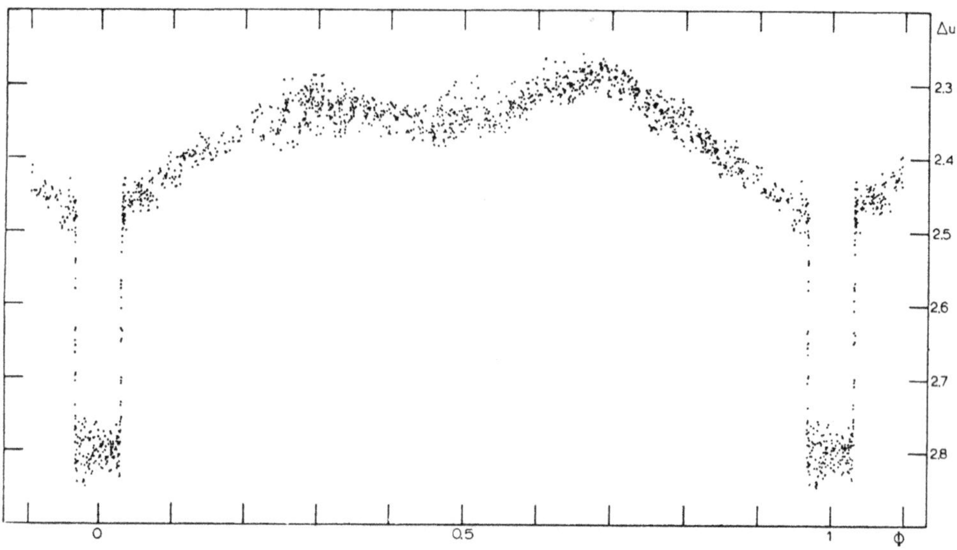

Bild 2.6 Lichtkurve des wahrscheinlich zu den Hyaden zählenden Bedeckungsveränderlichen V471 Tauri. Das System besteht aus einem kühlen Hauptreihenstern und einem Weißen Zwerg. Anders als bei den meisten anderen dieser Systeme handelt es sich hier nicht um einen kataklysmischen Veränderlichen, obwohl die Lichtkurve besonders im visuellen Bereich (weniger im ultravioletten) Veränderungen aufweist. Hier ist die im ultravioletten Bereich aufgenommene Lichtkurve abgebildet und zwar als Δu (Änderung der Helligkeit im Ultravioletten) gegen die Phase (als Phase bezeichnet man jenes Intervall, in dem die periodische Änderung genau einmal durchlaufen wird).
(Nach B. Cester und M. Pucillo, *Anstronomy and Anstrophysics.* **46**, 198 (1976))

kraft und Masse: Die massivsten Sterne sind auch die leuchtkräftigsten. Dies führt zur fundamentalen Beziehung zwischen der Masse und der Leuchtkraft bei Hauptreihensternen.

Wenn wir das bisher Genannte zusammenfassen, so sehen wir: Die Hyaden sind ein typischer offener Sternhaufen, der aus etwa vierhundert Sternen besteht, wobei die meisten von ihnen Zwergsterne sind, die sehr schön zu normalen Verteilung von Hauptreihensternen in offenen Sternhaufen passen. Es gibt vier Rote Riesen und einige Weiße Zwerge. Die Doppelsterne weisen eine genau definierte Masse-Leuchtkraft-Beziehung auf. Der Sternhaufen besitzt einen Radius von etwa 14 Parsec, wobei die meisten seiner Mitglieder innerhalb von vier Parsec Zentrumsabstand konzentriert sind.

Die Hyaden werden von einer Gruppe von Mitläufern umgeben – das sind Sterne, deren dreidimensionale Bewegung annähernd die gleiche ist wie die der Hyaden selbst. Allerdings sind sie auf einen wesentlich größeren Raumbereich verteilt, der etwa 100 Parsec im Radius mißt – was bedeutet, daß auch die Sonne innerhalb seiner Grenzen liegt, obwohl sie kein Mitglied dieses Bewegungshaufens ist. Die Gruppe besitzt annähernd soviele Mitglieder wie die Hyaden selbst, aber da nur aufgrund der Bewegung auf eine Zugehörigkeit zu ihr geschlossen werden kann, ist es (besonders für die schwächeren Sterne der südlichen Hemisphäre) nicht sehr wahrscheinlich, daß diese Zählung vollständig ist.

In ihrer Beschaffenheit ähnelt die Hyadengruppe – so wird diese größere Ansammlung von Sternen genannt – den Hyaden selbst. Auch hier gibt es einige kühlere Riesensterne, wenn auch die meisten Sterne Hauptreihensterne sind oder sehr nahe an der Hauptreihe liegen. Die heißesten Sterne dieser Gruppe haben nur wenig höhere Temperaturen als die des Sternhaufens selbst, und sind nur wenig leuchtkräftiger. Eine weite Ähnlichkeit zu

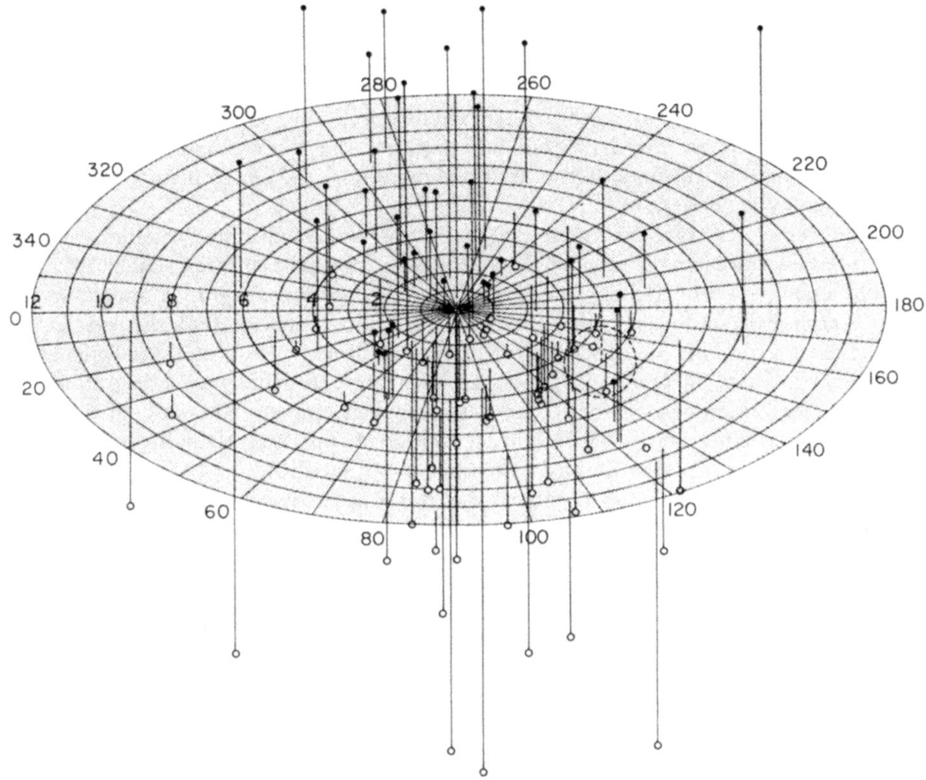

Bild 2.7 Hier sind die zur Hyadengruppe gehörenden Sterne unter einem Winkel von 30° über der galaktischen Ebene gesehen. Die Zentralebene ist schraffiert und das eingezeichnete Gradnetz ist, mit der Sonne im Zentrum, in Intervalle von zehn zu zehn Parsec unterteilt. Links außerhalb des Diagrammes befindet sich das galaktische Zentrum, rechts das Antizentrum. Sterne, die über (nördlich) der galaktischen Ebene liegen, sind mit Punkten, solche, die unter ihr (südlich) liegen, mit Kreisen bezeichnet. Die vertikale Entfernung jedes Sterns von der Zentralebene ist mit einer senkrechten Linie eingezeichnet. Der gestrichelte Kreis rechts unterhalb der Mitte zeigt die Dimensionen des Hyaden-Sternhaufens, der sich etwas unterhalb der Zentralebene befindet. Um Selektionseffekten vorzubeugen, wurden hier nur die hellen Sterne aufgenommen.

den Hyaden besteht auch in der großen Anzahl von Doppelsternen. Sternhaufen und Sterngruppe gehören also praktisch demselben „Volksstamm" an.

Bild 2.7 zeigt die Struktur der Hyadengruppe, wie sie von den Spektren und Leuchtkräften seiner Mitglieder abgeleitet wurde. Anders als bei dem Diagramm des Hyadenhaufens enthält dieses Bild nur Sterne, deren scheinbare visuelle Helligkeit größer als $6{,}5^{m}$ ist. Auffällig ist hier die Größe dieser Gruppe. Wir sehen auch, daß der Hyadenhaufen nicht in der Mitte der Gruppe, sondern eher am Rande gelegen ist. Obwohl das natürlich ein Selektionseffekt sein könnte, wird dieser Effekt durch die Verwendung nur der hellsten Sterne minimiert.

Die Beziehung, die zwischen Sternhaufen und Sterngruppe besteht, kann vermutlich leichter verstanden werden, wenn man berücksichtigt, daß der ursprüngliche Haufen im Laufe seiner Bewegung innerhalb der Galaxie mehrere Störungen erfahren hat. Es ist somit

durchaus denkbar, daß sowohl Haufen als auch Gruppe einen gemeinsamen Ursprung haben, und daß sich der Sternhaufen langsam in die Gruppe hinein auflöst und beide zusammen die Reste eines viel größeren Komplexes repräsentieren.
Weitere Beobachtungen stützen diese Ansicht. Wenn man eine sorgfältige Analyse der Spektren der zum Hyadenhaufen gehörenden Sterne durchführt, so sieht man, daß ihre Zusammensetzung nicht mit der der Sonne identisch ist: Der Metallgehalt sowohl der Hyaden als anscheinend auch vieler Sterne der Hyadengruppe ist – bezogen auf Wasserstoff – doppelt so groß wie bei der Sonne.
Die Doppelsterne des Hyadenhaufens zeigen eine Masse-Leuchtkraft-Beziehung, die von der von Sternen von sonnenähnlicher Zusammensetzung leicht differiert (siehe Bild 2.8). Die Masse-Leuchtkraft-Beziehung der Doppelsterne in der Hyadengruppe ähnelt derjenigen der Sterne im Haufen, und ebenfalls nicht der Masse-Leuchtkraft-Beziehung der sonnenähnlichen Sterne, wie sie aus der Sirius-Gruppe abgeleitet wurde. Ein möglicher Ursprung dieser kleinen Differenz in der Masse-Leuchtkraft-Beziehung wäre der geringe Unterschied in der Zusammensetzung. Diese Tatsache zeigt einmal mehr, daß zur Erklärung der Eigenschaften eines Sterns neben den Parametern Leuchtkraft, Durchmesser, Temperatur und Masse die chemische Zusammensetzung benötigt wird.
Wir können also zu dem Schluß kommen, daß der Hyadensternhaufen und die Hyadengruppe aus Sternen bestehen, die für lange Zeit im Raum zusammengehörig waren. Es wäre sehr schwer, sich vorzustellen, daß eine nur zufällige Ansammlung von Sternen eine so gute Übereinstimmung der fundamentalen Eigenschaften aufweisen und eine gemeinsame Raumbewegung besitzen könnten. Die Gruppe besteht in ihrer heutigen Form schon seit über hundert Millionen Jahren; die Eigenschaften des Sternhaufens scheinen darauf hinzuweisen, daß er etwas älter als die jüngsten Mitglieder der Gruppe ist – eine Beziehung, die zwischen einer Assoziation und einem Sternhaufen, der ihren Kern formt, nicht weiter ungewöhnlich ist. Die gemeinsame Bewegung und die ähnliche Zusammensetzung deuten auf einen gemeinsamen Ursprung aus der selben Protomaterie hin.

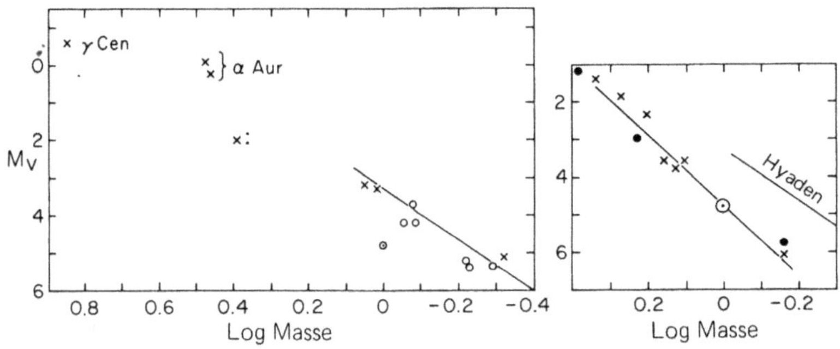

Bild 2.8 Links: Zusammenhang zwischen absoluter visueller Helligkeit (M_V) und dem Logarithmus der Masse in Einheiten der Sonnenmasse. Offene Kreise bezeichnen Mitglieder des Hyadenhaufens, Kreuze Mitglieder der Hyadengruppe.
Rechts: Zusammenhang zwischen absoluter visueller Helligkeit (M_V) und dem Logarithmus der Masse in Sonneneinheiten. Hier sind mit Punkten Mitglieder der Ursa-Major-Gruppe und mit Kreuzen Mitglieder des Bewegungshaufens um Sirius markiert.
In beiden Diagrammen repräsentiert der Punkt mit dem Kreis die Sonne. Der Unterschied zwischen den beiden Diagrammen ist eine direkte Funktion der Entfernungen, deren Bestimmung ständig verbessert wird. Neuere Forschungen haben den Unterschied verkleinern, aber nicht völlig beseitigen können.
(Nach O. J. Eggen, *Annual Review of Astronomy and Astrophysics* 5, 113 u. 114 (1967))

Wir können natürlich nicht sagen, daß alle Mitgliedssterne zu exakt der gleichen Zeit entstanden sind. Tatsächlich enthält auch die Gruppe Sterne, die jünger als die des Sternhaufens zu sein scheinen – Sterne, die heller und blauer als die hellsten Hauptreihensterne im Hyadenhaufen sind. Auch in anderen Sternhaufen findet man ähnlich abweichende Sterne. Natürlich kann die Sternentstehung während eines größeren Teils der Lebensdauer dieses Sternhaufens weitergegangen sein, obwohl diese Zeitspanne durch die deutlich vorhandene Beziehung zwischen Leuchtkraft und Farbe limitiert wird. Hier kann ein Vergleich mit anderen Sternhaufen, die wieder andere innere Zusammenhänge besitzen, neues Licht auf diese Frage werfen.

Den Hyaden werden wir in Kapitel 9 nochmals begegnen. Als die uns nächste und daher auch am besten studierte Ansammlung von Sternen mögen sie nicht nur als Muster dienen, sondern auch an die Grenzen unserer detaillierten Kenntnis der Sternhaufen mahnen.

Kapitel 3
Sternennahrung

Schon ein kurzer Blick auf die Hyaden erinnert uns daran, daß nicht alle Sterne gleich sind. Sogar in dieser räumlich eng begrenzten Sternansammlung sind die leuchtkräftigsten Sterne mehr als eine Million mal heller als die schwächsten, und die blauen Sterne weisen eine viermal größere Oberflächentemperatur auf als die roten Sterne. Diese großen Unterschiede werden noch auffälliger, wenn man die Spektren dieser Sterne untersucht (siehe Bild 3.1). Hier sind die blauen Sterne mit ihren Absorptionslinien des Wasserstoffs am auffälligsten. Bei genaueren Untersuchungen wird man auch viele Metallinien (Eisen, Titan und Magnesium) sowie die starken H- und K-Linien des ionisierten Calciums erkennen können. Bei den schwächeren, roten Sternen erkennt man eine fortschreitende Abschwächung der Wasserstofflinien und dafür eine Verstärkung der Linien von neutralen und ionisierten Metallen. In den Spektren der schwächsten Sterne sind die Linien der neutralen Metalle vorherrschend, und bei den kühlsten Sternen erscheinen sogar Banden von Metalloxiden (Molekülen). Etwa in der Mitte der Hauptreihe scheinen die Sternspektren dem Spektrum der Sonne zu ähneln, obwohl hier die Metallinien etwas auffälliger sind. Die vier roten Ausreißer besitzen in ihrem Spektrum sehr starke Metall- und kaum Wasserstofflinien, während die schwachen blauen Ausreißer in ihren Spektren von breiten Wasserstoffabsorptionslinien dominiert werden (vergleiche auch Tabelle 3.1).[9]

9 Wie schon die Sternhaufen und auch die Galaxien haben die Sternspektren sehr unromantische Namen erhalten – trotz der interessanten Eigenschaften, die sie aufweisen. Im konkreten Fall ist die Nomenklatur alphabetisch mit einer dezimalen Unterteilung. Die Nomenklatur kann hier natürlich nur sehr allgemein ausgeführt werden, da einige der Spektren viel kompliziertere Details aufweisen, als hier berücksichtigt werden können.
Das moderne System ist, wie schon erwähnt, dezimal, wobei jeder Buchstabe zehn Unterteilungen besitzt, die kontinuierlich ineinander übergehen. In Tabelle 3.1 sind die Eigenschaften jeder fünften Unterabteilung gegeben. Leuchtkraftklassen werden mit römischen Ziffern bezeichnet: I für Überriesen, II für helle Riesen, III für Riesen, IV für Unterriesen, V für Zwergsterne (Hauptreihensterne) und VI für Unterzwerge. Weiße Zwerge besitzen eine spezielle Nomenklatur. Die heißesten Sterne (Klassen 0 und B) weisen in ihren Spektren vor allem die Linien des hochionisierten Heliums auf. Die Spektren der Klasse A werden von Wasserstofflinien dominiert, obwohl auch einige Linien von ionisierten Metallen vorhanden sind. In den Klassen F, G und K werden die Metallinien immer prägnanter, während die Intensität der Wasserstofflinien abnimmt; außerdem werden die Linien der neutralen Elemente auf Kosten der ionisierten Elemente immer intensiver. Die Spektren der Klassen M und S weisen vor allem Metalloxide und andere Moleküle auf, während die der Klasse C (Nachfolger der früher verwendeten Klasse N) charakteristische Spektren von Kohlenstoffverbindungen zeigen. Normalerweise zeigen sich alle diese Linien in Absorption, wobei es aber auch durchaus vorkommen kann, daß bei einigen besonderen Sternen auch Emissionslinien das Spektrum dominieren (z. B. bei Wolf-Rayet-Sternen).
Effektive Temperaturen wurden aus der Annahme abgeleitet, daß der Stern wie ein schwarzer Körper strahlt. Diese so abgeleiteten Temperaturen folgen derselben Reihe wie die aus den Linienspektren abgeleiteten Temperaturen, sind aber von diesen etwas verschieden. Sternspektren entstehen dadurch, daß die Strahlung der Sterne quer durch die oft sehr dichten, unruhigen und inhomogenen Schichten der Sternatmosphäre läuft.

Bild 3.1 Objektivprismenspektrum der Hyaden
(Photographie: Harvard-Observatorium)

Diese Vielzahl von Spektren bedeutet natürlich nicht, daß eine ebensogroße Vielfalt von chemischen Zusammensetzungen existiert. Als zum erstenmal die Sternspektren beobachtet wurden, dachte man, daß sie durch große Unterschiede in der chemischen Zusammensetzung verursacht werden und daß es eine ganze Reihe von Sternen, von heißen Helium- bis zu kühlen Metallsternen, gäbe. Diese frühen Ansichten wurden schon längst von einer ausgefeilten und komplexen Theorie der Sternatmosphären ersetzt, die die Unterschiede durch Änderungen von Temperatur, Dichte und atmosphärischer Struktur erklärt.

Im großen und ganzen ist das Element, das in den Sternen am häufigsten vorkommt, der Wasserstoff, während von den Elementen mit höheren Atommassen nur geringere Mengen vorhanden sind. Die meisten aller bekannten Elemente des Periodensystems sind in den Sternspektren vorhanden und obwohl nach wie vor einige Details noch nicht identifiziert wurden, gibt es keinen Grund zur Annahme, daß die Sternspektren Linien von auf der Erde unbekannten Atomen enthalten. Auf den ersten Blick ist also die chemische Zusammensetzung des Universums überraschend gleichmäßig.

Tabelle 3.1
Absolute visuelle Helligkeiten (in Abhängigkeit von der Leuchtkraftklasse) und effektive Temperaturen für einige ausgewählte Spektralklassen. Die effektiven Temperaturen sind für die Hauptreihe (Sterne der Leuchtkraftklasse V) tabelliert. Die effektiven Temperaturen für Sterne der Leuchtkraftklassen I (Überriesen), II (helle Riesen), III (Riesen) und IV (Unterriesen) sind normalerweise etwas niedriger: z. B. für G5 III, KO III und K5 III-Sterne 5 260 K, 4 720 K und 3 500 K. Doppelpunkte neben den Zahlen bedeuten unsichere Werte; ein Strich, daß keine Werte vorhanden sind.

Spektral-klasse	Absolute visuelle Größenklasse					Effektive Temperatur (K)
	V	IV	III	II	I	
O5	−5,1	—	—	—	—	35 000
B0	−4,1	−4,6	−5,0	−5,6	−6,2 – −7,0	30 000
B5	−1,1	−1,6	−2,2	−3,7	−5,7 – −7,0	16 400
A0	+0,6	0	−0,6	−2,8	−4,9 – −7,0	10 800
A5	+2,1	+1,2	+0,3	−2,1	−4,5 – −7,0	8 620
F0	+2,6	+1,7	+0,6	−2,0	−4,5 – −7,0	7 240
F5	+3,4	+2,1	+0,7	−2,0	−4,5 – −7,0	6 540
G0	+4,4	+2,8	+0,6	−2,0	−4,5 – −7,0	5 920
G5	+5,2	+3,2	+0,3	−2,1	−4,5 – −7,0	5 610
K0	+5,9	+3,2	+0,2	−2,1	−4,5 – −7,0	5 240
K5	+8,0	—	−0,3	−2,3:	−4,5 – −7,0	3 970
M0	+9,2	—	−0,4	−2,4:	−4,5 – −7,0	3 600
M5	+12,3	—	—	—	—	2 800

Das bedeutet aber nicht, daß alle Sterne die gleiche Zusammensetzung aufweisen. Genaue Untersuchungen, die auch von hochentwickelten Theorien der Sternatmosphären unterstützt werden, weisen auf echte Unterschiede hin. So enthalten etwa die Sterne der Hyaden wesentlich mehr Metallatome als die Sonne. Einige der Anomalien – aber nicht alle – kann man durch die unterschiedlichen Bedingungen in den einzelnen Sternatmosphären erklären. Einige außergewöhnliche Sterne wie zum Beispiel ν Sagittarii[10] und R Coronae Borealis enthalten sehr wenig Wasserstoff – ihre Zusammensetzung wird von Helium dominiert. Wieder andere Sterne weisen große Mengen an Quecksilber oder sogar von dem kurzlebigen Element Technetium auf.

10 Die meisten der helleren Sterne tragen bestimmte Namen oder Bezeichnungen, die ihre Identifikation innerhalb der 88 Sternbilder möglich machen. Die helleren Sterne, die man schon mit freiem Auge erkennen kann, werden nach Johann Bayer (Ende des 17. Jahrhunderts) etwa in der Abfolge ihrer Helligkeiten mit griechischen Buchstaben bezeichnet (z.B. α Andromedae), wobei sich diese Benennung für jedes einzelne Sternbild wiederholt. Ein wenig später nur erhielten die helleren Sterne von John Flamsteed wieder eine neue Bezeichnung: sie wurden innerhalb jedes Sternbildes mit Nummern bedacht (z. B. 12 Lacertae). Zusätzlich besitzen viele der Sterne, zumeist die hellsten, noch einige Namen, die bis auf die Antike zurückgehen (z. B. Sirius). Überall dort, wo solche historischen Namen existieren, habe ich versucht, sie unter Hinzufügung der griechischen Buchstaben zu verwenden.
Viele Sterne besitzen eine große Vielzahl verschiedener Namen und Bezeichnungen, immer abhängig davon, in welchem Zusammenhang sie untersucht wurden – und so finden wir in Positions-, Eigenbewegungs-, Spektral- und sonstigen Katalogen immer andere Bezeichnungen. Ein Beispiel wäre hier Pleione, ein Stern in den Plejaden, die man auch unter folgenden Bezeichnungen kennt: 28 Tauri (nach Flamsted), B.D. + 23° 558 (nach der Eintragung im ersten modernen Sternkata-

Solche Schlüsse kann man aus detaillierten Untersuchungen der Sternoberflächen – der einzigen Teile eines Sternes, die einer direkten Beobachtung zugänglich sind – ziehen. Es gibt aber genug Gründe, um sich vorzustellen, daß auch die Sterninneren solche Unterschiede der Zusammensetzungen aufweisen, ja sogar, daß sich diese Unterschiede im Verlauf der Sternentwicklung ändern und daß sie sich im Verhalten der Sterne, in ihren Oberflächeneigenschaften und in ihrer Entwicklung niederschlagen.

Die Verschiedenheit der Oberflächeneigenschaften, welche die sehr enge Gruppe der Hyaden zeigen, ist nur ein Beispiel für viele Hunderte von Sternhaufen und Assoziationen. Nicht alle ähneln hier den Hyaden. Einige enthalten Sterne, die weitaus heißer und heller sind. Andere wieder enthalten sehr viele von diesen roten Ausreißern, die ähnlich den vier Roten Riesen in den Hyaden sind, einige wiederum enthalten überhaupt keine Roten Riesen. In vielen stoßen wir auf veränderliche Sterne – es gibt tatsächlich keinen Veränderlichentyp, den man – trotz der großen Vielfalt – nicht in irgendeinem Haufen finden kann. So kann man auch den veränderlichen Sternen ihren Platz in diesem Schema zuweisen. Ihr Verhalten ist Teil einer natürlichen Abfolge von Ereignissen.

Wie kommt es, daß die Hyaden, die sich ja innerhalb eines sehr geringen Raumes von nur etwa 10 Parsec Radius befinden und sich gemeinsam durch das All bewegen, untereinander eine so große Vielfalt von Durchmessern, Temperaturen und Leuchtkräften aufweisen? Da durch ihre gemeinsamen Eigenschaften ausgeschlossen wird, daß es sich hier nur um eine zufällige Sternansammlung handelt, müssen sie also schon seit Anbeginn (was immer das bedeuten mag) eine gemeinsame Gruppe gebildet haben. Das heißt aber auch, daß sie alle aus dem gleichen Material entstanden sein müssen, vielleicht nicht alle zur selben Zeit, aber innerhalb eines beschränkten Zeitraumes. Aber welche Bedingungen haben dann zu ihrer jetzigen Vielfalt geführt?

Einen Anhaltspunkt dafür bietet die Abhängigkeit zwischen Leuchtkraft und Masse. Die Masse-Leuchtkraft-Beziehung der Hyaden ist durch den glücklichen Umstand, daß dieser Haufen eine große Anzahl von Doppelsternen enthält, etwas verwischt – glücklich wegen der Möglichkeit der direkten Massenbestimmung. Allein von den Hyaden können wir schließen, daß die massiveren Sterne auch die leuchtkräftigeren sind. Hier taucht also plötzlich die Möglichkeit auf, die unterschiedlichen Eigenschaften der Sterne durch ihre unterschiedlichen Massen zu erklären.

Die Bestimmung von Sternmassen ist mindestens genauso mühsam und zeitraubend wie die Bestimmung der Mitglieder eines Bewegungshaufens. Mehr noch: Hat man nach langer Zeit, – die Arbeit kann Jahre, ja sogar Jahrhunderte dauern – endlich die scheinbare

Fortsetzung Fußnote 10

log, der *Bonner Durchmusterung*, wobei die Zahlen bedeuten, daß dies der Stern Nr. 558 in der Deklinationszone zwischen 23 und 24 Grad nördlicher Breite ist, und zwar bezogen auf 1855, der Zeit, zu der die Sterne vom Bonner Observatorium aus beobachtet wurden), HD 23862 (nach dem *Henry Draper-Catalogue*, der zur Klassifikation der Sternspektren aufgestellt wurde), GC 6841 (von seiner Nummer im *General Catalogue of Proper Motions*, einem Eigenbewegungskatalog), und schlußendlich BU Tauri, die Bezeichnung, die dieser Stern als Veränderlicher erhalten hat.

Auch veränderliche Sterne sind nach Sternbildern sortiert. Als nur wenige von ihnen bekannt waren, dachte man, daß es am einfachsten wäre, diese Sterne mit Buchstaben – in jedem Sternbild mit R beginnend – zu bezeichnen. Als immer mehr Veränderliche entdeckt wurden, war die Sequenz R, S, T, . . . Z bald besetzt, und so begann man von neuem mit Doppelbuchstaben: RR, RS, RT, . . ., SS, ST, SU, . . ., ZZ, AA, AB, . . . AZ, BB, BC, . . . , BZ, CC, CD, . . . CZ, DD . . . QZ. Als auch diese Bezeichnungen nicht mehr ausreichten, weil schon bei einigen Sternbildern QZ erreicht war, entschloß man sich, statt mit dreibuchstabigen Bezeichnungen weiterzugehen, die Serie, die bisher 9 + 325 = 334 Sterne enthalten konnte, mit V 335, V 336 . . fortzusetzen.

Bahn enes Doppelsternes erhalten, müssen noch komplizierte himmelsmechanische Berechnungen angeschlossen werden. Die Anzahl der Sterne, deren Masse auf diese Weise bestimmt werden konnte, ist daher auch nicht viel größer als ein paar Dutzend. Sie sind in Bild 3.2 eingetragen.

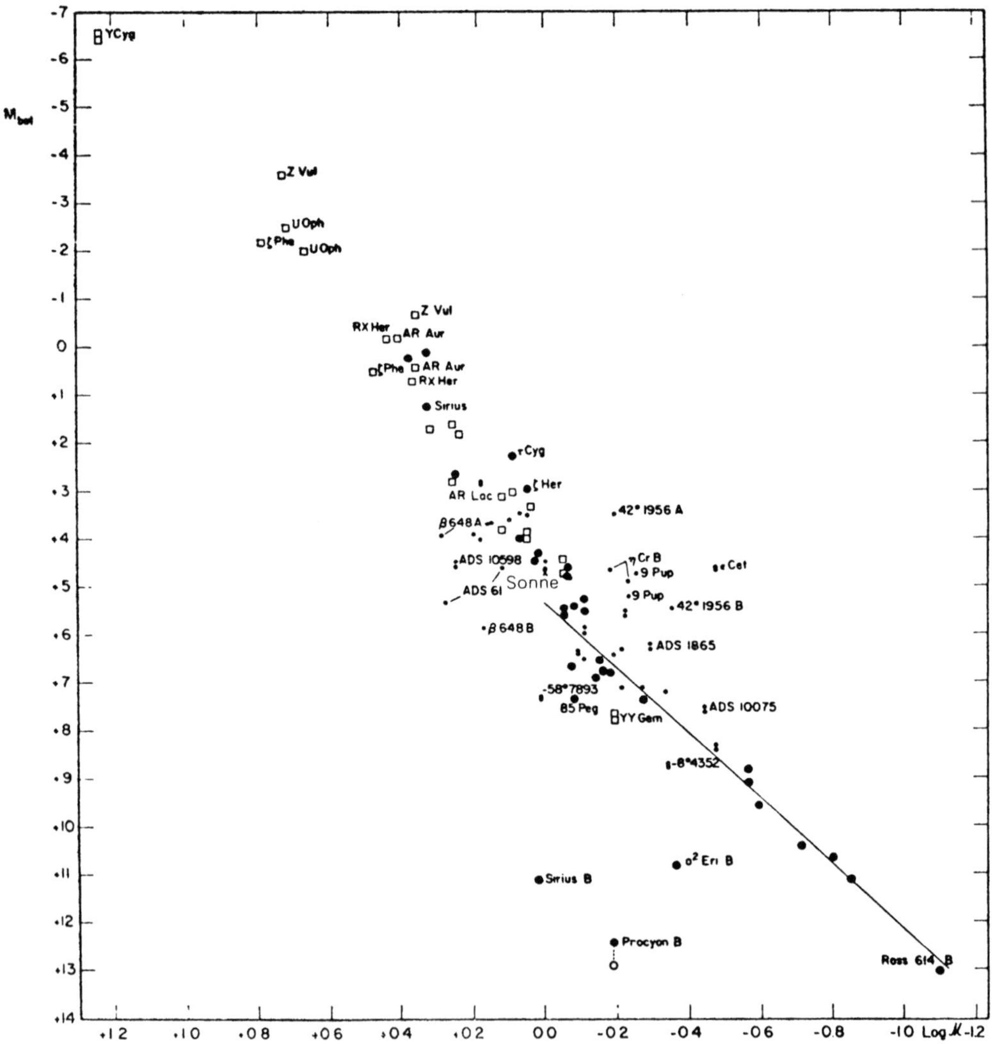

Bild 3.2 Masse-Leuchtkraft-Beziehung für Hauptreihensterne. Visuelle Doppelsterne mit hohem statistischem Gewicht sind mit großen Punkten, solche mit geringerem statistischem Gewicht mit kleinen Punkten bezeichnet. Bedeckungsveränderliche sind durch kleine Quadrate bezeichnet. Die ausgezogene Linie repräsentiert die allgemein gebräuchliche Masse-Leuchtkraft-Beziehung für späte Zwergsterne. Aufgetragen ist hier der Logarithmus der Masse gegen die bolometrische (d.h. über alle Wellenlängen gemittelte) Leuchtkraft.
(Nach D.L. Harris III, K.A. Strand und C.E. Worley, in: *Basic Astronomical Data,* Hrsg. v. K.A. Strand, Univ. of Chicago Press, 1963, p. 285)

Die bekannten Massen der Hauptreihensterne erweitern und bestätigen die Schlußfolgerung, auf die die Doppelsterne der Hyaden hingewiesen haben. Es existiert eine echte Beziehung zwischen Masse und Leuchtkraft bei Hauptreihensternen: Die massivsten Sterne sind auch die hellsten. Es zeigt sich, daß die Leuchtkraft der Masse nicht direkt proportional ist, sondern der zweiten bis dritten Potenz der Masse.[11]

Solche Betrachtungen scheinen nur auf Umwegen zum Hauptthema unseres Kapitels zu führen, der Betrachtung der Sternevolution (oder besser, Sternentwicklung, da dieser Prozeß nur die Geschichte eines einzelnen Sternes und nicht die Vererbung von Sterneigenschaften beinhaltet). Aber genau solche von den Hyaden abgeleitete Feststellungen haben den Weg für die heutige Theorie der Sternentwicklung geebnet.

Es ist unausweichlich, einige Annahmen – wir können sie hier Axiome nennen – zu treffen. So nimmt zum Beispiel die Theorie an, daß alle Mitglieder eines Sternhaufens zusammen aus dem gleichen Material entstanden sind. Eine andere Annahme (die durch ihre erfolgreiche Anwendung gerechtfertigt wird) betrifft die Quelle der Sternenergie. Früher dachte man, daß sie ihre Strahlungsenergie aus der Gravitationsenergie beziehen würden, aber schon zu Beginn unseres Jahrhunderts erkannte man, daß diese Energiequelle, ausgenommen vielleicht die frühesten und die spätesten Entwicklungsphasen, völlig unzureichend wäre. Langsam rang man sich zu der Erkenntnis durch, daß die Sterne während der meisten Zeit ihres Lebens ihre eigene Substanz verzehren. Heutzutage ist die enorme Bedeutung der nuklearen Energiequellen allgemein bekannt geworden, und es ist nicht mehr nur eine bloße Annahme, daß die Sterne während einer sehr langen Zeitspanne ihre Energien aus thermonuklearen Energiequellen beziehen.

Wenn die thermonukleare Energie einer der Hauptquellen für Sterne sein soll, müssen einige wenige Bedingungen erfüllt sein: So muß der nukleare Brennstoff im Stern in genügender Menge vorhanden sein; die äußeren Bedingungen müssen die Freisetzung der Energie erlauben; und die in Frage kommenden Reaktionen sollen natürlich exotherm sein (d. h., mit der Freisetzung von Energie verbunden sein). Tatsächlich ist auch das häufigste aller Elemente, der Wasserstoff, der Primärbrennstoff. Wenn man von den bekannten Massen, Größen und Dichten der Sterne ausgeht, so kommt man mit Hilfe einiger elementarer Überlegungen zu dem Schluß, daß die Temperaturen im Sterninneren einige Millionen Grad betragen müssen. Unter diesen Bedingungen ist im Sterninneren der Ablauf von thermonuklearen Prozessen möglich. Die genaue Berechnung aller dieser Einflüsse führt zur heutigen Theorie der Sternentwicklung. Ein Stern verbraucht seinen Wasserstoff und produziert daraus Kerne von immer größerem Atomgewicht, die selbst wieder im Verlauf der sich ständig ändernden Bedingungen verbraucht werden.

Eine genaue Beschreibung der themonuklearen Reaktionen, die im Sterninneren stattfinden können, liegt aber außerhalb des Bereichs dieses Buches. Ich habe mich hier auf einen kurzen Überblick beschränkt. Bei der einfachsten Reaktion, der Umwandlung von vier Wasserstoffatomen in einen Heliumkern, fungiert ein Kohlenstoffatom als Katalysator. Am Beginn ist dieses sogenannte Wasserstoffbrennen auf den Kern des Sternes beschränkt. Wenn dort im Laufe der Zeit der Wasserstoff verbraucht ist, setzt sich die Reaktion in einer Schale um den Kern nach außen weiter fort. Wenn der gesamte verfügbare Wasserstoff aufgebraucht ist, so lösen die dann steigenden Zentraltemperaturen die nächsten Reaktionen aus. Jetzt wird das Helium, das Endprodukt, quasi die „Asche" des Wasserstoffbrennens, selbst zum Brennstoff. In den nun einsetzenden Reaktionen werden

11 Dies wäre die theoretische Beziehung für Hauptreihensterne (und nur auf solche ist sie auch anwendbar). Der empirisch bestimmte Exponent dieser Beziehung (die die totale abgestrahlte Energie mit der Masse verknüpft) für Sterne mit weniger als einer Sonnenmasse scheint etwas kleiner zu sein.

Elemente wie Kohlenstoff, Stickstoff, Sauerstoff, Neon, Magnesium, Silicium und noch schwerere Kerne (bis zum Eisen) aufgebaut und selbst wieder verbraucht. Alle diese Reaktionen werden durch nur geringe Änderungen der Temperatur, die wieder durch die Dichte leicht beeinflußbar ist, ausgelöst und gestoppt. So ändert sich im Laufe der Zeit durch die pausenlos wechselnden Bedingungen die Struktur des gesamten Sternes, wobei sich dauernd Kernbrennen mit Schalenbrennen abwechselt.
Ein sehr wichtiger Faktor ist natürlich die ursprüngliche chemische Zusammensetzung der Materie, aus der der Stern entstanden ist. Wenn dort leichte Elemente wie Lithium, Beryllium und Bor vorhanden waren, so würden diese durch Kernreaktionen, die bei geringerer Temperatur als das Wasserstoffbrennen einsetzen, schon vernichtet worden sein. Tatsächlich sind diese Elemente in Sternatmosphären auch sehr selten, und ihr Vorhandensein scheint auf extreme Jugend des jeweiligen Sternes zu deuten, der sich also in einer Phase befinden muß, bevor noch die Hauptenergiequellen angetastet worden sind.
Die Berechnung der einzelnen Wege der Sternentwicklung aus den bekannten physikalischen Eigenschaften der Atomkerne ist eine der größten Leistungen der modernen Astrophysik gewesen, die auch durch modernste Computertechnologien unterstützt wurde. Bild 3.3 zeigt die vorausberechnete Entwicklung eines Sternes von fünf Sonnenmassen, beginnend mit seiner Ankunft auf der Hauptreihe (Punkt 1), an dem Punkt also, an dem man sich vorstellt, daß das Wasserstoffbrennen einsetzt (die durch alle Sterne mit verschiedener Masse auf diese Weise definierten Punkte bilden eine Linie, die sogenannte Nullalter-Hauptreihe oder ZAMS – von *Z*ero *A*ge *M*ain *S*equence).
Während man viele verschiedene diesen Prozeß beeinflussende Effekte berücksichtigte, so wurden bei diesen Berechnungen die Rotationseffekte (und es sind sehr viele rasch rotierende Sterne bekannt) und die Effekte des Massenverlustes, wie man ihn bei einigen Übergangsphasen im Riesengebiet beobachten kann, ausgeklammert – sicher alles Prozesse, die diesen Entwicklungsweg etwas verändern. Die Rechnungen gehen von einer angenommenen Zusammensetzung von 71 % Wasserstoff, 27 % Helium und 2 % „Metallatome" (= alle Elemente, die schwerer als Wasserstoff und Helium sind) aus. Kleine Differenzen in der Zusammensetzung werden natürlich die Entwicklungswege größenordnungsmäßig etwas verändern, wobei aber die allgemeine Form im großen und ganzen unverändert bleibt.
Die Theorie trifft über das Ausmaß und die genaue Abfolge der Sternentwicklung detaillierte Voraussagen. Ausgehend von seiner Ankunft auf der Hauptreihe (Punkt 1 in Bild 3.3) benötigt ein Stern mit der fünffachen Sonnenmasse für seine gesamte Entwicklung bis zum Ende des zweiten Riesenarmes (Punkt 14 in Bild 3.3) weniger als 100 Millionen Jahre. Die meiste Zeit verbringt er auf oder nahe bei der Hauptreihe: Einige Phasen sind nur sehr kurz, wie etwa das Stadium des Roten Riesen (Punkt 6 in Bild 3.3), das nur etwa ein Hundertstel der Zeit des Aufenthaltes auf der Hauptreihe dauert. In Tabelle 3.2 sind die wichtigsten Änderungen und Prozesse während der Sternentwicklung zusammengefaßt.
Im Laufe seiner Entwicklung muß ein Stern ganz einfach deshalb so große Veränderungen durchmachen, weil er von Anfang an nur über eine begrenzte Menge an Kernbrennstoff verfügt. Natürlich kann man auf solche inneren Veränderungen nur indirekt schließen – direkt beobachten lassen sich aber die dadurch bedingten Änderungen der Oberflächeneigenschaften. Auf der Hauptreihe ist ein Stern, der fünfmal soviel Masse wie die Sonne besitzt, etwa tausend mal heller als diese – vergleichbar mit ν Andromedae, einem heißen Stern, dessen Oberflächentemperatur circa 20000 Grad beträgt. Nach Erreichen des Stadiums eines Roten Riesen könnte man ihn dann vielleicht mit α Herculis (Ras Algethi) vergleichen. Das ist ein kühler Stern mit einer Oberflächentemperatur von etwa

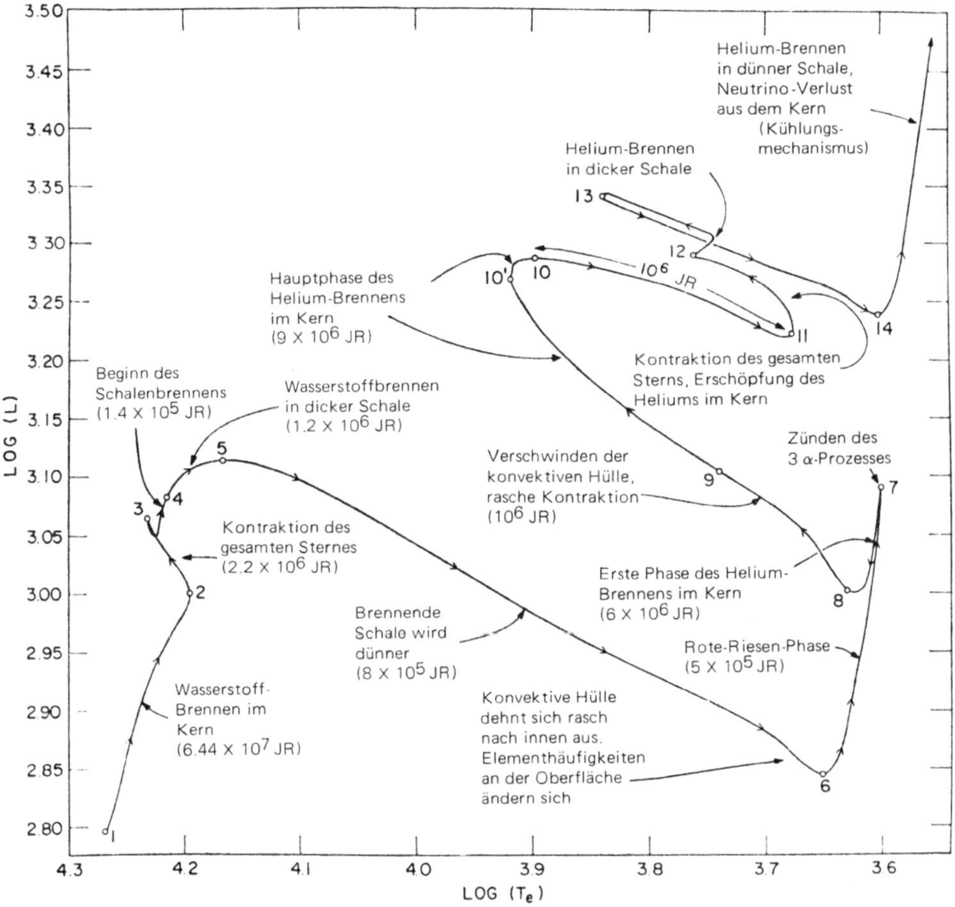

Bild 3.3 Entwicklungsweg eines metallreichen Sternes von fünf Sonnenmassen (5 $M_\odot$) im Hertzsprung-Russell-Diagramm (HRD). Die Leuchtkraft ist in Einheiten der Sonnenleuchtkraft ($L_\odot$ = 3,86 · 10^{33} erg/s) und die Oberflächentemperatur in Kelvin angegeben. Die Übergangszeiten zwischen den einzelnen Punkten sind in Jahren (JR) aufgeführt.
(Nach Icko Iben, Jr., *Annual Review of Astronomy and Astrophysics* **5**, 573 (1967))

3500 Grad, der sich durch einen sehr starken Massenverlust in Form eines von seiner Oberfläche weggerichteten Sternwindes auszeichnet. Zwischen den erwähnten Phasen läuft der Stern rasch durch verschiedene instabile Zustände, die ihn zu Pulsationen zwingen, wie sie etwa bei Delta-Cephei-Veränderlichen beobachtet werden. Die späteren Abenteuer dieses Sternes nach der zweiten Riesenphase (nach Punkt 14 in Bild 3.3) sind in der dort erwähnten Arbeit noch nicht berechnet worden.

Der interessante Eindruck, den dieses Bild macht, wird noch weiter verstärkt, wenn man Entwicklungswege für Sterne von ähnlicher Zusammensetzung, aber mit verschiedenen Massen berechnet. In Bild 3.4 sind solche Entwicklungswege für Sterne zwischen einer

Tabelle 3.2
Entwicklungsweg eines Sternes von fünf Sonnenmassen. Doppelpunkte neben den Zahlen weisen auf unsichere Werte hin.

Punkt in Bild 3.3	Entwicklungsphase	Dauer (in Millionen von Jahren)	Zeit, gerechnet von der Nullalter-Hauptreihe (in Millionen von Jahren)
1	Wasserstoffbrennen im Kern, Hauptreihe	64,40	64,40
2	Kontraktion des gesamten Sterns	2,20	66,60
3	Beginn des Schalenbrennens	0,14	66,74
4	Wasserstoffbrennen in dicker Schale	1,20	67,94
5	Brennende Schale wird dünner; Konvektive Hülle dehnt sich nach innen aus	0,80	68,74
6	Rote Riesen-Phase (Zünden des 3 α-Prozesses)	0,50	69,24
7	Erste Phase des Helium-Brennens im Kern	6,00	75,24
8	Verschwinden der konvektiven Hülle, rasche Kontraktion	1,00	76,24
9	Hauptphase des He-Brennens im Kern	9,00	85,24
10		1,00	86,24
11	Kontraktion des gesamten Sterns; Erschöpfung des He im Kern	2,5:	88,74:
12	He-Brennen in dicker Schale		
13			
14	He-Brennen in dünner Schale, rascher Neutrino-Verlust aus dem Kern, Aufstieg zum Riesenarm		

halben Sonnenmasse und fünfzehnfacher Sonnenmasse eingetragen. Je massiver ein Stern ist, desto leuchtkräftiger ist er auch in jeder einzelnen Phase und desto höher ist auch die Temperatur, mit der er dann die Hauptreihe verläßt. Obwohl zwischen den einzelnen Entwicklungswegen eine generelle Ähnlichkeit besteht, liegen sie jedoch nicht parallel zueinander. Tabelle 3.3 zeigt die Gesamtzeit, die bis zum Ende der verschiedenen Phasen, wie sie in Bild 3.4 gezeigt sind, abgelaufen ist. Eines der wichtigsten Ergebnisse dieser Berechnungen liegt in folgender Aussage: Je massenreicher ein Stern ist, desto kürzer hält er sich auf der Hauptreihe auf und desto schneller durchläuft er auch die übrigen Phasen. Für einen Stern von fünfzehn Sonnenmassen beträgt die Aufenthaltsdauer auf der Hauptreihe nur zehn Millionen Jahre, im Gegensatz zu über zehn Milliarden Jahren für einen Stern von nur einer Sonnenmasse. Für die schwersten bekannten Sterne mit Massen von über fünfzig Sonnenmassen müssen die Aufenthaltdauern auf der Hauptreihe sehr kurz sein – kürzer als eine Million Jahre. Auf der anderen Seite wird die Zeit, die ein Stern mit einer Masse von einem Zehntel der Sonnenmasse auf der Hauptreihe verbringt, vielleicht sogar größer sein als das bisherige Alter der Galaxie. Obwohl die massivsten Sterne ihre Entwicklung sehr rasch durchlaufen, verbringen auch sie, wie alle anderen Sterne, die meiste Zeit ihres Lebens auf der Hauptreihe oder wenigstens in deren Nähe.

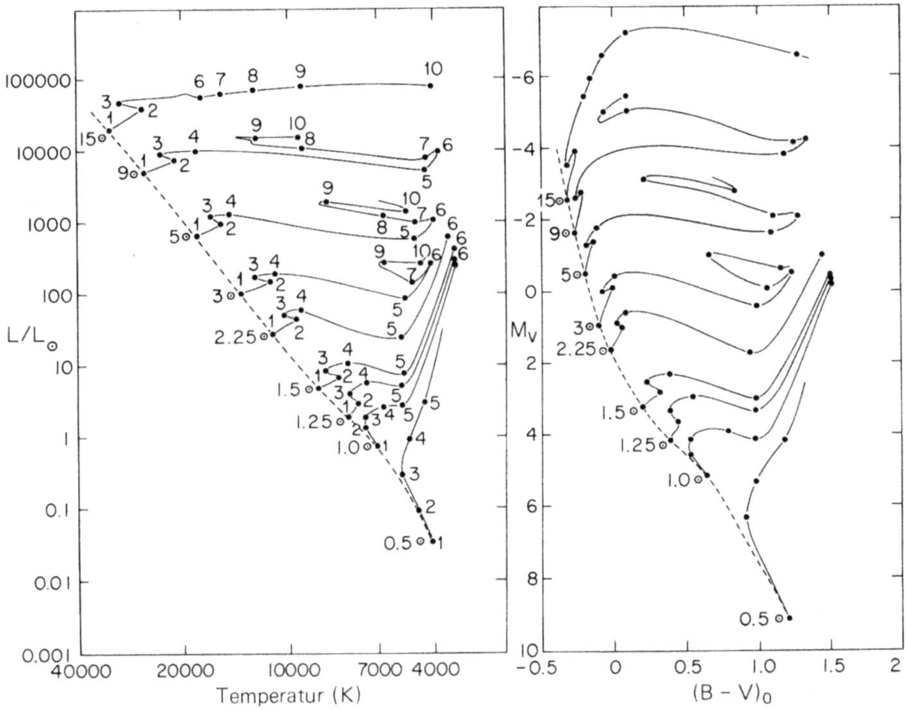

Bild 3.4 Entwicklungswege für Sterne mit verschiedener Masse. Links: totale Leuchtkraft (bolometrische Leuchtkraft = totale Energieabstrahlung über alle Wellenlängen) in Einheiten der Sonnenleuchtkraft gegen effektive Temperatur (logarithmische Skalen, siehe auch Bild 3.3). Die theoretisch berechneten Entwicklungswege sind mit nummerierten Punkten versehen (siehe Bild 3.3 und Tabellen 3.2 und 3.3). Die Zahlen links von den Entwicklungswegen stellen die Masse des betreffenden Sterns in Einheiten der Sonnenmasse dar. Die unterbrochene Linie ist die Nullalter-Hauptreihe (ZAMS).
Rechts: Hier wurden die selben Daten in die bei der Untersuchung der Sternhaufen verwendeten Einheiten umgerechnet und die absolute visuelle Helligkeit (M_V) gegen den Farbindex $(B\text{-}V)_0$ aufgetragen. Die Verschiedenheit der Entwicklungswege in den beiden Diagrammen rührt daher, daß sowohl M_V als auch $(B\text{-}V)_0$ auf bestimmte Wellenlängen bezogen sind und damit nicht die ganze Energieabstrahlung erfassen.
(Nach Icko Iben, Jr., *Annual Review of Astronomy and Astrophysics* 5, 585 (1967))

In Bild 3.4 sind die Eigenschaften von Sternen mit verschiedener Masse nach Ablauf verschiedener Zeitspannen abgebildet. Was wir hingegen tatsächlich innerhalb eines Sternhaufens beobachten, sind Sterne unterschiedlicher Masse, aber gleichen Alters. In Diagrammen ergeben also die Sterne eines bestimmten Sternhaufens eine Linie gleichen Alters – eine Isochrone –, die dem Alter dieses Haufens entspricht. Die Zustandseigenschaften der beobachteten Sterne definieren dann jenes Muster, das bei der Entwicklung von Sternen verschiedener Masse entsteht, wenn alle diese Sterne bei der Nullalter-Hauptreihe begonnen haben.

Diese Isochronen zeigen eine große Ähnlichkeit mit den Entwicklungswegen. In Bild 3.4 und in Tabelle 3.3 hat ein Stern mit einer bestimmten Masse schon seinen gesamten Entwicklungsweg durchlaufen, bevor der Stern mit der nächstniedrigeren Masse auch nur Punkt 2 erreicht hat. Daher werden Sternansammlungen gleichen Alters Entwicklungsmuster zeigen, bei denen die Sterne mit geringeren Massen immer näher an der Hauptreihe

Tabelle 3.3
In dieser Tabelle ist die Gesamtzeit angegeben, die für Sterne von unterschiedlichen Massen vom Erreichen der Nullalterhauptreihe (ZAMS) bis zum entsprechenden Entwicklungspunkt abgelaufen ist. Die Berechnungen in dieser Tabelle gelten für eine angenommene Zusammensetzung des Sternes von 71 Gewichts% Wasserstoff, 27 % Helium und 2 % schwerere Elemente („Metalle"). Für Sterne mit geringen Massen wurden die Berechnungen nicht über Punkt 6 hinaus fortgeführt.

Endpunkt des Stadiums in Bild 3.4	Zeit ab Nullalter-Hauptreihe für verschiedene Massen (in Millionen Jahren)							
	15,0	9,0	5,0	3,0	2,25	1,5	1,25	1,0
2	10,100	21,440	65,470	221,200	480,20	1 553,0	2 803,0	7 000
3	10,327	22,045	67,643	231,620	496,67	1 634,0	2 985,4	9 000
4		22,136	69,015	241,950	533,63	1 974,9	4 030,4	10 200
5	10,403	22,284	69,768	246,456	546,73	2 079,8	4 176,7	10 357
6		22,350	70,254	250,694	585,02	2 279,8:	4 576,7:	11 357
7	11,120	22,840	76,304	275,794				
8	11,740	23,794	77,324					
9	11,930	27,074	86,324	316,594				
10	11,965	27,229	87,254	322,594				

(Nach Icko Iben, Jr., *Annual Review of Astronomy and Astrophysics* 5, 585 (1967))

liegen, während sich Sterne mit größeren Massen schon weiter davon entfernt haben. Nach Punkt 4 in Bild 3.4 beginnen die Sterne sehr rasch durch das Farben-Helligkeits-Diagramm zu wandern, und der Bruchteil der Zeit, den sie dort verbringen, ist so gering, daß die Isochronen nahezu die gleiche Gestalt aufweisen wie die Entwicklungswege. Für die Massenserie in Bild 3.4 liegen die Isochronen für eine bestimmte Masse (bzw. der Punkt, der für die jeweilige Masse auf einer Isochrone liegt), zwischen den Entwicklungen dieser und der nächstniedrigeren Masse. Für kleinere Massen konvergieren diese Wege. Daher sind bei den Isochronen der massivsten Sterne die leuchtkräftigsten roten Sterne sichtbar lichtschwächer als die hellsten blauen Sterne; für Sterne mittlerer Masse sind die absoluten visuellen Helligkeiten annähernd identisch, wohingegen im Falle sehr kleiner Sternmassen die roten Sterne heller sind. Wir werden im weiteren noch sehen, daß die Sternhaufen diese Voraussagen bestätigen.

Mit Hilfe dieser Isochronen ist es möglich, einer Gruppe von gleichzeitig entstandenen Sternen ein Alter zuzuordnen: Dort, wo sich im Farben-Leuchtkraft-Diagramm eines Sternhaufens die Sterne von der Hauptreihe wegzubewegen beginnen, liegt auch die Massenobergrenze für einen Stern, der sich immer noch auf der Hauptreihe befindet. Diese Obergrenze liefert sofort das Alter der Gruppe, da die Aufenthaltsdauer auf der Hauptreihe in strenger Korrelation mit der Klasse steht. Daher sind Gruppen mit sehr leuchtkräftigen (und daher massiven) Sternen, die sich immer noch auf der Hauptreihe befinden, sehr jung; weisen dagegen die hellsten Hauptreihensterne nur geringe Helligkeit auf, so muß es sich um alte Objekte handeln.

Bei der Untersuchung von Sternhaufen und Assoziationen werden wir immer auf diese Methode der Altersbestimmung stoßen. Deshalb sollen an dieser Stelle noch einige einschränkende Hinweise gegeben werden. Die Grundberechnungen gehen von einer bestimmten Anfangszusammensetzung aus, wobei aber diese Ausgangszusammensetzung von Gruppe zu Gruppe oder sogar innerhalb einer Gruppe veränderlich sein kann. Wir haben bereits festgestellt, daß die Hyaden wesentlich mehr schwerere Elemente besitzen als die

Sonne: diese Differenz kann natürlich die Entwicklungswege und wahrscheinlich auch die Übergangszeiten ein wenig verändern. Zweitens setzt diese Arbeitsweise voraus, daß alle Sterne dieser Gruppe zur selben Zeit die Nullalter-Hauptreihe erreicht haben, was genaugenommen natürlich nicht stimmen kann. Die Tatsache, daß viele Farben-Leuchtkraft-Diagramme (wie etwa das der Hyaden) von relativ idealer Gestalt sind, deutet darauf hin, daß alle Sterne die Nullalter-Hauptreihe innerhalb einer Zeit erreicht haben, die gegen das Alter des Haufens klein ist. Aber in letzter Zeit mehren sich die Hinweise, daß sich die Sterne eines Haufens nicht simultan entwickeln. Vor allem bei jungen Objekten ist die Streuung des Farben-Leuchtkraft-Diagramms relativ groß. Eine Entstehungszeitspanne von einer Million Jahren würde bei massenreichen Sternen wegen der rascheren Entwicklung natürlich eine viel größere Streuung verursachen als bei einem Haufen, dessen Sterne von geringerer Masse sind und die sich daher auch langsamer entwickeln.

Hier kommen wir zu einer sehr interessanten Frage: Es gibt keinerlei Abschätzungen, ob und wie die Verteilung der Massen bei der Entstehung eines Sternhaufens erfolgt. Aus Beobachtungen kann man ableiten, daß die leuchtkräftigsten Sterne (und daher vermutlich auch die mit der größten Masse) innerhalb einer jeden Gruppe am seltensten sind, und daß die Häufigkeit der anderen Sterne mit abnehmender Leuchtkraft zunimmt. Diese Leuchtkraftverteilung gilt auch für Sterne im allgemeinen – für sogenannte „Feldsterne", die nicht Mitglieder eines Sternhaufens sind, oder bei denen man zumindest nicht weiß, ob sie zu einem Haufen oder einer Assoziation gehören.

Bei der Besprechung der ältesten offenen Sternhaufen werden wir sehen, daß sie keine sehr leuchtkräftigen (und daher auch keine sehr massenreichen) Sterne enthalten, – dies gilt auch für Kugelsternhaufen. Haben sie aber vielleicht einmal solche Sterne enthalten, die den leuchtkräftigsten Objekten in den jungen Sternhaufen vergleichbar sind, und wenn ja, was ist mit diesen Sternen geschehen? Wenn sich nicht die „Sternentstehungsfunktion" mit der Zeit geändert haben soll, so müssen sie eine sehr drastische Umwandlung erfahren haben. Es ist in diesem Zusammenhang nicht unwichtig, daß alle bekannten Sterne mit hoher Masse leuchtkräftige blaue Sterne sind: Wenn sie nämlich erst einmal die Hauptreihe verlassen haben, können solche Sterne nicht mehr lange leben. Der Bedeckungsveränderliche UW Canis Majoris (oder mit einer anderen Bezeichnung, 29 Canis Majoris) und ζ Puppis, – ein Stern zweiter Größenklasse und einer der heißesten bekannten Sterne – besitzen eine sehr hohe Masse – (mindestens die dreißigfache Sonnenmasse). Wir wissen noch nicht, was die Zukunft für sie bringen wird.

Bisher haben wir die Hauptreihe (genauer, die Nullalter-Hauptreihe) als Ausgangspunkt genommen. Aber wie erreichen die Sterne die Hauptreihe? Damit ist die Frage nach der Sternentstehung angeschnitten. Nach dem gegenwärtigen Kenntnisstand nimmt man an, daß Sterne aus Materieansammlungen (Gas- und Staubwolken) durch Kontraktionsprozesse entstehen. Viele der so entstandenen Sternembryos sind unsichtbar, da sie noch tief in absorbierender Materie gebettet sind. Man kann mit großer Sicherheit annehmen, daß ihre innere Temperatur während der Kontraktionsphase so lange steigt, bis die thermonuklearen Reaktionen, die sie ja erst als Hauptreihensterne auszeichnen, anlaufen. Theoretische Berechnungen zeigen, daß dieser Prozeß etwa zehn Prozent der Zeitspanne dauert, die der Stern auf der Hauptreihe verbringt. Dies darf aber bestenfalls nur als grobe Abschätzung betrachtet werden. Das Alter, das man aus einer Isochrone ablesen kann, muß also um etwa 10 % vergrößert werden, wenn man das Sternalter auf den Zeitpunkt seiner Entstehung beziehen will. Dies ist aber bestenfalls ein vages Konzept. Jedenfalls bleibt die Feststellung, daß sich ein Stern die meiste Zeit auf oder nahe der Hauptreihe befindet.

Die Ergebnisse, die in Bild 3.4 gezeigt sind, bilden eine theoretische Masse-Leuchtkraft-Beziehung für Hauptreihensterne mit einer Zusammensetzung, die der bei den Rechnungen vorausgesetzten ähnelt. Die Übereinstimmung mit der beobachteten Masse-Leuchtkraft-Beziehung ist sehr gut. Es ist natürlich klar, daß die Sterne, die die Hauptreihe schon verlassen haben, nicht mehr gut in diese Masse-Leuchtkraft-Beziehung passen, was auch von den wenigen Sternen, deren Masse bisher bestimmt werden konnte, bestätigt wird.

Wir sind jetzt also den Abenteuern eines Sterns von der Vorhauptreihenentwicklung bis zum Ende des zweiten Riesenarmes gefolgt. Diese Entwicklung ist alles andere als geradlinig: Der Entwicklungsweg ändert sich, kehrt um und weist sogar Schleifen auf. Jede einzelne Entwicklungsphase ist mit einem bestimmten Verhaltensmuster verbunden, und jede einzelne Änderung der Richtung dieser Entwicklung geht Hand in Hand mit einer Änderung des „Verdauungsprozesses" des Sterns. Vorhauptreihensterne „ernähren" sich größtenteils von Gravitationsenergie, während Hauptreihensterne hauptsächlich Wasserstoff „verschlingen". Während der Stern langsam altert, ändern sich seine innere Struktur und der Ort der Energieentstehung. Wenn der Stern das Rote-Riesen-Stadium erreicht hat, steht für den Kern Helium auf dem Speiseplan. Verlagert sich der Ort des Heliumbrenners vom Kern in die Schale, kann dieser Stern ein Delta-Cephei-Veränderlicher werden. Mit jeder Änderung seiner Speisekarte ändert der Stern auch seinen äußerlichen Charakter.

Wenn alle Sterne durch diese Phasen mit der gleichen Geschwindigkeit laufen würden, so müßte sich das von den Isochronen repräsentierte Entwicklungsmuster als Ganzes in Richtung der röteren, kühleren Sterne verschieben. Aber die Positionen, die von Sternen verschiedener Masse in der gleichen Zeit in diesem Zustandsdiagramm erreicht werden, zeigen, daß das nicht so ist. Die Sterne mit der größten Masse entwickeln sich auch am schnellsten. Die Zeit des Abschiedes von der Hauptreihe, wenn der Wasserstoff im Kern verbraucht ist, kommt für massivere Sterne früher als für leichtere Sterne und kann als Maß für das Alter einer Sterngruppe verwendet werden. Wenn wir uns mit den Farben-Helligkeits-Diagrammen von offenen und kugelförmigen Sternhaufen beschäftigen werden, werden wir eine Anzahl von Isochronen sehen, die Zeiten zwischen wenigen Millionen und einigen Milliarden Jahren entsprechen.

Der zeitliche „Horizont" unserer Galaxie liegt irgendwo bei etwas über zehn Milliarden Jahren. Bisher konnte noch kein deutlich älterer Stern oder Sternhaufen gefunden werden. Während dieser Zeitspanne werden Sterne mit weniger als einem Zehntel der Sonnenmasse noch nicht den Umkehrpunkt erreicht haben – sie verbrennen noch immer Wasserstoff in ihrem Kern. Sterne von zehnfacher Sonnenmasse werden schon längst die Hauptreihe verlassen haben und werden vorbei am Riesenarm in ein außerhalb unseres Diagramms gelegenes Schicksal gegangen sein. Solche massiven Sterne, die sich immer noch auf der Hauptreihe befinden, können nicht sehr alt sein. Für einen Einzelstern können wir auf diese Weise eine Obergrenze für sein Alter finden. Wenn aber der Stern Mitglied einer Gruppe ist, deren Farben-Leuchtkraft-Diagramm bekannt ist, so kann aus dem Abkehrpunkt von der Hauptreihe das Alter dieser Gruppe abgeleitet werden.

Kapitel 4
Zuerst das Kleinkind – die Vorhauptreihenentwicklung

Unsere Beschäftigung mit den Hyaden und mit den Zusammenhängen zwischen den Prozessen der „Ernährung" der Sterne und den beobachteten Sterneigenschaften lieferte uns ein empirisches Bild der Hauptreihe und eröffnete einen kleinen Einblick in theoretische Zusammenhänge. Die Hauptreihe markiert sozusagen den Startpunkt für die thermonukleare Entwicklung der Sterne. Die vorangehenden Entwicklungsstufen im Leben eines Sterns bis zum Erreichen der Hauptreihe dagegen, wurden bisher nur kurz angerissen.
Aus verschiedenen Gründen läßt sich hier nur eine relativ grobe Beschreibung dieser frühen Entwicklungsphasen geben. Anfänge sind immer sehr schwer zu beschreiben. Wenn man von einer definierten Mischung von Atomen und Elementarpartikeln ausgeht, die in Materieansammlungen verschiedenster Massen vorliegen, so ist es nicht allzu schwer, die Sternentwicklung ins Rollen zu bringen. Aber schon die Entstehung der meisten Elemente im Kosmos kann nicht direkt beobachtet werden – hier müssen gewisse Annahmen getroffen werden. Es ist jedenfalls sehr schwierig, von einem Stern auszugehen, der nur aus reinem Wasserstoff aufgebaut ist.
Ich kann hier auch nicht den Ursprung eines Sternsystems beschreiben – dies ist Aufgabe der Kosmologie und geht weit über das Thema dieses Buches hinaus. Die Existenz der Galaxie, des interstellaren Mediums sowie der Umgebung, aus der die Sterne geboren werden können, und auch das Vorhandensein der benötigten chemischen Elemente muß ich hier axiomatisch voraussetzen. Meine Abbildungen und Schlußfolgerungen stammen von Dingen, die man in unserer unmittelbaren Nachbarschaft sehen und studieren kann. Nur ganz selten verlassen wir unsere Galaxie, nur sehr widerstrebend begeben wir uns in den Bereich des Unbekannten und Exotischen. Aus diesem Grund ist es nicht einfach, die Entstehung der Sterne von Anfang an zu beschreiben. Wahrscheinlich entstehen sie nicht einzeln, sondern in Gruppen aus dichten Zusammenballungen von sogenannter protostellarer Materie. Für unsere Zwecke mag es daher interessanter sein, zu untersuchen, *wo* Sterne entstehen und nicht darüber zu spekulieren, *wie* sie entstehen. Einen Hinweis dazu liefert möglicherweise die Tatsache, daß man Sterne nur in Gruppen findet.
Der erste Hinweis auf solche stellaren „Brutanstalten" wurde schon vor vielen Jahren von Alfred H. Joy gegeben, der einen unfehlbaren Instinkt für wichtige Fakten besaß. Er bemerkte, daß sich eine große Anzahl von schwachen, irregulären Veränderlichen in kunklen kleinen Nebeln im Sternbild des Stiers (Taurus) befanden, am Himmel nicht weit von den Hyaden entfernt, räumlich aber in einer viel größeren Distanz gelegen. Er stellte fest, daß sich hier in einem sehr kleinen Raumvolumen eine außergewöhnlich große Anzahl dieser Sterne befand, und vermutete richtig, daß sie erst vor kurzer Zeit aus diesem dunklen Nebel entstanden waren. Nach diesen sogenannten T Tauri-Sterne (der Name stammt von dem ersten der hier in dieser Klasse entdeckten Veränderlichen) wurden die T-Assoziationen, die eine größere Anzahl von ähnlichen Objekten enthalten, benannt. Einige Tausend solcher oder ähnlicher Sterne sind jetzt bekannt.

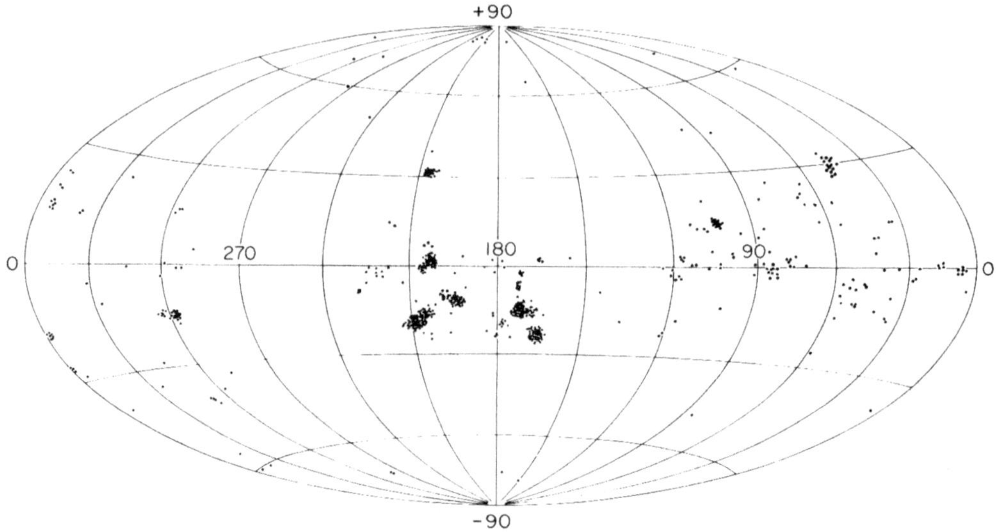

Bild 4.1 Scheinbare Verteilung von veränderlichen Vorhauptreihensternen am Himmel, abgebildet mit einer flächentreuen Projektion und dem galaktischen Antizentrum in der Mitte. Eine Häufungstendenz ist offensichtlich. Die dichten Gruppen nahe der Mitte beinhalten die Taurus- und die Orion-Assoziation, die Plejaden sowie die Sternhaufen im Einhorn (Monoceros). In diesen Gruppen sind die Veränderlichen so zahlreich, daß es nicht möglich war, sie alle einzeln in dieses Diagramm einzuzeichnen. Die kleine Gruppe nahe dem galaktischen Nordpol liegt in einem Sternhaufen im Haar der Berenike (Coma Berenices).

Bild 4.1 zeigt die scheinbare Verteilung dieser veränderlichen Sterne am Himmel. Deutlich tendieren diese Sterne zu einer Häufung in dichten Gruppen, von denen man einige im Diagramm sieht. Würde man Sterne, die diesen Veränderlichen im Spektrum ähneln, aber ihre Helligkeit nicht verändern, mitgezählt haben, so würden diese Haufen noch viel dichter besetzt und kompakter sein. Diese Kompaktheit ist reell, da alle diese Gruppen uns sehr nahe und tatsächlich auch sehr klein sind.

Leider ist dieses Bild nicht vollständig. Es zeigt sehr deutlich die Gebiete am Himmel, in denen man intensiv nach solchen Sternen gesucht hat und repräsentiert nur einen sehr kleinen Raumbereich. Weiters sind viele dieser Sterne sehr schwache Objekte und tief in dunklen Nebeln eingebettet, was ihre Beobachtung sogar bei geringen Entfernungen erschwert.

Unter diesen irregulären Veränderlichen gibt es keine hellen und bekannten Sterne.Von fast allen anderen Veränderlichen gibt es einige Repräsentanten, die sich mit freiem Auge beobachten lassen, aber die hellsten dieser Vorhauptreihensterne – T Tauri, RY Tauri und RU Lupi – sind Sterne der neunten Größenklasse und somit für freisichtige Beobachtungen viel zu schwach.

Daß dies die absolut jüngsten Sterne sind, die man beobachten kann, wird durch die Tatsache nahegelegt, daß man sie, – von einigen wenigen Ausnahmen abgesehen, nur in Gruppen findet. Wir könnten also vermuten, daß Gruppen, in denen irreguläre Veränderliche vorkommen, nur aus solchen veränderlichen Sternen bestehen, was aber nicht der Fall ist: Einige dieser Gruppen enthalten viele Sterne, die zwar in ihren spektralen Eigenheiten den Veränderlichen ähneln, aber mit Sicherheit keine Veränderlichen sind. Wieder andere besitzen eine Anzahl von Mitgliedern, die sich nicht nur auf der Hauptreihe befinden, sondern sich sogar wieder von ihr weg, nämlich zum Riesenstadium hin, entwickeln.

Tatsächlich beinhaltet unsere Abbildung der Positionen der irregulären Veränderlichen eine große Vielzahl von verschiedenen Sternengruppen. Die Plejaden, die Hyaden und die Haufen in der Coma Berenices können hier als repräsentativ angesehen werden. Alle enthalten wohldefinierte Hauptreihensterne, die beiden letzteren sogar weiterentwickelte

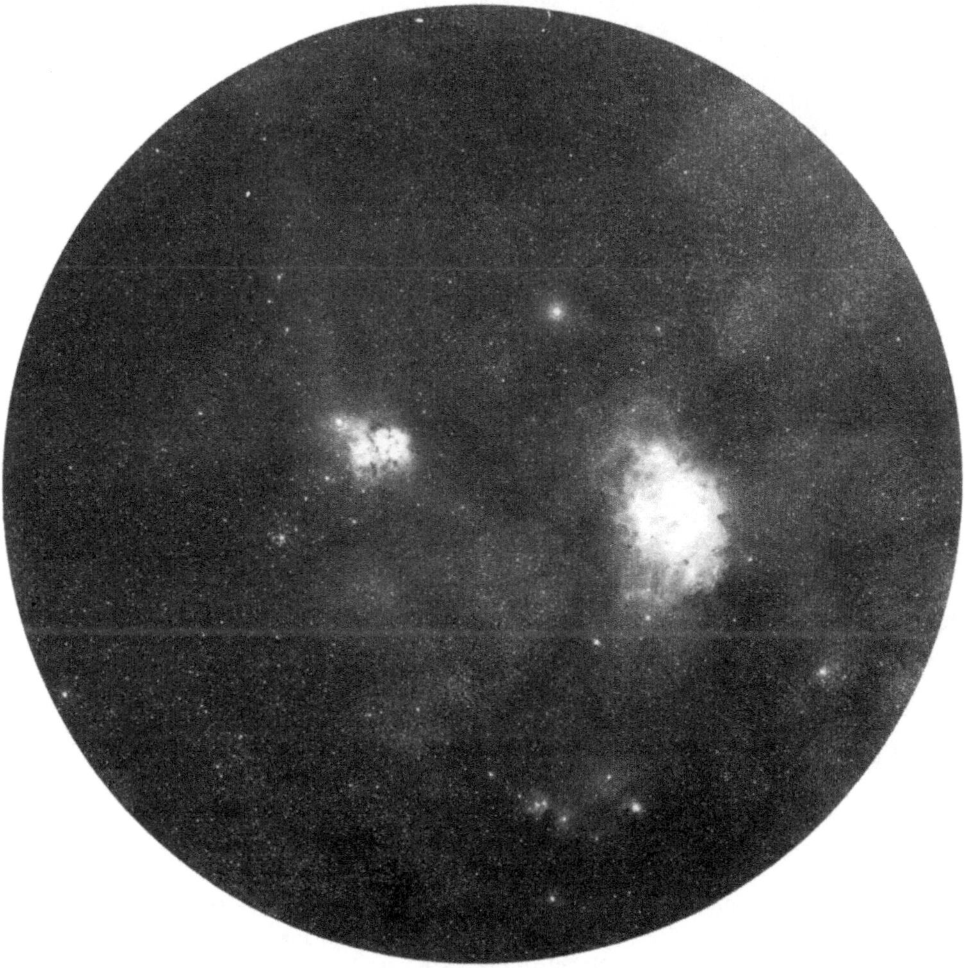

Bild 4.2 Trifid-Nebel (Messier 20) und Lagunen-Nebel (Messier 8). Sie liegen in einem von dichten Staub- und Nebelmassen erfüllten Raumgebiet. Beide sind sie helle Nebel und Zentren der Sternentstehung. Der Trifid-Nebel (links) enthält einige Vorhauptreihenveränderliche der 17. und 18. Größenklasse, der Lagunen-Nebel etwa vierzig oder fünfzig solcher Sterne. Diese sind mit einem Sternhaufen, der hauptsächlich heiße, helle Sterne enthält, sowie mit einigen dunklen „Globulen" assoziiert. (Photographie: Boyden-Observatorium)

Bild 4.3
Der nebelige Sternhaufen NGC 6611 (Messier 16), der eine Anzahl von Vorhauptreihenveränderlichen enthält.
(Photographie: United States Naval-Observatorium)

Bild 4.4
Der nebelige Sternhaufen NGC 2264, der viele Vorhauptreihensterne besitzt.
(Photographie: Harvard-Observatorium)

Sterne. Auch der große Doppelsternhaufen h und χ Persei und der Haufen o Persei (IC 348) enthält einige solcher Sterne. Eine größere Anzahl kann man in den nebeligen Sternhaufen finden, die sich im Trifid-Nebel (Messier 20), im Lagunen-Nebel (Messier 8, beide in Bild 4.2 zu sehen), in NGC 6611 (Bild 4.3) und in NGC 2264 (Bild 4.4) befinden. Die große Orion-Assoziation wimmelt förmlich von ihnen. Aber alle dieser Sternhaufen und Assoziationen besitzen ein starkes Rückgrat aus Hauptreihensternen. Hingegen zeigen die Gruppen im Taurus, in der Corona Australis und im Ophiuchus keine deutlichen Hauptreihen. Die Position einiger dieser Sternhaufen ist in Tabelle 4.1 angeführt.

Tabelle 4.1
Positionen von vier offenen Sternhaufen, die Vorhauptreihensterne enthalten

Name	Position (α) h	m	(δ) °	′
IC 348	3	38,3	+31	56
NGC 2264	6	35,5	+ 9	59
NGC 6530	17	58,6	−24	23
NGC 6611 (M16)	18	13,2	−13	49

Die Gruppen, die wir hier gerade beschrieben haben, wurden etwa in der Reihenfolge ihres Alters erwähnt (beginnend mit der ältesten), das aus dem Abknickpunkt von der Hauptreihe bestimmt wurde. Während die irregulären Veränderlichen bei den Hyaden noch keine sehr große Rolle spielen, überwiegen sie bereits im Orion-Komplex und sind eine sehr große Gruppe bei den in dunklen Nebeln befindlichen Haufen, wie etwa beim Taurus- und beim Chamäleon-Komplex. Die Umgebung des bekannten veränderlichen Sterns R Monocerotis, der von einem möglicherweise nur im reflektierten Licht leuchtenden Nebel umgeben ist, ist in Bild 4.5 zu sehen. Während man in den Hyaden relativ wenig Nebelmassen findet, gibt es in den Plejaden und ganz besonders in den nebeligen Sternhaufen (z. B. NGC 6611) eine größere Menge von nebeligen Wolken – helle und dunkle. Den Anschluß an diese Reihe bilden dann die Sterne, die in den dunklen Nebeln eingebettet liegen. Wenn diese Gruppen, wie etwa die im Lagunen-Nebel enthaltene Sternansammlung, helle und heiße Sterne enthalten würden, so müßte deren Hochtemperatur-

Bild 4.5 Der Veränderliche R Monocerotis, der in einem ebenfalls veränderlichen Nebel eingebettet liegt, ist hier einmal links im blauen Bereich, rechts im roten Spektralbereich photographiert. (Photographien: Harvard-Observatorium)

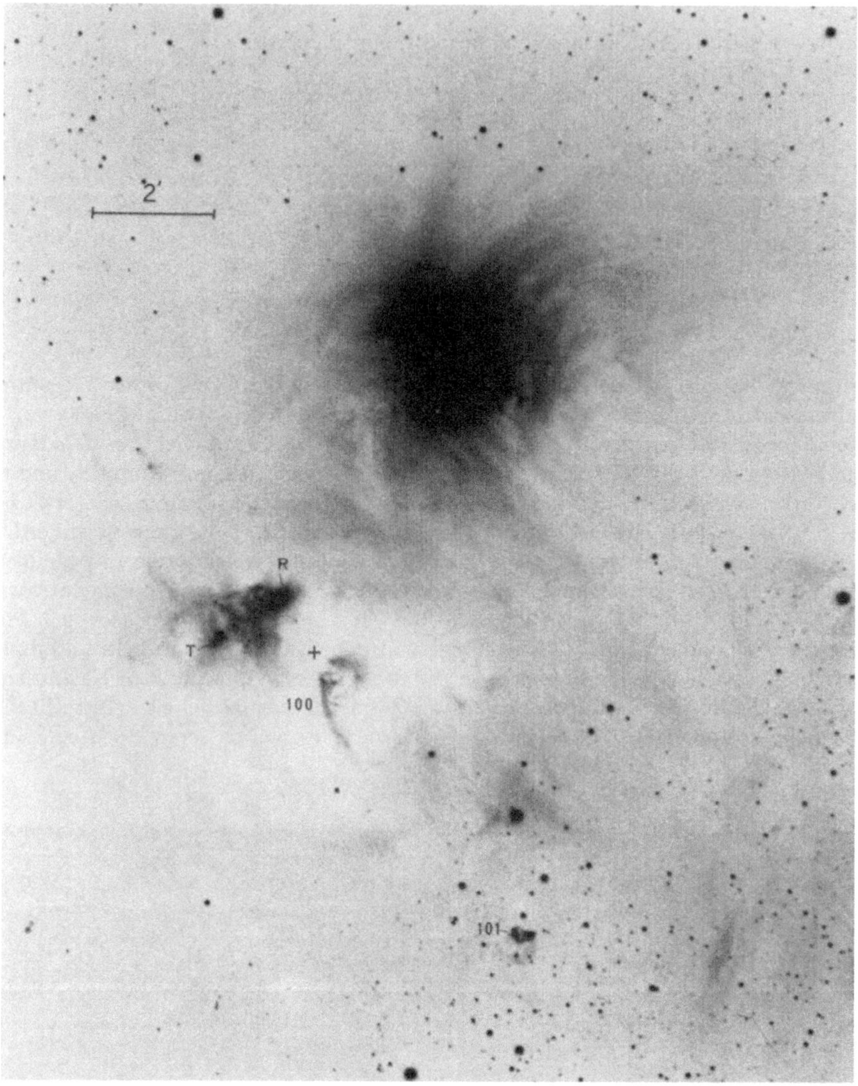

Bild 4.6 Die Umgebung von R Coronae Australis im Negativbild. Mit 100 und 101 sind zwei Herbig-Haro-Objekte bezeichnet. Das Kreuz markiert die Stelle, an der eine Infrarotquelle, die vermutlich HH 100 beleuchtet, gelegen ist. R. und T bedeuten R und T Corona Australis.
(Nach Stephen E. Strom, Gary L. Grasdalen und Karen M. Strom, *Astrophysical Journal* **191**, 111 (1974))

strahlung den umgebenden Nebel zum Leuchten anregen; da man dies nicht beobachten kann, sind hier auch keine solchen Sterne enthalten.

Obwohl die dunklen Nebel die in ihnen liegenden Objekte vor einer direkten optischen Beobachtung verbergen, so ist es doch möglich, mit Hilfe von Infrarot- und Radiobeobachtungen auch das Innere dieser Wolken zu erforschen. Die kleine Gruppe von Veränderlichen im Sternbild Corona Australis (Südliche Krone), eine schon lange bekannte T-Asso-

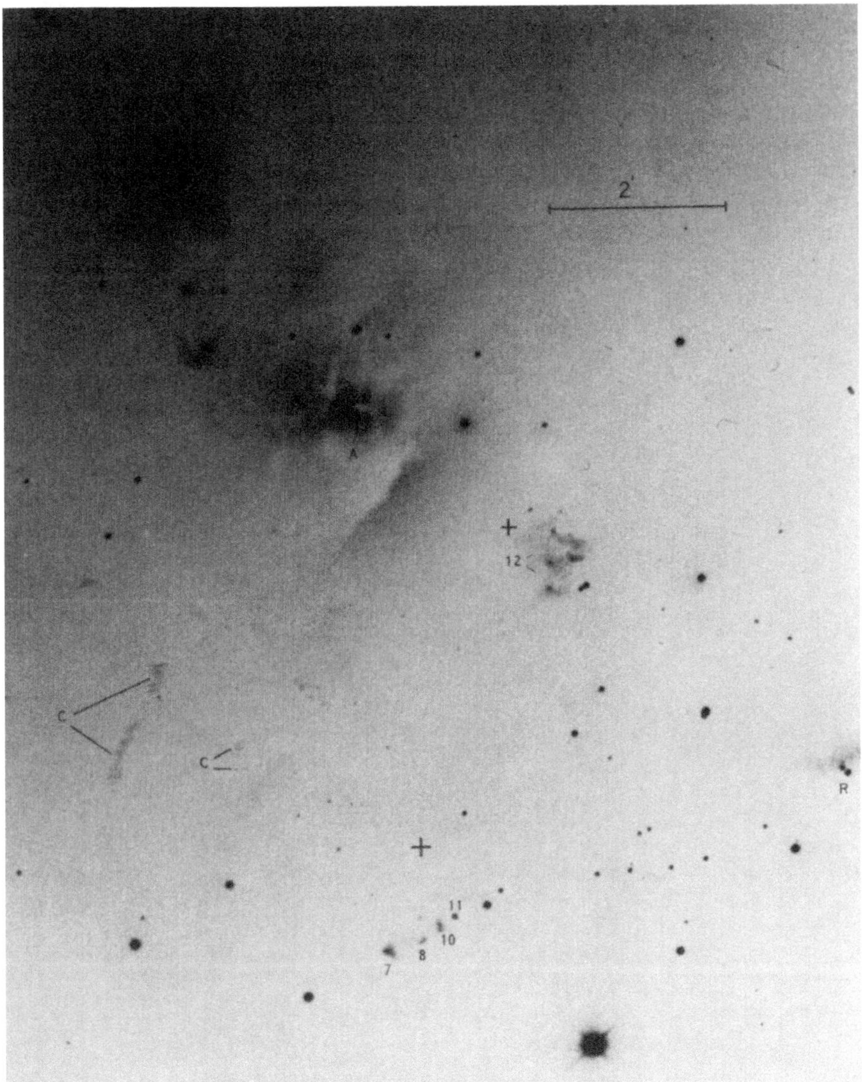

Bild 4.7 Die Umgebung von NGC 1333 im Negativbild. Zwei Infrarotquellen sind mit Kreuzen markiert. Der Stern B. D. + 30° 549 beleuchtet den in der linken oberen Ecke der Abbildung gelegenen hellen Reflexionsnebel. Die mit C markierten Punkte sind Fehler in der photographischen Emulsion. (Nach Stephen E. Strom, Gary L. Grasdalen und Karen M. Strom, *Astrophysical Journal* **191**, 111 (1974))

ziation, enthält einen kleinen, kompakten Nebel, den man als sogenanntes Herbig-Haro-Objekt identifiziert hatte (siehe Bild 4.6)[12]. Diese kleinen, hellen Nebelknoten besitzen gut ausgeprägte Linienspektren von relativ niedrig angeregten Elementen und wurden zuerst als Embryo-Sterne betrachtet. Wie auch die irregulären Veränderlichen findet man

12 Kleine veränderliche Nebelknoten werden nach den Astronomen George H. Herbig und Guillermo Haro, die diese Objekte zum erstenmal beschrieben haben, benannt.

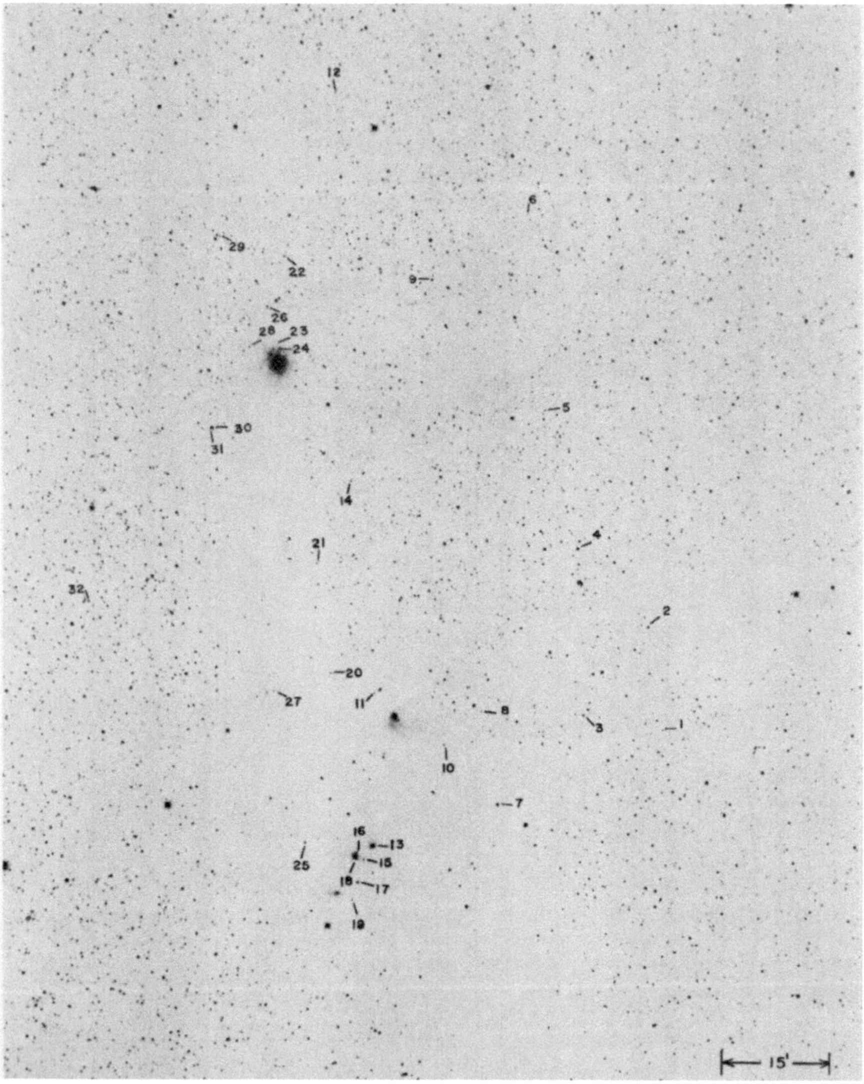

Bild 4.8 Umgebung der Chamäleon-Wolke mit den eingezeichneten Positionen von zweiunddreißig Emissionslinien-(Vorhauptreihen-)Sternen. (Emissionsliniensterne sind solche, die helle Spektrallinien in Emission, also in angeregtem Zustand, aufweisen. Meist handelt es sich hier um Wasserstofflinien.) Negativabbildung.
(Nach Karl C. Henize und E.E. Mendoza, *Astrophysical Journal* **180**, 516 (1973))

sie in Gebieten dunkler Nebel – auch verändern sie ihre Helligkeit unregelmäßig. Bei diesem konkreten Herbig-Haro-Objekt beobachtet man in der Nähe eine sehr starke Infrarotquelle, und es erscheint heute möglich, daß dieser kleine Nebel von einem tief in den dunklen Nebelmassen verborgenen und bis heute nicht entdeckten Stern beleuchtet wird. Dieser Stern scheint ein unregelmäßiger Veränderlicher zu sein. Ähnliche Objekte findet man in NGC 1333 (siehe Bild 4.7) und in der Chamäleon-Wolke (siehe Bild 4.8).

Von der Beobachtung her bestehen große Anzeichen dafür, daß innerhalb dieser dunklen Wolken Sterne existieren, deren Licht um zehn, zwanzig oder sogar dreißig Größenklassen abgeschwächt ist – helle Sterne, deren Vorhandensein nur durch ihr reflektiertes Licht bekannt wurde. Der dichte Nebel bringt eine so starke Rötung ihres Lichtes mit sich, daß sie nur im infraroten Bereich beobachtet werden können. Oder sollte ihre starke Rötung ein Hinweis darauf sein, daß es sich um einen extrem jungen Stern von niedrigerer Oberflächentemperatur handelt?
Diese Frage kann noch nicht ganz eindeutig beantwortet werden, aber es erscheint plausibler, daß die Rötung nur ein Abschwächungseffekt ist. Radiobeobachtungen dieser dunklen, dichten Nebel zeigen, daß dort hochangeregte Moleküle und Radikale wie zum Beispiel CN und CS vorhanden sind, was auf Hochtemperaturanregung durch heiße Sterne hindeutet. Es scheint, als ob die gerade geborenen Sterne in ihren frühen Embryonalphasen von Staubhüllen umgeben sind, die ihr Licht absorbieren und es im Infraroten wieder abstrahlen. Wenn diese Sterne zum ersten Mal beobachtet werden können, sind sie bereits sehr nahe an der Hauptreihe und selbst dann noch im Optischen um viele Größenklassen abgeschwächt.
Ist es daher überhaupt möglich, etwa indirekt frischgeborene Sterne zu beobachten? Wahrscheinlich nicht. Die jungen Sterne, die wir beobachten können, befinden sich bereits auf ihrem Weg zur Hauptreihe, während die jüngsten Sterne noch in dichten Nebelmassen eingebettet sein müssen, die für die Beobachtung undurchdringlich bleiben. In Bild 4.9 – dem Gegenstück zu Bild 3.3, welches die nach der Hauptreihe liegenden Stadien eines Sterns mit der fünffachen Sonnenmasse zeigt – ist der theoretisch berechnete Entwicklungsweg für einen Stern ähnlicher Masse vor der Hauptreihe abgebildet. Wenn wir uns die vorausberechneten Temperaturen eines solchen Sternes ansehen, so fällt sofort auf, daß wir einen derartigen Stern nur in den Endphasen seiner Entwicklung auch optisch sehen können (siehe Tabelle 4.2). Voher würde er zu kühl sein: Bisher wurden noch keine Sterne mit einer Temperatur unter 1000 Grad im optischen Bereich beobachtet. Da die früheren Phasen der Entwicklung von Sternen dieser Masse sehr rasch durchlaufen werden – bis zu Punkt 4 in Tabelle 4.2 nur einige Zehn- oder Hunderttausend Jahre – könnten diese Phasen möglicherweise für immer der Beobachtung verborgen bleiben.

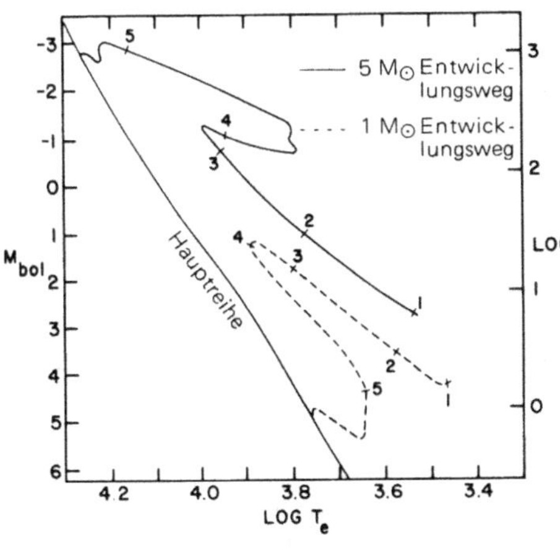

Bild 4.9
Vorhauptreihenentwicklungswege für Sterne von einer und fünf Sonnenmassen. Die absolute bolometrische Helligkeit (M_{bol}) und der Logarithmus der Leuchtkraft in Einheiten der Sonnenleuchtkraft ist gegen den Logarithmus der effektiven Temperatur aufgetragen.
(Nach Stephen E. Strom, Karen M. Strom und Gary L. Grasdalen, *Annual Review of Astronomy and Astrophysics* 13, 187 (1975))

Tabelle 4.2
Dauer der einzelnen Stadien der Vorhauptreihenentwicklung und ungefähre Temperaturen der einfallenden Hülle für Sterne von einer und von fünf Sonnenmassen.

Endpunkt der Phase in Bild 4.9	Dauer der Phase (in Jahren)		Temperatur (K)	
	1 Sonnenmasse	5 Sonnenmassen	1 Sonnenmasse	5 Sonnenmassen
1	100	100	60	30
2	1 000	1 000	90	60
3	10 000	10 000	125	300
4	100 000	100 000	300	1 000
5	1 000 000	300 000	a	3 000[b]

a) Hülle optisch dünn
b) Stern nahe der Hauptreihe
(Nach Stephen E. Strom, Karen M. Strom und Gary L. Grasdalen, *Annual Review of Astronomy and Astrophysics* **13**, 187 (1975))

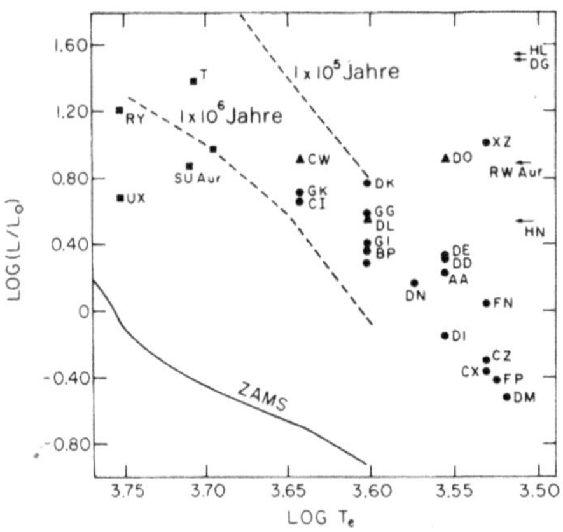

Bild 4.10
Leuchtkraft und effektive Temperatur für Veränderliche in der Taurus-Assoziation. Die Leuchtkraft ist in logarithmischem Maßstab in Einheiten der Sonnenleuchtkraft und die effektive Temperatur als Logarithmus des Wertes in Kelvin angegeben. Die Nullalter-Hauptreihe (ZAMS) ist ebenso eingezeichnet wie Isochronen für 100000 und 1 Million Jahre. Quadrate bezeichnen Sterne des Spektraltyps G und frühe K-Sterne, Dreiecke Sterne mit starken Emissionslinien im Spektrum, Kreise Veränderliche. Sterne von unbekannter Spektralklasse sind mit Pfeilen markiert. Die Bezeichnung einiger Veränderlicher wurde angeführt; sie verstehen sich, falls nicht ausdrücklich anders angeführt, für das Sternbild Stier (Taurus). (Nach A. Eric Rydgren, Stephen E. Strom und Karen M. Strom, *Astrophysical Journal Supplement* **30**, 307 (1976))

Wenn wir uns nochmals einige Mitglieder der Taurus-Assoziation – der ersten, die von Joy als solche erkannt worden war – ansehen, so werden wir beim Studium der Beziehung zwischen Leuchtkraft und effektiver Temperatur dieses etwa drei- bis vierhundert Parsec entfernten Haufens etwas Interessantes bemerken (siehe Bild 4.10). Mit einigen Ausnahmen, von denen hier abgesehen wird, sind die Sterne viel leuchtkräftiger als die Sonne und besitzen etwa die gleiche Oberflächentemperatur. Viele von ihnen sind veränderliche Sterne. Mit anderen Worten: Sie sind kühler als Hauptreihensterne von vergleichbarer Leuchtkraft oder leuchtkräftiger als Hauptreihensterne von vergleichbarer Temperatur, was bedeutet, daß sie wahrscheinlich nicht in unsere bisherige Masse-Leuchtkraft-Beziehung passen. Wir glauben heute, daß sie sich von rechts nach links im Farben-Leuchtkraft-Diagramm zur Hauptreihe hin bewegen. Die in Bild 4.10 eingezeichneten Isochronen entsprechen einem Alter von hunderttausend und von einer Million Jahren. Mit einigen

Ausnahmen fallen alle Sterne zwischen diese Isochronen. Daß die meisten dieser Sterne stark gerötet sind, bedeutet, daß sie sich tief in Staubwolken befinden. Die Spektren von einigen Sternen dieser Region sind in Bild 4.11 gezeigt.
Obwohl die dort abgebildeten Spektren etwa der gleichen Klasse angehören wie die Sonne, zeigen sie doch spektrale Eigenheiten, die der Sonnenphotosphäre fehlen. So enthalten sie helle Emissionslinien von Wasserstoff und ionisiertem Calcium, ein Wasserstoffkontinuum und Anzeichen von thermischer Emission von Staub im Infraroten. All diese typischen Eigenschaften kann man in Bild 4.11 sehen. Die beobachteten Atmosphärenbewegungen zeigen, daß diese Sterne in ihrer Hülle expandieren, was bedeutet, daß sie auf diese Weise viel Masse verlieren. Je höher ein Stern im Bild 4.10 liegt, je jünger er folglich ist, desto schneller verliert er Masse. Dagegen treten im Spektrum älterer Sterne wesentlich weniger Emissionslinien auf. Obwohl also das Sterneninnere ständig kontrahieren muß, weil ihre Oberflächen heißer werden und sie sich auch immer mehr der Hauptreihe nähern, expandieren ihre Hüllen weiter. Die in Bild 4.10 eingetragenen Sterne besitzen eher geringe Leuchtkraft – keiner ist mehr als vierzigmal so hell wie die Sonne. Bild 4.12 zeigt die Eigenschaften einer Anzahl von helleren Vorhauptreihensternen, von denen einige mehr als tausendfache Leuchtkraft der Sonne besitzen. Für ihre Massen folgt aus theoretischen Berechnungen, daß sie ein Vielfaches der Sonnenmasse betragen. Einige von ihnen, zum Beispiel AB Aurigae und Z Canis Majoris, sind blaue Sterne, die in einem Nebel eingebettet liegen. Die Eigenheiten in ihrem Spektrum weisen sie als Vorhauptreihenobjekte aus. Die Bezeichnung Hα im Bildtext zu Bild 4.12 bedeutet, daß dieser Stern ungewöhnlich starke Wasserstoffemissionslinien besitzt. Obwohl die meisten Sterne in diesem Stadium nur sehr schwach sind, zeigt Bild 4.12, daß auch einige hellere beobachtbar sind. Ihre Seltenheit wird verständlich, wenn wir uns daran erinnern, daß massive Sterne sehr rasch durch ihre Vorhauptreihenstadien laufen, zumal sie nur in den letzten Stadien dieser Entwicklung beobachtet werden können.
Bild 4.12 enthält nur wenige Sterne nahe der Hauptreihe. Sind sie wirklich so selten, oder sind diese Sterne nur durch interstellare Wolken verdeckt? Diese Frage stellt sich erneut, wenn wir die kleinen Nebelknoten in der Chamäleon-Wolke (siehe Bild 4.8) untersuchen. Hier scheinen die zwei hellsten Sterne bereits die Hauptreihe erreicht zu haben. Sie sind dem Sirius nicht unähnlich und erlauben uns, die Entfernung dieser Wolke zu etwa 400 Parsec zu bestimmen. Ein Blick auf die Masse-Leuchtkraft-Beziehung deutet darauf hin, daß diese beiden Sternennester keinerlei Mitglieder von höherer Masse enthalten. Dies würde aber sehr überraschen, denn das hieße, daß nichtverdeckte Sternhaufen stets eine ähnliche Verteilung der Massen der in ihnen entstehenden Sterne hätten. Allerdings deutet auch die Zusammensetzung der meisten offenen Sternhaufen in unserer Galaxie darauf hin. Sind die Taurus- und die Chamäleon-Gruppen nur Ausnahmen oder sind die massiveren Objekte bei ihnen nur tief in dunklen Wolken versteckt, wie im Infrarotobjekt in Corona Australis?
Die Untersuchung des offenen Sternhaufens IC 348 scheint anzudeuten, daß letzteres der Wahrheit nahekommt. Bild 4.13 zeigt das Verhältnis zwischen Farbe und Helligkeit für diesen teilweise verdeckten und nebeligen Haufen. Die schwächsten Mitglieder haben offensichtlich die Hauptreihe noch nicht erreicht und enthalten einige Sterne mit sehr charakteristischen Emissionslinienspektren. Aber der Sternhaufen enthält auch zwei leuchtkräftige Hauptreihensterne und der hellste von allen, o Persei, – ein Stern, den man schon mit freiem Auge sehen kann – hat sogar die Hauptreihe schon wieder verlassen. Außerdem gibt es in den Beobachtungen Hinweise auf einen zweiten Stern von hoher Oberflächentemperatur und großer Leuchtkraft, der in den Wolken verborgen ist.

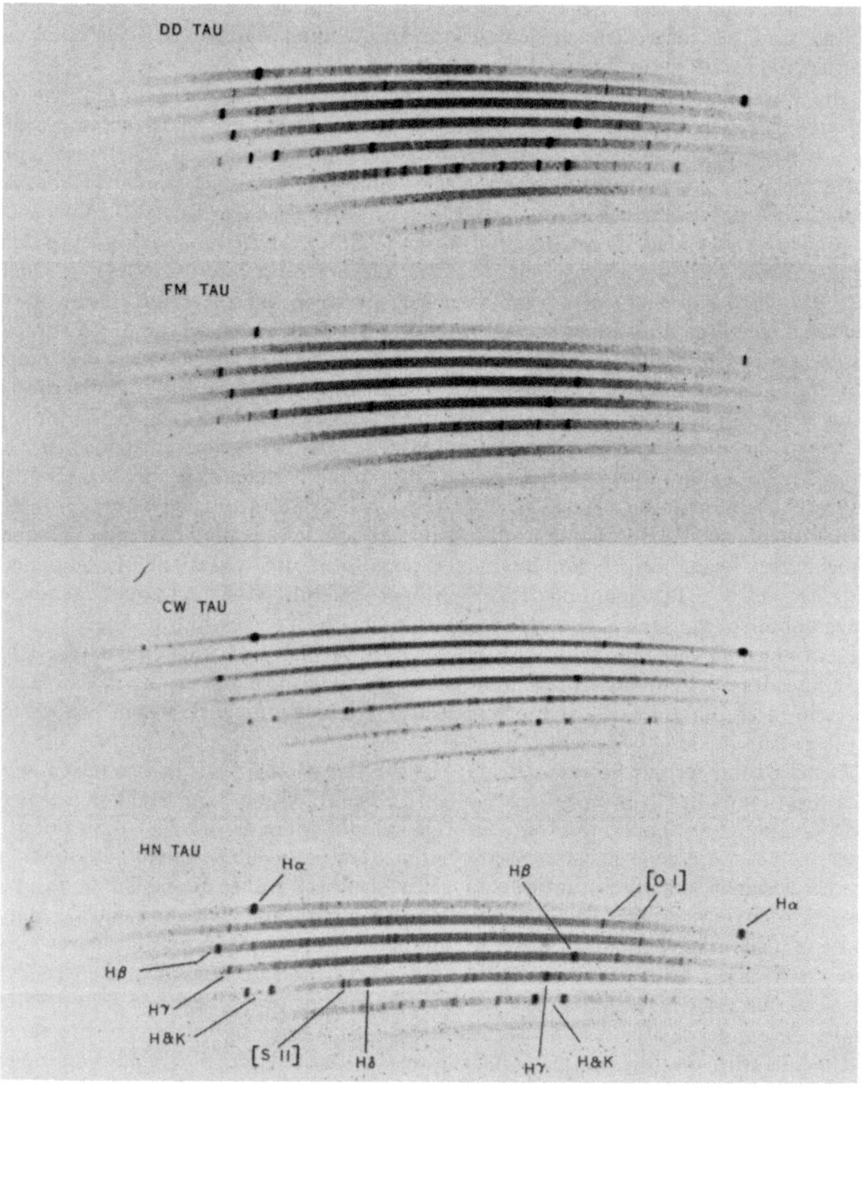

a)

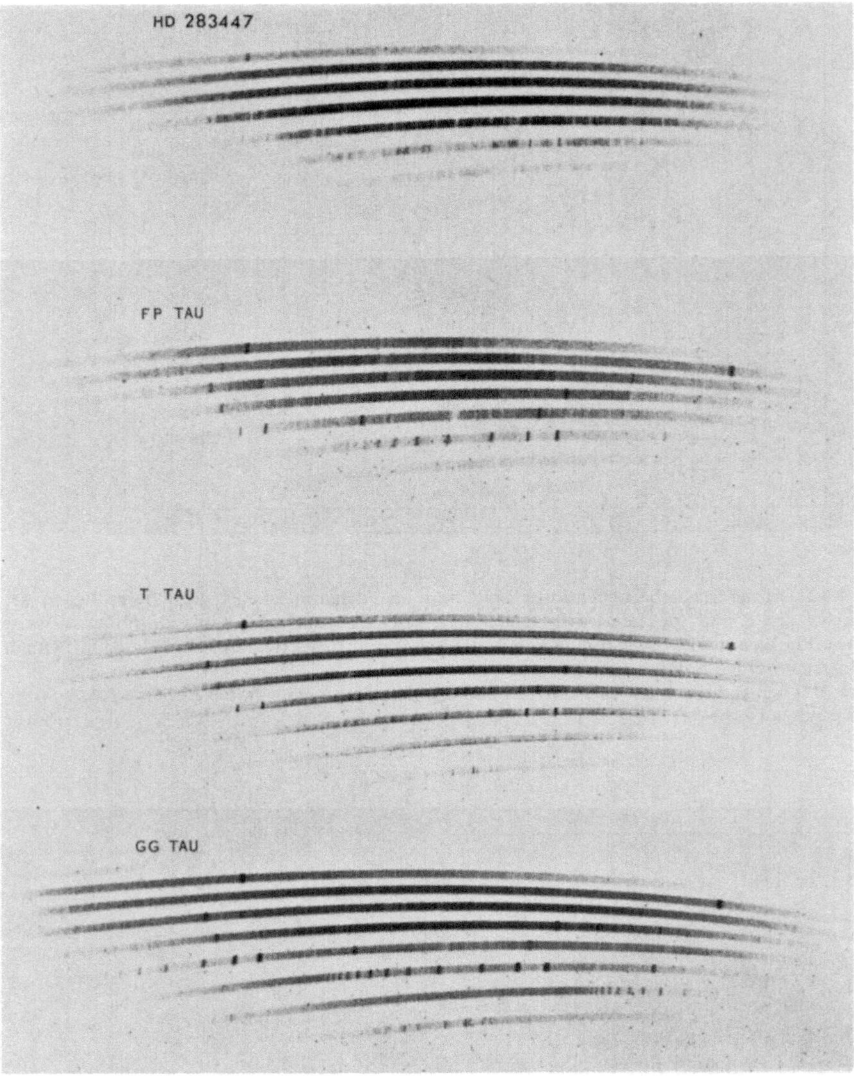

b)

Bild 4.11 Spektren der Sterne DD, FM, CW und HN Tauri, HD 283447, FP, T und GG Tauri. Jedes Spektrum besteht aus mehreren Streifen, die sich gegenseitig überlappen. So befindet sich z. B. die erste der Balmer-Wasserstofflinien (Hα) sowohl am obersten Streifen in der linken Ecke als auch am zweiten Streifen auf der rechten Seite. Das jeweils rote Ende des Spektrums liegt auf der rechten Seite. Die meisten hier zu sehenden dunklen Linien sind, da es sich um ein Negativ handelt, starke Emissionslinien. Sie beinhalten die Balmer-Serie des Wasserstoffs, die H- und K-Linien des ionisierten Calciums sowie verbotene Linien von neutralem Sauerstoff und ionisiertem Schwefel. Das zugrundeliegende Absorptionsspektrum (helle Linien) eines späten Spektraltyps ist ebenfalls sichtbar.
(Nach A. Eric Rydgren, Stephen E. Strom und Karen M. Strom, *Astrophysical Journal Supplement* **30**, 307 (1976))

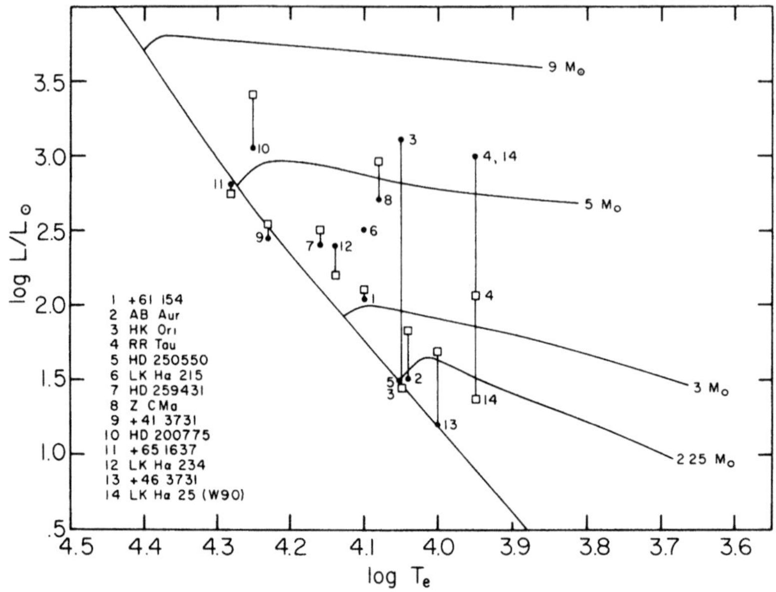

Bild 4.12 Ort der im Farbe-Leuchtkraft-Diagramm im Vorhauptreihenstadium befindlichen Ae und Be Sterne (A und B sind Spektralklassen, e bedeutet, daß sie im Spektrum Emissionslinien aufweisen). Bei den mit Punkten markierten Sternen wurde die Leuchtkraft spektroskopisch, bei den mit Quadraten markierten Sternen bolometrisch bestimmt.
(Nach Stephen E. Strom, Karen M. Strom und Gary L. Grasdalen, *Annual Review of Astronomy and Astrophysics* **13**, 187 (1975))

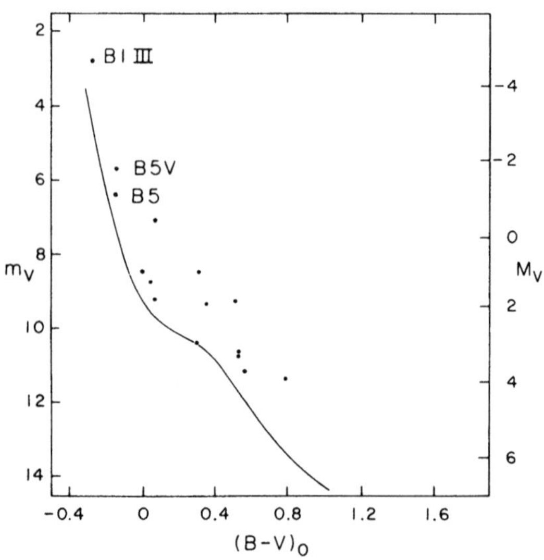

Bild 4.13
Farben-Helligkeits-Diagramm für IC 348 (*o* Persei), einem sehr jungen Sternhaufen. Links ist die scheinbare, rechts die absolute visuelle Helligkeit aufgetragen.

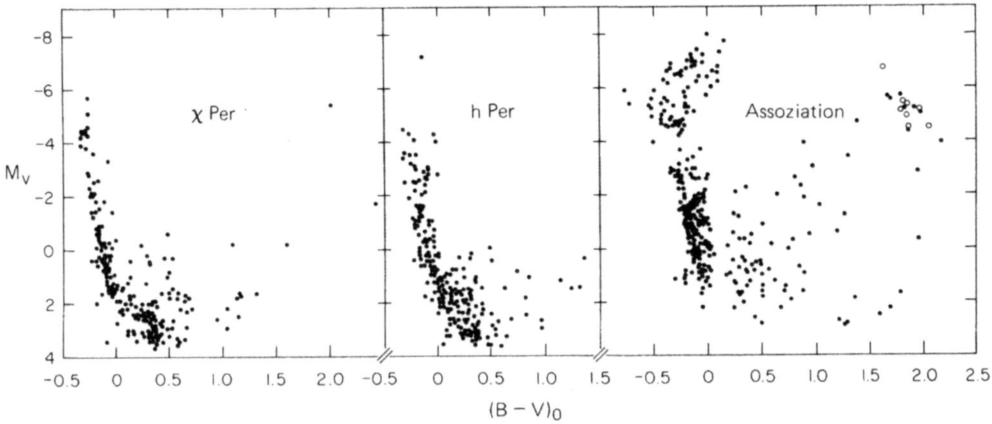

Bild 4.14 Der Doppelsternhaufen im Perseus. Die drei Farben-Helligkeits-Diagramme für die beiden Sternhaufen und die sie umgebende Assoziation scheinen auf ein etwas unterschiedliches Alter und auf eine etwas verschiedene Geschichte der drei Sternkomplexe hinzudeuten. Sämtliche roten Überriesen befinden sich in der Assoziation (mit Kreisen markiert).
(Nach Robert L. Wildey, *Astrophysical Journal Supplement* **8**, 439 (1964))

Die kompakten Gruppen von irregulären Veränderlichen in Bild 4.1 beinhalten noch einige andere in hellen Nebeln befindliche Sternhaufen, wie zum Beispiel im Lagunen-Nebel (Messier 8), im Trifid-Nebel (Messier 20), NGC 2264 und NGC 6611. Sie alle besitzen wohldefinierte Hauptreihen, enthalten aber auch einige schwächere Sterne, die die Hauptreihe noch nicht erreicht haben. Sogar bei den noch älteren Plejaden haben einige der schwächeren Sterne ihre Vorhauptreihenentwicklung nicht abgeschlossen. Überraschenderweise enthält sogar ein so alter Sternhaufen wie die Hyaden einige wenige noch kontrahierende Sterne. Solche Sternhaufen erinnern uns wieder daran, daß Sterne mit verschiedenen Leuchtkräften (und daher mit verschiedenen Massen) für bestimmte Entwicklungsphasen sehr unterschiedliche Zeitspannen benötigen.

Besonders erwähnen sollte man hier vielleicht noch die große Ansammlung von jungen Objekten im Perseus. Die beiden hellen kompakten Sternhaufen h Persei (NGC 869) und χ Persei (NGC 884) bilden die Kerne der viel größeren Perseus II-Assoziation (siehe Bild 4.14). In NGC 869 haben Sterne, deren absolute visuelle Größenklasse + 3,5 unterschreitet (also wieder schwache Sterne), die Hauptreihe noch nicht erreicht; bei NGC 884 liegt dieses Limit bei + 2,0. Das Alter der beiden Sternhaufen (vom Abknickpunkt von der Hauptreihe abgeleitet) liegt für NGC 869 bei 20 Millionen, für NGC 884 bei 10 Millionen Jahren; beim jüngeren Haufen haben hellere Sterne die Hauptreihe erreicht. Die sie umgebende Assoziation ist deutlich jünger als die in ihr gelegenen Objekte, oder enthält zumindest einige jüngere Sterne.

Eine ähnliche Situation besteht im Orion. Eine große Assoziation aus Vorhauptreihensternen umgibt den hellen Sternhaufen im Trapez, der sich mitten im großen Orionnebel, einer gigantischen Staubwolke, befindet. In der gesamten Nachbarschaft befinden sich in großer Anzahl schwache unregelmäßige Veränderliche, die über eine längere Zeitspanne weg entstanden sein müssen und von denen immer noch einige in diesen Wolken zu entstehen scheinen.

Bisher wurde bei den T Tauri- und den ihnen verwandten Sternen keinerlei Periode in ihrer Veränderlichkeit festgestellt.[13] Fast alle anderen Arten von Veränderlichen weisen irgendeine Art von Periodizität auf. Es ist gut möglich, daß einige Vorhauptreihensterne doppelt oder mehrfach sind. Da so viele Sterne Doppel- oder Mehrfachsysteme sind, wäre es auch sehr unwahrscheinlich, daß nicht auch die Vorhauptreihensterne diese Eigenschaft aufweisen sollten. Aber ihre beobachteten Helligkeitsschwankungen weisen keinerlei Anzeichen von bedeckungsveränderlichem Lichtwechsel auf, und auch ihre Radialgeschwindigkeiten lassen in keiner Weise auf spektroskopische Doppelsterne schließen.

13 Die sogenannten BY Draconis-Sterne, die sich offensichtlich in der Vorhauptreihenphase befinden, besitzen einen periodischen Lichtwechsel, der vermutlich auf die Rotation dieser Sterne, die unregelmäßige Oberflächenstrukturen aufweisen dürften, zurückzuführen ist. Die Anzahl dieser Sterne ist sehr klein, und es ist auch nicht viel über sie bekannt. Einige könnten spektroskopische Doppelsterne sein.

Kapitel 5

Gewunden wie eine Schlange – Die Hauptreihe

Wenn ein Stern die Hauptreihe erreicht hat, begibt er sich in eine lange Ruhepause. Die unruhigen frühen Phasen sind überstanden, und nicht mehr länger ist die Gravitationsenergie die treibende Kraft der Sternentwicklung. Die „Babykost" der Sterne – die Elemente Lithium, Beryllium und Bor – wurde verbraucht und der „Verdauungsprozeß" eines erwachsenen oder zumindest eines dem Kindergarten entronnenen Sternes beginnt: Die thermonuklearen Prozesse führen zum ersten Mal dazu, daß der Stern seine eigene Substanz verbraucht. Eine kurze und wilde frühe Kindheit wird von einer langen, ruhigen Reifephase abgelöst.

An keinem anderen Punkt seiner seltsamen und ereignisreichen Geschichte bleibt ein Stern für so lange Zeit so ruhig, wie er es hier ist. Einzelne Hauptreihensterne bleiben in Farbe, Helligkeit und Spektrum unveränderlich – das heißt, zumindest in ihren grundsätzlichen Eigenschaften bleiben sie konstant. Wenn jedoch Hauptreihensterne trotzdem gewisse Launen zeigen, so gibt es stets Hinweise darauf, daß es sich hierbei um die vereinten Eigenschaften von zwei sich umkreisenden Körpern handelt, die dann etwa perodische Finsternisse oder gegenseitige Verformungen aufweisen. Ein Hauptreihenstern hat auf seiner wirren Reise durch das Land der Sterneigenschaften seinen ersten ruhigen Punkt, eine Oase im Sandsturm, erreicht. Solch ein Punkt bringt immer verschiedene Umstellungen mit sich. Die Änderungsrate während der vorliegenden Phase ist jedoch so gering, daß man sagen könnte, der Stern macht erst einmal Urlaub, bevor er seine Reise fortsetzt.

Daß die Sterne ihre meiste Zeit auf der Hauptreihe verbringen, wird durch die Tatsache nahegelegt, daß die Hauptreihensterne die zahlenmäßig häufigsten sind. Auch sind sie sich in vielen ihrer Eigenschaften sehr ähnlich, und je langsamer ein Stern durch eine bestimmte Entwicklungsphase geht, desto mehr Sterne wird man zu jeder beliebigen Zeit in diesem Stadium finden.

Die tatsächliche Anzahl von Sternen der verschiedensten Gruppen muß man von einer Zählung der bekannten Sterne ableiten, wobei man die Tatsache berücksichtigt, daß man die leuchtkräftigsten Sterne über viel größere Entfernungen hinweg beobachten kann als die leuchtkraftschwachen Sterne, die nur in unserer unmittelbaren Umgebung auffällig genug sind.

Bild 5.1 zeigt uns die Anzahl der Sterne, die tatsächlich beobachtet wurden. Die Sterne wurden bis zu einer bestimmten Grenzgröße, die vorher festgelegt wurde, dem Michigan-Sternspektrenatlas, der Objekte der Südhalbkugel mit Spektren und Leuchtkraftklassen enthält, entnommen. Die Konzentration der Sterne zur Hauptreihe (Leuchtkraftklasse V) ist sehr auffällig, obwohl hier nicht berücksichtigt wurde, daß die leuchtkräftigeren von ihnen auch noch über größere Entfernungen beobachtet werden konnten.

Wenn man die Sternhäufigkeiten für die bei jeder Leuchtkraftklasse unterschiedlichen Raumtiefen korrigiert, so erhält man relative Häufigkeiten für jede Spektralklasse und Leuchtkraftklasse per Einheitsvolumen. Eine schematische Darstellung dieses Ergebnisses,

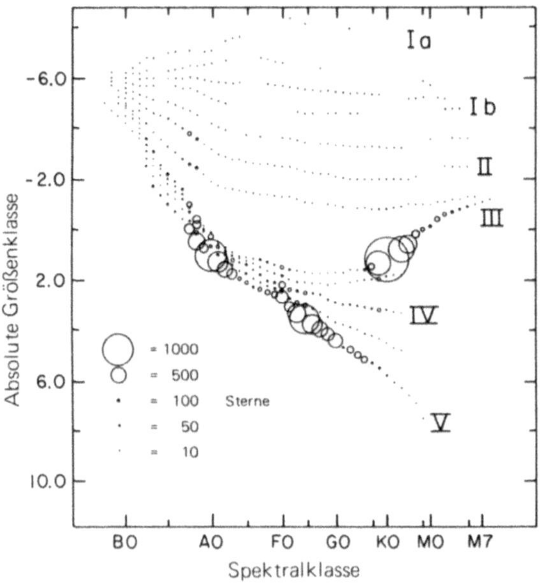

Bild 5.1

Beobachtete Anzahl von Sternen verschiedener Spektralklassen und absoluter Helligkeiten aus Band I des *Michigan Spectral Catalogue*, der Sterne südlich der Deklination − 53° enthält (normale Sterne mit gutdefiniertem Spektrum). Da die Sterne eine große Leuchtkraftvielfalt aufweisen, gibt dieses Bild nicht die echte Verteilung der Sterne im Hertzsprung-Russell-Diagramm wieder. Der Katalog, der der Untersuchung zugrundeliegt, besitzt für alle Leuchtkräfte etwa die gleiche Grenzgrößenklasse. Dies bedeutet aber, da die absoluten Helligkeiten verschieden sind (ein O-Stern ist bei gleicher scheinbarer Helligkeit absolut viel heller als ein M-Stern), daß für jede Leuchtkraftklasse ein anderer Raumbereich erfaßt wird. Berücksichtigt man das, erhält man das sog. Hess-Diagramm (siehe Bild 5.2).
(Nach einer Arbeit von Nancy Houk und Richard Fesen: *IAU Symp. Nr. 80, The HR-Diagram*, A. G. Davis Philipp und D. S. Hayes, (eds.) (1978))

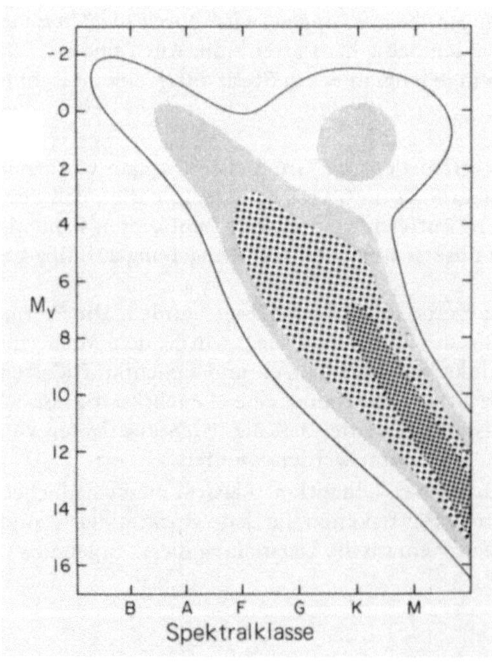

Bild 5.2

Schematisches Hess-Diagramm für Sterne unserer Nachbarschaft. Die Anzahl der Sterne pro Kubikkiloparsec ist hier mit den Konturlinien für 20, 200, 2000 und 20000 Sterne gegeben. Die Hauptreihe fällt mit dem Häufigkeitsmaximum zusammen. In der rechten unteren Ecke des Diagramms wird möglicherweise die größte Konzentration mit etwa 40000 Sternen pro Kubikkiloparsec erreicht. Für noch schwächere Objekte existieren keine Studien über ihre Häufigkeit. Die Konturlinien für Weiße Zwege wurden hier nicht eingezeichnet. Diese Sterne besetzen ein schräg nach links unten von der Hauptreihe weg verschobenes Gebiet.

das unter dem Namen „Hess-Diagramm" bekannt ist, ist in Bild 5.2 gegeben, das so gut wie alle Sterne unserer unmittelbaren Nachbarschaft enthält. Das Diagramm zeigt eine sehr auffällige Häufung entlang der Hauptreihe, wo die Anzahl der Sterne sämtlicher Leuchtkraftklassen ein Maximum erreicht. Die Häufigkeit nimmt entlang der Hauptreihe für Objekte von besonders niedriger Leuchtkraft (bis zu hunderttausend mal schwächer als unsere Sonne) stark zu, was in Übereinstimmung mit der Tatsache steht, daß Sterne geringer Leuchtkraft wesentlich häufiger als solche hoher Leuchtkraft sind. Wenn diese Sterne in die Masse-Leuchtkraft-Beziehung eingepaßt werden können, so muß dies bedeuten, daß Sterne von geringer Masse wesentlich häufiger sind als massive Sterne. Das starke Überwiegen von Hauptreihensternen in jeder Leuchtkraftklasse spiegelt die besonders lange Dauer der Hauptreihenphase während der Sternentwicklung wieder. Tatsächlich enthalten die Konturen dieses Diagramms Hinweise auf die Geschwindigkeit, mit der einzelne Phasen der Sternentwicklung ablaufen. Die „Täler" im Höhenliniendiagramm Bild 5.2, bedeuten, daß der jeweilige Prozeß sehr rasch abläuft, daß der Stern sich dort also nicht lange aufhält, während erhöhte Konturen eine lange Dauer implizieren.

Die Theorie der Sternentwicklung hat ihren Ursprung in der genauen Kenntnis der Physik der thermonuklearen Reaktionen, die unter den im Sterninneren herrschenden Bedingungen ablaufen, wenn man die durch unterschiedliche Massen hervorgerufenen Änderungen berücksichtigt (siehe Bild 3.4). Die Übereinstimmungen zwischen Theorie und Beobachtung können gute Anhaltspunkte für die Richtigkeit der ersteren geben. Die relative Anzahl der Sterne, die man bei den verschiedenen Entwicklungswegen in den verschiedenen Entwicklungsstadien findet, ist viel signifikanter als die Anzahl von Sternen in einer bestimmten Leuchtkraftklasse. Hier kann die Beobachtung die Theorie stützen: Ein Vergleich zwischen der beobachteten Leuchtkraftfunktion und den theoretischen Entwicklungswegen würde als Ergebnis etwa das Hess-Diagramm liefern.

Unsere Sonne ist uns natürlich von allen Hauptreihensternen am besten bekannt. Sie zeigt uns sehr deutlich, wozu ein Stern fähig sein kann. Sie unterscheidet sich von anderen nahen und gutstudierten Hauptreihensterne dadurch, daß sie keinen Begleitstern besitzt, obwohl viele andere in unserer Nähe Doppel- oder Mehrfachsysteme bilden. Natürlich könnte man einen sehr schwachen und weit entfernten Begleiter unserer Sonne noch nicht entdeckt haben, der allerdings sehr leuchtschwach und von sehr geringer Masse sein müßte. Solche Sterne allerdings sind ja nicht gerade als selten zu bezeichnen. Aber auch wenn es ein solcher Stern sein sollte, so müßte er sich in sehr großer Entfaltung von der Sonne befinden, andernfalls wäre er kaum bis jetzt der Entdeckung entgangen.

Daß unsere Sonne ein Planetensystem besitzt, mag nicht außergewöhnlich sein – man könnte es als eine Art von Mehrfachsystem interpretieren. Planeten, Objekte also, die im optischen Bereich keine eigene Strahlung emittieren, sind sehr schwer zu entdecken, und um solche Begleiter geringer Masse zu finden, bedarf es einer ungeheuren Präzision. Der Einfluß eines so großen Planeten wie Jupiter mag bei unserer Sonne kleine Änderungen hervorrufen, aber die Untersuchung solcher Effekte bei weit entfernten Sternen liegt auch heute noch außerhalb unserer direkten beobachtungstechnischen Möglichkeiten.

Da wir keine Anzeichen des Gegenteils besitzen, können wir also die Sonne weiterhin als typischen Hauptreihenstern betrachten. Tatsächlich liegt sie nicht mehr genau auf der Nullalter-Hauptreihe, dem Punkt in der Sternentwicklung, an dem das Wasserstoffbrennen einsetzt. Allerdings hat sie sich noch nicht sehr weit von ihr wegbewegt und ist nur ganz wenig heller und ein wenig kühler als sie vor viereinhalb Milliarden Jahren war.

Aus Helligkeit, Farbe und Spektrum eines Sternes lassen sich seine Größe und seine Oberflächentemperatur berechnen. Von diesen Daten können wir ein sehr grobes Bild eines Hauptreihensterns erhalten: Eine Gaskugel mit einer einheitlichen Oberfläche, die mit einer bestimmten Temperatur strahlt und die von einer absorbierenden Atmosphäre bestimmter Zusammensetzung umgeben ist, deren physikalischer Zustand durch Dichte und Temperatur gegeben ist. Aber schon ein kurzer Blick auf den optischen Eindruck der Sonne zeigt uns, daß dieses Bild eine zu große Vereinfachung darstellt: Die Sonnenscheibe ist alles andere als einheitlich. Ständig ist sie in einer langsamen Veränderung begriffen, und auch ihrer marmorierten Oberfläche kann man keine einheitliche Temperatur zuordnen. Die Vorstellung von einer einheitlich strahlenden Kugel, die von einer absorbierenden Atmosphäre umgeben ist, wird durch Phänomene wie Chromosphäre, Korona, Sonnenflekken, Fackeln und Spiculen sowie durch den Sonnenwind, der beständig von ihrer Oberfläche bläst, empfindlich gestört. Mit den Sonnenflecken treten kräftige lokale Magnetfelder auf. Und all das weiß man nur von optischen Sonnenbeobachtungen. Das Bild wird noch weiter verzerrt, wenn man Untersuchungen in Spektralbereichen, die nur durch Satelliten zugänglich sind, wie etwa im Ultravioletten, durchführt. Sehr wenig bleibt dann nur mehr vom Bild der ruhig strahlenden Gaskugel. Die Oberflächen aller anderen Hauptreihensterne mögen ähnliche Aktivitäten aufweisen.

Solche Änderungen, wie sie auf der Sonnenoberfläche beobachtet werden können, werden natürlich im integrierten Gesamtlicht eines ferneren Sternes nur sehr schwach zu entdecken sein, obwohl sie sich nicht völlig unter der Nachweisgrenze befinden. Andererseits kann man die Schichtstruktur der Sonnenatmosphäre relativ leicht beobachten. Diese Schichten sind folgende: Eine Schicht, die eine kontinuierliche Strahlung aussendet und so den Rand der Sonnenscheibe definiert; dann eine über dieser direkten Oberfläche gelegene Schicht, die absorbierende Atome enthält; dann in größeren Höhen eine heiße Chromosphäre und schließlich eine noch viel heißere Korona, die sich viele Sonnendurchmesser weit in den Raum hinein ausdehnt. Würde es nicht jenen unglaublichen Zufall geben, daß der scheinbare Durchmesser unseres Mondes am Himmel etwa genausogroß wie der der Sonne ist, so würden diese Details wohl kaum derart nachhaltig unsere Aufmerksamkeit auf sich gezogen haben: Die Kenntnis der Chromosphäre und der Korona stammt hauptsächlich von Beobachtungen, die während totaler Sonnenfinsternisse gewonnen wurden. Die äußeren Schichten der Sonnenatmosphäre treten nach dem Verschwinden der Sonnenscheibe hinter dem Mond derart plötzlich und eindrucksvoll hervor, daß man diesen Eindruck getrost als unvergeßlich bezeichnen kann.

Im Lichte dieses Wissens kann man die Struktur der Sonnenatmosphäre analysieren und daraus eine Modellatmosphäre konstruieren, die in der Theorie Schicht für Schicht aufgebaut wird und schließlich die gesamte Komplexität und den Detailreichtum des beobachteten Spektrums reproduzieren kann. Chromosphäre und Korona werden dann in dieses Bild eingepaßt, das durch Beobachtungen der Sonnenoberfläche bis in den fernen Ultraviolett-, ja sogar Röntgenbereich entstanden ist.

Diese Modellatmosphäre kann man auch auf andere Sterne anwenden. Sie war in Zusammenarbeit mit Satellitenbeobachtungen so erfolgreich, daß man das grobe und einfache Bild der Photosphäre, wie es früher in Gebrauch stand, ersetzen konnte. Die Analyse von Spektren von Sternen ähnlicher Temperatur wie die Sonne zeigt auch dort das Vorhandensein von Chromosphären an. So war es zum Beispiel schon lange bekannt, daß sich im Zentrum von starken Absorptionslinien des ionisierten Calciums als feines Linienstrukturdetail aufgesetzte Emissionslinien befinden – ein deutliches Anzeichen für das Vorhandensein einer Chromosphäre. Diese zentralen aufgesetzten Emissionslinien findet man nicht nur bei Hauptreihensternen, sondern viel auffälliger noch bei größeren, weiter entwickelten Sternen ähnlicher Temperatur. Mit Hilfe dieser Methode kann man diese Sterne erforschen und sogar ihre intrinsische (= absolute) Helligkeit bestimmen. Für einige wenige Sterne (bis jetzt allerdings noch nicht für Hauptreihensterne) konnte man durch Satellitenbeobachtungen Anzeichen einer Korona finden.

Es fällt schwer zu bezweifeln, daß auch andere Hauptreihensterne sonnenfleckenanaloge Erscheinungen aufweisen könnten, da einige in der Nähe der Hauptreihe gelegene Sterne starke Magnetfelder besitzen und bei vielen von ihnen Anzeichen für eine Fleckenaktivität gefunden wurde. Trotzdem müssen wir andere Sterne, von wenigen Ausnahmen abgesehen, in ihrem integrierten Gesamtlicht beobachten und daher ist es möglich, daß wir solche Oberflächendetails nicht finden können.

Obwohl die Atmosphären von Hauptreihensternen Schichtstruktur aufweisen und auch ihre Oberflächen geringen Änderungen unterliegen, so strahlen sie doch relativ konstant und erfahren auch keine drastischen Änderungen. Plötzliche Energieausbrüche wie während des Vorhauptreihenstadiums kommen nicht mehr vor. Auch pulsieren sie nicht wie etwa die Delta-Cephei-Veränderlichen. Sie weisen auch keine langsamen, zyklischen, irregulären oder periodischen Änderungen wie andere kühle Sterne auf. Sie erleben keine plötzlichen explosiven Ausbrüche wie die Novae oder die Supernovae, und ebenso ist ihnen das bizarre Verhalten der Pulsare fremd. Viele werden jedoch am Ende ihres wirren und aufregenden Weges durch solche Phasen der ständigen Änderung gehen, aber der größte Teil ihres Lebens – eben die Hauptreihenphase – bleibt sehr ereignislos.

Viele Jahrzehnte sehr präziser Arbeit stecken hinter der Bestimmung der totalen Energie, die die Erde von der Sonne erhält – die sogenannte Solarkonstante. Tatsächlich konnte man auch hier kleine Änderungen feststellen, aber es hat sich gezeigt, daß es sich hier nicht um echte Änderungen der Sonne handelt. Es ist viel wahrscheinlicher, daß diese kleinen Änderungen durch Variationen in der Transparenz unserer eigenen Atmosphäre verursacht werden. Die lange Geschichte der biologischen Evolution auf der Erde weist keine Anzeichen dafür auf, daß sich die Sonneneinstrahlung anders als nur geringfügig geändert haben könnte. Es gibt keinen zwingenden Grund, warum die Sonne nicht während der letzten Milliarde von Jahren ihre Energie konstant ausgestrahlt haben sollte. Natürlich gab es Fluktuationen im irdischen Klima wie etwa die Eiszeiten, aber viele dieser Variationen sind auf andere Effekte wie etwa auf den Sonnenfleckenzyklus und nicht auf echte Änderungen der Sonnenstrahlung zurückzuführen. Jedenfalls handelte es sich meist um zyklische und nicht um *säkulare* (d. h. langzeitige) Effekte.

Mit dem Erreichen der Hauptreihe tritt der Stern aus dem Dunkel seiner Frühzeit. So schwer es ist, Vorhauptreihensterne zu finden, die hell genug sind, um so mehr wird man von Hauptreihensternen überschwemmt. Die offenen und die kugelförmigen Sternhaufen halten für uns viele tausend Beispiele bereit. Und unter den Sternen, die man mit freiem Auge beobachten kann, gibt es soviele, die hell und nahe genug sind, um jedem Kenner des Sternenhimmels und der Sternbilder ein Begriff zu sein. Da die blauen Hauptreihensterne die absolut hellsten sind, überwiegen sie natürlich in unserer Liste, während viele rote Sterne trotz ihrer Nähe für das freie Auge nicht sichtbar sind. Die Leuchtkräfte und Temperaturen einer Anzahl von freisichtigen Hauptreihensternen sind in Bild 5.3, die Spektren einiger typischer bekannter Hauptreihensterne in Bild 5.4 wiedergegeben.

In Tabelle 5.1 findet man eine Liste von fünfzehn hellen Hauptreihensternen, die leicht am Himmel zu entdecken sind. Betrachtet man des Nachts die „ewigen und unveränderlichen Sterne“, so sollte man daran denken, daß die ältesten von ihnen mehr als tausendmal so alt sind wie die jüngsten.

Drei dieser Sterne (Phecda, Merak und Megrez) sind Mitglieder des Ursa-Major-Bewegungshaufens, der etwa hundert Sterne, die eine gemeinsame Raumbewegung aufweisen, enthält. Ein Mitglied eines viel jüngeren Haufens, IC 2602, ist θ Carinae. Alkor liegt in der Nähe von Mizar und zählt vermutlich auch zu dessen Mehrfachsystem. Altair im Adler ist dadurch interessant, daß er sehr schnell rotiert und daher vermutlich nicht mehr sphärisch, sondern stark abgeplattet ist. Altair ist ein Stern, der uns relativ nahe steht, wäh-

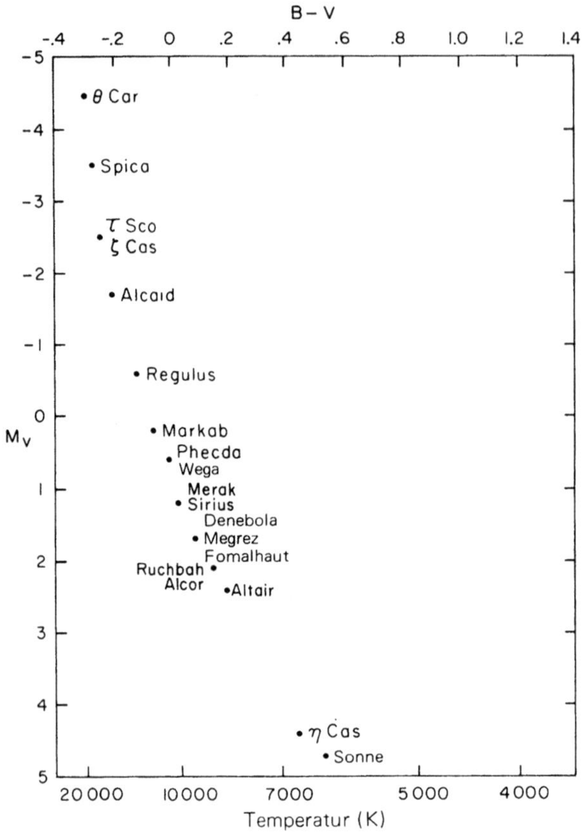

Bild 5.3

Schematisches Farben-Helligkeits-Diagramm (bzw. Temperatur-Helligkeits-Diagramm) für einige helle freisichtige Hauptreihensterne. Die Hauptreihe erstreckt sich in Wirklichkeit etwa bis zur zwanzigsten absoluten Größenklasse. Solch schwache Sterne können allerdings auch bei großer Sonnennähe nicht mehr freisichtig beobachtet werden.

Tabelle 5.1
Eigenschaften von fünfzehn hellen Hauptreihensternen, die bereits mit dem freien Auge beobachtet werden können

Systematischer Name	Name	Spektrum	Scheinbare visuelle Größenklasse	Absolute visuelle Größenklasse[a]	ungefähres Alter (in 10^6 Jahren)
θ Carinae	–	O9.5 V	2,7	−4,45	9
τ Scorpii	Al Nyat	B2 V	2,82	−2,5	18
ζ Cassiopeiae	–	B2 V	3,61	−2,5	18
η Ursae Majoris	Alcaid	B3 V	1,86	−1,7	26
α Pegasi	Markab	B9 V	2,49	+0,2	165
γ Ursae Majoris	Phecda	A0 V	2,44	+0,6	230
α Lyrae	Wega	A0 V	0,04	+0,6	230
β Ursae Majoris	Merak	A1 V	2,36	+1,2	280
β Leonis	Denebola	A3 V	2,14	+1,7	420
δ Ursae Majoris	Megrez	A3 V	3,31	+1,7	420
α Piscis Austrinae	Fomalhaut	A3 V	1,16	+1,7	420
δ Cassiopeiae	Ruchbah	A5 V	2,68	+2,1	660
80 Ursae Majoris	Alcor	A5 V	4,01	+2,1	660
α Aquilae	Altair	A7 V	0,77	+2,4	900
—	Sonne	G2 V	−26,86	+4,7	5 000

[a] Mittelwert für die jeweilige Spektralklasse

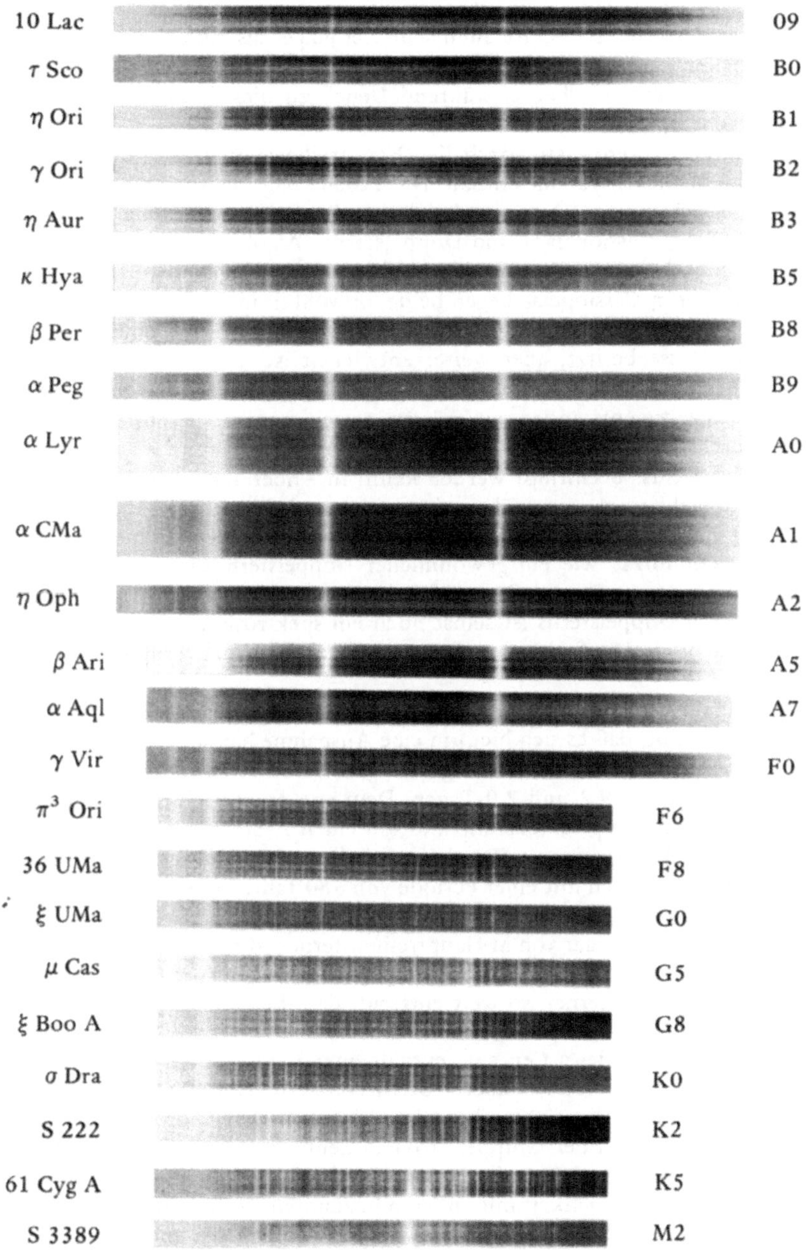

Bild 5.4 Spektren von typischen Hauptreihensternen.
(Nach William W. Morgan, Philip C. Keenan und Edith Kellman: *Atlas of Stellar Spectra*, University of Chicago Press, 1943, Yerkes-Observatorium)

rend Deneb (α Cygni), obwohl er sich am Himmel nicht weit von Altair befindet und etwa die gleiche scheinbare Helligkeit aufweist, mehr als hundertmal so leuchtkräftig und daher wesentlich weiter entfernt ist. Er ist auch sehr viel jünger als Altair, da sich Überriesen wesentlich schneller entwickeln als Hauptreihensterne. Altair hat vor zehn Millionen Jahren genau so gestrahlt wie heute, während Deneb zu diesem Zeitpunkt noch nicht einmal entstanden war.

Eine fast noch interessantere Liste von hellen Hauptreihensternen ist Tabelle 5.2, die einige Doppel- oder Mehrfachsysteme enthält. Die Tabelle zeigt deutlich die außergewöhnliche Vielfalt, die bei Sternsystemen möglich ist. Fünf dieser Systeme (Spica, Algol, Alphecca, Sirius und η Cassiopeiae) sind Doppelsterne: Algol könnte sogar dreifach sein. Spica und Alphecca scheinen aus nahezu identischen Hauptreihensternen zu bestehen, und die Komponenten von η Cassiopeiae liegen beide, obwohl sie nicht ganz identisch sind, auf der Hauptreihe. Algol aber besteht aus einem Hauptreihenstern und einem Unterriesen, der zwar weniger Masse besitzt, aber weiter entwickelt ist. Sirius besitzt einen Weissen Zwergstern als Begleiter. Diese unorthodoxen Abweichungen von der Norm bei Sternsystemen, die gleichzeitig entstanden sein müssen, zeigen erneut, wie sehr die Entwicklung eines Sternes durch das Vorhandensein eines Begleiters, auch wenn er so weit entfernt kreist wie der des Sirius, beeinflußt werden kann. In Anbetracht dieser Tatsache lassen sich in Tabelle 5.2 nicht einmal ungefähre Altersangaben machen.

Die Vielfachsysteme sind noch viel komplexer und verwirrender als die Doppelsterne. Rein äußerlich sieht Mizar wie ein gewöhnlicher Doppelstern aus, wobei der eine ein Hauptreihenstern, der andere ein A-Stern mit sehr starken Metallinien ist. Aber jedes Mitglied dieses visuellen Doppelsterns ist selbst noch ein spektroskopischer Doppelstern, so daß Mizar mindestens ein Vierfachsystem bildet. Zusätzlich gehört vermutlich noch Alkor zu dem System.

Besonders erwähnenswert ist hier das Sechsfachsystem des Castor, obwohl es keinen Grund zur Annahme gibt, daß es sich hier um eine Ausnahme handelt. Die beiden helleren Komponenten, die beide in der Tabelle angeführt sind, sind beide spektroskopische Doppelsterne mit Perioden von 9,2 und 2,9 Tagen. Dem Spektrum nach handelt es sich beim helleren Paar um einen Hauptreihenstern und um einen A-Stern mit Metallinien – eine Kombination, die an Mizar erinnert. Die beiden helleren Doppelsternpaare bilden aber wiederum ein System, das sich mit einer Periode von 380 Jahren umkreist. Die dritte visuelle Komponente (Castor C, auch YY Geminiorum wegen seiner veränderlichen Helligkeit genannt), besteht aus einem Paar von M-Hauptreihensternen, die so im Raum liegen, daß sie sich gegenseitig alle 19,5 Stunden verfinstern. Auch sie gehören zum Castor-System, sind aber von den anderen vier Sternen so weit entfernt, daß ihre Umlaufperiode viele Millionen Jahre betragen muß.

Das uns nächste System, das des α Centauri, enthält einen Stern, der der Sonne sehr ähnlich ist: Sein Begleiter ist ein kleinerer, kühlerer Stern von geringerer Masse. Er scheint nicht mehr auf der Hauptreihe zu liegen, sondern sich schon ein wenig von ihr weg entwickelt zu haben. Das dritte Mitglied der Gruppe, Proxima Centauri, zeigt eine geringe Veränderlichkeit. Man könnte meinen, daß er die Hauptreihe noch nicht erreicht hat – aber sein Spektrum zeigt keinerlei Ähnlichkeit mit anderen bekannten Vorhauptreihensternen.

Mintaka, Mitglied eines Dreifachsystems, unterscheidet sich von den anderen der in Tabelle 5.2 genannten Sternen dadurch, daß er einen Begleiter besitzt, der viel heller und größer als er selbst ist (einen sogenannten hellen Riesen), von dem in Wirklichkeit fast das ganze Licht des Systems stammt. Er ist über vier Größenklassen heller als der Hauptreihenstern und ist selbst noch ein spektroskopischer Doppelstern und vielleicht sogar noch ein Bedeckungsveränderlicher.

Tabelle 5.2

Eigenschaften von zwölf hellen Doppel- und Mehrfachsternen, die leicht mit dem freien Auge beobachtet werden können

Systematischer Name	Name	Spektrum: Hauptreihenstern(e)	Spektrum: Begleiter	Scheinbare visuelle Größenklasse	Absolute visuelle Größenklasse[a)]	Bemerkungen
β Scorpii	Akrab	B0,5 V, B2 V		2,63; 4,92	−3,8; −2,5	Mehrfachsystem
α Virginis	Spica	B1 V, B1 V		0,96	−3,5	Bedeckungsveränderlicher
δ Orionis	Mintaka	B2 V	O9,5 II	6,87; 2,20	−2,5	Dreifachsystem
α Leonis	Regulus	B7 V	K1	1,36	−0,6	Mehrfachsystem
β Persei	Algol	B8 V	G8?	2,2	−0,2	Dreifach + bedeckungsveränderlich
α Coronae Borealis	Alphecca	A0 V		2,23	+0,6	Bedeckungsveränderlicher
α Draconis	Thuban	A0 V		3,64	+0,6	Spektroskopischer Doppelstern
α Geminorum	Castor	A1 V	Am, d M1	1,99; 2,85	+1,2	Sechsfachsystem
α Canis Majoris	Sirius	A1 V	weißer Zwerg	−1,47; 8,5	+1,2	Visueller Doppelstern
ζ Ursae Majoris	Mizar	A2 V	Am	2,40; 3,96	+1,4	zwei spektroskopische Doppelsterne
η Cassiopeiae	–	G0 V	d M	3,45; 7,7	+4,4	Mehrfachsystem
α Centauri	Toliman	G2 V	d K1, d M	0,33; 1,70; 14	+4,7	Visueller Dreifachstern

a) Mittelwert für die Hauptreihen-Komponente

Die Tabelle 5.2 wurde aus den hellsten Hauptreihensternen zusammengestellt. Daß sogar diese Liste eine Anzahl von sehr seltsamen Zeitgenossen enthält, kann uns daran erinnern, daß das Verfolgen der vielfach gewundenen Sternentwicklung nicht immer leicht ist.

Hier werden wir die Hauptreihe, die lange ruhige Kindheit der Sterne, verlassen. Vor dem Hintergrund der Sternhaufen, also von Gruppen mit ähnlichem Alter und ähnlicher Geschichte, werden wir die weitere Entwicklung der Sterne verfolgen: Nachdem sie die Hauptreihe verlassen haben, werden sie durch turbulente Phasen zu Reife und Alter finden.

Kapitel 6
Nach der Hauptreihe

Wenn ein Stern von fünf Sonnenmassen die Hauptreihe erreicht, so ist er etwa fünfhundertmal leuchtkräftiger als die Sonne und auch wesentlich heißer. Rein im Visuellen hingegen ist er von geringerer Helligkeit, da er aufgrund seiner hohen Temperatur den größten Teil seiner Strahlung außerhalb des sichtbaren Bereichs im Ultravioletten abstrahlt. Im Sichtbaren würde er zwischen Alcaid und der helleren Komponente des Regulus mit einem Spektrum von B5 V und einer Oberflächentemperatur von 16000 K liegen. So könnte er uns an den schon mit freiem Auge sichtbaren Stern ν Andromedae erinnern. Auf seinem Weg zur Hauptreihe – wenn er bei visuellen Wellenlängen emittiert – kann er durch ein Z-Canis-Majoris-ähnliches Stadium gelangen sein, während dessen er nicht heller als auf der Hauptreihe war, aber etwas kühler.
Solche massiven Sterne verbringen nur eine relativ kurze Zeit in einer so friedlichen Kindheit, nur etwa sechzig Millionen Jahre, was mit den mehreren Milliarden Jahren für einen sonnenähnlichen Stern verglichen sehr kurz ist. Als Brennstoff dient ihm Wasserstoff – zuerst im Kern und dann in einer immer weiter außen liegenden Schale – der Helium quasi als Asche des Verbrennungsprozesses im Kern zurückläßt. Während der Umwandlung von Wasserstoff in Helium wird die Energie in Form von Strahlung freigegeben, und der Heliumkern wächst langsam und beständig an. Der Stern antwortet auf diese Vorgänge dadurch, daß er etwas leuchtkräftiger und an seiner Oberfläche etwas kühler wird. Er hat den ersten einschneidenden Punkt seiner Entwicklung, den Punkt 2 in Bild 3.3. passiert.
Während der Wasserstoff weiterhin in einer ständig wachsenden Schale „verbrennt", beginnt so ein Stern von fünf Sonnenmassen nun langsam als Ganzes zu kontrahieren und ist etwa zwei Millionen Jahre nach Punkt 2 ein wenig heißer und heller geworden. Die genauen Details der im Stern ablaufenden Strukturänderungen sind zu kompliziert, um hier beschrieben zu werden. Hier soll nur gesagt werden, daß sie sehr empfindlich von der Zusammensetzung des Sterninneren abhängen. Die Berechnungen, deren Resultate in Bild 3.3 dargestellt sind, deuten darauf hin, daß der Stern etwa zwei Millionen Jahre später wieder zu expandieren beginnt und unter dem steigenden Energieausstoß seiner ständig wachsenden brennenden Schale Punkt 3 passiert. Nur etwas mehr als eine Million Jahre später ist er bereits ein Roter Riese (Punkt 5) geworden. Die Entwicklungswege selbst sind hier vielleicht etwas verwirrend, da die Geschwindigkeit, mit der der Stern über diesen Weg läuft, von Phase zu Phase sehr verschieden ist. Vom ersten bis zum zweiten Punkt (also während der Hauptreihenphase) ist dieses Intervall mehr als dreißigmal so groß wie zwischen Punkt 2 und Punkt 3, und die Zeitspanne, die zwischen dem dritten Punkt und und der Roten-Riesen-Phase liegt, ist nur ein fünfzigstel so groß wie die Hauptreihenphase. So können wir auch verstehen, warum Rote Riesen so viel seltener sind als Hauptreihensterne von vergleichbarer Masse.
Bild 3.4 zeigt uns, daß diese Entwicklungswege nicht für alle Sterne gleich sind, sondern eine Funktion der Masse darstellen. So tritt zum Beispiel der kleine Umkehrpunkt knapp nach der Hauptreihe nur bei Sternen mit Massen über einer Sonnenmasse auf.

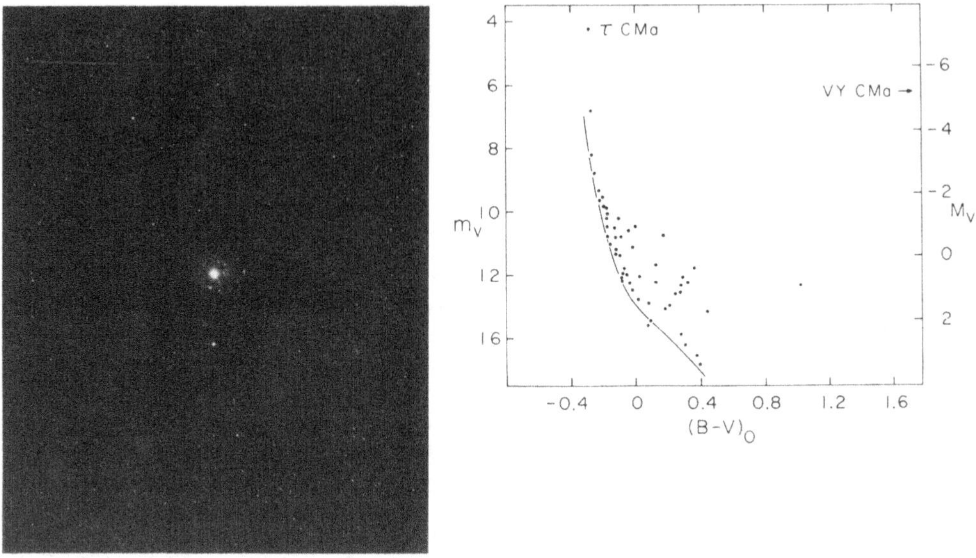

Bild 6.1 NGC 2362. Der hellste Stern ist τ Canis Majoris. Der helle rote Veränderliche VY Canis Majoris, ein Überriese und vermutlich ein Mitglied dieses Haufens, würde in der mit einem Pfeil markierten Richtung weit außerhalb des Diagramms liegen. In diesem Farben-Helligkeits-Diagramm ist die scheinbare visuelle Größenklasse (m_V) und die absolute visuelle Größenklasse (M_V) gegen den Farbindex $(B\text{-}V)_0$ aufgetragen.
(Photographie: Harvard-Observatorium)

Eine schöne Illustration der verschiedenen frühen Nachhauptreihenphasen bringen die Bilder 6.1 bis 6.11 (siehe auch Tabelle 6.1). Hier sind die Farben-Helligkeits-Diagramme von zehn offenen Sternhaufen in der Folge sinkender Leuchtkräfte der hellsten Mitgliedssterne gegeben.[14] Die Altersangaben, die über sie gemacht werden können, wurden vom Abknickpunkt der hellsten Sterne von der Hauptreihe abgeleitet und bewegen sich zwischen fünfzehn Millionen Jahren bei NGC 2362 und über hundertfünfzig Millionen Jahren bei der Ursa-Major-Gruppe Collinder 285.
Es soll nochmals betont werden, daß die hier gemachten Altersangaben nur relativ grobe Approximationen darstellen. Die genaue Form der Entwicklungswege und die Geschwindigkeit, mit der sich so ein Stern entwickelt, stellen sehr empfindliche Funktionen der Zusammensetzung dar, und wir haben ja bereits festgestellt, daß es zwischen den einzelnen Sternhaufen gewisse Unterschiede im Aufbau gibt. Trotzdem bleibt das Gesamtbild in sich geschlossen. Aber auch bei gutuntersuchten Sternhaufen wurden von verschiedenen Forschern verschiedene Altersangaben gemacht. Eine Serie von Sternhaufen, die in der Reihenfolge der Leuchtkräfte der Sterne der oberen Hauptreihe gegeben ist, ist also möglicherweise auch automatisch in der Abfolge ihres Alters angeführt, obwohl Änderungen in der Zusammensetzung diese Reihenfolge noch ein wenig verschieben könnte.
Wir wollen uns auch nochmals daran erinnern, daß sich die hier verwendeteten Altersangaben auf die Nullalter-Hauptreihe und nicht auf die seit der Entstehung der Sterne verstrichene Zeit bezieht. Wenn wir von Anfang an rechnen wollen, so müssen wir diese Angaben um etwa zehn Prozent vergrößern.

14 Leuchtkraft bedeutet im hier verwendeten Sinn immer absolute Helligkeit.

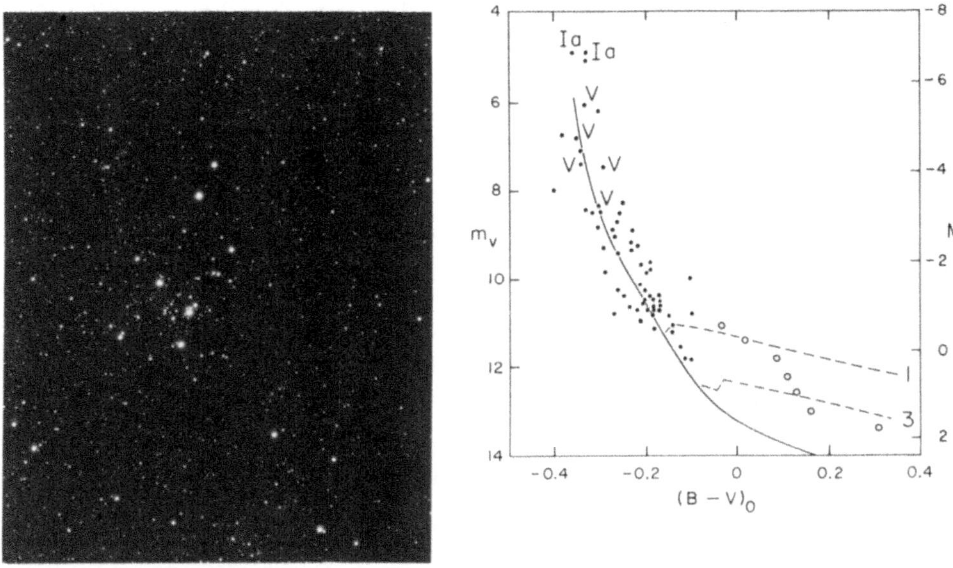

Bild 6.2 IC 1805. Die hellsten Sterne sind von Staubhüllen umgebene Überriesen (Leuchtkraftklasse Ia). Auch der restliche Sternhaufen ist von Nebelmassen durchzogen. Im Diagramm stellen die Kreise rechts unten Sterne dar, die die Hauptreihe noch nicht erreicht haben. Die unterbrochenen Linien sind Isochronen für ein und drei Millionen Jahre. Sterne der Leuchtkraftklasse V sind hier mit V bezeichnet. (Nach einer Arbeit von A. F. J. Moffat; Photographie: Harvard-Observatorium)

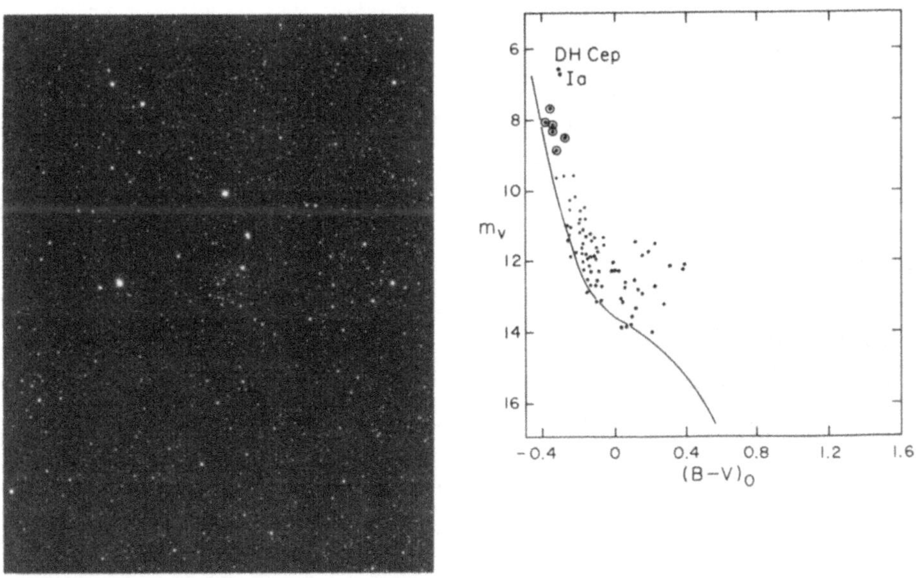

Bild 6.3 NGC 7380. Die hellsten Sterne sind zwei blaue Überriesen. Der hellere der beiden ist der Bedeckungsveränderliche DH Cephei, der aus zwei O-Sternen von je zwanzigfacher Sonnenmasse besteht. Kreise bezeichnen spektroskopische Doppelsterne.
(Photographie: Harvard-Observatorium)

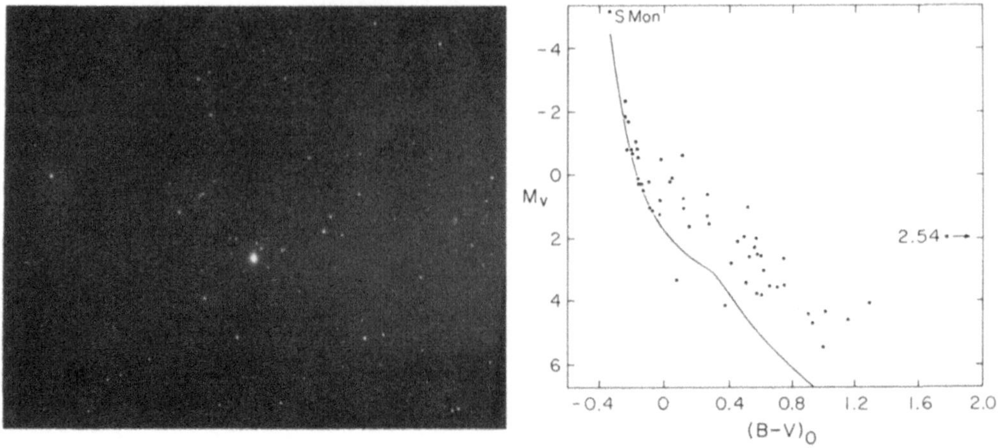

Bild 6.4 NGC 2264. Der hellste Stern ist der unregelmäßige Veränderliche S Monocerotis. (Photographie: Harvard-Observatorium)

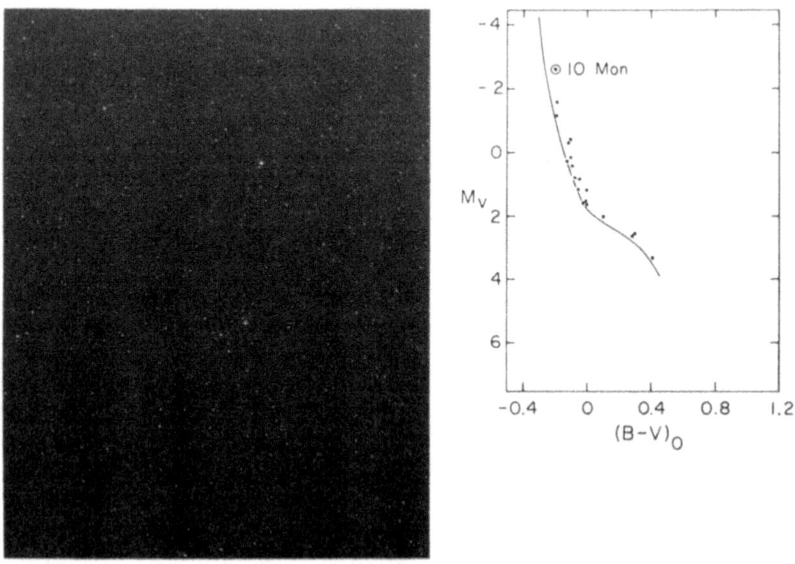

Bild 6.5 NGC 2232. Das hellste Mitglied ist der schon mit freiem Auge zu sehende Stern 10 Monocerotis, der ein visuelles Doppelsternsystem bildet.
(Nach einer Arbeit von J. J. Claria; Photographie: Harvard-Observatorium)

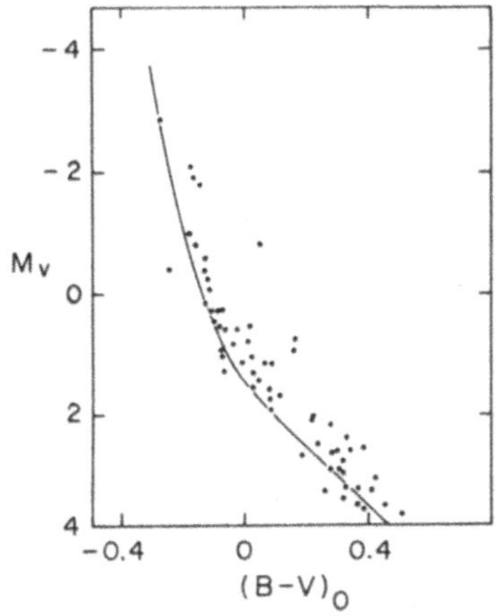

Bild 6.6 NGC 6025. Dieses Diagramm, das für interstellare Rötung korrigiert wurde, zeigt, daß sich die meisten hellen Sterne bereits ein wenig von der Hauptreihe entfernt haben (siehe z. B. auch die Plejaden in Bild 6.7). Der hellste zu diesem Sternhaufen gehörige Stern weist in seinem Spektrum Emissionslinien auf.
(Nach einer Arbeit von A. Feinstein; Photographie: Harvard-Observatorium)

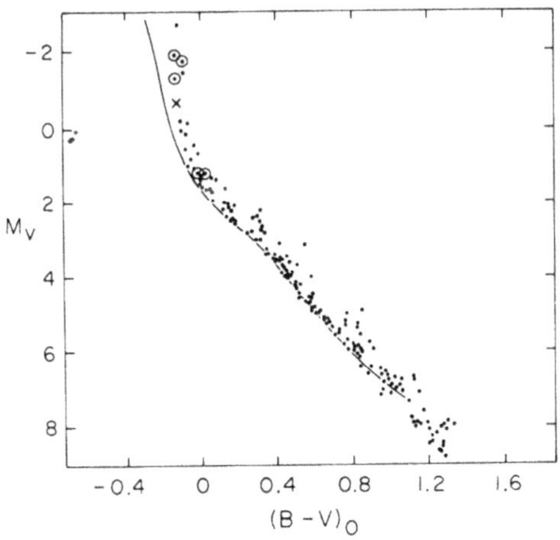

Bild 6.7

Farben-Helligkeits-Diagramm der Plejaden. Die hellsten Sterne sind bereits merkbar von der Hauptreihe abgewandert. Kreise markieren spektroskopische Doppelsterne, während durch das Kreuz der Ort des Sternes Pleione angegeben ist.

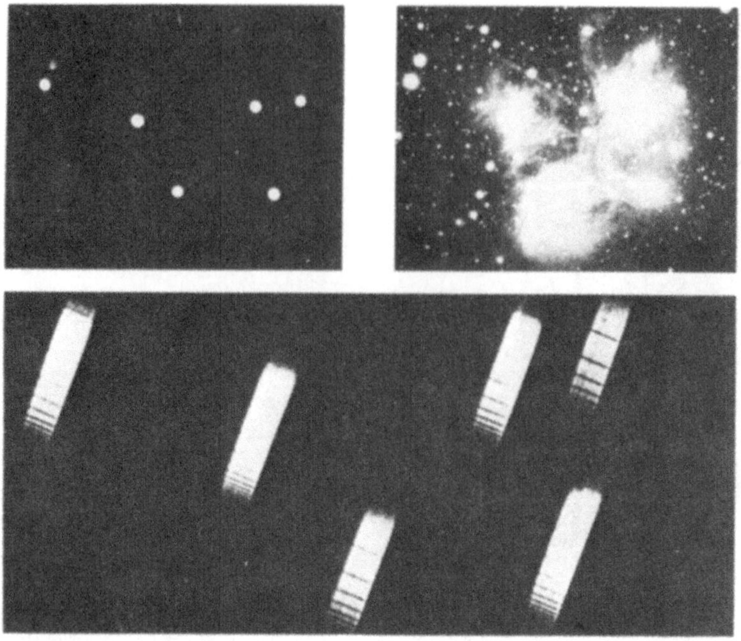

Bild 6.8 Die Plejaden. Oben links: Photographie der hellsten Sterne. Oben rechts: eine wesentlich längere Belichtungszeit zeigt auch den Reflexionsnebel, in den die Sterne eingebettet liegen. Die Namen der Sterne sind, im Bild links oben, von links nach rechts, folgende: Atlas, Pleione (sehr schwach), Alcyone, Merope (tief im Nebel), Maja, Elektra, Taygeta. Asterope ist zu schwach, um bei der geringen Belichtungszeit im linken Bild noch abgebildet zu werden. Man kann diesen Stern jedoch im rechten Bild knapp oberhalb der Mitte erkennen. Celaeno ist auf beiden Bildern nicht zu sehen. Unten: Eine Aufnahme der Spektren der hellsten Plejadensterne, die vor allem deutlich die Balmerlinien des Wasserstoffs zeigen.
(Photographien: Yerkes-Observatorium)

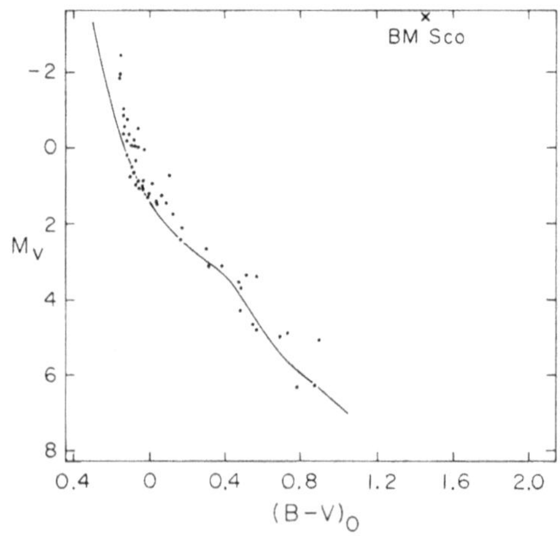

Bild 6.9 NGC 6405. Der hellste Stern ist der halbregelmäßige Veränderliche BM Scorpii, ein Überriese der Leuchtkraftklasse I.
(Photographie: Harvard-Observatorium)

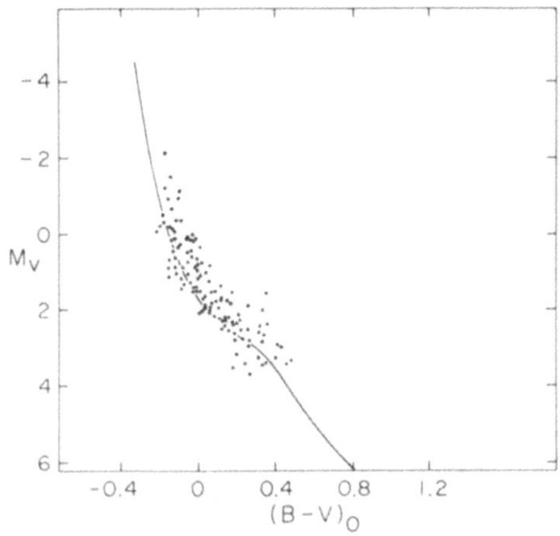

Bild 6.10 NGC 2168. Der rechts der Hauptreihe gelegene Rote Riese ist vermutlich ein bereits weiter entwickeltes Mitglied dieses Sternhaufens.
(Photographie: Harvard-Observatorium)

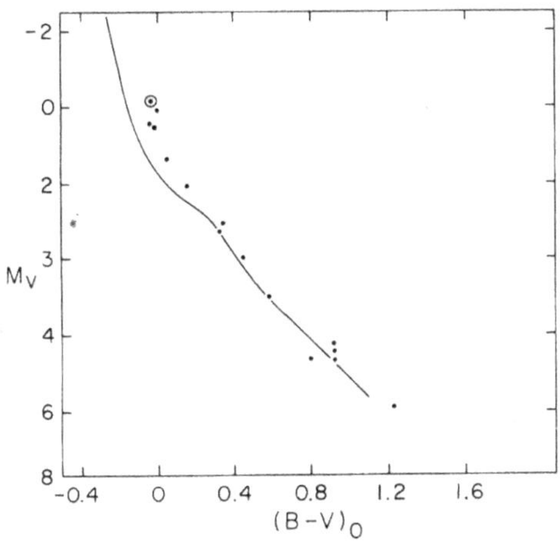

Bild 6.11

Die Ursa-Major-Gruppe. Der mit einem Kreis markierte Stern ist ε Ursae Majoris, ein α Canum Venaticorum-Veränderlicher. Da es sich bei dieser Sterngruppe um einen Bewegungshaufen handelt, ist es nicht möglich, eine Abbildung zu geben. Die Entfernungen und Leuchtkräfte wurden für jeden Stern einzeln und individuell bestimmt.

Jeder einzelne Sternenhaufen in den Bildern 6.1 bis 6.11 zeigt sehr schön die Existenz einer Hauptreihe im mittleren Größenklassenbereich. Aber in jedem einzelnen Bild sehen wir, daß sich die hellsten Sterne schon ein wenig von der Hauptreihe weg bewegen. Wir können annehmen, daß diese Sterne bereits begonnen haben, in ihrem Inneren einen zentralen Heliumkern aufzubauen und sich so von der Nullalter-Hauptreihe wegbewegen. Bei NGC 2362 ist dieser Effekt noch kaum erkennbar (siehe Bild 6.1), dagegen erkennt man im Falle der Plejaden bereits deutlich den Abknickpunkt (siehe Bild 6.7). Noch besser

Tabelle 6.1
Positionen von fünfzehn offenen Sternhaufen, die Sterne enthalten, die sich in frühen Nachhauptreihenstadien befinden. Die Sternhaufen, die hell genug sind, um bereits mit dem freien Auge gesehen werden zu können, sind mit einem Stern links neben der Nummernbezeichnung markiert.

Name	(α)	Position		(δ)
	h	m	°	′
IC 1805	2	25,2	+61	0
*Plejaden	3	41	+23	48
*NGC 1502	3	58,7	+62	3
*NGC 2168 (M35)	6	2,7	+24	21
NGC 2232	6	21,3	− 4	40
NGC 2264	6	35,5	+ 9	59
Cr 121	6	50,0	−24	30
*NGC 2362 (τ CMa)	7	14,6	−24	26
Hogg 15	12	40,6	−62	50
NGC 6025	15	56,3	−60	14
*NGC 6231	16	47,0	−41	38
NGC 6383	17	28,2	−32	30
*NGC 6405 (M6)	17	33,5	−32	9
NGC 6871	20	2,1	+35	30
NGC 7380	22	43,0	+57	34

ausgeprägt ist dies im Falle des Ursa-Major-Haufens (siehe Bild 6.11). Wenn wir diese Diagramme betrachten, müssen wir uns daran erinnern, wie schwierig es ist, Leuchtkräfte und Farben zu bestimmen, und uns vor allem aber die Probleme der Zuordnung von Sternen zu Sterngruppen vor Augen halten, wie wir sie schon bei den Hyaden besprochen haben.

Die extreme Jugend von NGC 2362, IC 1805 und NGC 2264 wird durch die große Anzahl von schwächeren Sternen bestätigt, die noch nicht die Hauptreihe erreicht haben. NGC 2264 (Bild 6.4) enthält ein bekanntes „Nest“ von irregulären Veränderlichen, wie sie in Kapitel 4 bei den Vorhauptreihensternen beschrieben worden sind. IC 1805 wird von Filamenten heller Wasserstoffnebel durchdrungen, und die meisten seiner leuchtkräftigen und massiven Mitglieder scheinen von Staubhüllen umgeben zu sein (siehe Bild 6.2). Einer von ihnen besitzt ein Spektrum, das auf eine sehr hohe Masse – etwa fünfzig Sonnenmassen – hindeutet. Die schwächsten seiner Mitglieder hingegen haben noch nicht die Hauptreihe erreicht. Diese sind im Diagramm durch einige Kreise markiert, die jeweils mehrere Sterne bedeuten. Sie fallen zwischen die theoretischen Isochronen, die für ein und für drei Millionen Jahre gegeben sind (hier ist das Alter auf die Entstehung bezogen). Das vom Abknickpunkt von der Hauptreihe aus gezählte Alter beträgt etwa ein bis zwei Millionen Jahre und scheint darauf hinzudeuten, daß der Prozeß der Sternentstehung in dem Haufen noch nicht abgeschlossen ist. Die meisten seiner Mitglieder mit bekannten Spektren gehören der Hauptreihe an, obwohl drei der hellsten Sterne Überriesen sind und sich bereits von der Hauptreihe wegbewegen. Der Haufen enthält ein kompaktes Mehrfachsystem, dessen Alter wesentlich weniger als eine Million Jahre betragen muß. Die Abschwächung durch interstellare Absorption beträgt etwa zwei Größenklassen, und die Sterne sind dementsprechend gerötet.

Doppel-und Mehrfachsysteme spielen eine sehr wichtige Rolle in diesen Sternhaufen. Das hellste Mitglied von NGC 2362 ist τ Canis Majoris, ein Stern vierter Größenklasse und ein spektroskopischer Doppelstern mit einer Umlaufperiode von 158 Tagen (siehe Bild 6.1). Ein anderer interessanter Stern ist der möglicherweise zum Haufen gehörende VY Canis Majoris, der von Staub und von einem expandierenden Nebel umgeben ist. In seinen hellsten Phasen reicht er an τ Canis Majoris heran. Wenn er ebenfalls die gleiche Masse besitzen würde, so müßte er seinen jetzigen Zustand als leuchtkräftiger roter Stern nach etwa einer Million Jahre erreicht gehabt haben.

Solche hellen roten Sterne sind in jungen Sternhaufen sehr selten, aber diese Seltenheit würde man auch erwarten, wenn sie sich tatsächlich mit der Geschindigkeit entwickeln, die die Theorie voraussagt. In Bild 6.1 ist VY Canis Majoris nicht mehr enthalten, da er weit außerhalb rechts liegen würde, und da es auch aufgrund der ihn umgebenden Staubmassen sehr schwer ist, seine wahre Farbe zu bestimmen.

Das hellste Mitglied von NGC 7380 ist der Bedeckungsveränderliche DH Cephei, der aus einem Paar von nahezu identischen 05-Sternen von zwanzig und neunzehn Sonnenmassen besteht, die sich mit einer Periode von 2,11 Tagen umkreisen (siehe Bild 6.3). Das hellste Mitglied von NGC 2264 ist der Doppelstern S Monocerotis, dessen hellere Komponente ein unregelmäßiger Veränderlicher ist, der vermutlich die Hauptreihe noch nicht erreicht hat. Der hellste Stern in NGC 2232 (10 Monocerotis) ist ein visueller Doppelstern, von dem ein Mitglied selbst noch ein spektroskopischer Doppelstern ist (siehe Bild 6.5). In NGC 6025 ist der hellste Stern ein heißer Stern, der in seinem Spektrum Emissionslinien aufweist – ein Hinweis auf eine leuchtende Hülle, die sich möglicherweise auf einen rotierenden Äquatorring abgeplattet hat (siehe Bild 6.6).

Allein über die Plejaden könnte man ein ganzes Buch schreiben. Ihre hellsten Sterne bilden am Himmel schon für den freisichtigen Beobachter einen eindrucksvollen Anblick. Alle die mit freiem Auge beobachtbaren Mitglieder haben sich schon von der Hauptreihe wegbewegt (siehe Bild 6.7). Sie alle sind in einem dichten Nebel eingebettet, der , wie das Spektrum zeigt, in ihrem reflektierten Licht leuchtet (siehe Bild 6.8). Drei seiner hellsten und auch einige seiner schwächeren Mitglieder sind spektroskopische Doppelsterne. Sie alle rotieren sehr rasch. Merope, einer der am tiefsten im Nebel liegenden Sterne, besitzt ein sehr auffälliges Spektrum mit hellen Linien. Maja könnte leicht veränderlich sein. Der auffälligste Veränderliche ist die rasch rotierende Pleione (BU Tauri), deren Spektrum zeigt, daß der Stern manchmal ganze Hüllen aus Materie abstößt, was aber bei heißen hellen Sternen nicht ungewöhnlich ist. Der Stern γ Cassiopeiae hat ebenfalls schon mehrfach ein solches Verhalten gezeigt – auch dies ist ein rasch rotierender Veränderlicher.

Wenn wir die Hauptreihe der Plejaden weiter nach unten verfolgen, so sehen wir, daß hier etwas ähnliches wie bei den Hyaden auftritt: Eine Anzahl von Sternen befindet sich etwas oberhalb und annähernd parallel zur Hauptreihe selbst. Diese Sterne sind, ebenfalls wie die entsprechenden Hyadensterne, unzweifelhaft Doppelsterne – und tatsächlich befinden sich auch einige bekannte spektroskopische Doppelsterne in diesem Gebiet.

Am unteren Ende der Hauptreihe ist die Übereinstimmung nicht mehr so gut. Das liegt nur an den beobachtungstechnischen Unsicherheiten, obwohl diese hier sicher auch eine Rolle spielen. Ab etwa einer scheinbaren visuellen Größenklasse von dreizehn, was ungefähr der siebenten absoluten visuellen Größenklasse entspricht, haben wir bereits den Punkt erreicht, an dem sich Sterne noch immer zur Hauptreihe hin bewegen. In diesem Gebiet fand man auch eine größere Anzahl von irregulären Veränderlichen wie etwa V 703 und FL Tauri, die beide von der Spektralklasse K sind. Es gibt sehr wenig Zweifel daran, daß sie wirklich Mitglieder des Sternhaufens sind, die sich noch in ihren Entstehungsphasen befinden.

In den Plejaden begegnen wir zum ersten mal physisch regelmäßig veränderlichen Sternen. So findet man vier δ Scuti-Sterne (die nach dem hellsten Mitglied der Art benannt

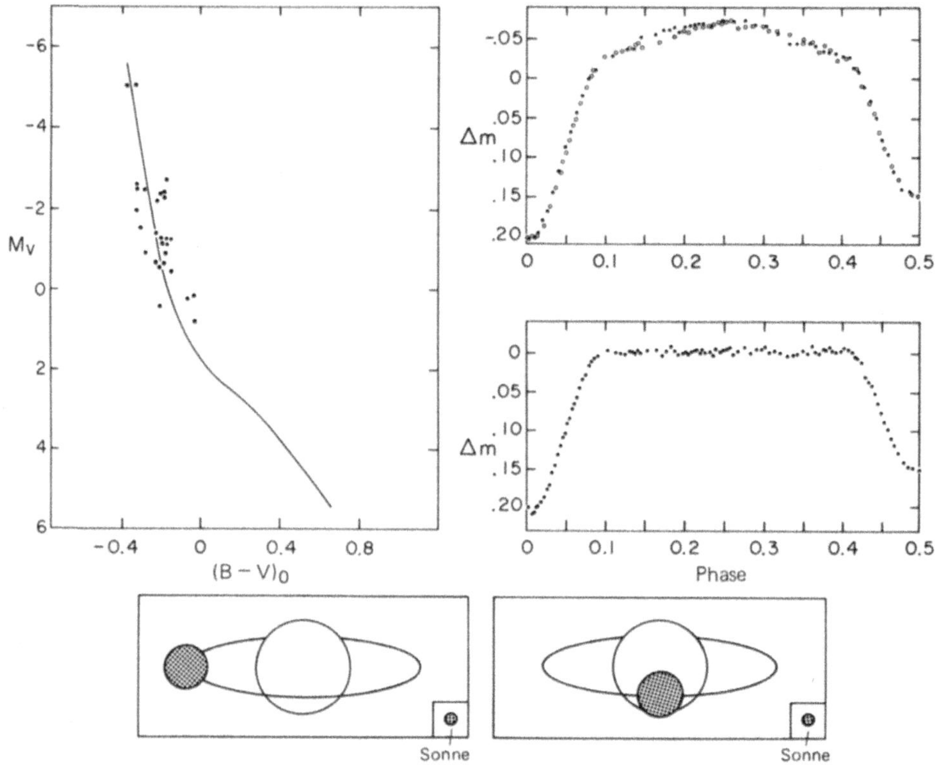

Bild 6.12 NGC 1502. Oben links: Farben-Helligkeits-Diagramm. Einer der beiden hellsten Sterne ist der Bedeckungsveränderliche SZ Camelopardalis. Die beiden Diagramme rechts zeigen den beobachteten Lichtwechsel. Die beiden Hälften der Lichtwechselkurve sind einander sehr ähnlich und wurden hier um das Hauptminimum bei Phase 0 gefaltet. In dem Diagramm rechts oben bezeichnen Punkte die Helligkeiten in der ersten Hälfte der Kurve (Phase 0–0,5), Kreise die Helligkeiten in der zweiten Hälfte (Phase 0,5–1,0). Die beiden Sterne liegen so nahe aneinander, daß sie sich gegenseitig unter dem Einfluß der Gravitation verformen. Um ihre Eigenschaften zu bestimmen, ist es notwendig, ihre Lichtkurven für diesen Verformungseffekt zu korrigieren. Das zweite Diagramm auf der rechten Seite zeigt eine solche korrigierte Kurve. Ganz unten befinden sich zwei Ansichten, die das System von der Erde aus zeigen: (links) zwischen den Bedeckungen und (rechts) während des Hauptminimums. Die Größe der Sonne ist zu Vergleichszwecken angegeben.
(Nach einer Arbeit von Adriaan Wesselink)

wurden) in ihnen. Die Perioden ihrer Pulsationen oder Vibrationen bewegen sich in der Nähe einer Stunde. Der Ursprung ihres Verhaltens ist immer noch etwas geheimnisvoll (siehe auch Kapitel 8).

Die in den Bildern 6.1 bis 6.11 gegebenen Beispiele von Sternhaufen sind nur Muster, die ihre Individualität bewahrt haben. In den Bildern 6.12 und 6.13 sind noch zwei weitere junge Sternhaufen, NGC 1502 und NGC 6383, sowie die in ihnen gelegenen Bedeckungsveränderlichen abgebildet. Der Bedeckungsveränderliche SZ Camelopardalis, das hellste Mitglied von NGC 1502, besteht aus einem Paar von heißen B-Sternen, sie sich mit einer Periode von 2,698 Tagen umkreisen. Das hellste Mitglied von NGC 6383 ist ein spektroskopischer Doppelstern mit einer Periode von 3,66 Tagen, der aus einem Paar sehr ähnli-

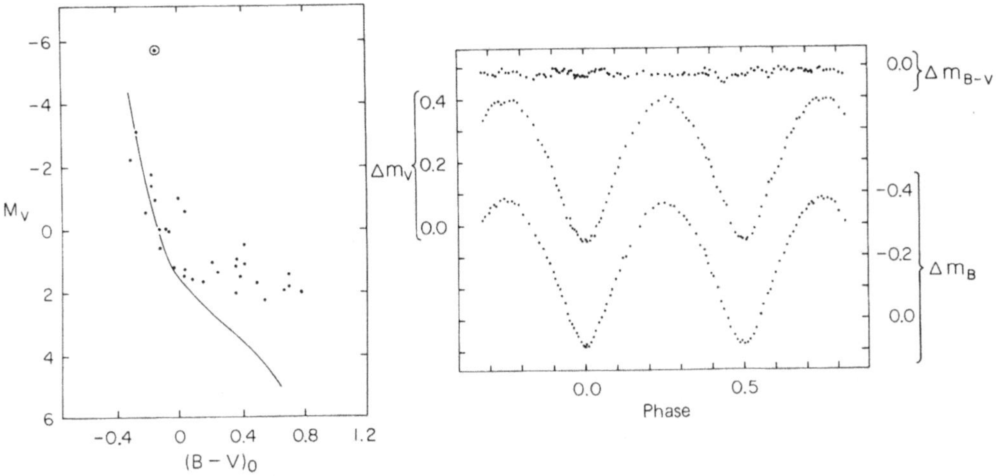

Bild 6.13 Farben-Helligkeits-Diagramm für NGC 6383 sowie Lichtkurve des in ihm gelegenen Sternes V 701 Scorpii, einem Veränderlichen, der im Diagramm gesondert mit einem Kreis markiert ist. Im rechten Diagramm ist oben die Lichtkurve im gelben, unten im blauen Bereich aufgenommen, während über den beiden Kurven die simultan gemessene Farbe aufgetragen ist. Die Konstanz der Farbe zeigt, daß beide Komponenten dieses Bedeckungsveränderlichen etwa die gleiche Farbe und somit Temperatur aufweisen. Die Form der Lichtkurve ist ein Hinweis darauf, daß es sich um Sterne von ähnlicher Größe handelt, die einander so nahe stehen, daß sie sich gegenseitig verformen. Die Umlaufperiode beträgt etwa 18 Stunden.
(Lichtkurve nach Kam-Ching Leung, *Astronomy and Astrophysics Supplement* **13**, 315 (1974))

cher O-Sterne besteht und möglicherweise ein wenig veränderlich ist. Die Massen betragen wahrscheinlich mindestens das Zwanzigfache der Sonnenmasse. Der zweithellste Stern des Sternhaufens ist ebenfalls doppelt: Der Bedeckungsveränderliche V 701 Scorpii, der aus zwei ähnlichen B5-Sternen besteht, die sich in 18 Stunden einmal umkreisen. Die Lichtwechselkurve zeigt, daß es sich um zwei fast identische Sterne handelt, die sich fast in gegenseitigen Kontakt befinden.

In jedem der bisher untersuchten jungen Sternhaufen waren die hellsten Sterne Bestandteile von Doppel- oder Mehrfachsystemen, und man könnte annehmen, daß sie die Kerne dieser Sternhaufen bilden. Weiterhin fand man, daß diese Sternhaufen wieder die Kerne von weiter ausgedehnten offeneren Assoziationen bilden. Ein sehr auffälliges Beispiel stellt hier der Doppelsternhaufen im Perseus dar (siehe Bild 6.14), der den Kern einer viel größeren Assoziation bildet. Die einzelnen Mitglieder einer Assoziation sind nicht gravitativ aneinander gebunden und neigen dazu, sich mit zunehmendem Alter zu zerstreuen, so daß wir die Beobachtung machen können, daß ältere Sternhaufen wesentlich isolierter sind. Viele der Sterne, die einst Mitglieder von Assoziationen waren, muß man jetzt in den sie umgebenden Sternfeldern suchen. Eine Übergangssituation wurde bereits für den relativ alten Sternhaufen der Hyaden beschrieben, der von der sich langsam auflösenden Hyadengruppe, die etwa zehnmal so groß wie der Sternhaufen ist, umgeben wird. Wir werden sehen, daß die ältesten offenen Sternhaufen relativ unauffällige Objekte darstellen, da sie auf ihren Reisen rund um die Galaxie eine große Zahl ihrer ursprünglichen Mitglieder verloren haben, und da auch die massivsten (und somit hellsten) Sterne längst am Ende

Bild 6.14 Der Doppelsternhaufen im Perseus (h und χ Persei), der mit einigen β Canis Majoris-Sternen assoziiert ist.
(Photographie: Harvard-Observatorium)

ihrer Entwicklung angelangt waren. Ihre Hauptreihen bestehen nur mehr aus Sternen von niederer Leuchtkraft und Masse.
Bevor wir die jungen Sternhaufen verlassen, beschäftigen wir uns noch kurz mit ihrer Bedeutung für die seltenen und rätselhaften Wolf-Rayet-Sterne (benannt nach den beiden Astronomen, die sie zum erstenmal – im Jahre 1868 – beschrieben haben. Die Spektren der meisten Sterne zeigen hauptsächlich (aber nicht nur) Absorptionslinien, während aber die Wolf-Rayet-Sterne überwiegend Emissionslinienspektren aufweisen, was anzudeuten scheint, daß sie von einer hell strahlenden und in turbulenter Bewegung – möglicherweise sogar in Expansion – befindlichen Hülle umgeben sind. Viele von ihnen sind spektroskopische Doppelsterne mit heißen und leuchtkräftigen Begleitern. Ein Durchbruch für das Verständnis der Wolf-Rayet-Sterne konnte erreicht werden, als man einige von ihnen als Bedeckungsveränderliche erkannte. Daraus konnte man ihre Massen und Dimensionen berechnen. Aber wir sind noch immer weit davon entfernt, diese außergewöhnlichen Objek-

te zu verstehen. Ihre Atmosphärenstruktur ist außerordentlich komplex, und einige dieser Doppelsternsysteme zeigen von Umlauf zu Umlauf Veränderungen.
Alle Wolf-Rayet-Sterne in unserer Galaxie liegen in der Zentralebene, und viele (aber nicht alle) bilden lose Assoziationen, wie etwa im Schwan oder im Sternbild Carina. Sie müssen daher, wenn schon nicht zu den jüngsten, dann doch zumindest zu den jüngeren Objekten zählen. Hier erhebt sich die Frage, ob sie sich in Bezug auf die Hauptreihe im Kommen oder im Gehen befinden: Sind sie Vor- oder Nachhauptreihensterne? Ihr Vorhandensein in einigen offenen Sternhaufen kann möglicherweise neues Licht auf diese Frage werfen.
Bild 6.15 zeigt die Daten von vier offenen Sternhaufen, die Wolf-Rayet-Sterne enthalten. Die zwei Wolf-Rayet-Sterne in NGC 6231 (ein kompakter Sternhaufen, der einer der Kerne der größeren Scorpius II-Assoziation ist) sind spektroskopische Doppelsterne. Alle vier Sternhaufen sind relativ junge Objekte. Die in ihnen enthaltenen Hauptreihensterne sind um einige Größenklassen schwächer als die Wolf-Rayet-Sterne, die sich alle in der Nähe des oberen Endes der Hauptreihe aufhalten. Die Spektren dieser Sterne sind so eigenartig, daß ihre Farben von dem von normalen Sternen gezeigten Verhalten abweichen müssen und für unsere Untersuchungen hier die Leuchtkraft eher als die Farbe einen signifikanten Wert darstellt. Ähnliche Beobachtungen wurden auch bei Wolf-Rayet-Sternen in einigen offenen Sternhaufen in der Großen Magellanschen Wolke gemacht, einer Galaxie, die wesentlich mehr dieser Objekte enthält,
Meine Meinung ist, daß vermutlich alle Wolf-Rayet-Sterne Doppelsterne sind und daß ihre spektakulären Eigenschaften aus den Wechselwirkungen zwischen den beiden heißen Komponenten resultieren. Aber das kann noch nicht die ganze Geschichte sein, da einige Wolf-Rayet-Sterne Mitglieder von weiter auseinanderliegenden Doppelsternen sind. Und warum ist zum Beispiel der ähnliche und heiße Stern DH Cephei kein Wolf-Rayet-Stern? Was auch immer der Grund für ihre Pekuliaritäten sein mag, so zeigt ihre Position im Farben-Leuchtkraft-Diagramm der offenen Sternhaufen, wo sie sich in der Nähe des Abknickpunktes am oberen Ende der Hauptreihe befinden, daß es sich hier um Sterne handelt, die gerade dabei sind, die Hauptreihe zu verlassen oder sie schon verlassen haben.
Als wir den Abenteuern eines Sterns mit fünffacher Sonnenmasse folgten, haben wir bemerkt, daß sein Entwicklungsweg knapp nach dem Verlassen der Hauptreihe eine kleine Unregelmäßigkeit aufweist. Ist diese Änderung im Sterninneren auch durch irgendeine Änderung im Sternverhalten bemerkbar? Eine Antwort auf diese Frage kann man möglicherweise in den beiden gut besetzten jungen Sternhaufen NGC 869 (h Persei) und NGC 884 (χ Persei) finden. Es scheint, als ob die oberen Enden ihrer Hauptreihen von Repräsentanten einer als β Canis-Majoris-Sternen bezeichneten Gruppe von Veränderlichen (die nach dem ersten von dieser Gruppe entdeckten Stern den Namen bekam) besetzt sind, Sie alle sind B-Sterne und gehören zu den Leuchtkraftklassen III und IV, was bedeutet, daß sie sich bereits etwas von der Hauptreihe wegentwickelt haben. Ihre Helligkeitsänderungen sind gering, aber rasch, mit Perioden zwischen einigen Stunden und einem halben Tag, und sehr komplex. Viele von ihnen zeigen zwei gleichzeitig auftretende und sich überlagernde Perioden, die die resultierende Helligkeitsänderung sehr gering bleiben lassen. Gegenläufige Änderungen treten im Spektrum und in der Radialgeschwindigkeit auf. Einige, vermutlich aber nicht alle, sind spektroskopische Doppelsterne.
Eine interessante Idee ist, daß diese beiden konkurrierenden Perioden Vibrationsperioden von abwechselnd Polar- und Äquatordurchmesser dieser Sterne darstellen, die durch Rotation stark abgeplattet sind. Wenn wir die Hauptreihe absuchen, so bemerken wir, daß rasch rotierende Sterne immer jüngere, massivere Objekte sind. Die älteren Sterne rotieren mit zunehmendem Alter immer langsamer. Die Sonne rotiert zum Beispiel relativ langsam.

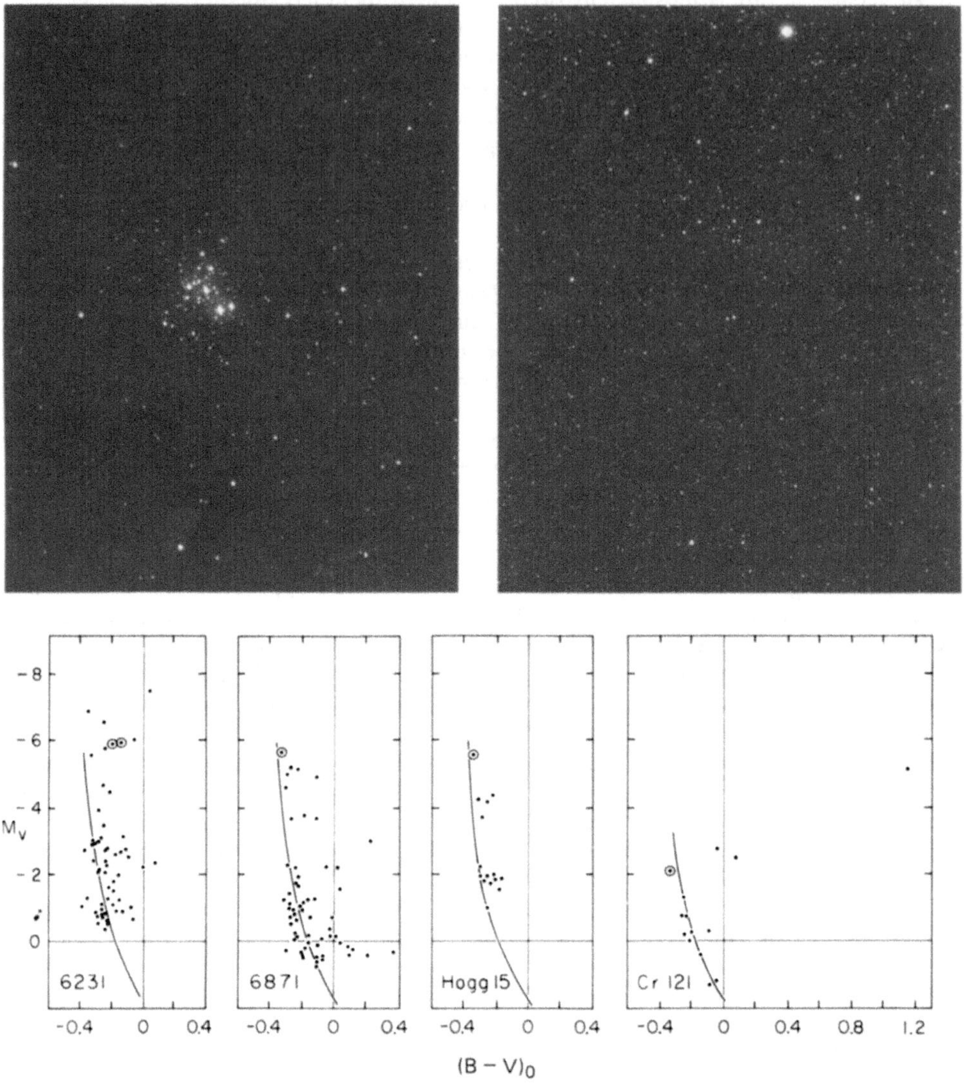

Bild 6.15 Farben-Helligkeits-Diagramme von vier offenen Sternhaufen, die unter ihren Mitgliedern Wolf-Rayet-Sterne besitzen. Von links nach rechts: NGC 6231, NGC 6871, Hogg 15 und Collinder 121. Die Wolf-Rayet-Sterne wurden mit Kreisen gesondert markiert. Von NGC 6231 (oben links) und Collinder 121 (oben rechts) sind außerdem noch Photographien abgebildet.
(Photographien: Harvard-Observatorium)

Obwohl die Natur dieser Vibrationen noch immer für heftige Diskussionen sorgt, und man auch noch nicht versteht, wie sie angeregt werden, so ist es doch eine Tatsache, daß die β Canis-Majoris-Sterne in dem Gebiet des Farben-Helligkeits-Diagramms liegen, das mit jenem identisch ist, in dem die vorhin erwähnten kleinen Änderungen im theoretischen Entwicklungsweg auftreten (siehe Bild 6.16).

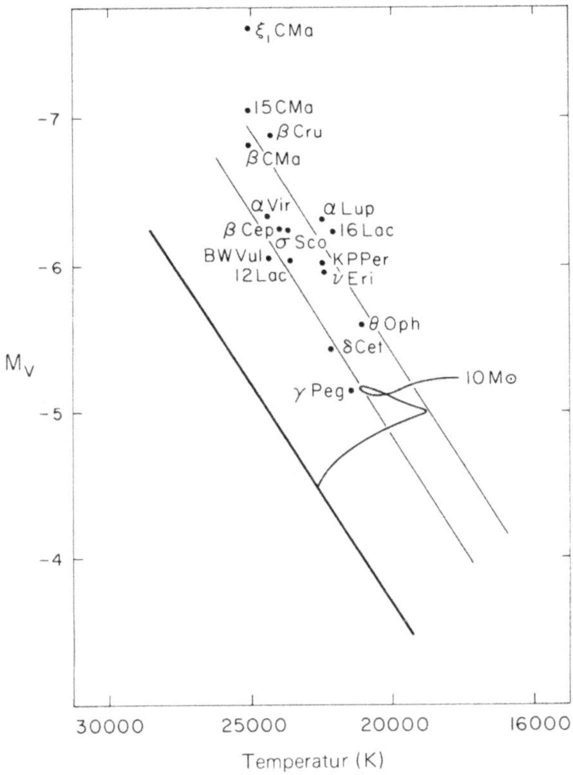

Bild 6.16
Lage der β Canis Majoris-Sterne relativ zur Hauptreihe (stark ausgezogene Linie). Das Gebiet dieser Veränderlichen ist durch die beiden schwach ausgezogenen Linien eingegrenzt, zwischen denen auch die von der Theorie vorhergesagten instabilen Sternmodelle liegen.

Da ihre Variationen sehr klein und rasch sind, kann man diese Sterne nicht sehr leicht finden (siehe Bild 6.17). Viele der von ihnen jetzt bekannten Beispiele sind helle Sterne, die auch dementsprechend leicht untersucht werden können. Eine Liste solcher Sterne, die man bereits mit dem freien Auge sehen kann, ist in Tabelle 6.2 gegeben. Sie alle liegen zwischen den Spektralklassen B0,5 und B3 und sind so gut wie ohne Ausnahme von den Leuchtkraftklassen II–IV, so daß sie sich nicht mehr auf der Hauptreihe befinden. Es ist gut möglich, daß alle Sterne, die in diesem Bereich liegen, β Canis-Majoris-Sterne sind. Tatsächlich hat sich auch einer der am besten untersuchten heißen Sterne, γ Pegasi, von dem man glaubte, daß er ein guter und stabiler Repräsentant seiner Klasse (B2 IV) sei, als solcher Veränderlicher entpuppt. Ähnlich geschah es auch mit einem der überhaupt hellsten Sterne am Himmel, dem Stern β Crucis.

Die β Canis-Majoris-Sterne, wie sie heute bekannt sind, beschränken sich auf die heißesten Spektralklassen. Gibt es auch bei kühleren Sternen so ein ungewöhnliches und mit dem Knick im Entwicklungsweg in Zusammenhang stehendes Verhalten? Ein Blick auf Bild 3.4 zeigt, daß man diesen Knick bis zu den Kurven der Sterne mit Massen von 1,25facher Sonnenmasse feststellen kann, nicht aber mehr darunter, was auf der Hauptreihe annähernd der Spektralklasse F0 entspricht. Es wäre daher interessant, solche Variationen bei Sternen der Spektraltypen B bis F zu suchen.

Tatsächlich enthält dann auch der Ursa-Major-Haufen einen Repräsentanten einer anderen Gruppe von Veränderlichen, der α Canum-Venaticorum-Sterne (benannt nach dem hellsten

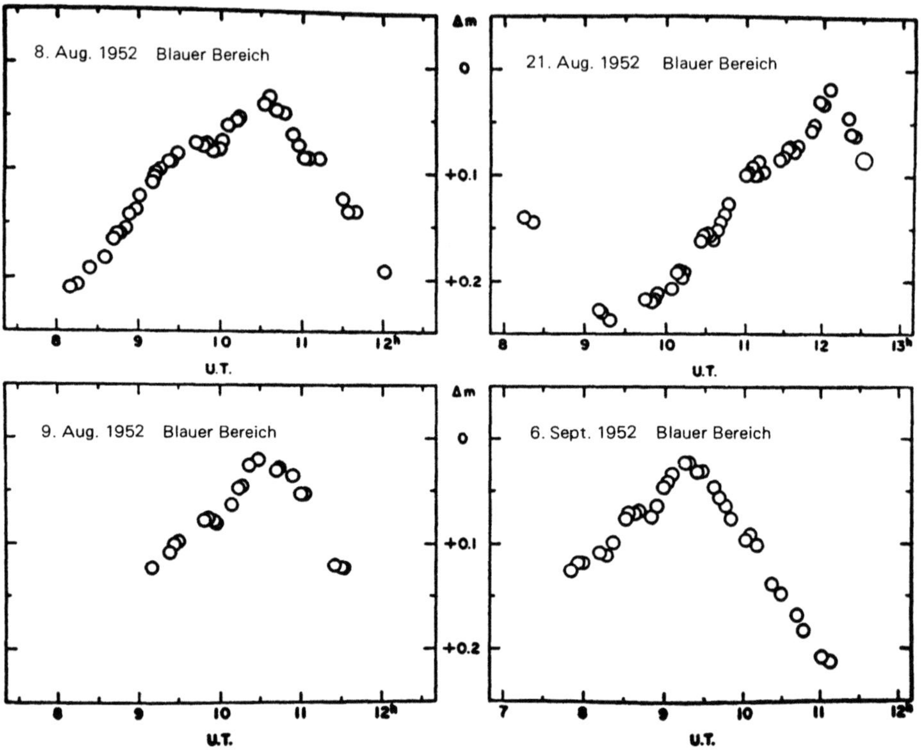

Bild 6.17 Lichtwechselkurven des β Canis Majoris-Sternes BW Vulpeculae innerhalb von vier Nächten. Die Helligkeiten sind hier in Größenklasseneinheiten als Relativwerte zu einem Vergleichsstern mit konstanter Helligkeit angegeben.
(Nach C. Roger Lynds, *Publications of the Astronomical Society of the Pacific* **66**, 199 (1954))

von ihnen, Cor Corioli) (siehe auch Bild 6.11). Ihre Perioden sind etwas länger als die der β Canis-Majoris-Sterne und liegen zwischen einem halben Tag und mehreren Wochen. Auch hier handelt es sich bei den meisten bekannten Sternen um sehr helle Objekte. Eine Liste von leicht mit bloßem Auge zugänglichen Beispielen ist in Tabelle 6.3 gegeben. Ihre Spektralklassen reichen von B5 bis F0 und überstreichen somit genau den zu erwartenden Bereich. Die meisten Spektren dieser Sterne wurden als „p" (pekuliar) klassifiziert, wodurch zum Ausdruck gebracht werden soll, daß in diesen Spektren seltenere Elemente wie Silicium, Strontium und Seltene Erden vorkommen, deren Häufigkeit sich noch dazu ständig ändert. Zusätzlich zu Schwankungen in Helligkeit und Spektrum weisen diese Sterne noch Anzeichen von rasch veränderlichen Magnetfeldern oft großer Intensität auf. Es besteht kein Zweifel darüber, daß diese Schwankungen dadurch verursacht werden, daß die Rotationsachse nicht mit den magnetischen Polen übereinstimmt und daß im Verlauf der Rotation immer andere Oberflächenstrukturen mit immer anderen Magnetfeldern auftreten (Modell des schiefen Rotators). Es ist auch wirklich möglich, mit Hilfe der Analyse der im Magnetfeld veränderten Spektrallinien zu Vorstellungen über die Variationen auf der Oberfläche zu gelangen. Von der Untersuchung der magnetischen Sterne (etwa der Ap-Sterne) in Sternhaufen erwartet man sich gerade jetzt neue Erkenntnisse über die Entwicklung dieser

Tabelle 6.2
Eigenschaften von einundzwanzig mit freiem Auge sichtbaren β Canis-Majoris-Sternen

Name	Max.	Min.	Spektrum	Periode (Tage)	DM[a)]		Position (1900) h	m	s	°	′
γ Peg (88 Peg)	2,80	2,87	B2 IV	0,157495	+14°	14	0	8	5	+14	37,6
δ Cet (82 Cet)	3,80	3,86	B2 IV	0,1611366	− 0	406	2	34	21	− 0	6,2
ν Eri (48 Eri)	3,40	3,60	B2 III	0,17790414	− 3	834	4	31	19	− 3	33,4
β CMa (2 CMa)	1,93	2,00	B1 II-III	0,25002246	−17	1467	6	18	18	−17	54,4
ξ^1 CMa (4 CMa)	4,33	4,36	B1 III	0,2095755	−23	3991	6	27	41	−23	20,8
EY CMa (15 CMa)	4,60	4,63	B1 III	0,184557	−20	1616	6	49	13	−20	6,0
FN CMa	5,36	5,39	B0.5 IV	0,12377	−11	1790	7	1	59	−11	8,4
o Vel	3,56	3,67	B3 III-IV	0,131977	−52	1583	8	37	26	−52	34,0
β Cru	1,23	1,31	B0.5 III	0,2365072	−59	4451	12	41	52	−59	8,5
ϵ Cen	2,30	2,31	B1 III	0,169608	−52	6655	13	33	33	−52	57,5
τ^1 Lup	4,36	4,43	B2 IV	0,177365	−44	9322	14	19	43	−44	46,2
α Lup	2,28	2,31	B1.5 III	0,259864	−46	9501	14	35	17	−46	57,6
δ Lup	3,21	3,24	B2 IV	0,16547	−40	9538	15	14	48	−40	17,1
σ Sco (20 Sco)	2,94	3,06	B1 III	0,2468406	−25	11485	16	15	6	−25	21,2
θ Oph (42 Oph)	3,25	3,29	B2 IV	0,140531	−24	13292	17	15	52	−24	54,1
λ Sco (35 Sco)	1,59	1,65	B1 V	0,2137015	−37	11673	17	26	49	−37	1,9
κ Sco	2,39	2,42	B2 IV	0,19987	−38	12137	17	35	34	−38	58,7
V 2052 Oph	5,81	5,84	B2 IV-V	0,1398903	+ 0	3813	17	51	13	+ 0	41,1
β Cep (8 Cep)	3,30	3,35	B1 III	0,1904844	+69	1173	21	27	22	+70	7,3
DD Lac (12 Lac)	4,90	5,10	B1.5 III	0,19308858	+39	4912	22	37	0	+39	42,2
EN Lac (16 Lac)	5,30	5,41	B2 IV	0,169165	+40	4949	22	51	50	+41	4,2

a) In dieser und in späteren Tabellen bezeichnen die Buchstaben DM die Nummer des Sternes in einer der drei Durchmusterungen. Die *Bonner Durchmusterung* enthält Sterne nördlich von −23°, die *Cordoba-Durchmusterung* Sterne bis −52° und die *Cape Photographic Durchmusterung* die Sterne zwischen −52° und dem Himmelssüdpol. In jeder Deklinationszone sind die Sterne der Reihe nach numeriert. Als Folge der seit dem Zusammenstellen der Kataloge aufgetretenen Präzessionsbewegung können sich einige Sterne bereits in die Nachbardeklinationszone bewegt haben. Die Bonner Durchmusterung enthält die Sternpositionen für das Jahr 1855, die beiden südlichen Durchmusterungen für das Jahr 1875.

Sterne und über die Quelle ihrer Pekuliarität. Durch den definierten Entwicklungszustand von Sternhaufen ist es nämlich möglich, auch die Entwicklung von magnetischen Sternen zeitmäßig zu verfolgen – etwa ob es sich bei diesen Eigenschaften um Entwicklungseffekte handelt. *

Die Phase in der Sternentwicklung, die durch Sternhaufen repräsentiert wird, deren hellste Mitglieder gerade die Hauptreihe verlassen haben, läßt den Schluß zu, daß es sich bei diesen Haufen um relativ junge Objekte handelt, deren schwächste Mitglieder die Hauptreihe noch nicht erreicht haben. Sie bilden mit einer gutausgeprägten Hauptreihe ein in sich konsistentes Bild.

* Die Variationen von α Canum-Venaticorum-Sternen mit Perioden über einem halben Tag stammen daher nicht von Pulsation, zum Unterschied zu den β Canis-Majoris-Sternen. Im übrigen ist die Bezeichnung der gegenständlichen Gruppe von Veränderlichen nach einem ihrer prominentesten Vertreter nicht mehr üblich. Einem Vorschlag von G. Preston folgend, bezeichnet man diese Gruppe als CP2 Sterne (Chemical Peculiar, zweite Gruppe) und löste damit eine etwas ältere aber ungenauere Bezeichnung (Ap Sterne) ab. Neuerdings wurden aber auch bei einigen – vorläufig wenigen – CP2 Sternen Pulsation mit Perioden zwischen 6 und etwa 150 Minuten nachgewiesen (Anmerkung des Übersetzers).

Tabelle 6.3
Eigenschaften von sechsunddreißig α Canum-Venaticorum-Sternen, die schon mit dem bloßen Auge gesehen werden können

Name	Max.	Min.	Spektrum	Periode (Tage)	DM		Position (1900) h	m	s	°	′
α And (21 And)	2,02	2,06	B8 IVp	0,9636	+28°	4	0	3	13	+28	32,2
γ Ari (5 Ari)	3,88	3,90	A0 p	2,607	+18	243	1	48	3	+18	48,1
ι Cas	4,50	4,53	A5 p	1,74058	+66	213	2	20	49	+66	57,2
LT (Per (21 Per)	5,03	5,14	A0 p	2,88422	+31	509	2	51	13	+31	31,9
SX Ari (56 Ari)	5,67	5,71	B5-7 IV-V	0,7278925	+26	523	3	6	17	+26	52,8
DO Eri	5,97	6,00	A p	12,448	−12	752	3	50	34	−12	23,5
GS Tau (41 Tau)	5,15	5,22	A0 p	1,227424	+27	633	4	0	28	+27	21,2
IQ Aur	5,35	5,41	B9 Vp	2,4660	+33	1008	5	12	25	+33	38,5
V 592 Mon	6,16	6,31	A2 p	2,976	− 7	1592	6	45	53	− 7	55,4
AX Cam (53 Cam)	5,95	6,08	A2 p	8,015	+60	1105	7	53	10	+60	35,9
BM Cnc (15 Cnc)	5,53	5,65	B9 Vp	4,116	+30	1664	8	6	57	+29	57,4
HV Hya (3 Hya)	5,66	5,76	A2 p	5,57	− 7	2540	8	30	35	− 7	38,3
BI Cnc (49 Cnc)	5,60	5,71	A0 p	5,43	+10	1864	8	39	19	+10	26,6
κ Cnc (76 Cnc)	5,22	5,27	B9 IIIp	5,0035	+11	1984	9	2	20	+11	4,2
CX Leo (45 Leo)	5,97	6,15	B8.5 Vp	—	+10	2152	10	22	22	+10	16,4
GN Com (13 Com)	5,18	5,20	A3 Vp	>1	+26	2344	12	19	17	+26	39,2
AI Com (17 Com)	5,27	5,40	A0 p	5,0808	+26	2354	12	23	55	+26	28,0
UU Com (21 Com)	5,40	5,46	A3 Vp	2,1953	+25	2517	12	26	1	+25	7,2
ϵ UMa (77 UMa)	1,76	1,79	A0 Vp	5,0887	+56	1627	12	49	38	+56	30,1
α^2 CVn (12 CVn)	2,78	2,81	A0 IIIp	5,46939	+39	2580	12	51	20	+38	51,5
CW Vir (78 Vir)	4,91	4,99	A2 p	3,7720	+ 4	2764	13	29	4	+ 4	10,2
CR UMa (84 UMa)	5,64	5,67	A2 p	>1	+55	1634	13	42	52	+54	55,9
CU Vir	4,98	5,05	B9 Vp	0,520767	+ 3	2867	14	7	12	+ 2	52,8
CS Vir	5,73	5,93	A3 p	9,2954	−18	3789	14	13	6	−18	15,2
β CrB (3 CrB)	3,65	3,69	A7–F0 IIIp	18,487	+29	2670	15	23	42	+29	27,0
χ Ser (20 Ser)	5,33	5,36	A1 p	1,59584	+13	2982	15	37	5	+13	10,1
V 637 Her (52 Her)	4,78	4,83	A2 p	0,96:	+46	2220	16	46	19	+46	9,4
V 1286 Aql (10 Aql)	5,83	5,93	A4 p	6,05	+13	3838	18	54	11	+13	46,3
V 1288 Aql (21 Aql)	5,06	5,14	B8 II-IIIp	1,7	+ 2	3824	19	8	40	+ 2	7,4
V 1291 Aql	5,61	5,67	A5 p	224,5	− 3	4742	19	48	4	− 3	22,5
AF Dra (73 Dra)	5,16	5,22	A3 IIIp	20,2728	+74	872	20	32	50	+74	36,7
γ Equ (5 Equ)	4,58	4,77	F0 IIIp	314	+ 9	4732	21	5	29	+ 9	43,6
θ^1 Mic	4,77	4,87	A2 p	2,1219	−41	14475	21	14	22	−41	13,9
κ Psc (8 Psc)	4,91	4,95	A2 p	0,5805	+ 0	4998	23	21	49	+ 0	42,4
ι Phe	4,70	4,75	A2 Vp	12,5:	−43	15420	23	29	42	−43	10,1
ET Aqr (108 Aqr)	5,16	5,21	B9 p	3,73	−19	6522	23	46	12	−19	27,9

Die Vielzahl von Eigenschaften, die diese Sternhaufen aufweisen, zeigen noch immer eine Region von relativ langsamer Entwicklung an. In der nächsten Phase werden diese Änderungen wesentlich rascher ablaufen und die hellsten Sterne in Gebiete außergewöhnlicher Leuchtkraft katapultieren.

Kapitel 7
Überriesen

Viele der bekannten hellen Sterne am Himmel sind heiße Hauptreihensterne wie Spica, Regulus, Thuban, Denebola und Altair. Ihre Massen liegen in mittleren bis höheren Bereichen und rangieren zwischen zwei- und siebenfacher Sonnenmasse. Wir wir aus dem Hess-Diagramm sehen können (siehe Bild 5.2), sind sie in ihrer Spektralklasse die häufigsten Sterne, da sie die meiste Zeit ihres Lebens auf oder nahe der Hauptreihe verbringen. Viele der bekannten freisichtigen hellen Sterne unterscheiden sich allerdings sehr von ihnen. Sie sind Überriesen, weit ausgedehnte Kugeln mit zehn- bis hunderttausendfacher Sonnenleuchtkraft und zehn bis tausendfachem Sonnendurchmesser. Feine Details in ihren Spektren zeigen, daß sie sehr geringe Dichten aufweisen, was in einer geringen Oberflächenschwerkraft resultiert.

Solche Überriesen sind z. B. Alnilam (ϵ Orionis, in der „Perlschnur"); der Kniestern des Orion, Rigel (β Orionis); Canopus (α Carinae); Mirfak (α Persei); Antares (α Scorpii, der „Gegenmars") und die in der Schulter des Orion gelegene Beteigeuze (α Orionis). Drei von ihnen sind Mitglieder der großen Orion-Assoziation, und Mirfak ist Mitglied eines offenen Sternhaufens (siehe Tabelle 7.1).

Unter den Überriesen befinden sich nicht soviele Doppelsterne wie sonst unter den Sternen der Hauptreihe. Rigel und Antares besitzen weit entfernte heiße, auf der Hauptreihe liegende Begleitsterne. Antares und Beteigeuze zeigen schwache Helligkeitsänderungen mit Andeutungen auf eine Periodizität von mehreren tausend Tagen. Auch Mirfak scheint wie andere Überriesen geringe Schwankungen der Helligkeit aufzuweisen. Einige Überriesen besitzen sogar eine größere absolute Helligkeit als -7^m und werden als Leuchtkraftklasse Ia0 bezeichnet. Sie bleiben aber nur sehr kurze Zeit in dieser Klasse. Novae und Supernovae können während ihrer explosiven Ausbrüche eine ähnliche und auch eine größere Helligkeit erreichen.

Die Sterne, die in Tabelle 7.1 aufgeführt sind, zählen zu den leuchtkräftigsten, die überhaupt bekannt sind. Alnilam und Rigel müssen sehr massive Objekte von zehn- bis fünfzigfacher Sonnenmasse, eventuell sogar noch schwerer, sein. Canopus und Mirfak sind weniger leuchtkräftig und daher vermutlich auch nicht so massiv. Beteigeuze und Antares besitzen wahrscheinlich eine absolute bolometrische Größenklasse von heller als -6^m und können theoretisch in den Bereich zwischen zwei und achtfacher Sonnenmasse fallen. Über die Massen dieser beiden Sterne besitzen wir keine genaue Kenntnis, aber einige vergleichbare rote Überriesen sind Mitglieder von Doppelsternsystemen, aus denen man eine sehr hohe Masse bestimmen konnte. Die rote Komponente von VV Cephei, ein roter Überriese mit einem M2-Spektrum, besitzt eine Masse von mindestens dem vierzigfachen Sonnenwert, und die rote Komponente von o^2 Cygni (V 1488), ein K5-Überriese, könnte eine Masse von mehr als zwanzig Sonnenmassen aufweisen. Solche Sterne müssen sehr jung sein. Sogar ein Fünf-Sonnenmassenstern läuft durch dieses aufgeblähte Stadium, das das Ende des Wasserstoffbrennens in dünner Schale zeigt, in weniger als einer Million Jahren.

Tabelle 7.1
Eigenschaften von sechs Überriesen[a]

Systematischer Name	Name	Spektrum	Scheinbare visuelle Größenklasse	Durchmesser (in Einheiten des Sonnendurchmessers)	Oberflächentemperatur (in K)
ϵ Orionis	**Alnilam**	B0 Ia	1,70	20	22 000
β Orionis	**Rigel**	B8 Ia	0,08	40	12 000
α Carinae	**Canopus**	F0 Ib	−0,73	60	7 500
α Persei	**Mirfak**	F5 Ib	1,79	80	6 500
α Scorpii	**Antares**	M1 Ib	1,08 var.	700	2 900
α Orionis	**Beteigeuze**	M2 Iab	0,80 var.	1,000	2 700

a) Die absoluten visuellen Größenklassen dieser Überriesen sind nicht sehr gut bekannt und wurden daher in diese Tabelle nicht aufgenommen. Sie liegen etwa zwischen −4,5 und -7^m. Die Leuchtkraftklasse I unterteilt man für gewöhnlich noch in Ia (heller) und Ib (schwächer). Iab bedeutet einen zwischen diesen beiden Typen gelegenen Stern.

Tabelle 7.2
Positionen von dreizehn offenen Sternhaufen, in denen Überriesen enthalten sind. Solche Sternhaufen, die hell genug sind, um bereits mit dem freien Auge gesehen zu werden (oder mit einem Feldstecher), sind durch ein Sternchen (links von ihrer Nummernbezeichnung) gekennzeichnet.

Name	Position (α) h	m	Position (δ) °	′
*NGC 457	1	12,8	+57	48
NGC 581 (M103)	1	26,6	+60	11
NGC 654	1	37,2	+61	23
*NGC 869 (h Per)	2	12,0	+56	41
*NGC 884 (χ Per)	2	15,4	+56	39
IC 1848	2	43,3	+60	1
*Mel 20 (α Per)	3	15	+48	15
*NGC 2244	6	27,0	+ 4	56
IC 2581	10	23,7	−57	8
NGC 4755 (κ Cru)	12	47,7	−59	48
NGC 6823	19	38,2	+23	4
NGC 6834	19	48,2	+28	9
NGC 7235	22	9,0	+56	47

Die Überriesenphase von sehr massiven Sternen könnte möglicherweise nur etwa zehntausend Jahre oder sogar weniger dauern. Wir kennen bis heute keine Sterne von mehr als hundert Sonnenmassen. Wenn es sie gibt, so müßten dies sehr ungewöhnliche Objekte von ebenso außergewöhnlicher Leuchtkraft sein.

Da die Überriesen sehr junge Sterne sind, wäre es gut möglich, daß man sie in jungen Sternhaufen findet, in denen auch heiße, leuchtkräftige Sterne, die sich noch auf der Hauptreihe befinden, vorkommen. In dieser Hinsicht werden wir auch nicht enttäuscht, da viele Sternhaufen solche Überriesen enthalten (siehe Tabelle 7.2). Die Bilder 7.1 bis

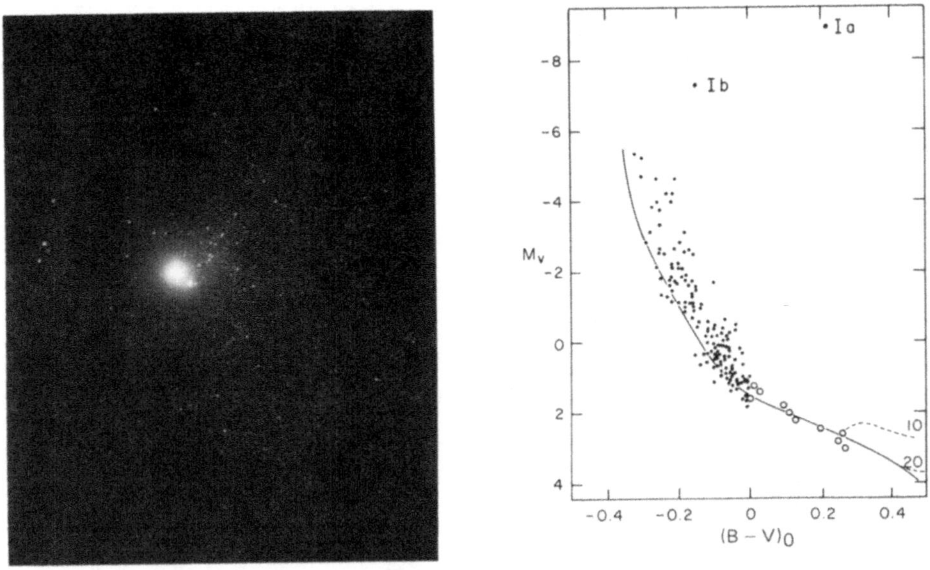

Bild 7.1 NGC 457. Die Kreise im unteren Teil des Diagrammes stellen Mittelwerte für mehrere Sterne dar. Die unterbrochenen Linien sind Isochronen von 10 bzw. 20 Millionen Jahren. Der hellste Stern ist der leuchtkräftige Überriese ϕ Cassiopeiae mit einem F0 Ia-Spektrum, der zweithellste ist HD 7902 mit einem B6 Ib-Spektrum. Die schwächeren Sterne, die bereits beginnen, sich von der Hauptreihe wegzuentwickeln, sind von der Leuchtkraftklasse IV.
(Photographie: Harvard-Observatorium; Photometrie nach einer Arbeit von A. F. J. Moffat)

7.11 zeigen solche Sternhaufen. Jeder enthält mindestens einen Überriesen. Einige, auch der jüngste, enthalten zwei. Die Alter dieser Sternhaufen liegen zwischen acht Millionen Jahren bei NGC 457 (Bild 7.1) und etwa zwanzig Millionen Jahre bei NGC 6834 (Bild 7.11).

Die Sternhaufen, die am Abknickpunkt von der Hauptreihe die hellsten Sterne aufweisen, besitzen auch die leuchtkräftigsten Überriesen. Unter den Sternhaufen, die auch bis zu schwächeren Sternen genau studiert wurden – IC 2581 (Bild 7.2), NGC 7235 (Bild 7.5), NGC 6823 (Bild 7.6) und IC 1848 (Bild 7.8) – fand man deutliche Anzeichen dafür, daß einige schwache Sterne die Hauptreihe noch nicht erreicht haben. Die Überriesen, die die massivsten Sterne der jeweiligen Gruppe darstellen, haben sich schon weit von der Hauptreihe wegbewegt und sind an der Oberfläche wesentlich kühler als die ihnen nahe stehenden Hauptreihensterne. Auch sind sie ein wenig kühler als Sterne, die gerade erst begonnen haben, sich von der Hauptreihe wegzuentwickeln. Unter diesen in Tabelle 7.2 aufgeführten Überriesen befinden sich keine Doppelsterne[15]. Der in Bild 7.2 mit einem Kreuz markierte Stern V 348 Carinae, ein B0-Stern und Bedeckungsveränderlicher, ist kein Überriese.

15 (*Anmerkung des Übersetzers:*) Der in NGC 457 gelegene Überriese ϕ Cassiopeiae ist ein Mitglied des Fünffachsystems ADS 1073, und auch für α Persei (Mirfak) in Mel 20 findet sich im *Lick Catalogue of Double Stars* ein Begleiter 11, 9ter Größenklasse in 67″ Abstand, wobei aber nicht ganz geklärt ist, ob es sich um einen echten oder nur um einen optischen Doppelstern handelt.
(ADS = *Aitken's New General Catalogue of Double Stars*).

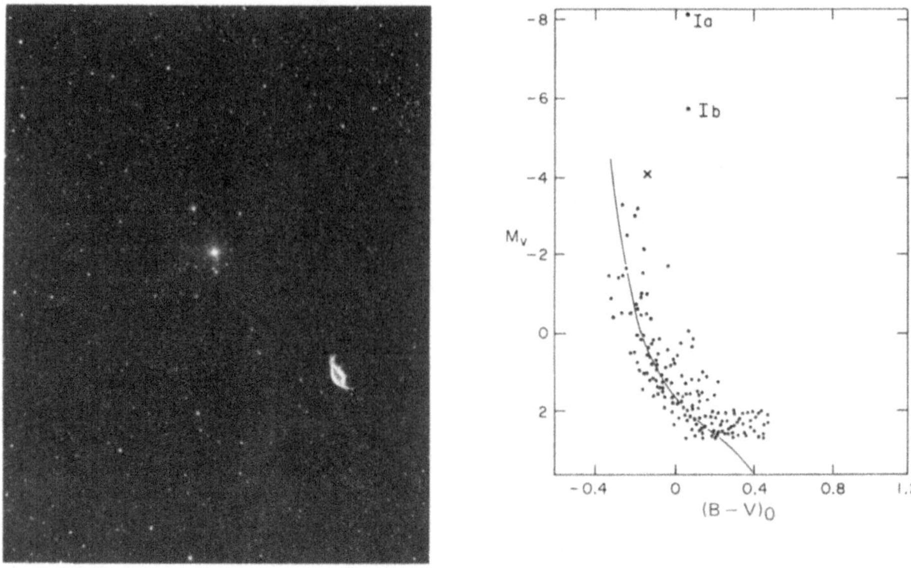

Bild 7.2 IC 2581. Dieser Sternhaufen ist NGC 457 sehr ähnlich. Hier ist der hellste Stern (HD 90772) ein Überriese der Spektralklasse A7 Ia, und der zweithellste, HD 90706, besitzt ein B2,5 Ib-Spektrum. Das Kreuz bezeichnet den Bedeckungsveränderlichen V348 Carinae, der eine Periode von 5,5 Tagen aufweist.
(Photographie: Harvard-Observatorium)

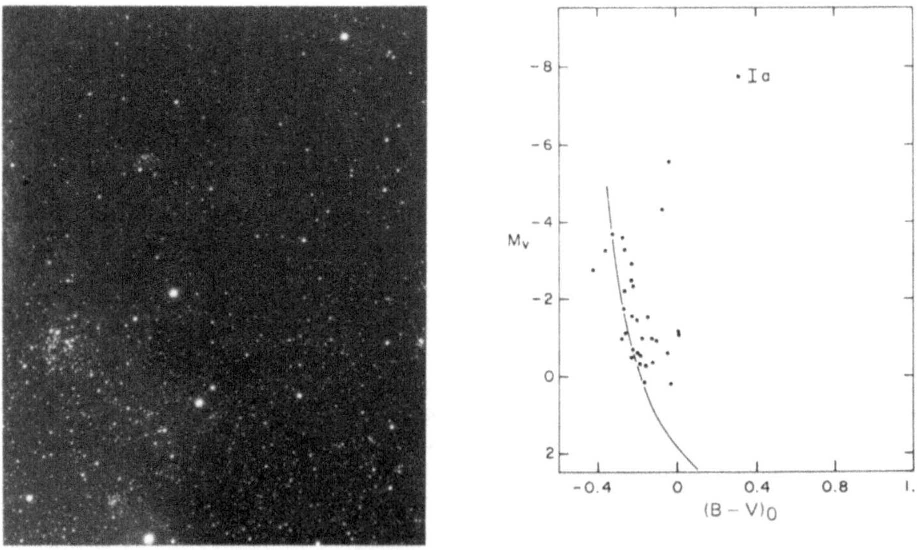

Bild 7.3 NGC 654. Der Sternhaufen befindet sich in der oberen Hälfte der Photographie. Sein hellstes Mitglied ist der F5 Ia-Überriese HD 10494, das zweithellste ein Stern mit einem A0 Ib-Spektrum, so daß hier im Gesamten die helleren Sterne bereits etwas weiter entwickelt sind als in NGC 457. Die beiden anderen Sternhaufen, die noch auf der Photographie zu sehen sind, liegen links unterhalb der Mitte (NGC 663) sowie am unteren Rand (NGC 659). Beide sind junge Objekte.
(Photographie: Harvard-Observatorium)

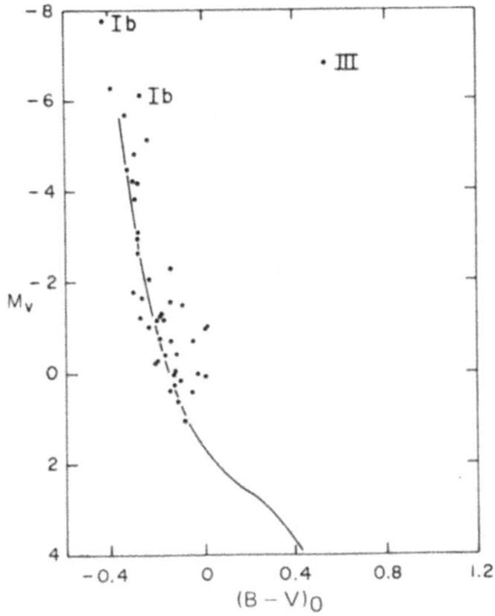

Bild 7.4 NGC 2244. Die hellsten Sterne in diesem jungen Sternhaufen, die sich noch in der Nähe der Hauptreihe befinden, sind blaue Überriesen. Der rote Stern der Leuchtkraftklasse III ist möglicherweise kein Mitglied dieses Sternhaufens. Der Haufen enthält eine große Anzahl von Sternen der fünfzehnten und siebzehnten Größenklasse, die die Hauptreihe noch nicht erreicht haben.
(Photographie: Harvard-Observatorium)

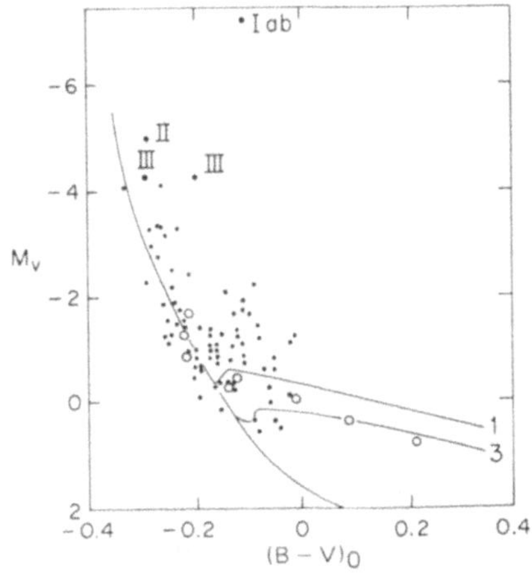

Bild 7.5 NGC 7235. Der hellste Stern besitzt ein B9 Iab-Spektrum. Die meisten helleren Sterne rechts der Hauptreihe zeichnen sich durch etwas weiter entwickelte Spektren der Leuchtkraftklassen II und III aus. Kreise bedeuten Mittelwerte für mehrere schwächere Sterne, die die Hauptreihe noch nicht erreicht haben. Isochronen sind für eine Million und für drei Millionen Jahre eingezeichnet und weisen auf ein Alter von etwa zwei Millionen Jahre hin.
(Nach einer Arbeit von A. F. J. Moffat; Photographie: Harvard-Observatorium)

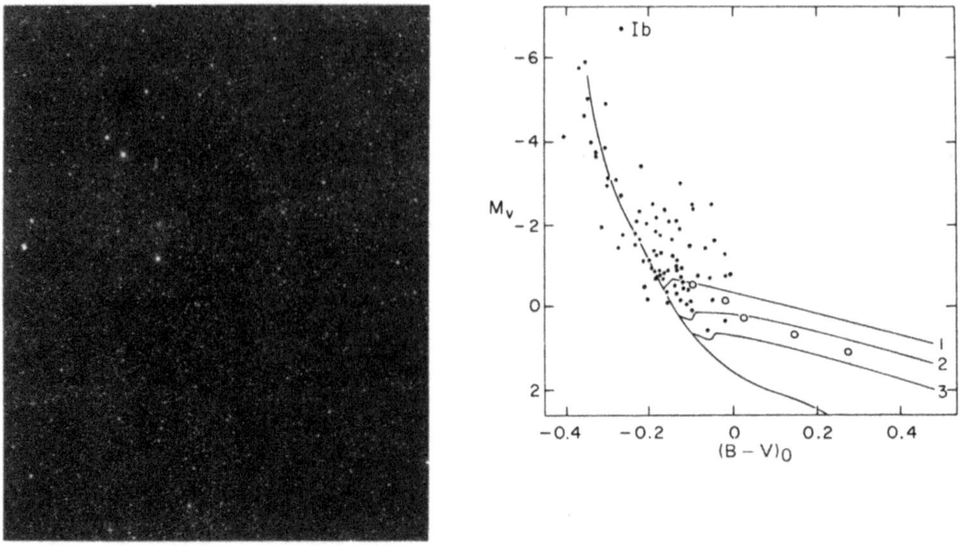

Bild 7.6 NGC 6823. Der hellste Stern besitzt ein Spektrum der Klasse B0,5 Ib. Kreise stellen Mittelwerte für mehrere schwächere Sterne dar, die die Hauptreihe noch nicht erreicht haben. Für ein, zwei und drei Millionen Jahre sind Isochronen eingezeichnet, die auf ein Alter von zwei Millionen Jahren hinweisen. Die hellsten Sterne zeigen noch Anzeichen von Staubhüllen, was ein weiteres Indiz auf Jugend darstellt. In der Photographie sind noch knapp über der Mitte zwei weitere Sternhaufen zu sehen: rechts NGC 6823, links NGC 6830.
(Nach einer Arbeit von A. F. J. Moffat)

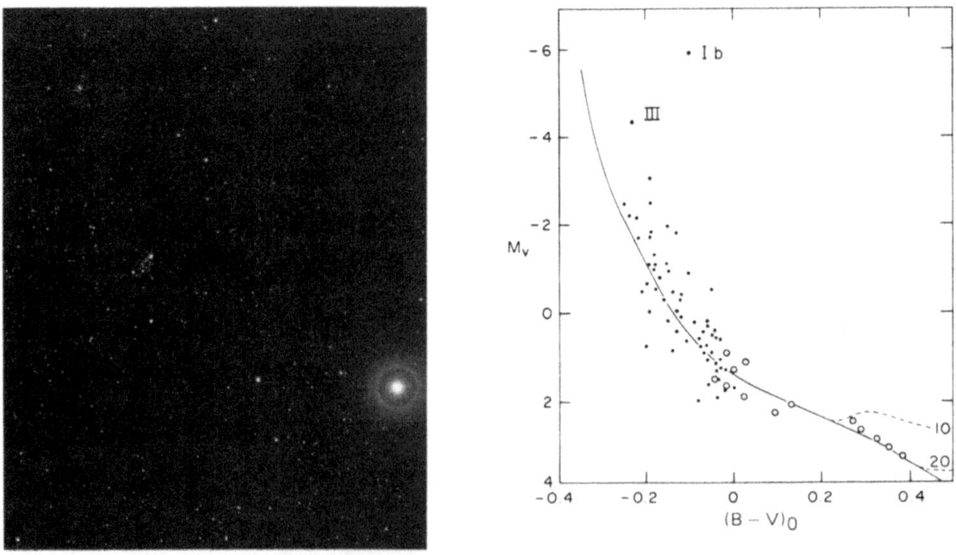

Bild 7.7 NGC 581. Der hellste Stern weist ein B5 Ib-Spektrum auf, der zweithellste ein B2 III-Spektrum. Die anderen Sterne liegen, soweit von ihnen Spektren bekannt sind, auf der Hauptreihe. Die unterbrochenen Linien stellen Isochronen für zehn bzw. zwanzig Millionen Jahre dar. Die Mittelwerte für die jungen, schwachen Sterne (Kreise) zeigen, daß dieser Haufen älter ist als die vorhergegangenen – vermutlich etwa neun Millionen Jahre.
(Diagramm nach einer Arbeit von A. F. J. Moffat; Photographie: Harvard-Observatorium)

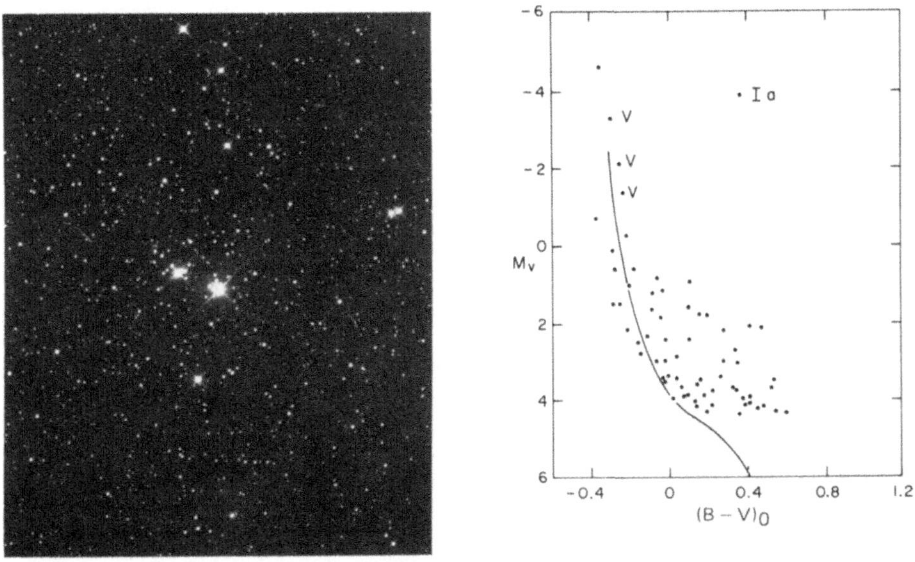

Bild 7.8 IC 1848. Der in der Abbildung mit Ia markierte F5-Überriese ist möglicherweise kein Mitglied dieses Sternhaufens. Über dem unteren Teil der Hauptreihe befindet sich eine große Zahl von Vorhauptreihensternen. Da außerdem die meisten der Hauptreihensterne von den Spektralklassen 0 und B sind, scheint dieser Haufen ein sehr junges Objekt zu sein.
(Photographie: United States Naval-Observatorium)

Die Überriesen in den Sternhaufen der Bilder 7.1 bis 7.11 sind relativ kühle Sterne mit Oberflächentemperaturen von 7000 Grad aufwärts. Einige Sternhaufen enthalten auch noch kühlere Überriesen, die Beteigeuze und Antares vergleichbar wären. Der sehr rote Veränderliche VY Canis Majoris könnte ein Mitglied des sehr jungen Haufens NGC 2362 (Bild 6.1) sein. Die junge Sternassoziation Perseus II, deren Kerne durch die Haufen h und χ Persei gebildet werden, enthält mehrere dieser Objekte. Wir haben bereits festgestellt, daß χ Persei der jüngere Bruder von h Persei ist. Beide besitzen sie eine reiche Population von blauen Sternen auf der Hauptreihe und auch solche, die sich schon von ihr wegbewegt haben, wie etwa auch eine Gruppe von β Canis-Majoris-Sternen (siehe Bild 7.12). Bereits weiter von den Sternhaufen entfernt, aber immer noch innerhalb der Assoziation liegt eine Gruppe von ungefähr zwanzig roten Überriesen. Dies ist die größte derartige Gruppe, die man kennt und die innerhalb einer der jüngsten Assoziationen liegt. Von vielen dieser roten Überriesen weiß man, daß sie in geringen Grenzen veränderlich sind – vermutlich sind sie sogar alle mehr oder weniger variabel. Sie müssen bereits die Hauptreihe verlassen haben, da die Sterne der Assoziation, die sich immer noch zu ihr hin bewegen, wesentlich schwächer sind. Wahrscheinlich repräsentieren sie die massivsten ursprünglichen Mitglieder der Gruppe, die die blauen Überriesen bereits überholt haben. Sie entwickeln sich sehr rasch auf den Umkehrpunkt hin, an dem sie ihren Brennstoff von Wasserstoff auf Helium, das sie zu Kohlenstoff „verbrennen", umstellen.

Hier handelt es sich um eine Gruppe von Sternen, die trotz der schlechtdefinierten Perioden irgendeine Art von Pulsationen durchführen. Ihre Perioden liegen zwischen 470 Tage für SU Persei und 152 Tage für RS Persei (wenn man den etwas helleren Stern S Persei

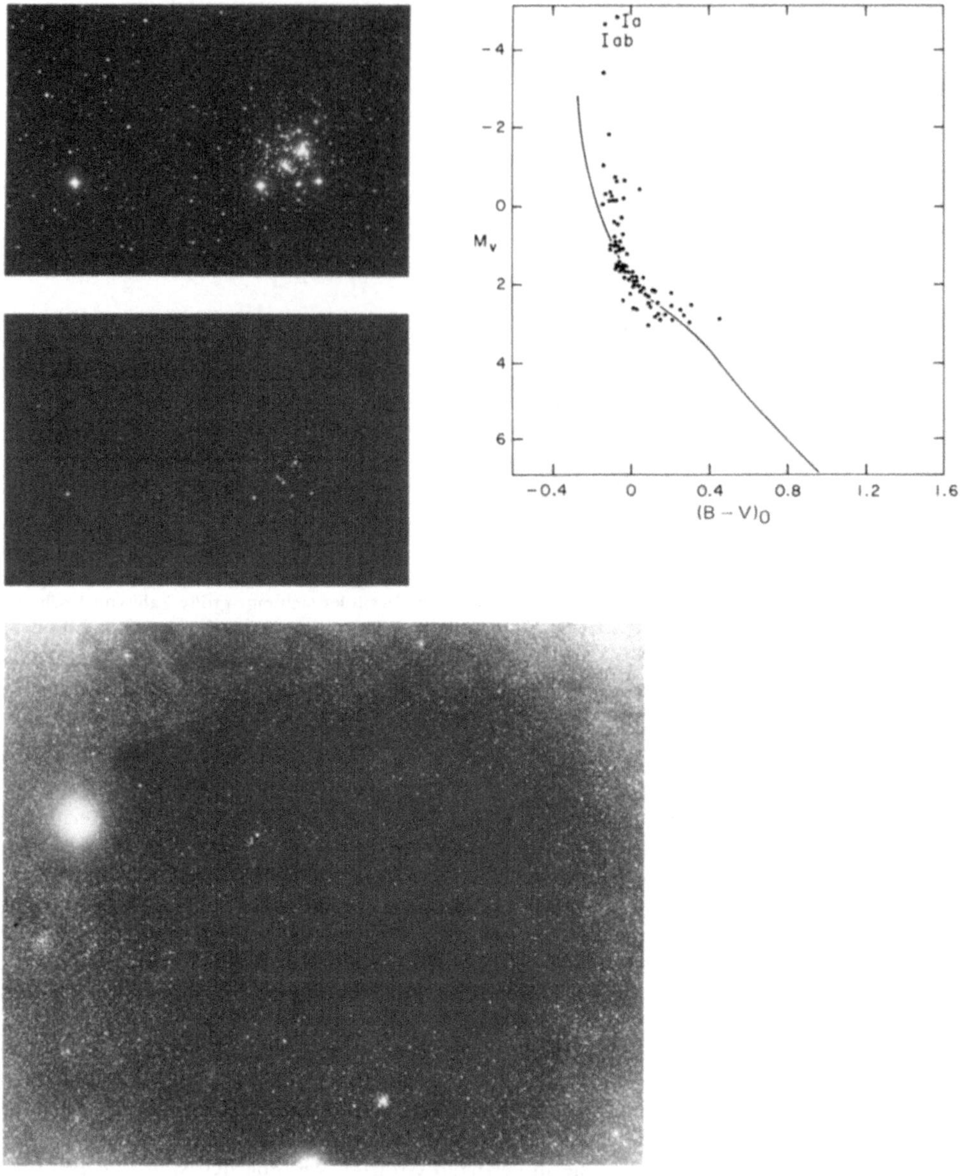

Bild 7.9 NGC 4755 (κ Crucis), der sich am Rand der als ,,Kohlensack'' bekannten dichten Dunkelwolke befindet. Der in der Nähe des südlichen Kreuzes gelegene Sternhaufen enthält neben zwei blauen Überriesen noch einen außerhalb des Diagramms gelegenen roten Überriesen des M-Typs, was ihm den Namen ,,Schatzkästchen'' eingebracht hat. Die beiden Abbildungen links oben, die einen größeren Maßstab aufweisen, wurden im blauen (oben) und im roten (unten) Licht gewonnen. Es ist hier leicht, den roten Stern auszumachen, der auf dem unteren Bild relativ gesehen heller erscheint. Ganz unten ist eine Photographie der gesamten ,,Kohlensack-Region'' in einem anderen Maßstab wiedergegeben. Der Sternhaufen ist auf dieser Photographie am unteren Rand zu sehen. Nahe der Mitte des Bildes liegt in der Wolke ein anderer Sternhaufen, NGC 4609. Die hellen Sterne sind α Crucis (links) und β Crucis (unten), zwei der vier Mitglieder des Südlichen Kreuzes.
(Photographien: Harvard-Observatorium)

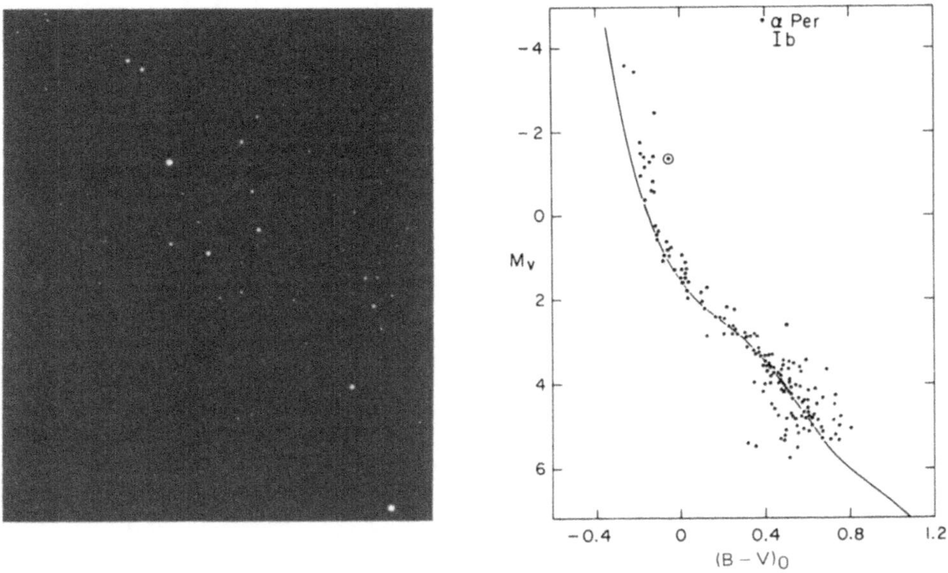

Bild 7.10 Der α Persei-Sternhaufen. Die hellsten blauen Sterne liegen nahe der Hauptreihe. Der hellste von ihnen, Mirfak (α Persei), ist ein F5-Überriese. Der Kreis markiert den α Canum Venaticorum-Veränderlichen LT Persei.

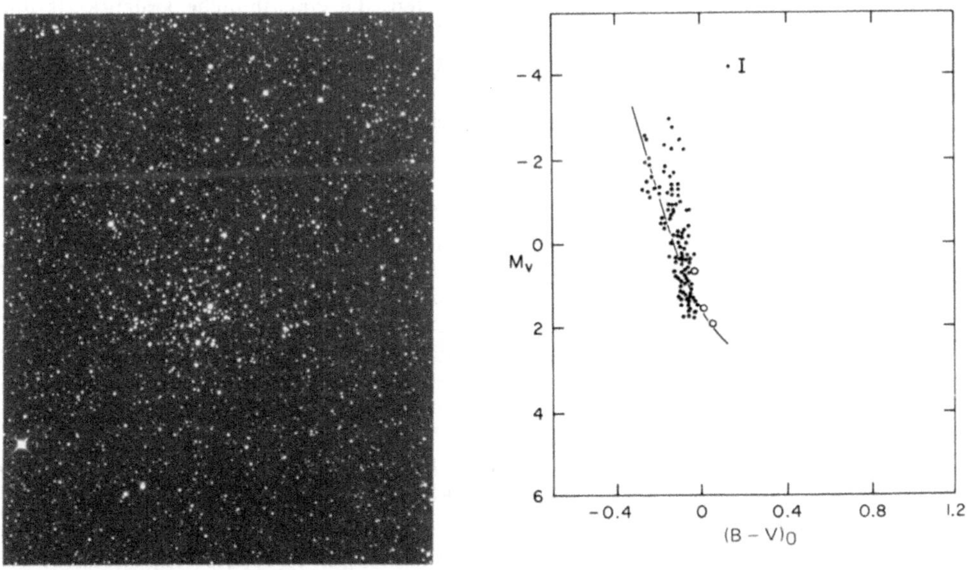

Bild 7.11 NGC 6834. Der hellste Stern ist ein Überriese der Spektralklasse F0. Die Kreise bedeuten wieder Mittelwerte für mehrere Sterne.
(Photographie: United States Naval-Observatorium)

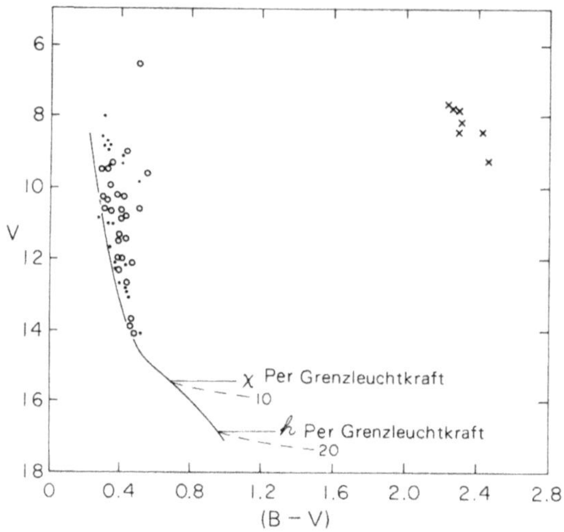

Bild 7.12

Zusammengesetztes Farben-Helligkeits-Diagramm von h und χ Persei (Kreise: h Persei, Punkte: χ Persei). Kreuze zeigen die roten Überriesen der Perseus II-Assoziation, deren Kern der Doppelsternhaufen darstellt, an. Die Assoziation enthält auch noch mindestens 10 β Canis Majoris-Veränderliche – etwas weiter entwickelte Sterne, die sich in einem Streifen befinden, der etwa zwei Größenklassen weit über den hellsten Sternen der Hauptreihe liegt. Die dünnen Linien im unteren Teil des Diagramms bezeichnen die Grenzleuchtkräfte für Sterne in dem jeweiligen Sternhaufen, die bereits die Hauptreihe erreicht haben. Die unterbrochenen Linien zeigen schematisch die Isochronen für zehn und zwanzig Millionen Jahre.

nicht zählt, wo sich zwei noch längere Perioden abzuwechseln scheinen). Von den beiden ist SU Persei rein visuell der hellere, RS Persei der schwächere. Mit anderen Worten zeigen diese Sterne so etwas wie eine Perioden-Leuchtkraft-Beziehung, wobei der hellere die längere Periode besitzt. Es handelt sich hier sicherlich nicht um Mira-Veränderliche wie o Ceti oder um halbperiodische Veränderliche wie Z Aquarii, die beide weniger leuchtkräftig sind. Möglicherweise sind diese Veränderlichen analoge Objekte zu den roten veränderlichen Sternen in den Magellanschen Wolken, die eine ähnliche Leuchtkraft und auch eine ähnliche Perioden-Leuchtkraft-Beziehung besitzen. Die Überriesen in der Perseus-Assoziation zeigen, wie sich massive Sterne verhalten, die ihre erste Wanderung über das Feld der Sterneigenschaften beendet haben. Wie auch bei den Cepheiden (= Delta-Cephei-Veränderliche, siehe auch Kapitel 8) scheint ihre Periode in Zusammenhang mit der Dichte zu stehen, wobei wir aber hier nicht wissen, welcher Mechanismus die Periodizität aufrechterhält.

Die enorme Größe dieser Überriesen – mehr als tausendfacher Sonnendurchmesser – ist nur schwer vorstellbar. Wäre die Sonne von vergleichbarer Größe, so würde sie bereits die inneren Planeten verschlungen haben. Ihre überraschenden Dimensionen sollten noch auf verschiedenen Wegen verifiziert werden, was glücklicherweise auch möglich ist.

Beteigeuze und Antares sind groß genug und stehen uns auch nahe genug, um interferometrische Durchmesserbestimmungen zu erlauben. Die Beobachtungen bestätigen nicht nur die enormen Größen, sondern scheinen auch noch anzudeuten, daß zumindest Antares einen veränderlichen Durchmesser aufweist. Möglicherweise sind sie auch nicht sphärische Objekte, sondern abgeplattet.

Eine andere Möglichkeit der Durchmesserbestimmung dieser Monstersterne bietet der Mond bei Sternbedeckungen. Die Sterne verschwinden nicht plötzlich hinter dem Mond, sondern in einem zeitlichen Intervall, das allerdings im Millisekundenbereich liegt. Mit modernen Geräten war es allerdings möglich geworden, diese kurzen Zeitspannen zu messen und damit den Durchmesser einiger Sterne, die sich in der Region der auf den Himmel projizierten Mondbahn befinden, zu bestimmen. Wenn die Entfernung bekannt ist (z. B.

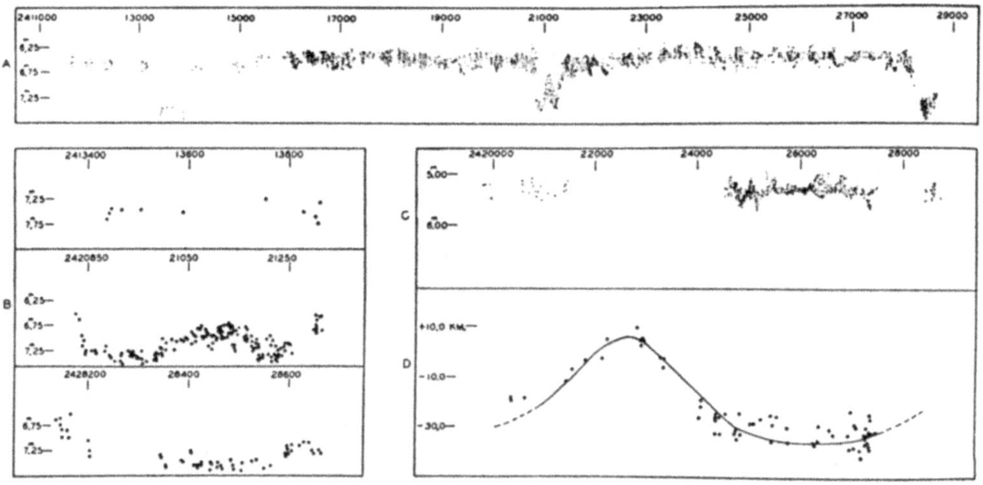

Bild 7.13 Lichtwechsel- und Radialgeschwindigkeitskurve für VV Cephei. (A) Phtographische Beobachtungen, (B) Details dreier Minima, (C) visuelle und photoelektrische Beobachtungen, (D) Radialgeschwindigkeit (hier jene Geschwindigkeit, mit der sich die Sternoberfläche auf uns zu oder von uns weg bewegt).
(Nach einer Arbeit von Sergei I. Gaposchkin)

aus der Leuchtkraft abgeleitet), so kann man aus dem in Bogensekunden bestimmten Winkeldurchmesser den wahren linearen Durchmesser ableiten. Die enormen Größen der Überriesen konnten damit erneut bestätigt werden.

Für einige wenige Sterne existiert eine noch einfachere Methode. Wenn der Überriese ein Mitglied eines günstig orientierten Doppelsternsystems ist, so kann man aus den gegenseitigen Verfinsterungen viel besser ihre Größe bestimmen als aus den Bedeckungen durch den Mond. Solche Bedeckungsveränderliche sind z. B. VV Cephei und BL Telescopii.

In Bild 7.13 ist die Lichtkurve von VV Cephei gegeben. Die Umlaufperiode liegt bei 7430 Tagen – über zwanzig Jahre. Das System besteht aus einem Überriesen, Spektrum M2 Ia, und aus einem B-Stern von nahezu gleicher visueller Helligkeit. Beide Spektren zeigen Pekuliaritäten und weisen Emissionslinien auf. Aus der Geometrie der Bedeckungen kann man ableiten, daß der Durchmesser des roten Sterns 2400 mal so groß wie der der Sonne ist – was ihn zum vielleicht größten bekannten Stern macht –, während der blaue Stern nur vierundzwanzigfachen Sonnendurchmesser aufweist. Der rote Stern besitzt etwa vierzig Sonnenmassen, der blaue Stern ungefähr fünfzehn.

Das System BL Telescopii ist wesentlich kleiner. Die Umlaufperiode liegt bei 778 Tagen – knapp über zwei Jahre – und die Komponenten sind ein F-Überriese und ein kühlerer M-Stern. Hier zeigt sich aus der Finsternisgeometrie, daß beide Sterne etwa gleich groß – etwa hundertfacher Sonnendurchmesser – sind. Der heißere Stern (F8) ist der Überriese, während der kühlere Stern ein normaler und nicht ungewöhnlich heller oder großer Riese von niederer Temperatur ist. Die relativen Massen sind nicht bekannt, da nur die Bewegung des Überriesen gemessen werden konnte. Der M-Stern ist so schwach, daß seine Geschwindigkeit bisher noch nicht bestimmt wurde. Es ist möglich, daß er der weniger massive der beiden ist.

Im VV Cephei-System scheint es so zu sein, daß der massivere rote Stern der weiterentwickeltere ist, während bei BL Telescopii umgekehrt der schwächere rote Stern vermutlich weiter entwickelt ist. Solche Anomalien sind unter Doppelsternen nichts Ungewöhnliches (siehe etwa Algol-System) und werden uns im letzten Kapitel noch weiter beschäftigen.

Nach dem roten Überriesenstadium verlieren wir die massivsten Sterne aus unserem Gesichtsfeld. Was ist ihre spätere Bestimmung? Wenn sie sich analog zu den Sternen von geringerer Masse verhalten und wenn die Theorie recht behält, so werden sie sich auf ihrem weiteren Weg mit immer größerer Geschwindigkeit bewegen – möglicherweise in Richtung auf eine gigantische Sternenkatastrophe hin. Bisher konnte noch kein Stern dieser Masse in einem späteren Stadium gefunden werden. Die ungewöhnlichen Eigenheiten und die Geschwindigkeit der Entwicklung in den letzten Stadien dieser massivsten Sterne machen eine Beobachtung ihres weiteren Schicksals sehr unwahrscheinlich. Später können wir dann eine Vermutung über ihre Zukunft wagen, aber momentan müssen wir hier einhalten.

Bisher nahmen wir unsere Beispiele von sehr jungen Sternhaufen. Sehen wir uns kurz an, wie eigentlich die Verteilung dieser Objekte in unserer Galaxie aussieht. Bild 7.14 zeigt diese Verteilung der offenen Sternhaufen, besonders der jungen Objekte, die wir schon mehrfach zu Illustrationszwecken verwendet haben. Das Diagramm enthält nur einen Teil der Galaxie, da es uns mit optischen Methoden nicht möglich ist, Beobachtungen hinter dem galaktischen Zentrum anzustellen. Augenscheinlich sind diese jungen Sternhaufen nicht völlig zufällig verteilt, sondern befinden sich in einigen gut definierten Streifen, die sehr schön (wenn auch mit einigen Unsicherheiten) mit den aus der Radioastronomie

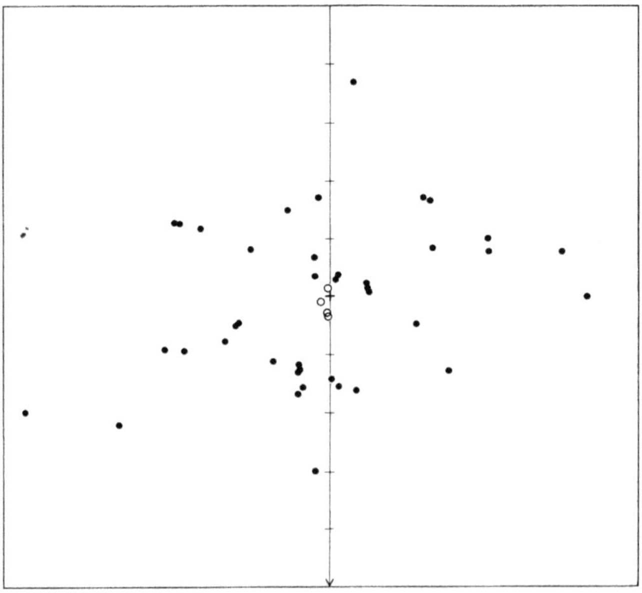

Bild 7.14 Projektion der Verteilung von sehr jungen offenen Sternhaufen auf die galaktische Ebene. Kreise sind Assoziationen, die Vorhauptreihensterne enthalten. Der Pfeil unten weist in die Richtung des galaktischen Zentrums, während sich das Antizentrum in der entgegengesetzten Richtung befindet. Die Unterteilungen der zentralen Skala sind in Kiloparsec-Abständen. Das galaktische Zentrum würde sich noch etwa vier Kiloparsec weiter vom unteren Rand des Diagramms befinden. Das Kreuz in der Mitte ist der Ort unserer Sonne.

abgeleiteten Spiralarmen übereinstimmen. Die jungen Sternhaufen entstanden in diesen großen Konzentrationen von Gas- und Staubwolken, und aufgrund ihrer Jugend befinden sie sich immer noch in der Nähe ihres Geburtsortes. Am inneren Rand des uns nächsten Spiralarmes liegen die Taurus-, Chamäleon-, Opiuchus- und Corona Australis-Dunkelwolken, die als Geburtsstätten der Sterne in Kapitel 4 beschrieben wurden. Solche Regionen können wir nur in unserer unmittelbaren Nachbarschft entdecken. Es besteht kein Zweifel daran, daß derartige „Sternenbrutkästen“ entlang der in den Spiralarmen vorhandenen Gasnebel über die gesamte Galaxie verteilt sind. Wenn wir uns die Verteilung von Sternhaufen, die nach den Farben-Helligkeits-Diagrammen schon ältere Objekte sind, ansehen, so werden wir bemerken, daß sie sich nicht mehr in dieses schöne Muster einfügen.

Kapitel 8

Der Seufzer des Fusionsofens – Die Cepheiden

Wenn wir zu den Abenteuern eines Sterns von fünf Sonnenmassen zurückkehren, wie er sich pausenlos quer durch das Farben-Leuchtkraft-Diagramm bewegt, so werden wir bemerken, daß der vorherberechnete Entwicklungsweg bei Einsetzen des Helium-Brennens im Kern (Punkt 7 in Bild 3.3) einen Knick aufweist sowie einen weiteren, wenn das Heliumbrennen für den Energiehaushalt des Sterns von wesentlicher Bedeutung geworden ist. Diese Vorgänge spielen sich in nur wenigen Millionen Jahren ab. Eine Folge ist beispielsweise die Zunahme der Leuchtkraft. Man kann beobachten, daß der Stern sich auf einem komplizierten und verschlungenem Weg durch das Zustandsdiagramm bewegt, während er dauernd seine Größe und seine Oberflächentemperatur verändert. Bewegt er sich im Diagramm nach rechts, so nimmt seine Größe zu und seine mittlere Dichte ab, läuft er nach links, so wird er kleiner und dichter.

Aus Bild 3.4 können wir entnehmen, daß solche Erscheinungen für Sterne von mehr als drei Sonnenmassen vorhergesagt werden. Je größer die Masse ist, desto besser sind auch die Schleifen ausgebildet. Die Entwicklungswege für Sterne mit mehr als fünfzehn Sonnenmassen wurden hier nur bis zum ersten Riesenstadium berechnet. Die wahrscheinlich folgenden weiteren Phasen müssen sehr rasch durchlaufen werden. Für noch massivere Sterne ist in dem Bild nichts außer der Andeutung angegeben, daß sie ein ähnliches Verhalten in einer kürzeren Zeitskala aufweisen werden. Da solche massiven Sterne sehr selten sind und da sie ihre Entwicklung in sehr kurzen Zeitspannen durcheilen, ist es sehr unwahrscheinlich, diese Stadien zu beobachten.

Da Bild 3.4 das Ergebnis von Berechnungen ist, die von einer bestimmten chemischen Zusammensetzung ausgehend angestellt wurden, und da Änderungen in der Zusammensetzung (vor allem der Metallhäufigkeiten) auch Änderungen der Entwicklungswege bedingen, ist hier ein direkter Vergleich zwischen Theorie und Beobachtung etwas schwierig. Tatsächlich aber lassen sich die berechneten Entwicklungswege gar nicht so schlecht mit dem beobachteten Verhalten der Sterne in Sternhaufen auch verschiedener chemischer Zusammensetzung in Übereinstimmung bringen.

Im Gegensatz zu der Zeit, die ein Stern auf der Hauptreihe verbringt, hat man es hier mit wesentlich kleineren Zeitspannen zu tun, so daß ein Stern sehr rasch durch ein solches Stadium läuft. Daher ist es auch nicht überraschend, daß von diesen Sternen in den Farben-Helligkeits-Diagrammen der offenen Sternhaufen nur sehr wenige gefunden werden. In Kapitel 7 haben wir einige der seltenen und extrem leuchtkräftigen Überriesen besprochen, mit Oberflächentemperaturen, die von 22000 Grad (Alnilam) bis 6500 Grad (Mirfak) und sogar bis 2700 Grad (Antares und Beteigeuze) reichen. Im Bereich zwischen etwa 7000 und 3500 Grad Oberflächentemperatur kennt man keine Überriesen, die nicht ihr Licht verändern. In der Tat zeigen auch Sterne, die sich nur am Rande dieser Lücke befinden, wie zum Beispiel auch Mirfak, eine gewisse Neigung zur Instabilität. Innerhalb dieser Lücke weisen alle Überriesen wohldefinierte periodische Änderungen der Helligkeit, des Durchmessers und des Spektrums auf. Diese Sterne wurden nach dem ersten Stern dieser Klasse, dem schon mit freiem Auge sichtbaren δ Cephei, die *Cepheiden* benannt. Das Gebiet im Farben-Helligkeits-Diagramm, in dem man sie findet, wird Cepheiden-Instabilitätsstreifen genannt.

Periodische Änderungen der Helligkeit, der Farbe, des Spektrums und des Durchmessers deuten darauf hin, daß es sich hier um pulsierende oder vibrierende Objekte handelt. In theoretischer Hinsicht sind sie von allen veränderlichen Sternen die am besten verstandenen. Die Pulsationsperioden sind die normalen Schwingungsperioden (Grund- oder Oberschwingungen) von Körpern dieser Dimensionen und Massen hängen vor allem von der mittleren Dichte ab. Sterne von geringerer Dichte besitzen die längeren Perioden sowie größere Leuchtkräfte und Durchmesser.

Diese Fakten werden in der *Perioden-Leuchtkraft-Beziehung* zusammengefaßt, die eine der fundamentalsten Zusammenhänge des Sternverhaltens darstellt und in Bild 8.1 gezeigt ist. Diese Beziehung wurde zuerst bei den Cepheiden der nahen Magellanschen Wolken abgeleitet, wo man fand, daß man die Leuchtkräfte der Veränderlichen, die sich ja alle in annähernd der selben Entfernung befinden, zu ihren Lichtwechselperioden in Beziehung setzen konnte. Es besteht daher Grund zu der Annahme, daß sich die Cepheiden in unserer eigenen Galaxie und auch in unseren Nachbargalaxien wie etwa Messier 31 oder 33 ähnlich verhalten.

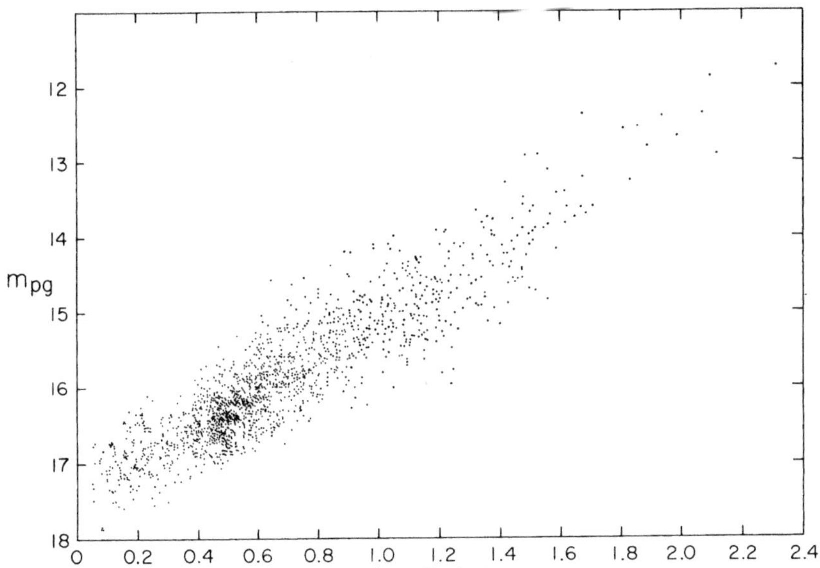

Bild 8.1 Dieses Diagramm zeigt für bekannte Cepheiden in der Kleinen und Großen Magellanschen Wolke eine Beziehung zwischen der Periode ihres Lichtwechsels und ihrer Leuchtkraft. Diese Sterne wurden ausgewählt, da man sicher sein konnte, daß sie sich in einer einheitlichen Entfernung befinden. Die Werte für die Kleine Magellansche Wolke wurden korrgiert, da sie sich etwas weiter von uns weg befindet als die Große Magellansche Wolke, und daher Sterne von vergleichbarer Leuchtkraft schwächer erscheinen. Trotzdem bleibt durch beobachtungstechnisch bedingte Unsicherheiten sowie durch endliche Dimensionen der beiden Objekte eine gewisse Streuung übrig.
(Nach Arbeiten von S. I. Gaposchkin und C. Payne-Gaposchkin aus Untersuchungen des in den Harvard-Archiven seit 1890 gesammelten Materials)

Theoretische Berechnungen konnten sehr erfolgreich eine den Beobachtungen entsprechende Perioden-Leuchtkraft-Beziehung vorhersagen. Es konnte gezeigt werden, daß die Pulsationen durch eine Art Wärmekraftmaschine aufrechterhalten werden, die in ihrer Effizienz sehr stark von der Ionisation und Rekombination der Wasserstoff- und Heliumatome in den äußeren Sternregionen abhängt. Obwohl der Wasserstoff im tiefen Sterninneren bereits verbraucht wurde und Helium in einer dicken Schale langsam nach außen brennt, so bestehen doch die äußersten Schalen des Sterns nach wie vor hauptsächlich aus diesen beiden Elementen. Der Pulsationsprozeß kann nur innerhalb relativ schmaler Temperaturgrenzen aufrechterhalten werden, wo der Prozeß der Ionisation und Rekombination dieser leichten Atome als Pumpmechanismus wirken kann. Diese Grenzen stecken den Cepheiden-Instabilitätsstreifen ab.
Die Bilder 8.2 bis 8.10 zeigen die Farben-Helligkeits-Diagramme von neun offenen Sternhaufen, die sicher oder wahrscheinlich Cepheiden unter ihren Mitgliedern besitzen (siehe auch Tabelle 8.1). Sie sind in der Reihenfolge der abnehmenden Leuchtkräfte der in ihnen liegenden Cepheiden geordnet. Die meisten besitzen nur einen Cepheiden, nur NGC 7790 hat drei, eventuell sogar vier dieser Veränderlichen. Zu den unsicheren Mitgliedern zählen CG Cassiopeiae (NGC 7790, Bild 8.8), GU Normae (NGC 6067, Bild 8.9) und Y Scuti (NGC 6664, Bild 8.10). In Bild 8.11 sind die Daten aller neun Sternhaufen zusammengefaßt sowie die Lage der Cepheiden zur Hauptreihe und zum Instabilitätsstreifen gezeigt. Wenn es sich tatsächlich jeweils um Mitglieder des entsprechenden Sternhaufens handelt, so ist von allen dreizehn Cepheiden die absolute Leuchtkraft bekannt. Bild 8.12 kombiniert sie auf der Basis einer Perioden-Leuchtkraft-Beziehung, die sehr gut mit der in Bild 8.1 gezeigten übereinstimmt.
Ausgedehnte Untersuchungen von Cepheiden in unserer eigenen Galaxie und in den uns am nächsten gelegenen galaktischen Systemen – die Magellanschen Wolken, Messier 31, Messier 33, u. a. – haben gezeigt, daß sie alle etwa die gleichen Eigenschaften aufweisen. Trotzdem gibt es von System zu System einige wichtige Unterschiede, vor allem, was die Verteilung der Perioden betrifft. Innerhalb der Galaxie kennt man etwa fünfhundert solcher Sterne, was eine wesentlich geringere Anzahl darstellt als die der RR Lyrae Sterne oder der Mira-Sterne, denen wir noch später begegnen werden. In Messier 31 liegt das Verhältnis ähnlich, während sie in den Magellanschen Wolken einen wesentlich größeren Anteil zu stellen scheinen. Die mögliche Bedeutung dieser Unterschiede wird uns später noch beschäftigen.

Tabelle 8.1
Positionen von neun offenen Sternhaufen, die Cepheiden enthalten

Name	Position (α) h	m	(δ) °	′
NGC 129	0	24,3	+59	40
NGC 2467	7	48,3	−26	8
Lynga 6	16	1,0	−51	47
NGC 6067	16	5,4	−53	57
NGC 6087	16	10,6	−57	39
IC 4725 (M 25)	18	25,8	−19	19
NGC 6649	18	27,9	−10	28
NGC 6664	18	31,3	− 8	18
NGC 7790	23	53,4	+60	39

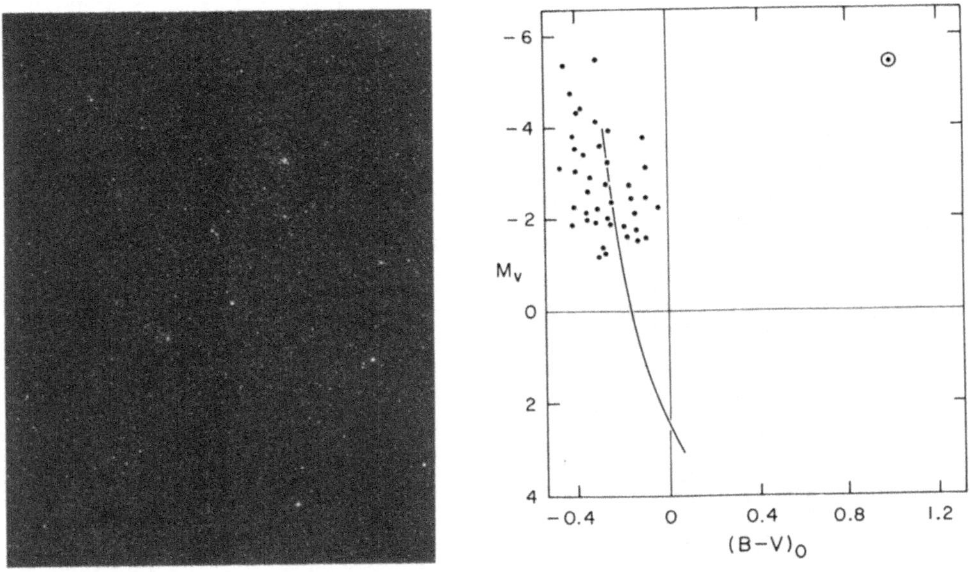

Bild 8.2 NGC 2467 (I Puppis). Der δ Cephei-Veränderliche AQ Puppis ist durch einen Kreis besonders hervorgehoben.
(Photographie: Harvard-Observatorium)

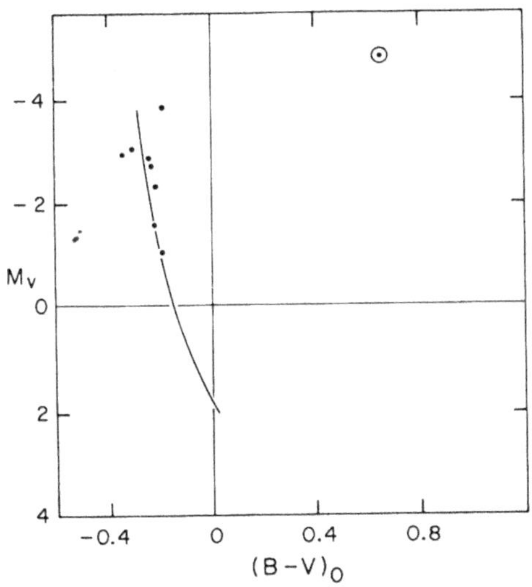

Bild 8.3
Farben-Helligkeits-Diagramm für den Sternhaufen Lynga 6. Der Cepheide TW Normae ist durch einen Kreis markiert.

Weniger als drei Prozent aller bekannter Cepheiden in unserer Milchstraße sind Mitglieder von Sternhaufen. Das stellt natürlich einen gewaltigen Unterschied zu den Vorhauptreihensternen dar, die sich so gut wie vollzählig in Sternhaufen befinden. Auch von den noch nicht völlig verstandenen β Canis Majoris-Sternen befinden sich ungefähr vierzig Prozent in Sternhaufen. Anscheinend wird die Wahrscheinlichkeit, einen Stern als Mitglied einer Gruppe anzutreffen, mit zunehmendem Alter geringer.

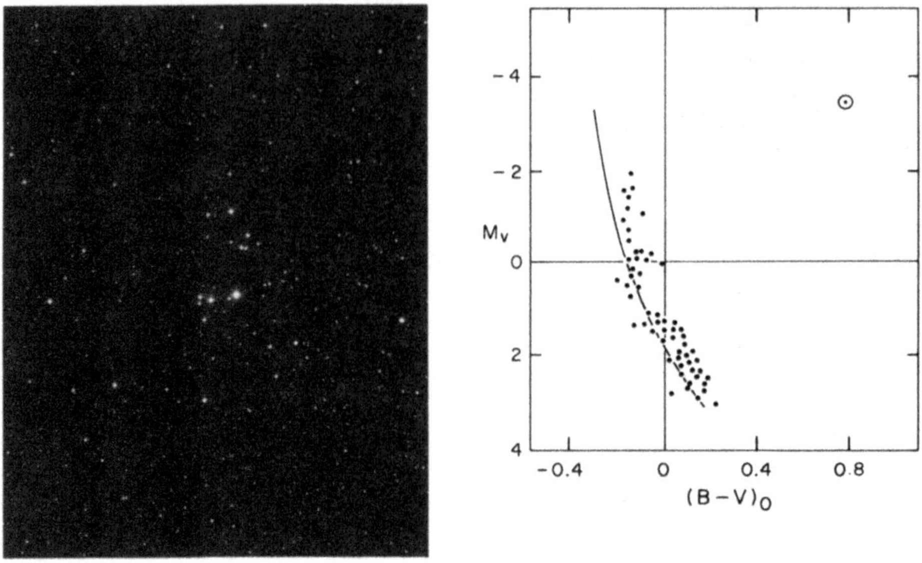

Bild 8.4 NGC 6087. Der Cepheide S Normae ist durch einen Kreis markiert. (Photographie: Harvard-Observatorium)

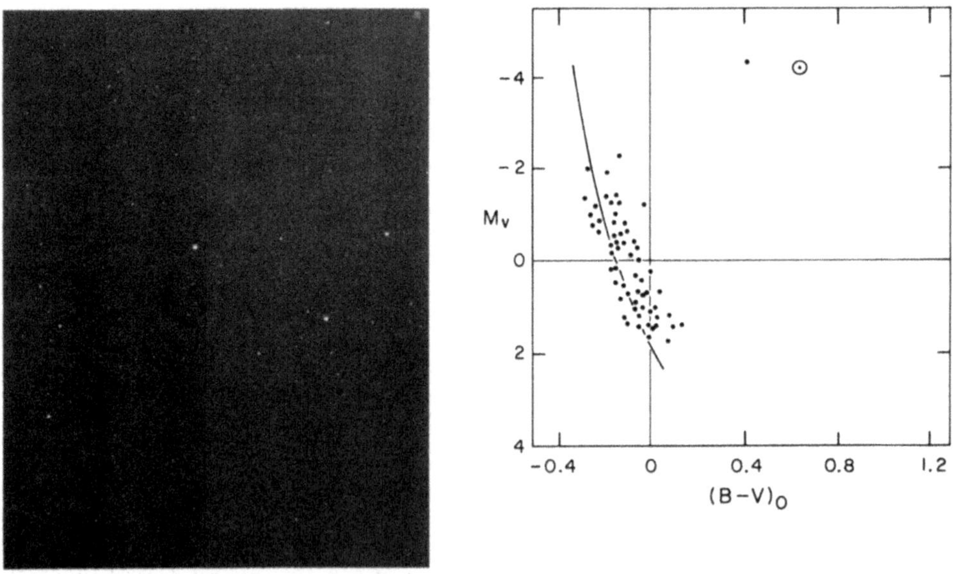

Bild 8.5 NGC 129. Der Cepheide DL Cassiopeiae ist mit einem Kreis markiert. (Photographie: Harvard-Observatorium)

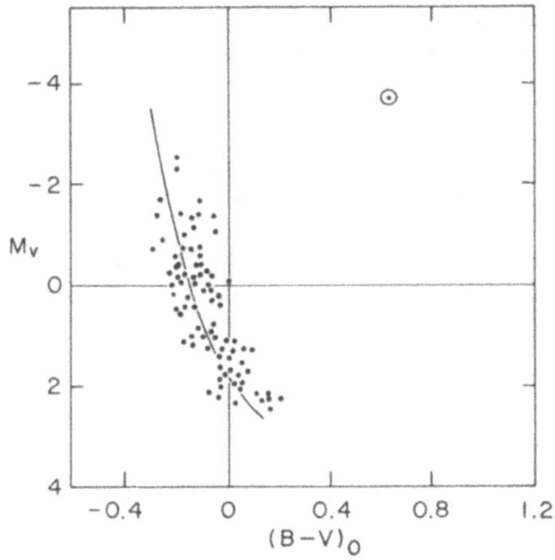

Bild 8.6 IC 4725 (Messier 25). Der Cepheide U Sagittarii ist mit einem Kreis markiert. Der Sternhaufen befindet sich etwas links der Mitte der Photographie.
(Photographie: Harvard-Observatorium)

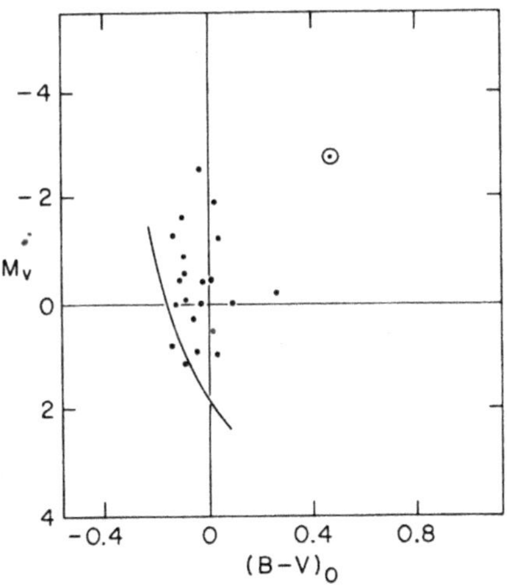

Bild 8.7
Farben-Helligkeits-Diagramm für NGC 6649. Der Cepheide V367 Scuti ist mit einem Kreis markiert.

Schon viele Cepheiden kann man bereits mit dem freien Auge beobachten (siehe Tabelle 8.2), und ein guter Beobachter könnte von Nacht zu Nacht sogar Helligkeitsunterschiede feststellen. Der Prototyp dieser Veränderlichenklasse, δ Cephei, ändert seine Helligkeit mit einer Periode von etwa fünf Tagen um nahezu eine Größenklasse. Der weiter südlich gelegene Stern β Doradus besitzt eine Periode von fast zehn Tagen. Beide Sterne sind im

Tabelle 8.2
Eigenschaften von neunzehn bereits leicht mit dem freien Auge sichtbaren Cepheiden

Name	Max.	Min.	Spektrum	Periode (Tage)	DM		Position h	m	s	°	
α UMi (1 UMi)	1,94	2,05	F7 Ib–F8 Ib	3,96978	+88°	8	01	22	33	+88	46,4
β Dor	3,38	4,08	F6 Ia–G2 Iab	9,84200	−62	487	05	32	45	−62	33,3
RT Aur (48 Aur)	5,06	5,83	F5,5–G9 Ib	3,728261	+30	1238	06	22	08	+30	33,3
ζ Gem (43 Gem)	3,68	4,16	F7 Ib–G3 Ib	10,15082	+20	1687	06	58	11	+22	32,1
MY Pup	5,54	5,76	F4 Iab	5,6952	−48	3091	07	35	29	−48	22,4
AH Vel	5,50	5,86	F8	4,22713	−46	3902	08	08	51	−46	20,7
l Car	3,32	4,01	F8–K0 Ib	35,5412	−61	1333	09	42	30	−62	02,8
S Mus	5,90	6,49	F8–G4	9,65885	−69	1646	12	07	24	−69	35,7
R Mus	5,92	6,78	F9–G6	7,50990	−68	1731	12	35	58	−68	51,5
AX Cir	5,64	6,06	F2–G2	5,2734	−63	3436	14	44	28	−63	23,8
X Sgr (3 Sgr)	4,24	4,84	F5–G1	7,01225	−27	11930	17	41	16	−27	47,6
W Sgr	4,30	5,08	F4–G1	7,594710	−29	14447	17	58	38	−29	35,1
Y Sgr	5,40	6,10	F6–G0	5,77335	−18	4926	18	15	30	−18	54,3
FF Aql	5,20	5,55	F5 Ia–F8 Ia	4,470956	+17	3799	18	53	48	+17	13,6
η Aql (55 Aql)	3,50	4,30	F6 Ib–G4 Ib	7,176641	+ 0	4337	19	47	23	+ 0	44,9
S Sge (10 Sge)	5,28	6,04	F6 Ib–G5 Ib	8,382173	+16	4067	19	51	29	+16	22,2
T Vul	5,43	6,09	F5 Ib–G0 Ib	4,435576	+27	3890	20	47	13	+27	52,5
V 1334 Cyg	5,77	5,93	F2 Ib	3,3336	+37	4271	21	15	23	+37	48,9
δ Cep (27 Cep)	3,48	4,34	F5 Ib–G1 Ib	5,366341	+57	2548	22	25	27	+57	54,2

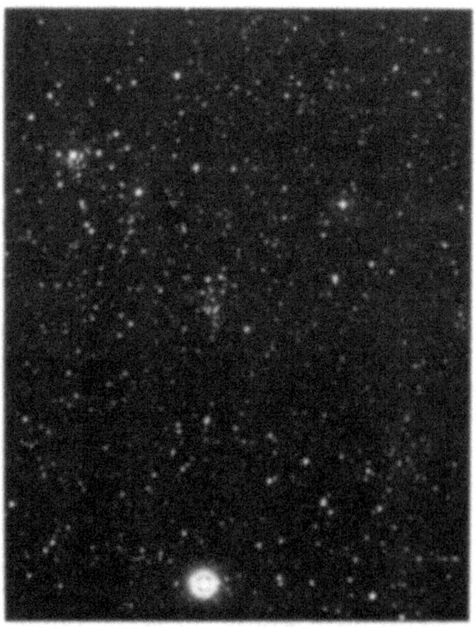

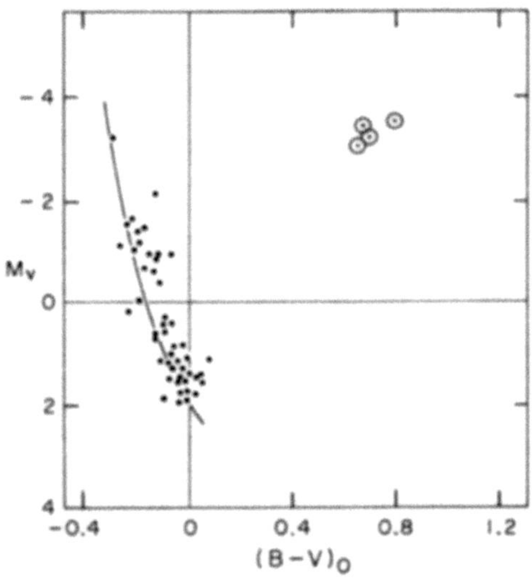

Bild 8.8 NGC 7790. Die Cepheiden CE Cassiopeiae a, CE Cassiopeiae b, CF Cassiopeiae und CG Cassiopeiae sind durch Kreise markiert.
(Photographie: Harvard-Observatorium)

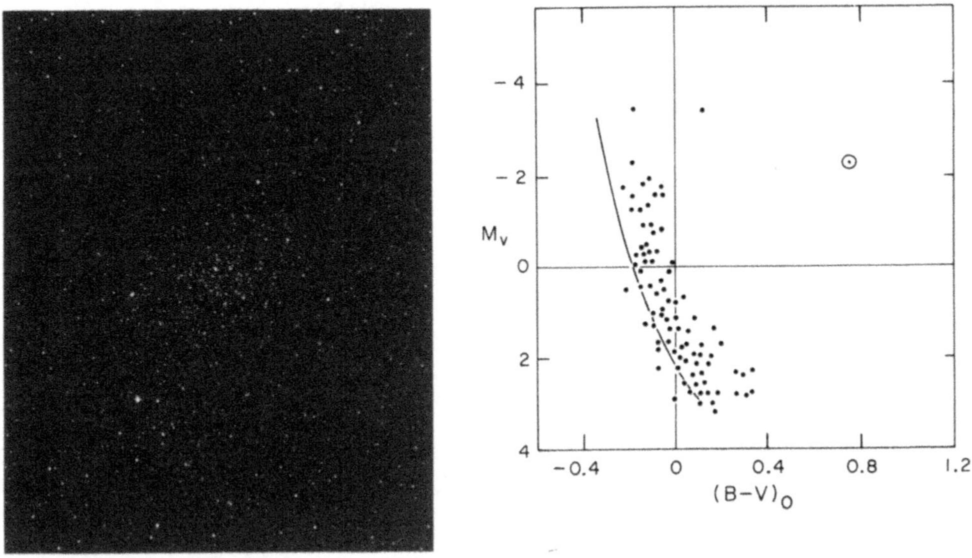

Bild 8.9 NGC 6067. Der Cepheide GU Normae ist mit einem Kreis markiert. (Photographie: Harvard-Observatorium)

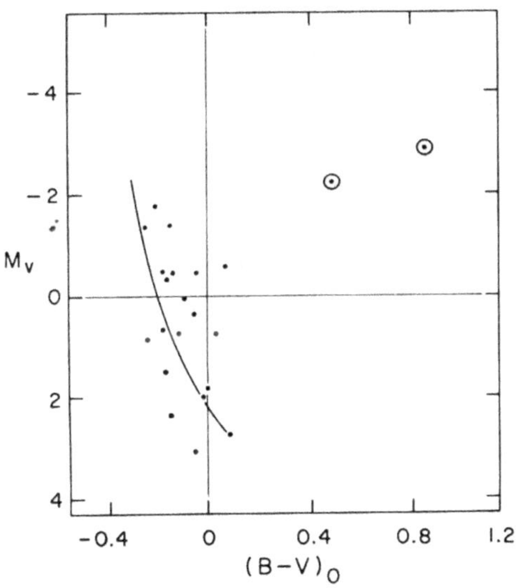

Bild 8.10

Farben-Helligkeits-Diagramm für NGC 6664. Die Cepheiden Y Scuti und EV Scuti sind mit Kreisen markiert. Während EV Scuti ein sicheres Mitglied darstellt, ist diese Mitgliedschaft bei Y Scuti, dem helleren und röteren der beiden Sterne, nicht so sicher. Einige wenige schwache rote Sterne wurden hier nicht mehr wiedergegeben.

Maximum heller als die vierte Größenklasse. Bild 8.13 zeigt die bei einem Cepheiden auftretenden typischen Variationen der Helligkeit, Farbe und Größe in Form der Lichtkurve während einer Periode. Die Änderungen der Radialgeschwindigkeiten des Sternes weisen darauf hin, daß sich der Stern aufbläht und dann wieder zusammenzieht, geben also Grund zur Annahme, daß der gesamte Stern solche Schwingungen durchführt. Da sich aber

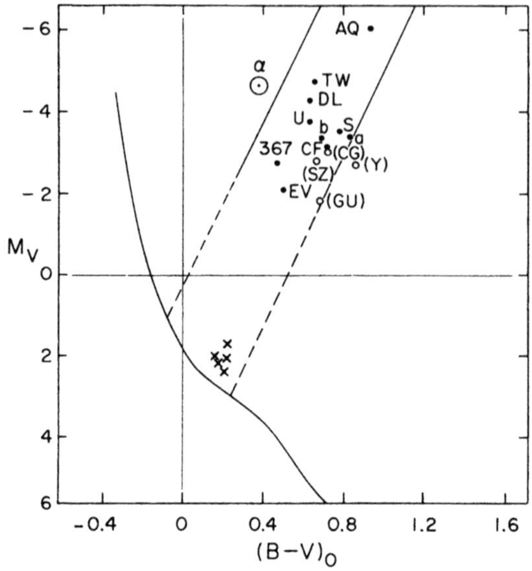

Bild 8.11

Zusammengesetztes Farben-Helligkeits-Diagramm für neun offene Sternhaufen, die unter ihren Mitgliedern Cepheiden besitzen. Mit den Buchstaben sind folgende Sterne gemeint: AQ Puppis, TW Normae, DL Cassiopeiae, U Sagittarii, S Normae, a = CE Cassiopeiae a, b = CE Cassiopeiae b, CF Cassiopeiae, CG Cassiopeiae, SZ Scuti, Y Scuti, V367 Scuti, EV Scuti, GU Normae. Die zweifelhaften Mitglieder wurden mit kleinen Kreisen eingezeichnet. Einige δ Scuti-Sterne wurden unten mit Kreuzen eingetragen. Die ausgezogene Linie stellt die Hauptreihe dar. Das Gebiet des Cepheiden-Instabilitätsstreifens ist mit den beiden parallelen Linien abgegrenzt. Der mit Punkt und Kreis bezeichnete Stern, der sich etwas außerhalb des Cepheidenstreifens befindet, ist α Persei, ein F5-Überriese, der etwas veränderlich ist und eventuell ein Cepheide wird.

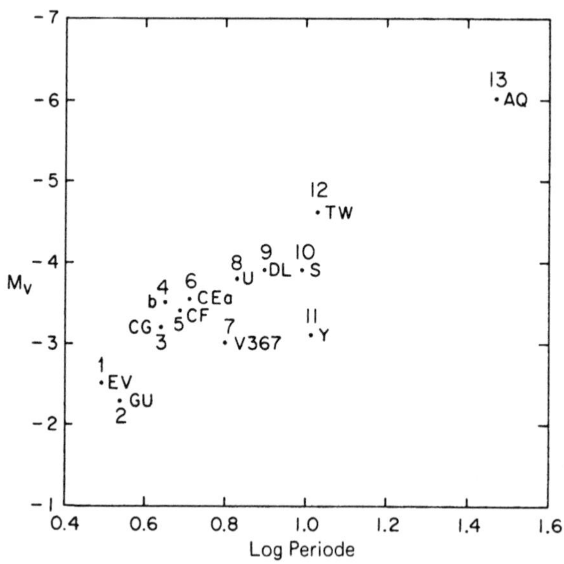

Bild 8.12

Zusammengesetzte Perioden-Leuchtkraft-Beziehung für Cepheiden in offenen Sternhaufen. (1) EV Scuti, (2) GU Normae, (3) CG Cassiopeiae, (4) CE Cassiopeiae b, (5) CF Cassiopeiae, (6) CE Cassiopeiae a, (7) V367 Scuti, (8) U Sagittarii, (9) DL Cassiopeiae, (10) S Normae, (11) Y Scuti, (12) TW Normae, (13) AQ Puppis.

auch zur gleichen Zeit die Temperatur und die Oberflächenhelligkeit ändert, ist der Stern nicht in seiner größten Ausdehnung auch am hellsten. Er erreicht seinen kleinsten Durchmesser, während die Helligkeit noch zunimmt und ist am größten etwa in der Hälfte des Weges zum Minimum.

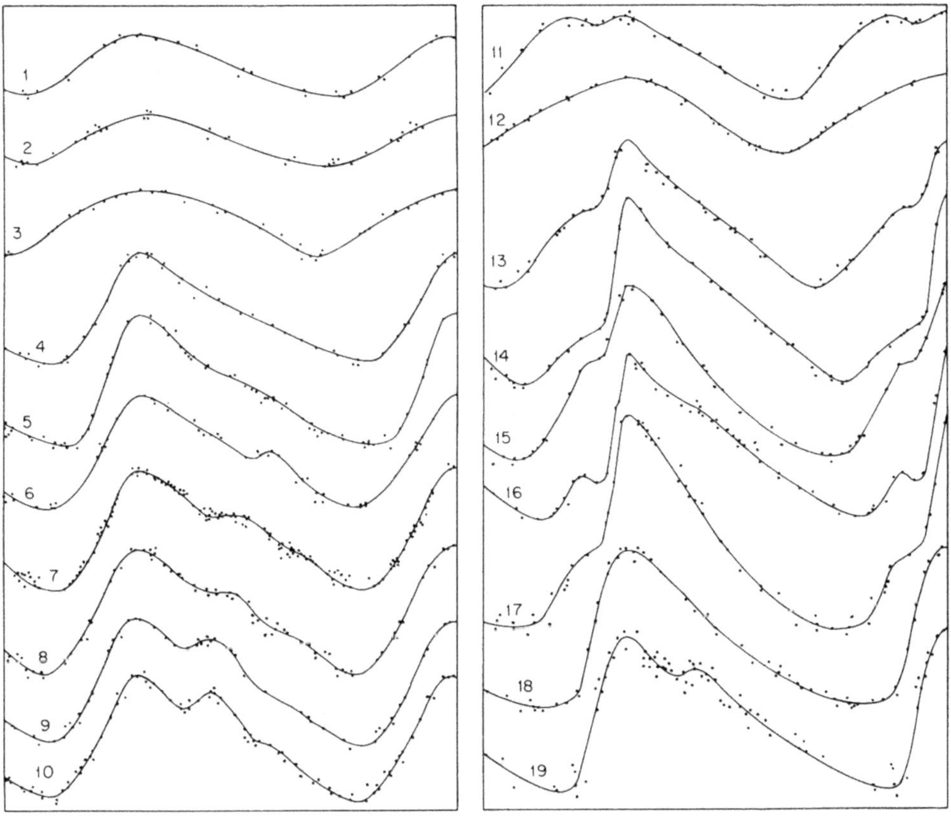

Bild 8.13

Nr.	Name		Periode Tage	Nr.	Name		Periode Tage	Nr.	Name		Periode Tage
1	SU	Cassiopeiae	1.95	7	U	Sagittarii	6.75	13	Z	Lacertae	10.89
2	DT	Cygni	2.50	8	η	Aquilae	7.18	14	TX	Cygni	14.71
3	SZ	Tauri	3.15	9	VY	Cygni	7.86	15	SZ	Cygni	15.11
4	V386	Cygni	5.24	10	S	Sagittae	8.38	16	X	Cygni	16.39
5	δ	Cephei	5.37	11	BZ	Cygni	10.14	17	CD	Cygni	17.07
6	MW	Cygni	5.96	12	ζ	Geminorum	10.15	18	T	Monocerotis	27.01
								19	SV	Vulpeculae	45.13

In der Abfolge ihrer Periodendauern angeordnete Lichtkurven von neunzehn typischen Cepheiden. In Richtung zu längeren Peroden hin ändert sich langsam die Gestalt der Kurven. Die ersten drei Cepheiden schwingen möglicherweise nicht mehr in der Grundschwingung, sondern in der ersten Oberschwingung.

Der bekannteste und hellste aller Cepheiden ist der Polarstern, α Ursae Minoris. Shakespeare ließ Julius Caesar die stolzen Worte ausrufen: „Doch bin ich standhaft wie des Nordens Stern, des unverrückte, ewig stete Art nicht ihresgleichen hat am Firmament.“ (3. Aufzug, I. Szene). Ironischerweise ist gerade Polaris einer der am wenigsten konstanten aller Sterne. Sogar seine scheinbare Position am Himmel ändert sich in Folge der Präzession der Erdachse ständig. Er ist ein visueller und ein spektroskopischer Doppelstern und bewegt sich mit einer Periode von fast dreißig Jahren um einen bisher unbeobachteten Begleiter, außerdem ist er ein Veränderlicher des Cepheidentyps mit einer Periode von nahezu vier Tagen. Wer auf der Nordhalbkugel wohnt, kann also tatsächlich jede Nacht einen Stern sehen, der sehr viele verschiedene Rollen spielt.

Bild 3.4 erinnert uns daran, daß Sterne mit Massen, die größer als drei Sonnenmassen sind, das Gebiet, das die leuchtkräftigen blauen von den leuchtkräftigen roten Sternen trennt, sehr rasch durchlaufen. Dieses Gebiet des Farben-Leuchtkraft-Diagramms ist nur sehr schwach besetzt (was durch die rasche Geschwindigkeit, mit der es durchlaufen wird, bedingt ist). Nach Ejnar Hertzsprung, dem ersten, der diese Tatsache bemerkte, wurde diese Region die „*Hertzsprung-Lücke*" benannt. Der Cepheideninstabilitätsstreifen befindet sich etwa in der Mitte dieser Region, die auch im Hess-Diagramm (siehe Bild 5.2) deutlich zu sehen ist. Die Hertzsprung-Lücke ist trichterförmig und reicht an ihrem unteren Ende nicht über Sterne von sonnenähnlicher Leuchtkraft heraus. Ihr unteres Ende stimmt genau mit dem theoretisch vorhergesagten Verschwinden der Schleifen im Entwicklungsweg für Sterne unter drei Sonnenmassen überein.

Möglicherweise gehen alle Sterne von mehr als drei Sonnenmassen – ausgenommen vielleicht einige enge Doppelsterne – durch dieses Stadium der Cepheiden. Auch können sie mehrmals durch diesen Instabilitätsstreifen laufen. Wenn sie ihn nach rechts durchlaufen, werden sie größer und röter, durchlaufen sie ihn nach links, so werden sie kleiner und blauer. Die damit verbundenen Änderungen der Dichte und damit der Periode können beobachtet werden. Ein Ergebnis ist auch, daß die Perioden-Leuchtkraft-Beziehung nicht streng gültig ist, die Sterne im Diagramm also nicht wie die Perlen auf einer Schnur aufgereiht sind. Ein Stern einer bestimmten Masse kann zu verschiedenen Zeiten verschiedene Perioden besitzen, obwohl er immer annähernd die gleiche Leuchtkraft aufweist. Die Perioden-Leuchtkraft-Beziehung wird also eine gewisse Dispersion aufweisen. Diese Details werden auch noch dadurch kompliziert, daß der Stern durch die verschiedenen Teile des Entwicklungsweges mit unterschiedlichen Geschwindigkeiten läuft, und je schneller diese Geschwindigkeit ist, desto kürzer ist dann auch die Verweilzeit in einem bestimmten, beobachtbaren Stadium.

Es sieht so aus, als ob Cepheiden in offenen Sternhaufen nicht so häufig vorkommen, wie wir es vielleicht erwarten würden. Die Ursache könnte sein, daß die Hertzsprung-Lücke und natürlich erst recht der Cepheiden-Instabilitätsstreifen so schwach besetzt sind. Alle bekannten Sterne, die man in den Farben-Helligkeit-Diagrammen der offenen Sternhaufen innerhalb dieser Grenzen findet, sind wahrscheinlich Cepheiden. Ihre Seltenheit ist aber eine Folge der Geschwindigkeit, mit der sie sich durch dieses Stadium entwickeln.

Eine Untersuchung der galaktischen Feldsterne, die also nicht Mitglieder eines Sternhaufens sind, führt zu einem ähnlichen Ergebnis. Die Seltenheit der Cepheiden paßt sehr gut zur schwachen Besetzung der Hertzsprung-Lücke. Es scheint, als ob die Leuchtkraftfunktion für Cepheiden in unserer Nachbarschaft (die die relative Anzahl der Sterne verschiedener Leuchtkräfte in einer bestimmten Raumeinheit angibt) etwa den Wert ergibt, den man für Sterne von mehr als drei Sonnenmassen erwarten würde, wenn all diese Sterne zu irgendeiner Zeit ihrer Entwicklung Cepheiden werden würden. Sowohl für Sterne im allgemeinen wie auch für Cepheiden nimmt die Anzahl zu höheren Leuchtkräften hin rasch ab, was wir auch durch das Hess-Diagramm bestätigt sehen.

Nach ihrer Lage im Farben-Helligkeits-Diagramm scheinen alle galaktischen Cepheiden weniger als hundert Millionen Jahre alt zu sein. Man findet keine Cepheiden in den ganz jungen Sternhaufen, was darauf hinweist, daß sie mindestens zwanzig Millionen Jahre alt sein müssen, gezählt ab der Nullalterhauptreihe. Ein Cepheide mit etwa fünf Sonnenmassen könnte ungefähr so aussehen wie U Sagittarii, der sich im Sternhaufen IC 4725 (siehe Bild 8.6) befindet. Dieser Stern besitzt eine Periode von etwas unter sieben Tagen, was einen sehr typischen Wert für die Cepheiden unserer Nachbarschaft darstellt.

Ob ein Stern ein Cepheide wird oder nicht, hängt nach der Theorie davon ab, ob sein Entwicklungsweg irgendwann einmal den Instabilitätsstreifen schneidet. Obwohl wir die genauen Details noch nicht kennen, scheint es so zu sein, daß ein bestimmter Faktor, wie zum Beispiel der Helium- oder der Metallgehalt, einen sehr großen Einfluß auf den Entwicklungsweg ausübt: Die durchlaufenen Schleifen können in Abhängigkeit von der Zusammensetzung größer oder kleiner werden. Wenn sich das Verhalten der Entwicklungswege nicht ändern würde, so wäre es schwer zu verstehen, warum die Häufigkeit der einzelnen Perioden in den verschiedenen Galaxien anders verteilt ist.

Für die Cepheiden unserer Nachbarschaft ist die am häufigsten auftretende Periode etwa sieben Tage. In der Großen Magellanschen Wolke, die an Cepheiden relativ reich ist, liegt sie bereits bei vier Tagen, und in der noch reicheren Kleinen Magellanschen Wolke bei unter drei Tagen, eine Periode, die man in unserer Nachbarschaft kaum beobachtet. Wenn sich die galaktischen Cepheiden und die in den Magellanschen Wolken nach demselben Schema entwickeln, so muß das Alter der Cepheiden in der Großen Magellanschen Wolke und erst recht das der in der Kleinen Magellanschen Wolke gelegenen Objekte wesentlich größer sein als das derjenigen in unserer Nachbarschaft. Es gibt in unserer Galaxie sehr viele Sterne, die älter als hundert Millionen Jahre sind, unter denen wir allerdings keine Cepheiden finden, was andeutet, daß es sich hier nicht um einen Altersunterschied handelt, sondern um eine andere Form des Entwicklungsweges. Eine mögliche Erklärung ist, daß die Schleifen in den Entwicklungswegen der Sterne in den Magellanschen Wolken größer sind als die galaktischen und daher öfter den Instabilitätsstreifen schneiden. Es ist recht einleuchtend, diese Effekte unterschiedlichen chemischen Zusammensetzungen zuzuschreiben.

Es gibt aber immer noch sehr starke Hinweise darauf, daß die Häufigkeitsverteilung der Perioden der Cepheiden nicht in allen Teilen der Galaxie gleich ist. Es scheint so zu sein, daß sich die längeren Perioden in Richtung zum galaktischen Zentrum hin konzentrieren, während weiter außen auch kürzere Perioden (bis zu drei Tagen herab) auftreten können. Eine ähnliche Beziehung zwischen Periode und Ort konnte auch Messier 31 (dem Andromeda-Nebel), einer Galaxie, die der unseren in vieler Beziehung sehr ähnlich ist, festgestellt werden. Es ist allerdings auch möglich, daß man hier eine systematische Änderung der chemischen Zusammensetzung vom Rand bis zum Zentrum einer Galaxie beobachtet. Das mag dann auch sehr gut zu den unterschiedlichen Periodenhäufigkeiten passen. Wenn wir diese Vermutung bestätigt finden, könnten wir die Unterschiede der Periodenfrequenzen tatsächlich den verschiedenen chemischen Zusammensetzungen zuschreiben.

Ein weiterer Blick auf Bild 3.4 führt zur nächsten Frage. Wenn wir den Instabilitätsstreifen bis zu geringen Leuchtkräften verfolgen, so sehen wir, daß – für eine bestimmte angenommene chemische Zusammensetzung – die Sterne von weniger als drei Sonnenmassen nicht betroffen sind. Er erreicht die Hauptreihe etwa im Gebiet der Massen zwischen einer und eineinhalbfacher Sonnenmasse und schneidet knapp darüber den kleinen Knick im Entwicklungsweg, den wir mit den β Canis Majoris- und mit den α Canum Venaticorum-Sternen bei höheren Leuchtkräften und Temperaturen in Verbindung gebracht haben. Hier finden wir erneut eine andere Gruppe von Veränderlichen mit sehr kurzen Perioden, die sogenannten δ Scuti-Sterne.

Es gibt viele gute Gründe zur Annahme, daß diese Sterne in enger Verbindung mit den Cepheiden stehen. Auch sie besitzen eine Korrelation zwischen der Periode und dem Spektrum und passen, wenn auch nur sehr grob, in die Perioden-Leuchtkraft-Beziehung, die man durch Extrapolation der üblichen Beziehung zu sehr kurzen Perioden erhält (siehe Tabelle 8.3). Zwei solcher Sterne wurden in der Präsepe, einer im Coma-Berenices-Haufen, einer in den Hyaden und möglicherweise zwei in den Plejaden gefunden. Bild 8.11 zeigt uns ihre Lage relativ zur Hauptreihe und zum Instabilitätsstreifen. Diese Sterne sind viel schwächer als die Cepheiden. Auch ist ihr Lichtwechsel relativ gering, so daß sie sehr schwer zu untersuchen sind. Zehn Prozent von ihnen sind Mitglieder von Sternhaufen – wesentlich mehr als bei den Cepheiden – was auf eine langsamere Entwicklung hindeutet.

Wir haben im letzten Kapitel gesehen, daß Sternhaufen, die Überriesen enthalten, die Spiralstruktur der Galaxie in der Ebene der Milchstraße sehr gut bestätigen. Die Sternhaufen, in denen Cepheiden enthalten sind, sind bereits ältere Objekte, und auch das Muster,

Tabelle 8.3
Daten und Eigenschaften von zweiunddreißig δ Scuti-Sternen

Name	Max.	Min.	Spektrum	Periode (Tage)	DM		Position				
							h	m	s	°	'
β Cas (11 Cas)	2,25	2,31	F2 IV	0,10430	+58°	3	0	3	54	+58	35,7
XX Psc (59 Psc)	5,99	6,03	A5	0,1040	+18	101	0	41	57	+19	1,9
ρ Phe	5,17	5,27	F0n	0,110	−51	209	0	46	8	−51	31,9
AI Scl	5,93	5,98	A7 III	0,05	−38	420	1	8	9	−38	23,2
VX Psc (97 Psc)	5,90	5,92	A4 III	0,131	+17	210	1	24	29	+17	50,3
UV Ari (38 Ari)	5,18	5,22	A7 IV	0,06:	+11	377	2	39	31	+12	1,4
V 376 Per	5,8	5,91	A9 IV	0,097, 0,067	+43	818	3	42	14	+43	39,3
IM Tau (44 Tau)	5,37	5,44	F2 IV	0,144923	+26	686	4	4	44	+26	13,2
o¹ Eri (38 Eri)	4,00	4,05	F2 II–III	0,0815	− 7	764	4	6	59	− 7	5,8
V 483 Tau (57 Tau)	5,56	5,59	F0 V	0,054	+13	663	4	14	21	+13	47,6
V 696 Tau (58 Tau)	5,20	5,26	A9 V	0,036	+14	682	4	14	56	+14	51,3
V 480 Tau (97 Tau)	5,09	5,11	A7 IV–V	0,042	+18	743	4	45	32	+18	40,2
KW Aur (14 Aur)	4,94	5,10	A9 IV	0,08748	+32	922	5	8	53	+32	34,3
V 1004 Ori (59 Ori)	5,88	5,89	A5m	0,054:	+ 1	1171	5	53	13	+ 1	49,6
V 474 Mon (1 Mon)	5,93	6,36	F2 IV	0,13494	− 9	1284	5	54	16	− 9	23,3
ρ Pup (15 Pup)	2,68	2	F6 IIp	0,14088	−23	6828	8	3	17	−24	0,9
FZ Vel	5,15	5,17	F0 III	0,065	−46	4810	8	55	28	−46	50,8
υ UMa (29 UMa)	3,77	3,86	F2 IV	0,133	+59	1268	9	43	51	+59	30,4
AI CVn (4 CVn)	5,97	6,15	F3 IV	0,139	+43	2218	12	18	52	+43	5,8
FM Vir (32 Vir)	5,20	5,23	A5m	0,07	+ 8	2639	12	40	34	+ 8	13,2
AO CVn (20 CVn)	4,70	4,75	F3 IIIp	0,135	+41	2380	13	13	4	+41	5,9
κ² Boo (17 Boo)	4,50	4,54	A8 IV	0,06682	+52	1782	14	9	54	+52	15,4
γ Boo (27 Boo)	3,23	3,28	A7 III	0,290:	+38	2565	14	28	3	+38	44,9
δ Ser (13 Ser)	4,20	4,25	F0 IV	0,134	+11	2821	15	30	1	+10	52,3
γ CrB (8 CrB)	3,80	3,86	A0 III–IV	0,030	+26	2722	15	38	33	+26	36,7
CL Dra	4,95	5,00	F0 IV	0,063	+55	1793	15	55	24	+55	2,0
o Ser (56 Ser)	4,20	4,26	A2 IV–V	0,053	−12	4808	17	35	47	−12	49,4
δ Sct	4,98	5,16	F3 III–IV	0,193770	− 9	4796	18	36	48	− 9	8,9
ρ¹ Sgr (44 Sgr)	3,90	3,93	F0 IV–V	0,050	−18	5322	19	15	52	−18	2,1
δ Del (11 Del)	4,39	4,49	F0 IVp	0,134, 0,158	+14	4403	20	38	47	+14	42,9
τ Cyg (65 Cyg)	3,65	3,84	F2 III–IV	0,143:	+37	4240	21	10	48	+37	37,1
τ Peg (62 Peg)	4,60	4,62	A5 IV–V	0,05433	+22	4810	23	15	41	+23	11,6

das man aus ihrer Verteilung erhält, ist bei weitem nicht mehr so deutlich. Auf jeden Fall sind sie keine sehr häufigen Objekte. Viele Cepheiden sind nicht Mitglieder von Sternhaufen. Wir können aber annehmen, daß ihr Alter und ihre Entwicklung mit den übrigen übereinstimmt. In diesem Zusammenhang mag es interessant sein zu überprüfen, ob ihr Verteilungsmuster mit dem der Sternhaufen übereinstimmt. Jene mit den längsten Perioden sind auch die leuchtkräftigsten und jüngsten und zeigen auch tatsächlich Anzeichen einer Spiralstruktur, während die schwächeren als Indikatoren für Spiralarme unbrauchbar sind.

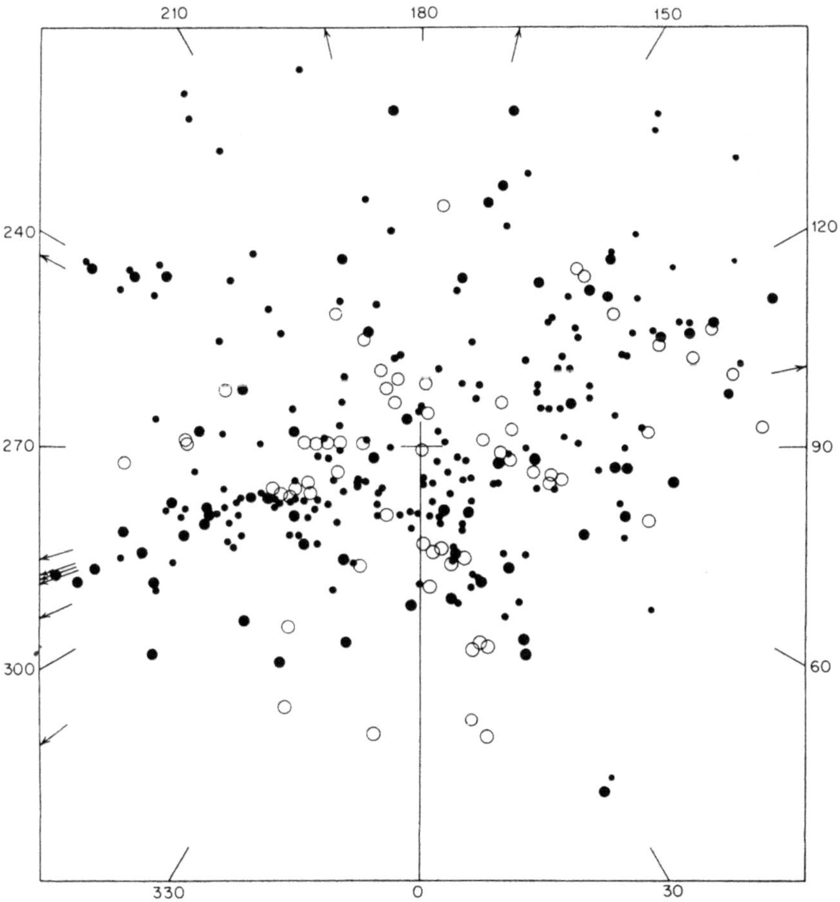

Bild 8.14 Verteilung der galaktischen Cepheiden in der Umgebung der Sonne. Im Diagramm zeigt das Kreuz die Position der Sonne an. Am Rand sind galaktische Längen eingezeichnet, wobei 0 die Richtung zum galaktischen Zentrum angibt (das sich ungefähr eine halbe Bildhöhe unterhalb des unteren Randes des Diagramms befinden würde). Punkte bezeichnen die auf die galaktische Ebene projizierten Positionen der Cepheiden (von denen sich nur sehr wenige in größerem Abstand von der Zentralebene befinden). Die großen Punkte markieren Cepheiden mit Perioden über zehn Tagen. Zu Vergleichszwecken sind noch die Positionen von Emissionsnebeln angegeben (Kreise), die in oder nahe der galaktischen Ebene liegen und ihre Spiralstruktur viel deutlicher als die Cepheiden anzeigen.

Die vielen verschiedenen Studien, die bisher von der galaktischen Verteilung der Cepheiden gemacht wurden, zeigen alle das gleiche Bild, trotz der unterschiedlichen Annahmen bezüglich der interstellaren Absorption. Cepheiden mit Perioden über zehn Tagen zeigen eine Spiralarmstruktur in ihrer Verteilung, solche mit kürzeren Perioden nicht. Bild 8.14, das Produkt meiner eigenen Zählungen, zeigt viele Cepheiden mit langer Periode und nur wenige mit kurzen Perioden in der Nähe des galaktischen Zentrums, aber eine genau umgekehrte Verteilung in Richtung des Antizentrums. Während der erste Effekt teilweise ein Auswahleffekt sein könnte, da durch die größeren Mengen an absorbierendem Material in Richtung des galaktischen Zentrums die Zählung unvollständig sein könnte, so ist er in Richtung des Antizentrums sicher reell. Der außergewöhnliche Reichtum der Carina-Region (galaktische Länge um 290°) an Cepheiden der unterschiedlichsten Perioden und Alter ist sehr verwunderlich, besonders, wenn man in Betracht zieht, daß dieses Gebiet sehr reich an jungen Sternhaufen und verhältnismäßig arm an älteren Objekten ist.

Was geschieht nun mit einem Stern, nachdem er seine Rolle als Cepheide gespielt hat? Während seiner wiederholten Reisen durch das Farben-Helligkeits-Diagramm ist er nicht nur einmal ein Roter Riese gewesen. Die durch seine enorme Größe bedingte geringe Schwerkraft an der Oberfläche hat ihm das Abgeben von Materie in den Weltraum leicht gemacht. Im weiteren Verlauf seiner Entwicklung wird die Temperatur immer weiter sinken und der Massenverlust wird immer wahrscheinlicher. Ein Massenverlust muß den Stern auf einen niedereren Entwicklungsweg verschieben, wobei die Konsequenzen dessen bis heute noch nicht genau geklärt sind. Auf jeden Fall wird er nach Durchlaufen der Instabilitäten ein aufgeblähter, kühler Stern: ein Roter Riese oder ein Überriese.

Kapitel 9
Rote Riesen

Wenn überhaupt, so gibt es nur sehr wenige galaktische Cepheiden, die mehr als hundert Millionen Jahre alt sind. Während des Alterns einer gewissen Sterngruppe bewegen sich immer mehr von ihnen von der Hauptreihe weg. Auf diese Weise erreichen immer mehr Sterne das Riesenstadium jenseits des Instabilitätsstreifens. Zumindest in den offenen Sternhaufen unserer Nachbarschaft erreichen die Sterne mit Massen zwischen einer und drei Sonnenmassen ohne Durchlaufen des Instabilitätsstreifens jenes aufgeblähte Nachhauptreihenstadium, in dem das Heliumbrennen voll einsetzt. Die theoretischen Berechnungen zeigen für Sterne mit einer geringeren Masse als einer Sonnenmasse ein etwas anderes Verhalten. Außerdem scheinen die Entwicklungswege für Sterne dieser Massen zu konvergieren. Während sich die Sterne höherer Leuchtkraft nahezu horizontal über das Farben-Leuchtkraft-Diagramm bewegen, sind die Entwicklungswege für Sterne von weniger als zwei Sonnenmassen wesentlich steiler. Während sich die Überriesen sehr klar und deutlich von den hellen Riesen abheben, drängen sich die Roten Riesen wesentlich enger in einem bestimmten Leuchtkraftbereich zusammen und bilden so im Hess-Diagramm ein kleines Maximum.

Wir wir bereits gesehen haben, sind die roten Überriesen in der Perseus II-Assoziation alle mehr oder weniger veränderlich. Unter den scheinbar hellsten dieser Sterne findet man den unregelmäßigen Veränderlichen μ Cephei, einer der leuchtkräftigsten Sterne, die überhaupt bekannt sind, der seine Helligkeit langsam zwischen der dritten und der fünften Größenklasse ändert. Etwas schwächer als die Überriesen, aber immer noch heller als die Roten Riesen ist die Gruppe der sogenannten „hellen Riesen", die sich von den ersteren durch gewisse spektroskopische Details unterscheiden und als Leuchtkraftklasse II bezeichnet werden. Drei gut bekannte Sterne dieses Typs sind in der Tabelle 9.1 aufgeführt. Sie alle sind Doppel- oder Mehrfachsternsysteme.

Dubhe ist ein visueller Doppelstern mit einem Begleiter, der der Sonne sehr ähnlich ist. Die Umlaufsperiode liegt bei etwa vierundvierzig Jahren. Albireo ist uns schon in unserer

Tabelle 9.1
Daten von drei hellen Roten Riesen

Systematischer Name	Name	Spektrum	Scheinbare visuelle Größenklasse	Absolute visuelle Größenklasse[a)]	Radius (in Sonneneinheiten)
α Ursae Majoris	Dubhe	K0 II–III	1,79	−1,0	90
β Cygni	Albireo	K5 II	3,42	−2,3	110
α Herculis	Ras Algethi	M5 II	3,1	−2,4	300

[a)] Mittelwert für die jeweilige Spektralklasse

Liste der Hauptreihensterne als Begleiter eines B8 V-Sternes begegnet. Wie man aus seinem Spektrum entnehmen kann, ist er selbst noch ein sehr enger Doppelstern. Ras Algethi ist Mitglied eines Dreifachsternsystems. Die andere Komponente, die eine identische Raumbewegung aufweist, ist ein spektroskopischer Doppelstern: ein G- und ein F-Riese mit einer Umlaufperiode von 51,59 Tagen. Ras Algethi selbst ist ein halbregelmäßiger Veränderlicher, wie auch die meisten anderen Sterne, die ein ähnliches Spektrum besitzen. Das ganze System wird von einer expandierenden Gasschale umgeben. Man kann beobachten, daß dieser rote Stern jährlich etwa $3 \cdot 10^{-8}$ Sonnenmassen (das sind ungefähr $6 \cdot 10^{19}$ Tonnen) an Materie in den Weltraum verliert. Nachdem wir gute Gründe zur Annahme haben, daß dies für einen hellen roten Stern ein typisches Verhalten darstellt, müssen die Auswirkungen auf die weitere Sternenentwicklung recht bedeutsam sein.
Etwa zwei Größenklassen schwächer als diese hellen Riesen sind die Roten Riesen, mit Spektren von G, K und M und der Leuchtkraftklasse III. Solche Sterne sind recht häufig in der galaktischen Ebene zu finden, und nicht wenige von ihnen sind gut bekannte freisichtige Objekte. In Tabelle 9.2 sind zehn von ihnen aufgeführt, wobei wir von vieren wissen, daß sie doppelt oder mehrfach sind. Ihre Dimensionen reichen vom zehn- bis zum hundertfachen Sonnendurchmesser.
Wir sehen, daß sieben der zehn Sterne die jeweils hellsten im betreffenden Sternbild sind – ein weiterer Hinweis darauf, daß sie unter den hellen freisichtigen Sternen sehr weit verbreitet sind. Ihre Zugehörigkeiten zu Sternsystemen sind sehr unterschiedlich. Capella besteht aus zwei Riesensternen mit einer Umlaufperiode von 105 Tagen. Außerdem enthält dieses System noch zwei weitere, schwache Zwergsterne. Ein anderer spektroskopischer Doppelstern ist τ Persei, der allerdings einen Hauptreihen-A-Stern zum Begleiter besitzt. Das System von α Phoenicis, einem weiteren spektroskopischen Doppelstern, besitzt einen Bahnperiode von 3849 Tagen, wobei allerdings der zweite, wesentlich blauere Stern, bisher noch nicht beobachtet werden konnte. Aldebaran weist einen M-Hauptreihenstern als Begleiter auf. Obwohl er in den Hyaden zu liegen scheint, weiß man, daß dieser helle Stern kein Mitglied des Sternhaufens oder der ihn umgebenden Assoziation ist.

Tabelle 9.2
Daten für zehn Rote Riesen

Systematischer Name	Name	Spektrum	Scheinbare visuelle Größenklasse	Absolute visuelle Größenklasse[a)]
α Aurigae[b)]	Kapella	G4 III, G0 III?	0,09	+0,6; +0,3
τ Persei	–	G5 III	3,09	+0,3
α Phoenicis	–	K0 III	2,39	+0,2
β Geminorum	Pollux	K0 III	1,15	+0,2
α Arietis	Hamal	K2 III	2,00	−0,1
α Bootis	Arkturus	K2 IIIp	0,06	−0,1?
α Hydrae	Alphard	K4 III	1,99	−0,2
α Tauri	Aldebaran	K5 III	0,86	−0,3
β Andromedae	Mirach	M0 III	2,03	−0,4
α Ceti	Menkar	M2 III	2,52	−0,5

a) Mittelwert für die jeweilige Spektralklasse

b) Kapella ist eher ein gelber als ein roter Riesenstern (siehe Spektralklasse) (Anmerkung des Übersetzers)

Arkturus ist ein besonders interessanter Stern. Sein pekuliares Spektrum weist vor allem ungewöhnlich schwache Metallinien auf. Dieser Stern muß tatsächlich ein sehr metallarmes Objekt sein – der erste dieser Art, der uns bisher begegnet ist. Nebenbei weist er noch eine sehr ungewöhnliche Raumbewegung auf, die nicht mit der generellen Rotationsbewegung der Galaxie übereinstimmt. Wenn wir unsere Diskussion über die weiter entwickelten Sternhaufen fortsetzen werden, so können wir feststellen, daß tatsächlich viele Sterne metallarm sind, einige von ihnen sogar noch ärmer als Arkturus. Dieser Unterschied weist auf eine unterschiedliche Geschichte hin und sollte uns warnen, nicht voreilige Schlüsse über die Masse oder das Alter dieses Sterns zu ziehen. Arkturus ist der (scheinbar) hellste Stern mit diesen Eigenschaften, und wurde schon sehr intensiv untersucht.

Nachdem wir so die Bekanntschaft einer Anzahl von gut bekannten Roten Riesen gemacht haben, wollen wir uns einigen offenen Sternhaufen zuwenden, die dieses Stadium der Sternentwicklung zu illustrieren vermögen (siehe Bilder 9.1 bis 9.5, sowie Tabelle 9.3). Sie reichen von NGC 6475 (Messier 7) mit einem Alter von etwa einhundertzehn Millionen Jahren bis zum Sternhaufen in der Coma Berenices, einem äußerlich den Hyaden sehr ähnlichen Sternhaufen, der allerdings eine Milliarde Jahre alt ist. Alle enthalten sie mindestens einen Roten Riesen; die am besten besetzten – NGC 6705 (Messier 11) und NGC 2099 (Messier 37) – besitzen mehrere. Der jüngste von ihnen, Messier 7 (ein an Doppelsternen sehr reicher Haufen) enthält nur einen, der selbst auch noch ein spektroskopischer Doppelstern ist.

Auch der jüngste dieser Sternhaufen besitzt den Abknickpunkt von der Hauptreihe an einer Stelle, die eine zu geringe Leuchtkraft aufweist, um den Instabilitätsstreifen zu schneiden. Daher enthalten sie auch keine Cepheiden, und die hellsten Mitgliedssterne sind nicht schwerer als zwei Sonnenmassen. In den meisten dieser Sternhaufen weisen die δ Scuti-Sterne jenes Verhalten auf, das wir ihnen im Zusammenhang mit den kleinen Unregelmäßigkeiten des Entwicklungsweges knapp über der Hauptreihe zugeschrieben haben. Solche Sterne kennt man auch in der Praesepe und im Coma-Berenices-Sternhaufen. Wie aus Bild 3.4 zu sehen ist, beginnen die Entwicklungswege für Rote Riesen dieser Masse bereits zu konvergieren. Anstatt Pulsationen auszuführen, gehen diese Sterne eher unspektakulär in eine ruhige Rote-Riesen-Phase über. Sie setzen ihren Weg in den roten Bereich so weit fort, bis sie einen bestimmten Punkt erreicht haben (wo man im Spektrum den Übergang von K zu M sowie beginnende Absorption durch Moleküle feststellen kann), an dem sie eine gewisse Tendenz zur Variabilität aufweisen. Diese Variationen sind am

Tabelle 9.3
Positionen von sechs offenen Sternhaufen, die Rote Riesen enthalten. Sie sind alle hell genug, um mit dem freien Auge oder mit einem Feldstecher gesehen werden zu können

Name	Position (α) h	m	(δ) °	′
Hyaden	4	21	+15	37
NGC 2099 (M37)	5	45,8	+32	31
Praesepe (M44)	8	34,3	+20	20
Coma Berenices	12	20,0	+26	40
NGC 6475 (M7)	17	47,5	−34	47
NGC 6705 (M11)	18	45,7	− 6	23

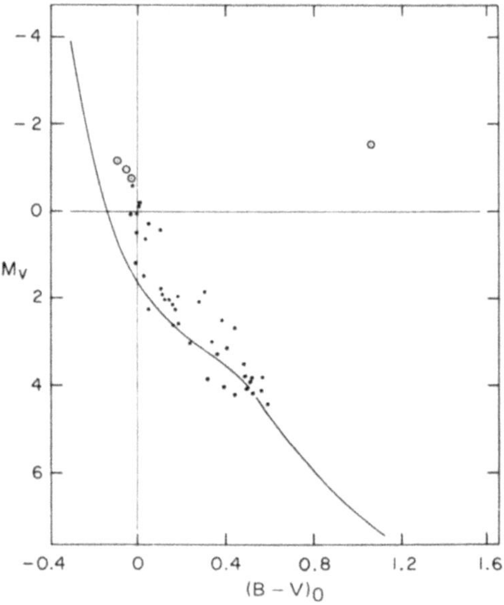

Bild 9.1 NGC 6475 (Messier 7). Dieser Sternhaufen enthält besonders viele Doppelsterne, von denen vier im Diagramm mit Kreisen markiert sind.
(Photographie: Harvard-Observatorium)

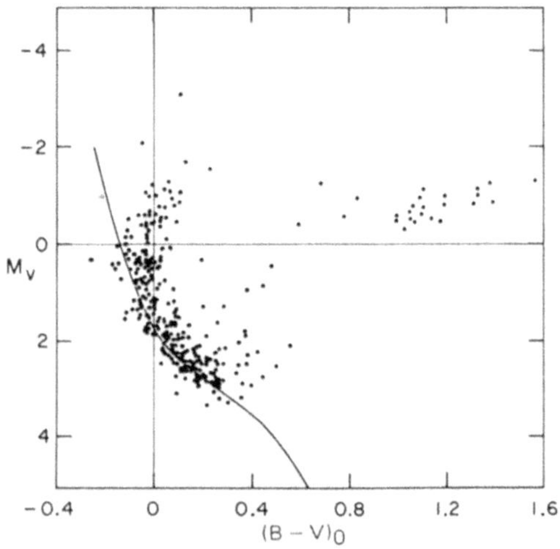

Bild 9.2 NGC 6705 (Messier 11). Dieser Sternhaufen besitzt in seinem FHD bereits einen gut ausgeprägten Riesenarm. Einer der helleren blauen Mitgliedssterne ist der Bedeckungsveränderliche BS Scuti (Spektrum: A7).
(Photographie: Harvard-Observatorium)

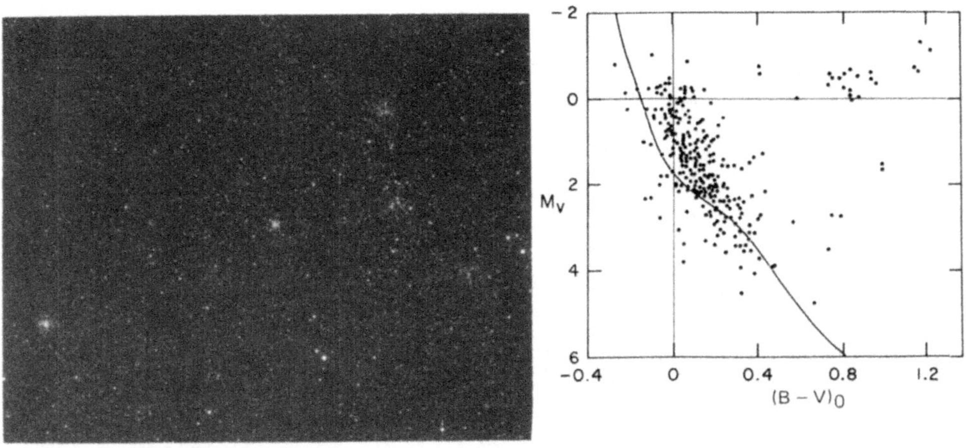

Bild 9.3 NGC 2099 (Messier 37). Der Sternhaufen befindet sich am linken Rand der Photographie. In der Mitte liegt der etwas ältere Sternhaufen NGC 1960 (Messier 36), rechts davon Stock 8, über ihm NGC 1907, darüber der noch ältere Sternhaufen NGC 1912 (Messier 38) und am rechten Rand des Bildes befindet sich etwa in der Mitte der Haufen IC 410.
(Photographie: Harvard-Observatorium)

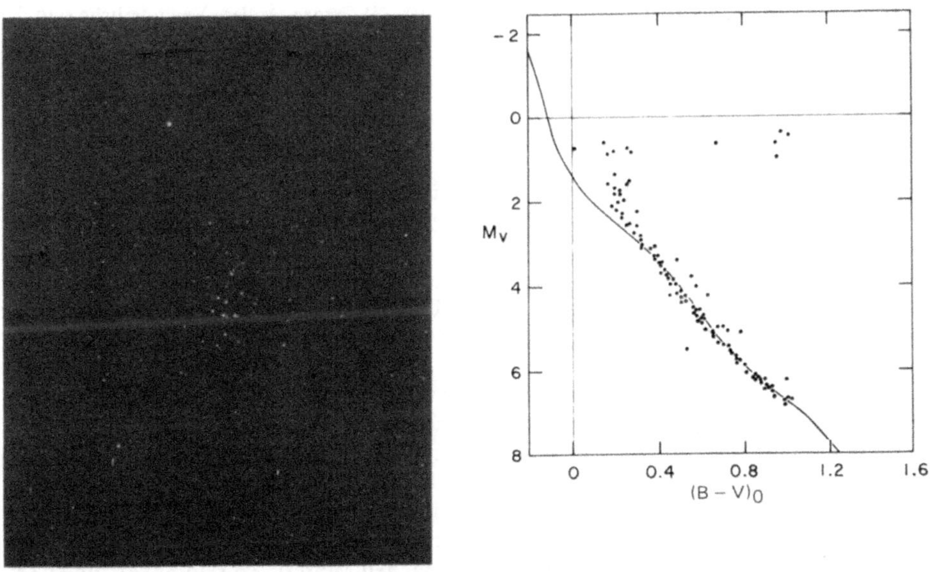

Bild 9.4 NGC 2632 (Präsepe). Dieser Sternhaufen enthält einige Rote Riesen und einen ungewöhnlich hellen blauen Stern sowie weitere interessante Sterne, wie zum Beispiel den Bedeckungsveränderlichen TX Cancri und den „Metalllinienstern" ϵ Cancri, einige helle δ Scuti-Sterne der siebenten und achten Größenklasse sowie eine größere Zahl von Vorhauptreihensternen der siebzehnten und achtzehnten Größenklasse.
(Photographie: Harvard-Observatorium)

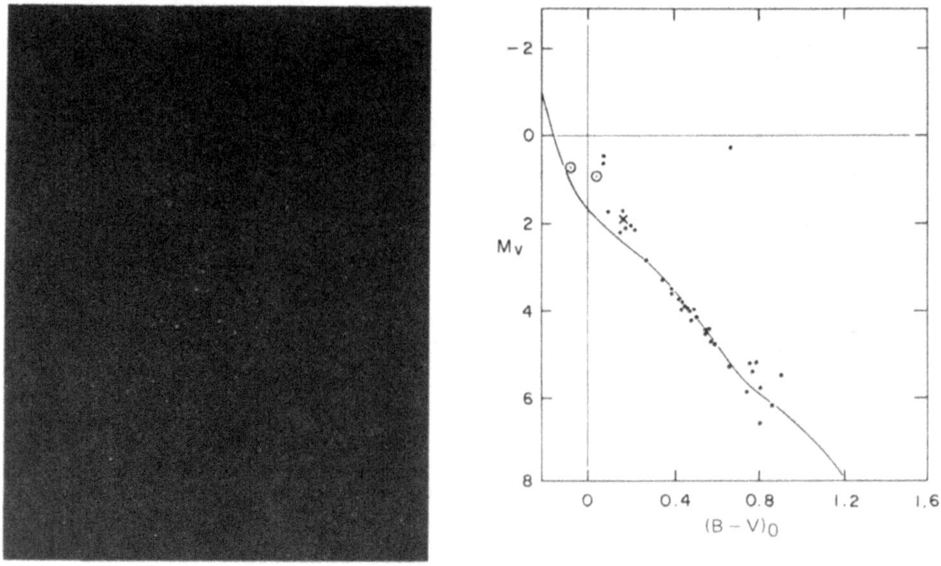

Bild 9.5 Der Sternhaufen im Haar der Berenike (Coma Berenices) (Melotte 111). Die Punkte mit den Kreisen markieren zwei α Canum Venaticorum-Veränderliche, AI Comae und UU Comae, wobei AI Comae der hellere der beiden ist. Das Kreuz markiert den Ort des δ Scuti-Sterns FM Comae. Ein weiterer, etwas schwächerer Veränderlicher dieses Typs ist GM Comae. Andere Veränderliche sind die Vorhauptreihensterne CV und FO Comae, die jedoch bereits unter der Grenzgröße dieses Diagramms liegen.
(Photographie: Harvard-Observatorium)

ausgeprägtesten, wenn sich der Stern in seiner rötesten und somit leuchtkräftigsten Phase befindet. Ras Algethi hat dieses Stadium bereits erreicht und ist ein halbregelmäßiger Veränderlicher geworden.

Rote veränderliche Sterne gibt es in sehr vielen verschiedenen Arten (siehe Tabellen 9.4 und 9.5). Uns sind bereits die veränderlichen Überriesen in der Perseus-Assoziation begegnet, die kaum regelmäßige Perioden aufweisen. Das gleiche trifft auch auf Ras Algethi und auf eine Anzahl ähnlicher Sterne zu, die auch nur eine sehr geringe Helligkeitsamplitude besitzen. Falls die Roten Riesen in den Bildern 9.1 bis 9.5 veränderlich sind, so weisen sie nur sehr geringe Helligkeitsänderungen auf.

Es gibt noch viele andere rote Veränderliche mit einem auffälligen Verhalten. So zum Beispiel CO Cygni, ein K-Riese, der seine Helligkeit langsam und unregelmäßig um etwa eine Größenklasse ändert. Noch auffälliger ist ein Stern wie Z Aquarii – ein M-Riese, der seine Helligkeit innerhalb von 136 Tagen um zweieinhalb Größenklassen variiert. Allerdings handelt es sich hier nicht um einen gewöhnlichen M-Stern, da sein Spektrum außergewöhnlich helle Wasserstofflinien zeigt. Dies weist bereits in Richtung auf die spekulären und besser bekannten Mira-Sterne, deren Lichtwechsel im Visuellen etwa zehn Größenklassen ausmacht.

Wenn wir aber versuchen, die Mira-Sterne in das allgemeine Muster der Sternentwicklung einzupassen, wie wir es aus offenen Sternhaufen erhalten haben, so suchen wir am falschen Ort. Tatsächlich finden wir in offenen Sternhaufen nur sehr wenige rote Veränderliche mit einem deutlich ausgeprägten Lichtwechsel. Schon für Cepheiden ist

Tabelle 9.4
Daten für fünfundvierzig irreguläre rote Veränderliche

Name	Max.	Min.	Spektrum	DM		Position h	m	s	°	'
Riesen										
η Scl	4,7	4,90	M4	−33°	152	0	22	58	−33	33,6
BQ Tuc	5,60	5,80	M5	−63	83	0	49	29	−63	24,9
WW Psc	5,95	6,12	M2	+ 5	131	0	54	39	+ 5	56,6
ψ Phe	4,3	4,5	M4	−46	552	1	49	38	−46	47,6
τ^4 Eri (16 Eri)	3,59	3,72	M3	−22	584	3	15	4	−22	7,3
π Eri (26 Eri)	4,38	4,44	M2	−12	707	3	41	25	−12	24,9
γ Ret	4,42	4,64	M5	−62	312	3	59	27	−62	26,3
α Tau (87 Tau)	0,75	0,95	K5	+16	629	4	30	11	+16	18,3
RX Lep	5,68	7,0	M6	−12	1092	5	6	43	−11	58,4
SW Col	5,71	6,05	M1	−39	1940	5	20	6	−39	46,3
UW Lyn (1 Lyn)	4,93	5,04	M3	+61	869	6	8	42	+61	32,9
μ Gem (13 Gem)	2,76	3,02	M3	+22	1304	6	16	55	+22	33,8
NP Gem	5,80	6,02	M1	+17	1479	6	56	37	+17	53,9
CG UMa	5,87	5,95	M4	+57	1214	9	14	23	+57	7,4
VY UMa	5,89	6,5	C6	+68	617	10	38	7	+67	56,1
VY Leo (56 Leo)	5,69	6,03	M5	+ 6	2369	10	50	50	+ 6	43,1
CO UMa	5,79	5,95	M5	+37	2162	11	3	49	+36	51,1
ω Vir (1 Vir)	5,23	5,37	M4,5	+ 8	2532	11	33	18	+ 8	41,3
μ Mus	4,6	4,8	K3	−66	1649	11	43	26	−66	15,5
CQ Dra (4 Dra)	4,95	5,04	M3	+70	700	12	25	44	+69	45,3
ψ Vir (40 Vir)	4,7	4,8	M3	− 8	3449	12	49	9	− 8	59,8
BY Boo	5,1	5,28	M4	+44	2325	14	3	56	+44	19,8
FL Ser	5,79	6,03	M4	+19	2935	15	7	31	+19	21,2
δ^1 Aps	4,66	4,87	M4	−78	1092	16	5	24	−78	26,8
V 636 Her	5,83	6,03	M4	+42	2749	16	44	8	+42	25,0
η Sgr	3,08	3,12	M3	−36	12423	18	10	51	−36	47,6
V 3872 Sgr (62 Sgr)	4,45	4,76	M4	−28	16355	19	56	31	−27	59,3
EN Aqr (3 Aqr)	4,41	4,45	M3	− 5	5378	20	42	28	− 5	23,6
T Cyg	5,0	5,5	K3	+33	4028	20	43	11	+34	0,4
MO Cep (18 Cep)	5,28	5,37	M5	+62	2028	22	0	53	+62	38,0
λ Aqr (73 Aqr)	3,70	3,80	M2,5	− 8	5968	22	47	24	− 8	6,7
β Peg (53 Peg)	2,31	2,74	M2	+27	4480	22	58	56	+27	32,5
GZ Peg (57 Peg)	5,0	5,16	M4	+ 7	4981	23	4	29	+ 8	8,1
χ Aqr (92 Aqr)	4,9	5,25	M3	− 8	6076	23	11	40	− 8	16,3
HH Peg (80 Peg)	5,74	6,0	M3	+ 8	5127	23	46	15	+ 8	45,5
XZ Psc	5,55	5,57	M5	− 0	4585	23	49	39	− 0	26,8
YY Psc (30 Psc)	4,35	4,41	M3	− 6	6345	23	56	50	− 6	34,2
Überriesen										
π Aur (35 Aur)	4,24	4,34	M3,5	+45	1217	5	52	31	+45	55,7
o^1 CMa (16 CMa)	3,78	3,99	K3	−24	4567	6	49	59	−24	3,5
σ CMa (22 CMa)	3,43	3,49	M0	−27	3544	6	57	44	−27	47,5
MZ Pup	5,2	5,44	M1	−32	4796	8	0	22	−32	23,5
NS Pup	4,4	4,5	K3	−39	4084	8	7	47	−39	19,2
λ Vel	2,14	2,22	K4	−42	4990	9	4	19	−43	1,7
V 337 Car	3,36	3,42	K5	−60	1817	10	13	44	−60	50,0
β Gru	2,0	2,3	M3–4	−47	14308	22	36	41	−47	24,5

Tabelle 9.5
Daten für einunddreißig halbregelmäßige rote Veränderliche

Name	Max.	Min.	Periode (Tage)	Spektrum	DM		Position h	m	s	°	'
Riesen											
TV Psc (47 Psc)	4,65	5,42	49±	M3	+17°	55	0	22	50	+17	20,4
ρ Per (25 Per)	3,30	4,0	50±	M4	+38	630	2	58	46	+38	27,1
TW Hor	5,25	5,95	158±	C7	−57	513	3	10	2	−57	41,9
R Dor	4,8	6,6	338±	M7	−62	372	4	35	35	−62	16,5
DM Eri (54 Eri)	4,28	4,36	30	M4	−19	988	4	36	4	−19	51,9
o^1 Ori (4 Ori)	4.65	4,88	30±	M2(S)	+14	777	4	46	52	+14	5,0
WZ Dor	5,1	5,28	40	M4	−63	420	5	6	47	−63	31,6
L_2 Pup	2,6	6,2	140,4	M5–M6	−44	3227	7	10	30	−44	28,3
BP Cnc (27 Cnc)	5,41	5,75	40±	M3	+13	1912	8	21	12	+12	59,0
RX LMi	5,98	6,16	150±	M4	+32	2066	10	36	35	+32	13,2
V 763 Cen	5,55	5,80	60±	M3	−46	7199	11	30	23	−46	49,2
II Hya	4,85	5,12	61	M4	−26	8789	11	43	42	−26	11,6
ϵ Mus	4,95	5,36	55±	M6	−67	1931	12	12	10	−67	24,3
Y CVn	8,2[a]	10,0[a]	158,0	C5	+46	1817	12	40	26	+45	59,2
FS Com (40 Com)	5,5	6,1	58:	M5	+23	2538	13	1	31	+23	9,1
V 744 Cen	5,78	6,55	90±	M8	−49	8095	13	33	47	−49	26,5
ET Vir	4,80	5,00	80	M3	−15	3817	14	5	23	−15	49,8
W Boo (34 Boo)	4,7	5,4	30±	M3	+27	2413	14	39	2	+26	57,2
V 768 Cen	5,93	6,15	60 to 80	M3	−36	9645	14	42	26	−36	13,0
σ Lib (20 Lib)	3,20	3,36	20	M3,5	−24	11834	14	58	13	−24	53,4
g Her (30 Her)	5,7	7,2	70±	M6	+42	2714	16	25	22	+42	6,1
R Lyr (13 Lyr)	3,88	5,00	46,0	M5	+43	3117	18	52	18	+43	48,9
NU Pav	4,91	5,26	80±	M6	−59	7564	19	53	19	−59	38,9
EU Del	5,84	6,9	59,5	M6	+17	4370	20	33	21	+17	55,1
AG Cap (47 Cap)	5,90	6,14	25±	M3	− 9	5833	21	40	56	− 9	44,2
ϵ Oct	4,96	5,36	55±	M6	−81	995	22	8	51	−80	56,3
π^1 Gru	5,41	6,70	150±	S4	−46	14292	22	16	37	−46	27,1
Überriesen											
α Ori (58 Ori)	0,42	1,3	2070	M2	+ 7	1055	5	49	45	+ 7	23,3
α Sco (21 Sco)	0,88	1,80	1733	M1–2	−26	11359	16	23	16	−26	12,6
α Her (64 Her)	3,0	4,0	6 Jahre (a)	M5	+14	3207	17	10	5	+14	30,3
μ Cep	3,6	5,1	700–900	M2	+58	2316	21	40	27	+58	19,3

[a] Photographische Größenklassen

der Bruchteil derjenigen, die Mitglieder von offenen Sternhaufen sind, sehr gering – für Mira-Sterne ist er gleich Null. In Zusammenhang mit unseren bisherigen Argumenten über die Entwicklung von Veränderlichen scheint das darauf hinzudeuten, daß die Mira-Sterne ein wesentlich größeres Alter als alle bekannten offenen Sternhaufen besitzen oder eine andere Entwicklung durchgemacht haben. Es wäre zu einfach, hier die Schuld einer zu kurzen Verweilzeit in diesem Stadium zuzuschreiben – dazu ist auch die Anzahl der bekannten Mira-Sterne zu groß. Wenn wir versuchen wollen, sie in die Abfolge der Sternentwicklung einzupassen, so dürfen wir nicht nur innerhalb der engen Bedingungen, wie sie offene Sternhaufen bieten, suchen.

Kapitel 10

Die ältesten offenen Sternhaufen

Sterne altern. In einer Gruppe bewegen sich immer mehr von ihnen von der Hauptreihe weg, verlegen den Abknickpunkt immer weiter nach unten und verändern ihre Lage im Farben-Helligkeits-Diagramm. Die Roten Riesen in den Hyaden, dem Coma Berenices-Haufen und in der Praesepe besitzen etwa die gleiche visuelle Größenklasse, die sie auch auf der Hauptreihe gehabt haben. Weniger massive Sterne werden, nachdem sie die Hauptreihe verlassen haben und sogenannte Unterriesen geworden waren – kurz vor Erreichen des Riesenastes also – etwas heller. Die älteren offenen Sternhaufen besitzen sozusagen „abgegraste“ Hauptreihen. Ihr Farben-Helligkeits-Diagramm reicht von der unteren Hauptreihe über die Unterriesen bis zum Riesenast.

In den Bildern 10.1 bis 10.7 sind sieben alte offene Sternhaufen gezeigt (siehe auch Tabelle 10.1). Sie sind nach der Abfolge ihres Alters angeordnet und reichen von fünfhundert Millionen Jahren für NGC 2281 bis zu etwa elf Milliarden Jahren für NGC 188 und illustrieren so deutlich die langsamen Änderungen des Farben-Helligkeits-Diagramms während dieser langen Zeit.

Bei den fünf jungen Sternhaufen erkennt man deutlich die Hertzsprung-Lücke, die bei den älteren merklich schmäler wird. Bei NGC 2682 (Messier 67) (siehe Bild 10.6) und bei NGC 188 (siehe Bild 10.7) fehlt sie ganz. Die schon erwähnte Häufung von Roten Riesen, die auch im Hess-Diagramm zu sehen ist, ist in NGC 6940, NGC 2477 und NGC 7789 (Bilder 10.2, 10.3 und 10.4) gut zu bemerken. Der Anstieg zum Riesenarm wird mit zunehmendem Alter immer steiler (siehe Bild 10.8).

Tabelle 10.1

Positionen von sieben alten offenen Sternhaufen. Solche, die hell genug sind, um bereits mit dem bloßen Auge oder mit einem Feldstecher gesehen zu werden, sind mit einem Sternchen links von der Nummernbezeichnung markiert.

Name	Position (α) h	m	(δ) °	′
NGC 188	0	35,1	+84	47
NGC 752	1	51,8	+37	11
*NGC 2281	6	42,0	+41	10
NGC 2477	7	48,7	−38	17
*NGC 2682 (M67)	8	45,0	+12	4
NGC 6940	20	30,4	+28	58
NGC 7789	23	52,0	+56	10

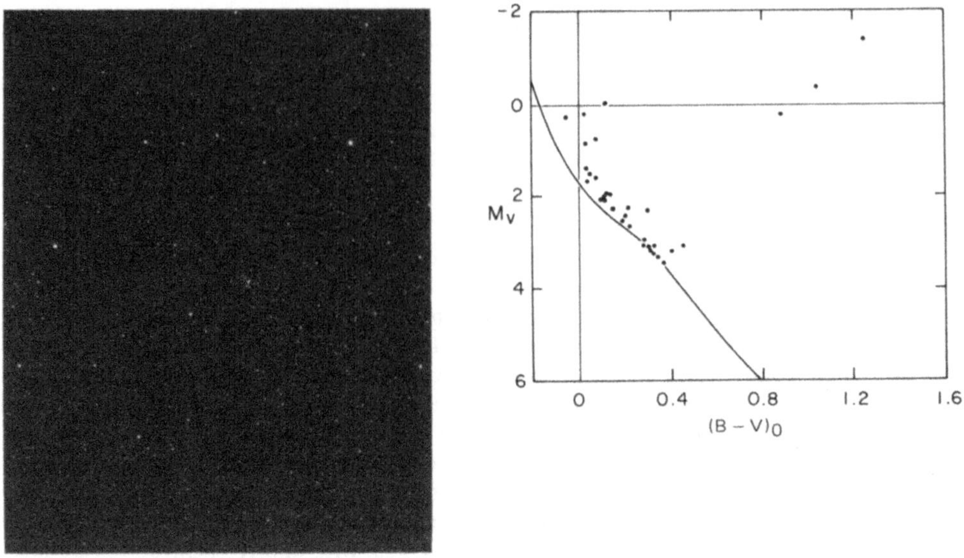

Bild 10.1 NGC 2281. Dieser Sternhaufen zählt drei Rote Riesen zu seinen Mitgliedern.
(Photographie: Harvard-Observatorium)

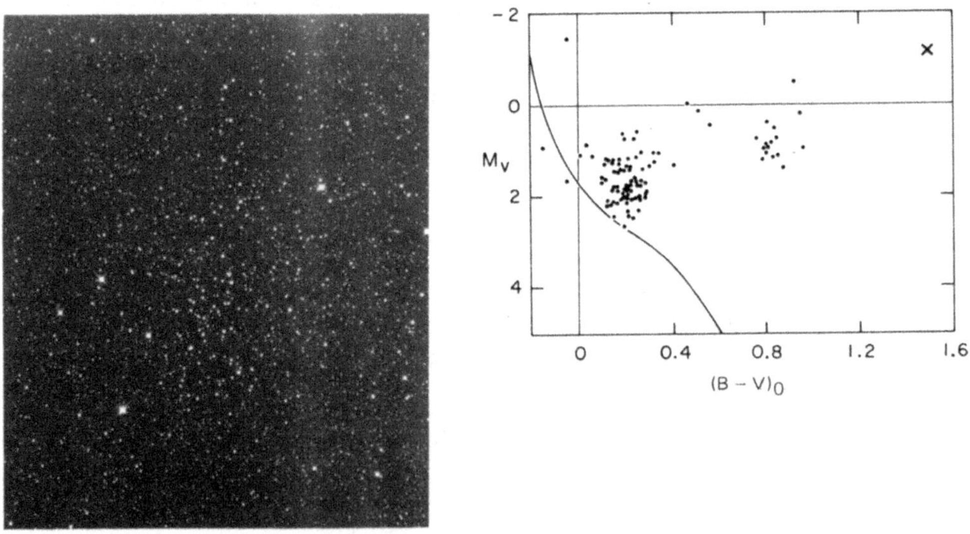

Bild 10.2 NGC 6940. Er besitzt bereits eine größere Zahl von Roten Riesen. Das Kreuz zeigt den Ort des halbperiodisch veränderlichen Sterns FG Vulpeculae an, der möglicherweise ein Mitglied des Haufens ist. Die helleren Sterne am oberen Ende der Hauptreihe sind sogenannte "blue stragglers" („blaue Nachzügler"), die interessante theoretische Probleme aufwerfen.
(Photographie: United States Naval-Observatorium)

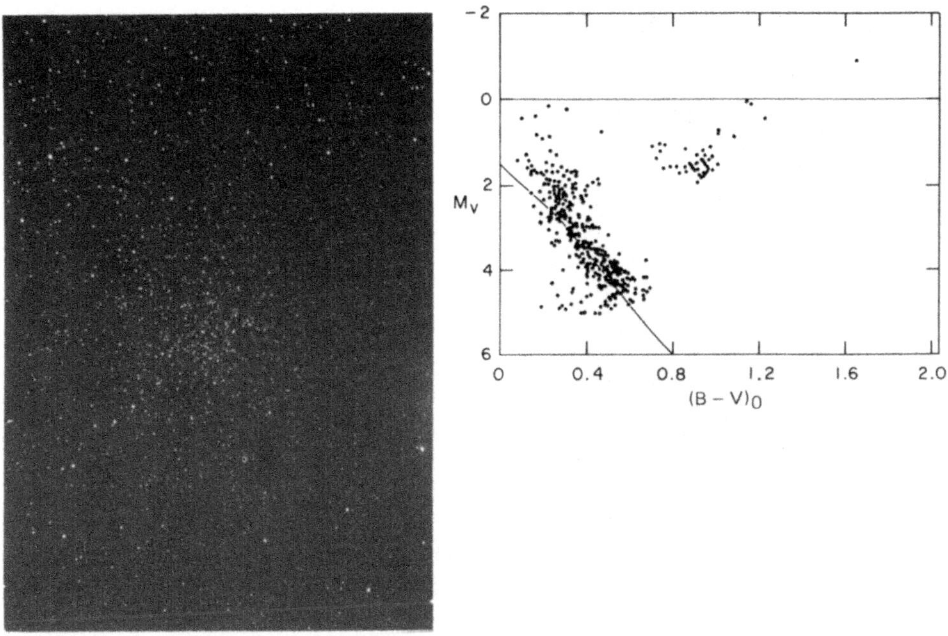

Bild 10.3 NGC 2477. Auch er enthält eine größere Zahl von Roten Riesen und möglicherweise auch einige "blue stragglers" am oberen Ende der Hauptreihe.
(Photographie: Harvard-Observatorium)

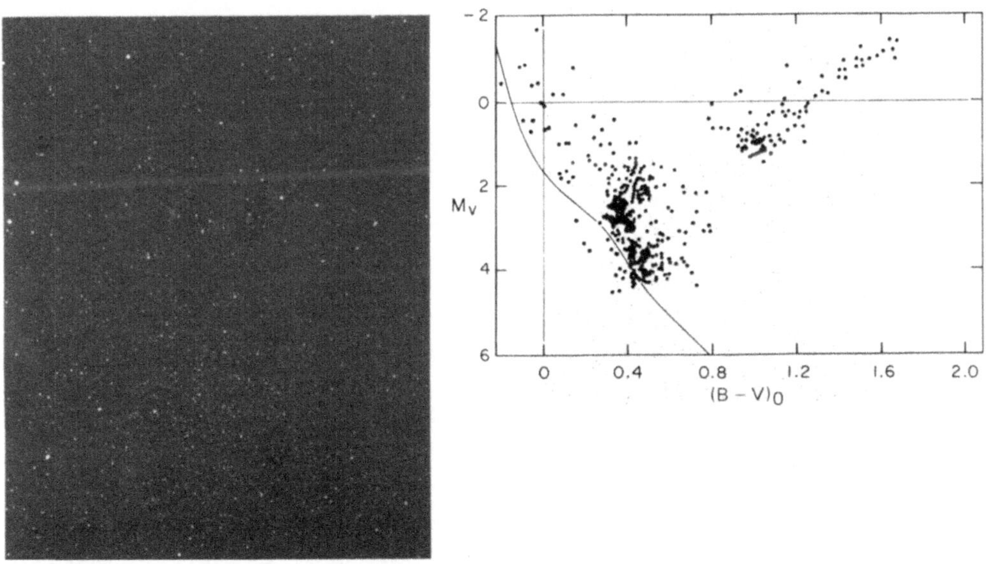

Bild 10.4 NGC 7789. Hier ist ein besonders gut ausgeprägter Riesenast bemerkenswert.
(Photographie: Harvard-Observatorium)

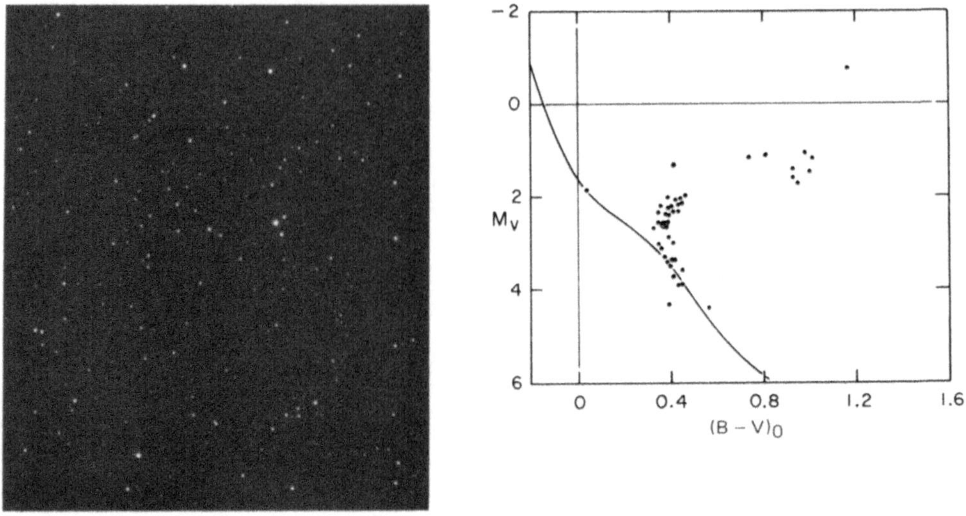

Bild 10.5 NGC 752. Dieser sehr spärlich besetzte Sternhaufen besitzt einen großen Anteil von Roten Riesen. In der Nähe der Hauptreihe gibt es nur einen relativ hellen Stern. Der Punkt mit Kreis gibt den Ort des Bedeckungsveränderlichen DS Andromedae an.
(Photographie: Harvard-Observatorium)

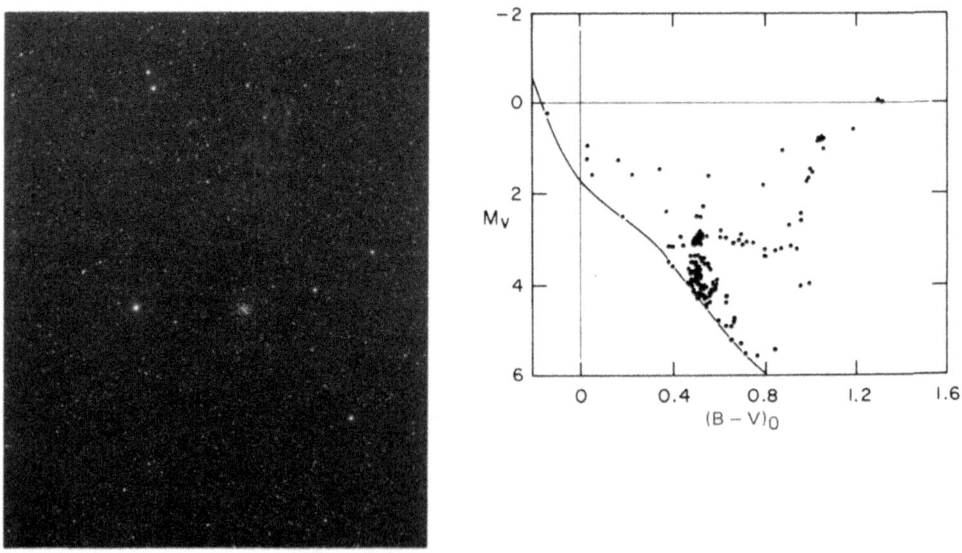

Bild 10.6 NGC 2682 (Messier 67). Dieser Sternhaufen besitzt einen gut entwickelten Riesenast und zählt auch einige "blue stragglers" zu seinen Mitgliedern.
(Photographie: Harvard-Observatorium)

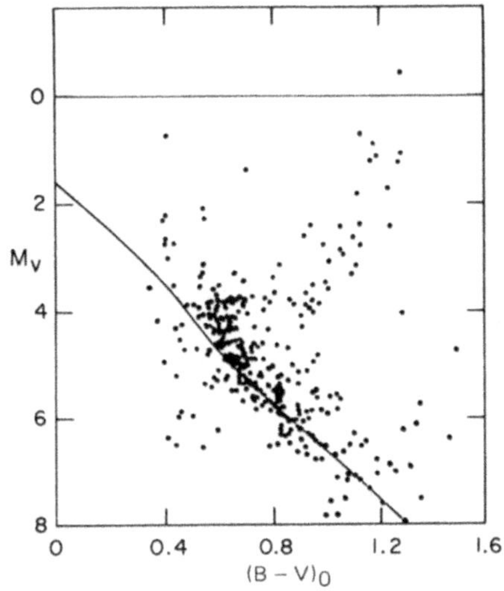

Bild 10.7 NGC 188. Dieser wird als der älteste bisher bekannte offene Sternhaufen bezeichnet. In der Nähe des Punktes, von dem die Sterne begonnen haben, sich von der Hauptreihe weg zu bewegen, findet man einige Bedeckungsveränderliche des W Ursae Majoris-Typs (EQ, ER, ES und EP Cephei). Dieser gut untersuchte Sternhaufen scheint einen etwas höheren Anteil an schwereren Elementen zu enthalten als die Sonne, allerdings noch etwas weniger als die Hyaden.
(Photographie: Harvard-Observatorium)

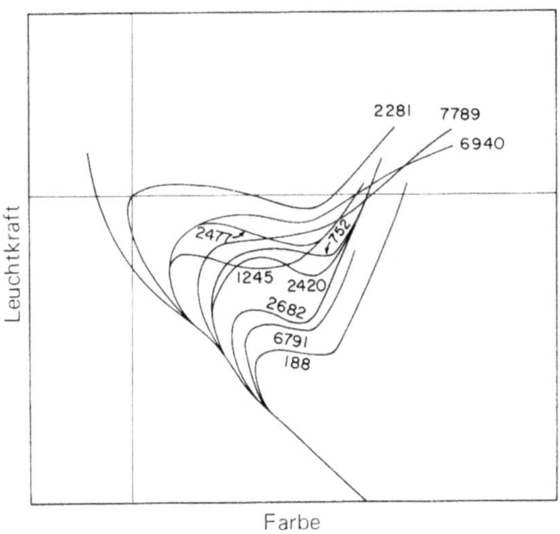

Bild 10.8
Vergleich der einzelnen alten offenen Sternhaufen im Farben-Helligkeits-Diagramm zueinander. Deutlich erkennt man, daß sich der Abknickpunkt von der Hauptreihe mit zunehmendem Alter immer weiter nach unten verlagert.

Die meisten dieser Diagramme zeigen deutlich die Streuung für die außerhalb der normalen Entwicklungsphase gelegenen Sterne. Teilweise ist diese Abweichung das Resultat von beobachtungstechnischen Schwierigkeiten. Am wenigsten bemerkbar ist diese Streuung bei NGC 752 (Bild 10.5) und bei NGC 2281 (Bild 10.1), den beiden uns am nächsten gelegenen Sternhaufen, und am auffälligsten bei NGC 7789, dem weitesten Objekt (Bild 10.4). Wieder müssen wir uns daran erinnern, daß man die Mitgliedschaft zu einem Stern-

haufen nicht mit letzter Sicherheit festlegen kann – nicht einmal bei den uns so nahe gelegenen Hyaden. Das bei einem Sternhaufen untersuchte Gebiet wird immer einige Ausreißer enthalten, die man nur sehr schwer und kompliziert durch lange Studien ihrer Bewegungen eliminieren kann. Je weiter ein Haufen entfernt ist, desto unsicherer wird dieses Kriterium – sowohl weil die scheinbare Bewegung des Sternhaufens am Himmel sehr klein wird, als auch weil die Mitgliedssterne immer schwächer werden und nur mehr sehr schwer von den Feldsternen zu unterscheiden sind.
Trotzdem erscheint es möglich, daß einige der Sterne, die als „blue stragglers" („blaue Nachzügler") bekannt sind und über den Unterriesen in einigen dieser Sternhaufen zu finden sind, Mitglieder darstellen. Der hellste Stern in NGC 2682 mit einem B8-Spektrum zählt ziemlich sicher zu seinen Mitgliedern (Bild 10.6). Wie kann es geschehen, daß man in diesem alten Sternhaufen einen relativ jungen und unentwickelten Stern finden kann? Dieses Problem wird sich uns wieder stellen, wenn wir die noch weiter entwickelten Kugelsternhaufen diskutieren werden. Möglicherweise handelt es sich bei diesen und anderen unorthodoxen Sternen um sehr spät geborene Objekte, die vielleicht erst vor kurzer Zeit aus den Überresten derjenigen massiven und leuchtkräftigen Sterne, die bereits am Ende ihres Weges angekommen waren, entstanden. Oder aber sie sind oder waren doppelt – Objekte also, die für ihr ungewöhnliches Verhalten bekannt sind.
Obwohl wir hofften, in diesen alten Sternhaufen, die sehr reich an Roten Riesen sind, rote Veränderliche zu finden, wurden wir erneut enttäuscht. Der halbregelmäßige Veränderliche FG Vulpeculae – ein heller Riese mit einem M5-Spektrum – ist ein mögliches Mitglied von NGC 6940 (Bild 10.2) und variiert seine Helligkeit um drei Zehntel einer Größenklasse. Allerdings ist er eine Ausnahme.
In NGC 188 finden wir vier Bedeckungsveränderliche: die Sterne EQ Cephei, ER Cephei, ES Cephei und EP Cephei, die von fünfzehnter und sechzehnter Größenklasse sind. Sie alle umkreisen einander nahezu in Kontakt mit Umlaufperioden von nur wenigen Stunden. Sie befinden sich wahrscheinlich sehr nahe an der Hauptreihe, können daher nur sehr wenig entwickelt sein und erinnern uns an den ebenfalls noch unentwickelten Stern TX Cancri, einem Mitglied der Praesepe. Ihr Vorhandensein in NGC 188 könnte einiges neues Licht auf die Geschichte und Entwicklung von engen Doppelsternsystemen werfen. Das Alter von NGC 188 wurde aus den Bedingungen, die auch Bild 3.4 zugrundeliegen, bestimmt und macht ihn zum ältesten uns überhaupt bekannten offenen Sternhaufen.
Die alten offenen Sternhaufen neigen dazu, gut besetzt zu sein, wie zum Beispiel NGC 7789 (obwohl etwa NGC 752 eher weniger Mitglieder hat). Während ihres langen Lebens standen sie unter dem dauernden Einfluß von gravitativen Störungen, und sogar die reichsten unter ihnen haben wahrscheinlich einen Großteil ihrer originalen Besetzung durch Auswanderung in das galaktische Feld verloren. Weniger gut besetzte oder weniger kompakte Haufen haben sich möglicherweise bereits völlig zerstreut. Die Überreste eines Sternhaufens haben manchmal unter Myriaden anderer Sterne, die nicht Mitglieder einer Assoziation sind, überlebt, und können nach schwierigen Studien aus ihren Eigenbewegungen als ehemalige Mitglieder einer Gruppe erkannt werden. Es ist daher nicht schwer zu glauben, daß einst alle Feldsterne Mitglieder von irgendwelchen Gruppen waren.
Können wir daher im Sternfeld einige Sterne finden, die älter als die bisher bekannten offenen Sternhaufen sind? Solche Sterne könnten, zum Beispiel, Unterriesen der spätesten und kühlsten Spektralklassen sein. Tatsächlich allerdings findet man keinerlei K oder M-Unterriesen. Das Farben-Helligkeits-Diagramm der Sterne, die aus ihren Bewegungen als zum galaktischen Feld gehörig bestimmt wurden, weist ein ähnliches Verhalten wie übliche Haufendiagramme und eine ähnliche Untergrenze wie bei NGC 188 (Bild 10.9) auf. Dies scheint darauf hinzudeuten, daß das Alter dieses Sternhaufens eine untere Grenze

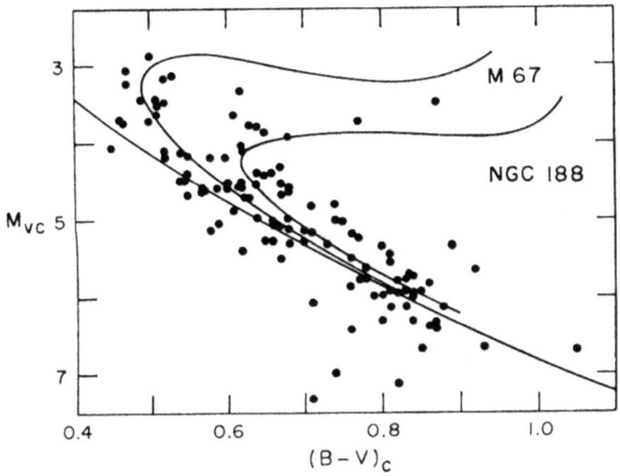

Bild 10.9
Farben und absolute Helligkeiten für alte Sternfelder. Die gleiche Beziehung ist für die beiden alten offenen Sternhaufen NGC 2682 (Messier 67) und NGC 188 eingezeichnet. Die Indizes "c" bei Farbe und Helligkeit weisen darauf hin, daß es sich hier um ein etwas anderes System als das sonst gebräuchliche handelt. (Nach O. Eggen und A. Sandage, *Astrophysical Journal* **136**, **745** (1962). Die Autoren merken an, daß das Bild konsistent ist mit der Anschauung, daß in den untersuchten Sternfeldern Sterne mit einem Alter bis zum Alter von NGC 188 vorkommen.)

für das Alter der Sterne der Scheibenpopulation überhaupt darstellt. Es gibt keinerlei Anzeichen auf Scheibenpopulationssterne, die älter sind als der älteste bisher bekannte offene Sternhaufen.

Die Beobachtung, daß solche Sternhaufen, wie sie in den Bildern 10.1 bis 10.7 gezeigt wurden, immer ärmer an leuchtkräftigen und damit massiven Sternen werden, wirft erneut die Frage nach dem Schicksal dieser Sterne auf. Sie müssen auf irgendeine Art zugrundegegangen sein, und tatsächlich kann man ihre Überreste in einigen der älteren Sternhaufen in Gestalt der Weißen Zwerge beobachten. Einige Weiße Zwerge kennen wir schon unter den Mitgliedern der Hyaden aus Bild 2.4. Auch in der Praesepe und im Coma-Berenices-Haufen finden wir sie. Man konnte in M 67 nahezu zweihundert von ihnen feststellen. Weiße Zwerge können ein Endstadium der Sternentwicklung darstellen, aber ihr Vorhandensein in den Hyaden, einem Sternhaufen mittleren Alters, zeigt, daß sie nicht notwendigerweise die ältesten Sterne sind.

Die alten offenen Sternhaufen — auch die besser besetzten — sind nicht so fotogene Objekte wie die Plejaden oder der Doppelsternhaufen im Perseus. Sie enthalten kaum Sterne, die wesentlich heller sind als der Rest, wie etwa die in Kapitel 7 beschriebenen Sternhaufen. Ihre Hauptreihen sind leer bis zu einem Punkt, an dem bereits viele Sterne ähnlicher Leuchtkraft in das Riesen- und Unterriesenstadium übergewechselt sind. Aus diesem Grund bieten sie ein eher monotones Erscheinungsbild. Ihre Roten Riesen haben sich zwar zu Sternen weiterentwickelt, die mehr als hundertmal leuchtkräftiger als die Sonne, aber immer noch tausendmale schwächer als die leuchtkräftigen Objekte in jungen Haufen sind. Unsere Sonne würde in allen bisher besprochenen Gruppen eine sehr schlechte Figur abgeben — in den meisten Fällen wäre sie sogar zu schwach, um überhaupt bemerkt zu werden.

In unserer Diskussion der stellaren Mitglieder von offenen Sternhaufen haben wir vor allem auf veränderliche und pekuliare Sterne Wert gelegt. Irreguläre Veränderliche, Überriesen, β Canis-Majoris-Sterne, α Canum-Venaticorum-Sterne, Cepheiden, δ Scuti-Sterne, und halbregelmäßige Veränderliche haben uns der Reihe nach beschäftigt. Aber einige Gruppen von veränderlichen Sternen, vor allem diejenigen, die in unseren Katalogen am häufigsten vorkommen, wie etwa die Mira-Sterne oder die RR Lyrae-Sterne, haben bisher durch Abwesenheit geglänzt. Wir haben auch nicht die RV Tauri oder die W Virginis-Sterne und nur kaum die halbregelmäßigen und irregulären roten Sterne besprochen. Die

veränderlichen Sterne par excellence, die Novae und die mit ihnen verwandten U Geminiorum-Sterne sind bisher noch nicht in Erscheinung getreten, ebenso nicht der „seltene Vogel", der R Coronae Borealis-Stern.
Die meisten dieser Sterne befinden sich auch tatsächlich, wie wir noch sehen werden, in weiter fortgeschrittenen Stadien der Sternentwicklung. Sie finden sich bei Sterngruppen, die eine andere Geschichte durchgemacht haben, als Mitglieder der sogenannten Population II. Alle bisher beschriebenen Gruppen und Sterne zählen zur Population I, aus der die Zentralebene und die Spiralarme der Galaxie aufgebaut sind und die an der generellen Rotation der Milchstraße teilnimmt sowie (innerhalb gewisser Grenzen) sonnenähnliche Zusammensetzungen aufweist. Die Repräsentanten der Population II bilden den galaktischen Halo. Sie nehmen nicht an der normalen Rotation der Galaxie teil und weisen manchmal sehr große Abweichungen von der Sonnenzusammensetzung auf.
Diese Beschreibung der beiden Populationen ist natürlich stark vereinfacht. Es wurde hier vermieden, etwaige Altersangaben zu machen, obwohl gewöhnlich argumentiert wird, daß die Population I jung und die Population II alt sei. Es ist allerdings schwer möglich, nachdem wir der Sternentwicklung durch zehn Kapitel gefolgt sind, zu behaupten, daß die Mitglieder der Population I, die Alter zwischen weniger als einer Million Jahre und mehr als zehn Milliarden Jahre besitzen, jung sind. Trotzdem bleibt aber das Argument aufrecht, daß die Population II alt ist – allerdings nicht notwendigerweise älter als die Population I.
Die Population I bildet die galaktische Scheibe und die Zentralebene, vor allem aber die Spiralarme, in denen ja nach wie vor die Sterne entstehen. Wie viel aber von dem Rohmaterial, aus dem sich junge Sterne bilden, ist tatsächlich frisches Material, und wie viel stammt von den Überresten von Sternen, die bereits ihren Entwicklungsweg zu Ende gegangen sind? Vermutlich stammt eine größere Menge aus letzterem Prozeß. So sind zumindest einige Sterne aus „Abfallprodukten" entstanden. Eine verfeinerte Betrachtungsweise, anders als unsere vereinfachende Darstellung, müßte in Betracht ziehen, daß wir viele Zweit- und Drittgenerationssterne kennen, Sterne also, die aus unterschiedlichem Material, das in den verschiedensten Zyklen gebildet wurde, entstanden sind. Ein Kennzeichen für die Population I ist also wahrscheinlich die dauernde Aktivität, die unter ihren Mitgliedern herrscht.
Die Population II scheint andererseits die primitiveren Komponenten der Galaxie zu repräsentieren. Obwohl der enorme Bereich des Chemismus schwierige Probleme aufwirft, scheint es eher so zu sein, als ob sie seit ihrer ersten Entstehung eine ungetrübte Existenz durchlebt haben.

Kapitel 11

Offene Sternhaufen und die Struktur der Galaxie

In den vorangegangenen Kapiteln haben wir uns mit der Sternentwicklung beschäftigt, so wie sie uns durch einige wohlbekannte und gutuntersuchte offene Sternhaufen illustriert wurde. Aber auch Sternhaufen, Bewegungshaufen und Assoziationen sind selbst noch Bestandteil eines viel größeren Komplexes, der Galaxie. Beziehungen zwischen den Sternen, die einen Sternhaufen aufbauen, wurden dazu verwendet, Licht in die Geschichte dieses Haufens zu bringen. In derselben Weise können wir die Beziehungen und Zusammenhänge zwischen den Komponenten der Galaxie dazu benutzen, um das Dunkel der Geschichte des Sternsystems zu erhellen. Nachdem wir also quasi zuerst die Bäume untersucht haben, wollen wir uns nun dem Wald zuwenden.

Ein Blick auf Bild 1.2 erinnert uns daran, daß wir mitten in der Galaxie stehen, obwohl wir uns nicht in der Nähe des Zentrums befinden. Außerdem befinden wir uns nahe der galaktischen Ebene, so daß wir den Zentralbereich – die Brutstätte von Sternen –, die Nebel und den Staub nahezu von der Seite her sehen können. Die Milchstraße, wie wir sie sehen können, wenn wir die galaktische Ebene untersuchen, ist von offenen Sternhaufen erfüllt, die sich sehr stark in Alter und Entfernung unterscheiden.

Bisher wurden etwa dreihundert offene Sternhaufen detailliert untersucht und circa tausend katalogisiert. Die gesamt Galaxie muß allerdings etwa das Zehnfache dieser Zahl beinhalten. Obwohl sie dreißig Kiloparsec Durchmesser aufweist und wir uns etwa zehn Kiloparsec vom Zentrum entfernt befinden, so sind nur sehr wenige der uns bekannten offenen Sternhaufen weiter als drei Kiloparsec von uns entfernt. Unsere Auswahl ist bestenfalls für den lokalen Sektor unseres Systems und seiner „Einwohner" repräsentativ.

Die Bilder 11.1 bis 11.4 illustrieren uns Verwandtschaften und Beziehungen zwischen den einzelnen offenen Sternhaufen in den verschiedensten Gebieten der Milchstraße. In Bild 11.1 haben wir das galaktische Zentrum im Rücken und blicken in Richtung der Sternbilder Perseus und Stier. Aus Tabelle 11.1 können wir entnehmen, daß wir es hier mit Sternhaufen einer großen Variationsbreite an Alter und Entfernung zu tun haben. α Persei und IC 348, die beiden jüngsten Sternhaufen, befinden sich in unserer Nähe, während der älteste Haufen, NGC 1245, auch am weitesten entfernt liegt. In anderen Milchstraßengebieten können wir aber auch sehr junge Sternhaufen in großen Entfernungen finden – solche Systeme sind allerdings in Richtung des galaktischen Antizentrums sehr selten. Die Entfernungs- und Altersangaben, die in diesem Kapitel gemacht werden, sind nur sehr grobe Abschätzungen, die in den einzelnen Originalarbeiten oft stark differieren. Man bekommt aber doch einen Eindruck von der Größenordnung des Wertes.

In Bild 11.2 haben wir unseren Blick um 90 $^{\circ}$ gewendet und sehen nun in Richtung des Sternbildes Segel (Vela) auf der südlichen Hemisphäre. Obwohl wir auch hier eine große Vielzahl an verschieden alten und entfernten Haufen vorfinden, so ist doch keiner von ihnen wirklich alt (siehe Tabelle 11.2). In Bild 11.3, das ein zu Bild 11.2 angrenzendes Gebiet zeigt, enthüllen uns die Sternhaufen im Sternbild Schiffskiel (Carina) einen Reichtum, wie wir ihn in sonst keiner Himmelsgegend finden können. Hier kann man die Stern-

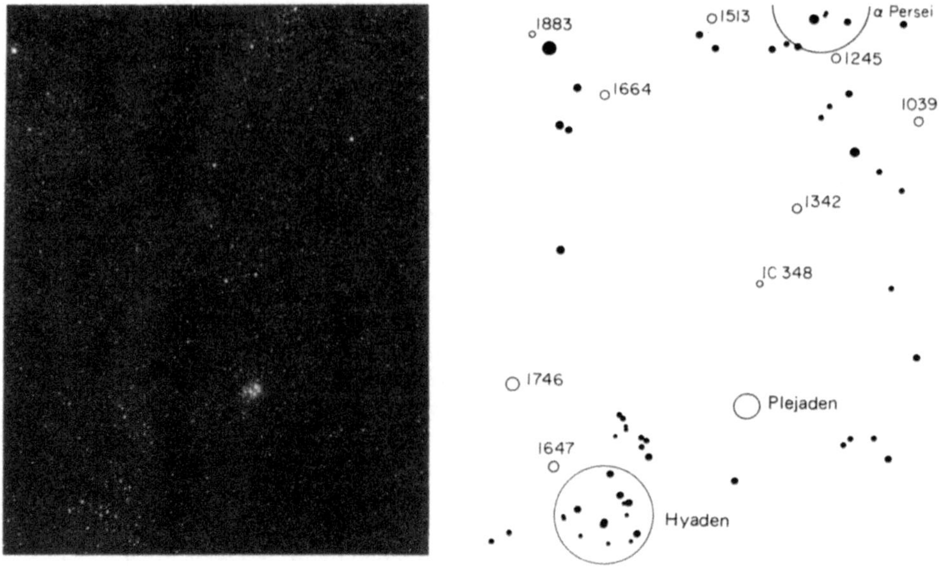

Bild 11.1 Offene Sternhaufen in den Sternbildern Stier (Taurus) und Perseus. Die angegebenen Nummern beziehen sich auf den NGC-Katalog. Die Sternhaufen α Persei, IC 348, die Plejaden und die Hyaden sind gesondert bezeichnet.
(Photographie: Harvard-Observatorium)

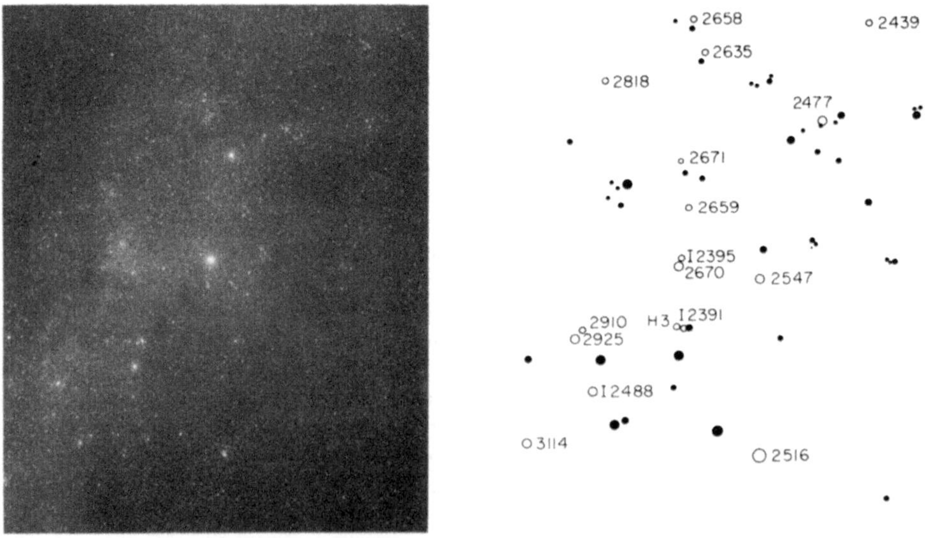

Bild 11.2 Die Milchstraße im Sternbild Segel (Vela). Viele der hier zu sehenden Sternhaufen wurden noch nicht im Detail untersucht. Die Nummern beziehen sich auf den NGC-Katalog; Nummern, die aus dem IC-Katalog entnommen wurden, sind zusätzlich mit dem Buchstaben I bezeichnet. H3 bezieht sich auf den Harvard-Katalog der schwachen Sternhaufen.
(Photographie: Harvard-Observatorium)

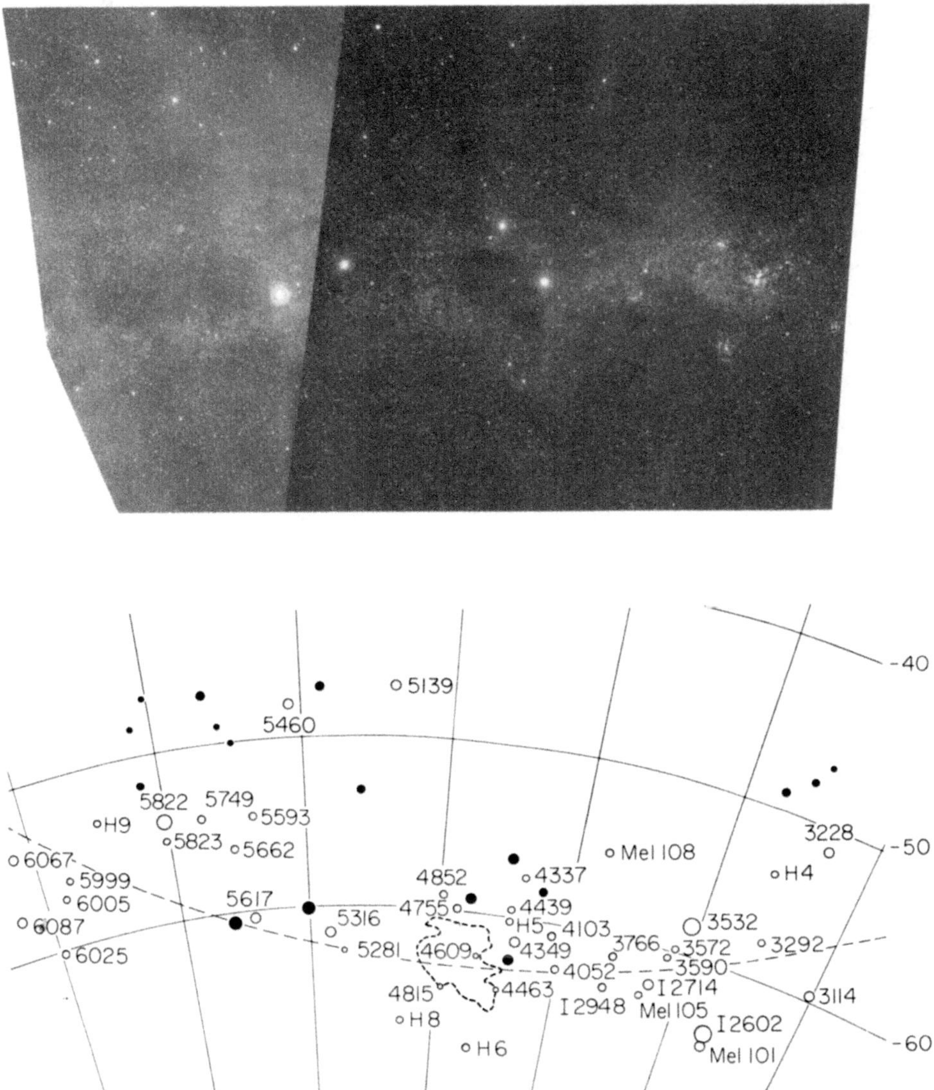

Bild 11.3 Die Milchstraße in den Sternbildern Segel (Vela), Schiffskiel (Carina), Südliches Kreuz (Crux) und Centaurus. Das Gebiet ist sehr reich an Sternhaufen, von denen viele noch nicht genau untersucht wurden. Die meisten sind sehr jung; wirklich alte Objekte sind nicht enthalten. *Mel* gibt eine Nummer im Katalog von Melotte an. NGC 5139, der bekannte Kugelsternhaufen ω Centauri, befindet sich am oberen Bildrand. Er befindet sich in einer Entfernung von 4500 Parsec. Das durch die unterbrochene Linie bezeichnete Gebiet ist die Dunkelwolke „Kohlensack".
(Photographie: Harvard-Observatorium)

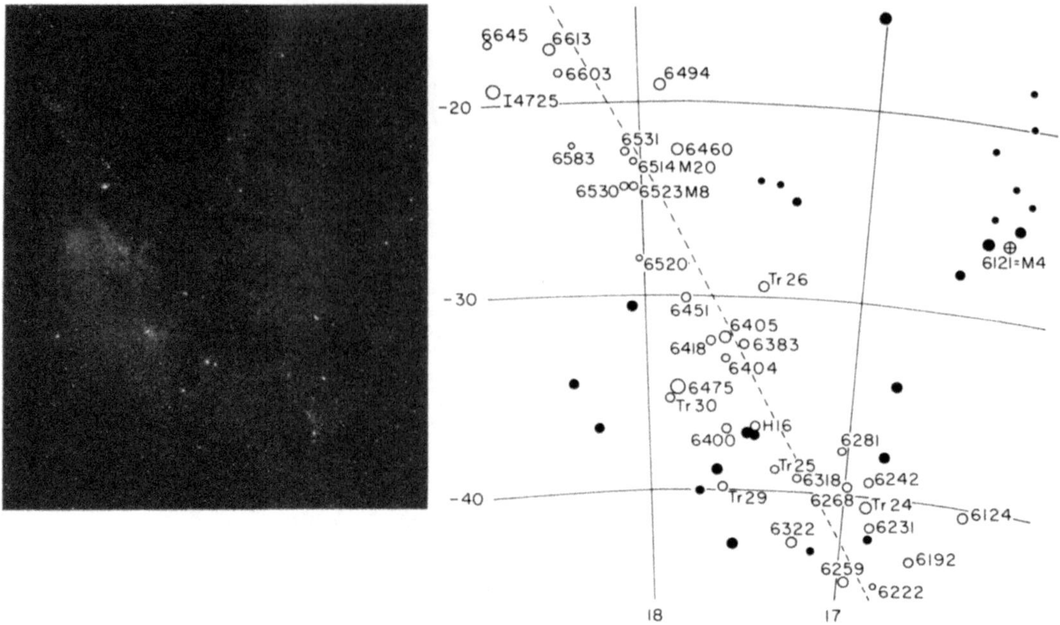

Bild 11.4 Die Milchstraße in den Sternbildern Skorpion und Schütze (Sagittarius). *Tr* gibt eine Nummer in Trümplers Katalog an. Der Kreis mit Kreuz markiert den Kugelsternhaufen NGC 6121 (Messier 4), der sich in 2000 Parsec Entfernung befindet.
(Photographie: Harvard-Observatorium)

Tabelle 11.1
Daten von acht offenen Sternhaufen in den Sternbildern Stier (Taurus) und Perseus

Sternhaufen	Entfernung (in Parsec)	Alter (in 10^6 Jahren)	Anmerkungen
NGC 1039 (M34)	425	100	
NGC 1245	2300	1200	Enthält viele Rote Riesen
α Persei	170	14	
NGC 1342	550	600	
IC 348	380	<1	
Plejaden	125	70	
Hyaden	42	900	Enthält vier Rote Riesen
NGC 1647	500	100	

haufen bis in große Entfernungen verfolgen – allerdings ist keiner von ihnen älter als dreihundert Millionen Jahre, die meisten sind sogar jünger. Bild 11.4 zeigt uns den Blick in Richtung des galaktischen Zentrums. Hier sind die Sternhaufen noch weniger alt und auch die Entfernungen sind im Durchschnitt geringer als die im Carina-Feld, wenn sie auch etwas größer als die in Richtung des galaktischen Antizentrums sind (siehe Tabelle 11.4).

Tabelle 11.2
Daten von neun offenen Sternhaufen im Sternbild Segel (Vela)

Sternhaufen	Entfernung (in Parsec)	Alter (in 10^6 Jahren)	Bemerkungen
NGC 2439	1550	8	
NGC 2477	1000	130	Enthält viele Rote Riesen
NGC 2516	330	180	Enthält drei Rote Riesen
NGC 2547	420	–	Relativ jung, Alter unbestimmt
IC 2391	160	13	Hellster Stern ist *o* Velorum
IC 2395	900	4	Hellster Stern ist ein Doppelstern
NGC 2670	1000	30	
NGC 2925	745	30	
NGC 3114	900	20	Enthält einen F-Überriesen

Tabelle 11.3
Daten von siebzehn offenen Sternhaufen in den Sternbildern Segel (Vela), Schiffskiel (Carina), Südliches Kreuz (Crux) und Centaur

Sternhaufen	Entfernung (in Parsec)	Alter (in 10^6 Jahren)	Bemerkungen
NGC 2516	330	180	Enthält zwei rote Überriesen und einige Doppelsterne
NGC 2910	1250	130	
IC 2602	150	6	Freisichtiger Sternhaufen, hellster Stern ist ϑ Carinae
Melotte 101	2100	–	Alter unbestimmt, enthält einen Roten Riesen
NGC 3532	420	230	Enthält viele Rote Riesen, sehr Sternreich
NGC 3572	3000	1,3	y Carinae (ein Überriese) ist vermutlich ein Mitglied dieses Sternhaufens
IC 2944	2000	1	
NGC 4349	1870	130	Enthält einen Roten Riesen
Hogg 15	4200	<10	Stark durch interstellare Absorption gerötet; Enthält einen Wolf-Rayet-Stern
NGC 4609	–	–	Hinter dem „Kohlensack" gelegen (tief in interstellaren Wolken); der „Kohlensack" selbst enthält Veränderliche wie z. B. V755 und V756 Centauri
NGC 4755	1000?	16	Das „Schatzkästchen", enthält einen roten Überriesen
NGC 5316	1100	80	Enthält Rote Riesen
NGC 5617	1100	15	Enthält vermutlich Rote Riesen
NGC 5749	900	36	
NGC 5822	700	280	
NGC 6067	1800?	50	Enthält Rote Riesen und vermutlich auch den Cepheiden GU Normae
NGC 6087	850	40	Enthält den Cepheiden S Normae

Tabelle 11.4
Daten von elf offenen Sternhaufen in den Sternbildern Skorpion und Schütze (Sagittarius)

Sternhaufen	Entfernung (in Parsec)	Alter (in 10^6 Jahren)	Bemerkungen
NGC 6124	500	80	
NGC 6231	1700	3	Kern der Scorpius-I-Assoziation; enthält den sehr leuchtkräftigen Überriesen ζ_1 Scorpii sowie einige Wolf-Rayet-Sterne und spektroskopische Doppelsterne
NGC 6322	1150	3,5	
NGC 6383	1200	10	Enthält den Bedeckungsveränderlichen V701 Scorpii
NGC 6405 (M6)	500	40	Scheint die Infrarotquelle BM Scorpii und den sehr leuchtkräftigen frühen Veränderlichen V862 Scorpii zu enthalten
NGC 6475 (M7)	240	40	Enthält eine ungewöhnlich große Zahl von Doppelsternen
NGC 6494 (M23)	650	160	Enthält zwei Rote Riesen
NGC 6514 (M20)	1430	–	Trifid-Nebel; sehr jung
NGC 6523 (M8)	–	–	Lagunen-Nebel; enthält einen Sternhaufen mit sehr heißen jungen Sternen
NGC 6531 (M21)	1300	3	
IC 4725 (M25)	600	22	Enthält den Cepheiden U Sagittarii; in der Nähe steht auch der auffällige blaue irreguläre Veränderliche V3508 Sagittarii

Diese vier Beispiele zeigen deutlich die große Verschiedenheit der Sternhaufenpopulation in den verschiedenen Richtungen unseres Sternsystems. Welches Licht können sie nun in das Dunkel der Sternentstehung in der Galaxie bringen? Junge Sternhaufen weisen auf Aktivität vor kurzer Zeit hin, ältere Sternhaufen darauf, daß derselbe Prozeß auch schon vor längerer Zeit wirksam war. Aus diesem auf den ersten Blick inkohärent scheinenden Bild kann man trotzdem ein einheitliches Resumé ziehen, wenn man die verschieden alten Sternhaufen einzeln betrachtet.

Bild 11.5 zeigt die Verteilung einer größeren Anzahl von gut untersuchten offenen Sternhaufen in Projektion auf die galaktische Ebene. Die vier Teile der Abbildung zeigen uns Sternhaufen mit Altern von 10^6 bis $5 \cdot 10^6$ Jahren, zwischen $5 \cdot 10^6$ und 10^7 Jahren, zwischen 10^7 Jahren und 10^8 Jahren und über 10^8 Jahren. Das in den einzelnen Diagrammen überstrichene Zeitintervall ist nicht immer gleich, sondern beträgt für die beiden oberen Teile fünf Millionen, unten links neunzig Millionen und unten rechts eine Milliarde Jahre.

Die jüngsten Gruppen zeigen sehr deutlich, daß sich diese Sternhaufen auf relativ enge Streifen beschränken, die sehr gut mit den bekannten H II-Regionen (Gebiete, die aus Wolken von einfach ionisiertem Wasserstoff bestehen) übereinstimmen. Diese jungen Systeme sind etwa so jung und hell wie der Lagunen-Nebel, der Trifid-Nebel und NGC 6611. Auch in der zweiten Gruppe kann man noch diese parallelen Streifen verfolgen, obwohl sie schon wesentlich weniger deutlich ausgeprägt sind. Aus beiden Bildern läßt sich eine Tendenz dafür ablesen, daß sich Sternhaufen ähnlichen Alters in großer Nähe zueinander aufhalten, was auf einen Zusammenhang der Zeitskala der Sternentstehung mit jener der Rotation der Galaxie hinweist. Die dritte Gruppe, die eine wesentlich größere Streuung aufweist, zeigt nur mehr sehr schwache Anzeichen einer solchen Struktur. Hier ist aber auch die untersuchte Fläche kleiner, da man ja berücksichtigen muß, daß bei den älteren

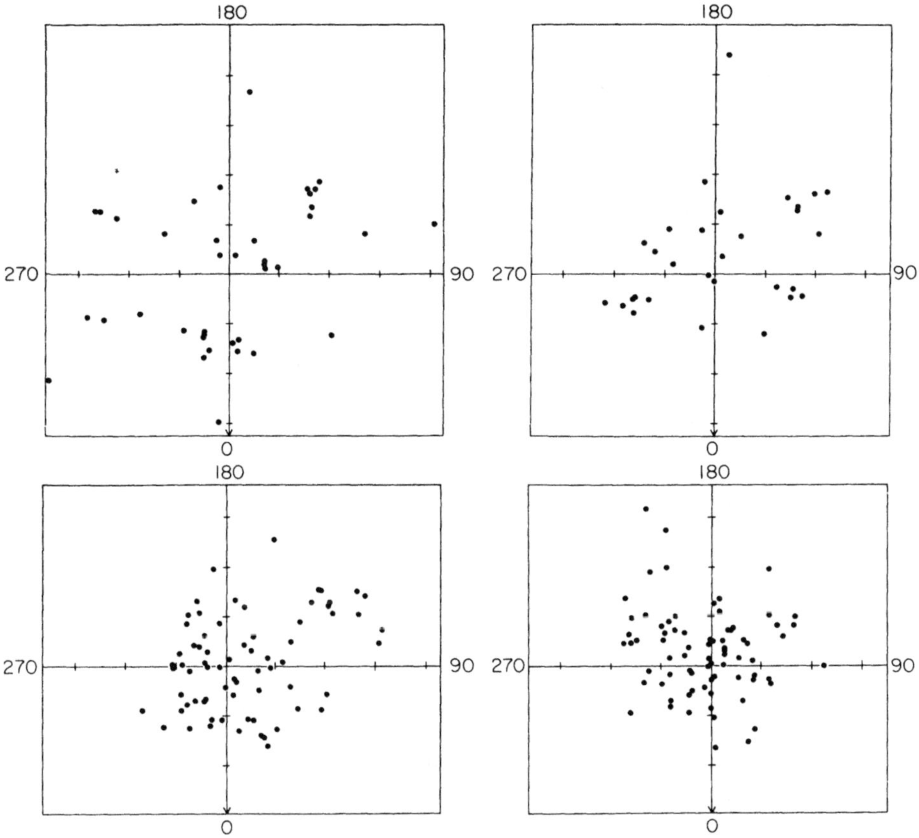

Bild 11.5 Verteilung von offenen Sternhaufen unterschiedlichen Alters, projiziert auf die galaktische Ebene. Die Sonne befindet sich im Zentrum, der Pfeil weist in die Richtung des galaktischen Zentrums. Die Intervalle der Skalen markieren Abstände von einem Kiloparsec. Die Alter der Sternhaufen sind etwa folgende: links oben: 10^6 bis $5 \cdot 10^6$ Jahre, oben rechts: $5 \cdot 10^6$ bis 10^7 Jahre, unten links: 10^7 bis 10^8 Jahre, und unten rechts: über 10^8 Jahre.

Sternhaufen die hellsten Sterne generell schwächer sind als bei den jüngeren. Diese dritte Gruppe enthält alle Sternhaufen, von denen wir wissen, daß sie Cepheiden zu ihren Mitgliedern zählen. Die vierte Altersgruppe zeigt keinerlei Anzeichen einer solchen Struktur mehr, wobei aber die hier untersuchte Fläche nochmals kleiner ist.

Nach Bild 11.5 ist es klar, daß die galaktische Struktur von den Sternhaufen definiert wird, die weniger als zehn Millionen Jahre alt sind. Ältere Sternhaufen können bestenfalls ein sehr verwaschenes Bild geben. Die Positionen aller dieser Sternhaufen wurden durch Präzisionsphotometrie bestimmt – die Streuung läßt sich hier also nicht auf beobachtungstechnische Unsicherheiten zurückzuführen. Eher schon hat die Streuung ihren Grund im Vorhandensein von absorbierendem Material im Sternhaufen beziehungsweise zwischen uns und dem Haufen. Dieser Effekt ist allerdings gerade bei den jüngsten Sternhaufen am größten, die meist in diffuse Nebel eingebettet sind. Gerade sie sind es aber, die am deutlichsten die galaktische Struktur definieren.

Obwohl die jungen Sternhaufen in Bild 11.5 auf eine geordnete Struktur hinweisen, bilden sie nicht jene schönen exakten Spiralen, die jeder vor seinem geistigen Auge hat, wenn man von Spiralnebeln spricht. Diese Struktur wird auch nicht durch die in Bild 1.2 gegebenen Radiobeobachtungen von noch weiter entfernten Wasserstoffwolken bestätigt. Aus diesem Grund habe ich es vorgezogen, die galaktische Struktur eher als wirbelig zu beschreiben und nicht den populären Begriff der Spiralarme zu verwenden.

In diesem Zusammenhang kann es von Interesse sein, die Verteilung der galaktischen Cepheiden, die ein Alter zwischen zehn und hundert Millionen Jahren aufweisen (wobei die mit den längsten Perioden die jüngsten sind), mit der Verteilung der offenen Sternhaufen zu vergleichen. Aus Bild 8.14 können wir entnehmen, daß die Cepheiden im großen und ganzen keinerlei Anzeichen einer solchen Struktur in ihrer Verteilung aufweisen, ausgenommen diejenigen mit den längsten Perioden. Auffällig ist hier die Struktur in Richtung Carina (galaktische Länge 290°), die Cepheiden von überwiegend längerer Periode enthält. In dieser Richtung kennt man nur sehr wenige offene Sternhaufen von vergleichbarem Alter, während jüngere viel häufiger sind. Ein Vergleich zwischen den Bildern 8.14 und 11.5 erinnert uns daran, daß die gut untersuchten offenen Sternhaufen ein viel kleineres Gebiet bedecken als die Cepheiden, und daß etwa die Radiobeobachtungen in Bild 1.2 nahezu die gesamte Galaxie überdecken.

Die zwingendste Schlußfolgerung, die man aus der Verteilung der Cepheiden in unserer Galaxie ziehen kann, ist, daß die mit den längsten Perioden in Richtung des galaktischen Zentrums häufiger werden, während die mit den kürzeren Perioden eine Häufung zum galaktischen Antizentrum hin aufweisen. Diese Tendenz kann man mit der Existenz eines radialen Gradienten in der chemischen Zusammensetzung in Verbindung bringen. Je weiter wir uns vom Zentrum weg entfernen, desto metallärmer wird das galaktische Material. Die geringen Unterschiede, die zwischen den offenen Sternhaufen in beiden Richtungen vorhanden sind, scheinen diese Idee zu unterstützen, In Richtung des galaktischen Antizentrums existieren nur sehr wenige junge Sternhaufen und langperiodische Cepheiden – was darauf hinzudeuten scheint, daß auch die Zeitskalen der Sternentstehung verschieden sind.

Wenn wir unseren Blick vom Rand der Galaxie weiter zum Zentrum richten, so werden die Indizien der Sternentstehung immer deutlicher. An den Grenzen herrscht eine wesentlich geringere Aktivität. Einige ähnliche Schlußfolgerungen erhalten wir auch von M 31, der berühmten Andromeda-Galaxie, wo Walter Baade die sogenannten „fossilen Arme" in den Außenbezirken entdeckt hat.

Weniger als ein Dutzend Cepheiden sind als Mitglieder von offenen Sternhaufen bekannt. Als Feldsterne hingegen kennt man im gleichen Gebiet viele Hunderte von ihnen. Waren sie ursprünglich Mitglieder von Sternhaufen, und wenn ja, was ist mit den Sternhaufen geschehen? Oder befinden sich bisher unbekannte Sternhaufen und Assoziationen in der Nähe der isoliert scheinenden langperiodischen Cepheiden?

Bei unserer Untersuchung der offenen Sternhaufen haben bisher die veränderlichen Sterne, jene Meilensteine der Sternentwicklung, eine sehr bedeutende Rolle gespielt: die unregelmäßig veränderlichen Vorhauptreihensterne etwa, die immer in Gruppen auftreten. Sternhaufenmitglieder sind auch die β Canis Majoris-Sterne und die roten Überriesen. Cepheiden hingegen findet man zwar in offenen Sternhaufen, öfter aber als Feldsterne. Wenn wir dann zu den irregulär veränderlichen roten Riesen kommen, so werden wir bemerken, daß nahezu keine Vertreter von ihnen in Haufen vorkommen – sie sind nahezu vollständig Feldsterne. Die verschiedenen Klassen der Veränderlichen (zumindest der Nachhauptreihenstadien) sind in der Abfolge der abnehmenden Masse gegeben – von etwa dreißigfacher Sonnenmasse bei den β Canis Majoris-Sternen bis zu wenig mehr als Sonnenmasse bei den roten Veränderlichen –, und mit zunehmendem Alter, von weniger als einer Million Jahre bis zu zehn Milliarden Jahre.

Über die gesamte Galaxie hinweg konnten wir ein sich ständig änderndes Muster von Entstehung, Entwicklung und Zerstörung verfolgen. Unsere Geschichte hat sich bisher allerdings hauptsächlich mit den massivsten Sternen beschäftigt. Über die Sterne, die weniger massiv und leuchtkräftig als die Sonne sind, gibt es nur sehr wenig zu sagen. In jedem offenen Sternhaufen wird die Bühne von den hellsten Sternen beherrscht. Aber in jedem Sternhaufen nimmt auch die Zahl der Sterne mit abnehmender Größenklasse zu – so auch die der Sterne im galaktischen Feld. In unserer nächsten Nachbarschaft sind die häufigsten Sterne die mit einem Zehntausendstel der Sonnenleuchtkraft und einem Vierzigstel der Sonnenmasse. Es besteht kein Grund zur Annahme, daß diese Zahlen nicht typisch für die Galaxie im Ganzen sind. Auch können wir nicht daran zweifeln, daß sie den Schlüssel für die Sternentwicklung darstellen. Diese schwachen Sterne entwickeln sich entsprechend ihrer geringen Masse sehr langsam. Nach zehn Milliarden Jahren haben noch nicht einmal die ältesten von ihnen die Hauptreihe erreicht und ihr Wasserstoffreservoir angetastet. Aber sie und die noch schwächeren Sterne sind keinesfalls vernachlässigbare Mitglieder der Galaxie. Was ihnen an Helligkeit fehlt, machen sie durch ihre größere Zahl wett. Sie leben ihr ereignisloses Leben langsam und im Dunklen. Aber wenn sie auch nur wenig zur Gesamtleuchtkraft der Galaxie beitragen, so stellen sie doch einen Großteil ihrer Masse.

Kapitel 12
Die Kugelsternhaufen

Offene Sternhaufen und Assoziationen zeigen ihre eigenen individuellen Charakteristiken, und einige von diesen Eigenschaften, wie etwa die chemische Zusammensetzung, haben auch großen Einfluß auf ihre Mitgliedssterne; vieles haben sie aber auch gemein: Die Zusammensetzungen etwa unterscheiden sich nicht wesentlich. Alle offenen Sternhaufen liegen nahe der galaktischen Ebene und nehmen an der galaktischen Rotation teil. Neunundsiebzig Prozent von ihnen befinden sich in einem kleineren Abstand als hundert Parsec von der galaktischen Ebene, und fünfundneunzig Prozent innerhalb von zweihundert Parsec Entfernung. Wir kennen nur sieben, die weiter als dreihundert Parsec entfernt sind. Die meisten dieser gut untersuchten offenen Sternhaufen sind nicht weiter als drei Kiloparsec von uns entfernt – eine geringe Entfernung, wenn wir uns daran erinnern, daß die Galaxie einen Durchmesser von dreißig Kiloparsec aufweist, und wir uns etwa zehn Kiloparsec von ihrem Zentrum entfernt befinden. Wenn wir also unsere Betrachtungen auf die offenen Sternhaufen beschränken, so müßte man dies im Vergleich zur gesamten Galaxie als sehr provinziell bezeichnen.

Außerdem haben unsere Untersuchungen der offenen Sternhaufen nicht sämtliche mögliche Sterneigenschaften abgedeckt. Wir konnten auf diese Weise keine Sterne mit geringer Masse und Leuchtkraft erforschen. Die veränderlichen Sterne, die so viel Information über die kritischen Phasen der Sternentwicklung in sich tragen, erinnern uns daran, daß wir noch nicht die gesamte Geschichte erzählt haben. Die überhaupt zahlreichsten der physisch veränderlichen Sterne, die Mira-Sterne und die RR Lyrae-Sterne, haben unsere Bühne noch nicht betreten. Auch die explosiven Veränderlichen, die Novae und die U Geminorum-Sterne, sind für uns noch Neuland. Um sie und die mit ihnen in Verbindung stehenden Phasen der Sternentwicklung untersuchen zu können, müssen wir uns näher mit den kugelförmigen Sternhaufen beschäftigen.

Innerhalb der Galaxie kennt man etwa hundert von ihnen, und wir wissen, daß ihre Gesamtzahl etwa das Doppelte betragen muß. Die Mitglieder von offenen Sternhaufen zählt man in Hunderten, während die Kugelsternhaufen mehrere hunderttausend oder Millionen Sterne enthalten. Aus diesem Grund sind sie auch sehr auffällig und bilden etwa ein Viertel aller in Messiers Katalog verzeichneten Objekte.

In Tabelle 12.1 ist eine Liste von zweiundzwanzig kugelförmigen Sternhaufen gegeben, die das weite Gebiet der von ihnen eingenommenen Eigenschaften illustrieren kann. In Spalte D stehen ihre Entfernungen von uns in Kiloparsec. Wir sehen, daß der uns nächste Kugelsternhaufen drei Kiloparsec von uns entfernt ist – eine Entfernung, in der wir schon kaum mehr gut untersuchte offene Sternhaufen finden können. NGC 7006 befindet sich in einer Entfernung von 60 Kiloparsec, und einige schwächere Objekte sind sogar noch weiter entfernt: NGC 2419 im Abstand von 69 Kiloparsec und Palomar 4 in 125 Kiloparsec. Ebenso auffällig sind die großen Entfernungen von der galaktischen Ebene (Spalte d) – so befindet sich etwa NGC 4147 fünfundzwanzig Kiloparsec über ihr. Die offenen Sternhaufen bieten uns mit ihren Eigenschaften Informationen über unsere unmittelbare

Tabelle 12.1

Daten für zweiundzwanzig Kugelsternhaufen. Es ist: M_{pg} die Gesamthelligkeit des Sternhaufens im photographischen Bereich in Größenklassen; V die Radialgeschwindigkeit in Kilometern pro Sekunde; D die Entfernung in Kiloparsec; d der Abstand zur galaktischen Ebene ebenfalls in Kiloparsec (positiv: nördlich, negativ: südlich); für den Metallindex: siehe Text.

Sternhaufen	Rektaszension[a]		Deklination[a]		Galaktische		m_{pg}	Spektrum	V	D	d	Metallindex
	h	m			Länge	Breite						
NGC 104 (47 Tucanae)	0	21,9	−72°	21′	306°	−45°	−9,82	G3	−24	5,8	− 4,2	0,56
NGC 362	1	1,6	−71	7	302	−46	−7,7:	F8	+221	12,6	− 8,7	0,44
NGC 4147	12	7,6	+18	49	253	+77	−6,05	F2	+191	26	+25,4	0,33
NGC 5024 (M53)	13	10,5	+18	26	333	+80	−8,02	F4	−112	20	+19,7	0,30
NGC 5139 (ω Cen)	13	23,8	−47	3	309	+15	−10,40	F7	+230	5,0	+ 1,3	0,35
NGC 5272 (M3)	13	39,9	+28	38	42	+79	− 8,49	F7	−153	13,8	+12,7	0,38
NGC 5904 (M5)	15	16,0	+ 2	16	4	+47	− 7,86	F5	+ 49	8,3	+ 6,6	0,39
NGC 6093 (M80)	16	14,1	−22	52	353	+19	− 6,11	F7	+ 18	11,0	+ 3,7	0,35:
NGC 6205 (M13)	16	39,9	+36	33	59	+41	− 8,02	F5	−241	6,9	+ 5,2	0,34
NGC 6254 (M10)	16	54,5	− 4	2	15	+23	− 6,86	F8	+ 71	5,0	+ 2,7	0,36
NGC 6341 (M92)	17	15,6	+43	12	68	+35	− 7,80	F2	−118	11,0	+ 5,7	0,25
NGC 6402 (M14)	17	35,0	− 3	15	21	+15	− 5,26	F8	−129	7,2	+ 1,8	0,42
NGC 6656 (M22)	18	33,3	−23	58	10	− 8	− 6,12	F5	−144	3,0	− 0,4	0,32
NGC 6712	18	50,3	− 8	47	25	− 4	− 5,22	G4	−131	6,0	− 0,5	0,51
NGC 6723	18	56,2	−36	42	0	−17	− 7,25	G2	− 3	10,0	− 3,0	0,51
NGC 6779 (M56)	19	14,6	+30	5	63	+ 8	− 5,85	F5	−145	13,8	+ 1,9	0,31
NGC 6838 (M71)	19	51,5	+18	39	57	− 5	− 5,80	G5	− 80	5,5	− 0,4	0,59
NGC 6981 (M72)	20	50,7	−12	44	35	−33	− 6,76	G0–1	−255	18,2	−11,3	0,38
NGC 7006	20	59,1	+16	0	64	−19	− 6,85	F3–4	−348	60	−16,3	0,37
NGC 7078 (M15)	21	27,6	+11	57	65	−27	− 8,27	F3	−107	15,1	− 6,0	0,25
NGC 7089 (M2)	21	30,9	− 1	3	53	−36	− 8,60	F3	− 5	15,8	− 8,8	0,30
NGC 7099 (M30)	21	37,5	−23	25	27	−47	− 6,92	F3	−174	12,6	− 8,8	0,26

[a] Positionen für 1950.0

Umgebung, während wir mit Hilfe der Kugelsternhaufen die gesamte Galaxie untersuchen können. Einige von ihnen befinden sich sogar außerhalb der üblicherweise akzeptierten Grenzen unseres Systems – diese große Entfernung hat etwa NGC 2419 den Spitznamen „Intergalaktischer Wanderer" eingetragen.
Die Spalte, die mit M_{pg} überschrieben ist, enthält die integrierte absolute Größenklasse des Haufens im photographischen Bereich. Natürlich weisen nicht alle Kugelsternhaufen dieselbe Gesamthelligkeit auf; so ist z. B. ω Centauri um fünf Größenklassen heller als NGC 6712, und einige andere (wie NGC 6366, absolute Größenklasse –4.15) sind sogar noch schwächer als dieser. Die Gesamthelligkeit eines Sternhaufens gibt uns wenigstens einen groben Anhaltspunkt über die Zahl der Sterne, die in ihm enthalten sind. Würde ω Centauri nur Sterne von annähernd Sonnenleuchtkraft enthalten, so würde er etwa eine Million Mitglieder besitzen müssen. Ein Stern von Sonnenleuchtkraft würde, wenn er sich in diesem Sternhaufen befände, etwa von neunzehnter Größenklasse sein, und solch schwache Sterne hat man bisher noch in keinem Sternhaufen untersucht. Aus diesem Grund wissen wir auch nicht, ob bei noch schwächeren Sternen die Anzahl der Sterne mit abnehmender Leuchtkraft wie in unserer Umgebung abnimmt. Untersuchungen über die Dynamik dieser Haufen weisen aber darauf hin, daß einige von ihnen mehrere Millionen Sonnenmassen enthalten. Aus der Gesamthelligkeit können wir ableiten, daß ω Centauri ungefähr zweihundertfünfzig mal mehr Sterne als der schwächste bekannte Kugelsternhaufen enthält. Die Mitgliederzahl in diesen Objekten schwankt also zwischen einigen Hunderttausend und mehreren Millionen Sternen.
Nur einer der in Tabelle 12.1 gegebenen Sternhaufen hat eine galaktische Länge zwischen 90° und 270°, alle anderen befinden sich im Gebiet 270°–0°–90°. Sie weisen also eine starke Konzentration zum galaktischen Zentrum hin auf. Aus Bild 12.1 unten können wir die scheinbare Verteilung der bekannten Kugelsternhaufen am Himmel sehen. In Bild 12.2 sehen wir diese Verteilung projiziert auf die galaktische Ebene. Es ist auffällig, daß das Zentrum der Verteilung der Kugelsternhaufen auf der Seite der Galaxie liegt, auf der sich auch die Sonne befindet. Harlow Shapleys erste Beschreibung dieses Phänomens und seine Schlußfolgerung daraus, daß unser System wesentlich größer sein muß als bisher angenommen, ist bereits Geschichte. Die Verteilung der Kugelsternhaufen ist wesentlich sphärischer als bei irgendwelchen anderen Himmelsobjekten. Es handelt sich bei ihnen um die Repräsentanten des Halos par excellence. Die Richtigkeit diese Behauptung können wir aus der ähnlichen Verteilung dieser Objekte um andere Systeme bestätigt finden – nicht nur bei der Andromeda-Galaxie, sondern auch beim Sombrero-Nebel und bei der großen elliptischen Galaxie Messier 87.
Diese Sternhaufen bewegen sich wie alle anderen Objekte in der Galaxie rund um das galaktische Zentrum im Gravitationsfeld der Milchstraße. Da sie nicht zur galaktischen Ebene hin konzentriert sind, sondern sich weit über und unter ihr erstrecken, müssen ihre Bahnen sehr hohe Neigungen zur Ebene aufweisen. Die offenen Sternhaufen hingegen können, wie ihre Verteilung sehr deutlich zeigt, sich nicht in stark geneigten Bahnen bewegen – tatsächlich laufen sie auch in nahezu kreisförmigen Bahnen um das galaktische Zentrum. Wenn die Galaxie rotiert und wenn wir in die verschiedenen uns möglichen Richtungen blicken, so können die Radialgeschwindigkeitsunterschiede zu den Objekten, die sich in normalen Bahnen bewegen und die wir untersuchen können, nur zwischen ± 60 Kilometer pro Sekunde betragen. Jedes Objekt, daß eine größere Radialgeschwindigkeit aufweist, kann sich in keiner Kreisbahn mehr bewegen. Ein Blick auf die Spalte V in Tabelle 12.1 zeigt uns, daß sehr viele Kugelsternhaufen größere Radialgeschwindigkeiten aufweisen, was bedeutet, daß ihre Bahnen nicht kreisförmig, sondern stark exzentrisch sind. Die offenen Sternhaufen wandern mit der Menge mit, während die Kugel-

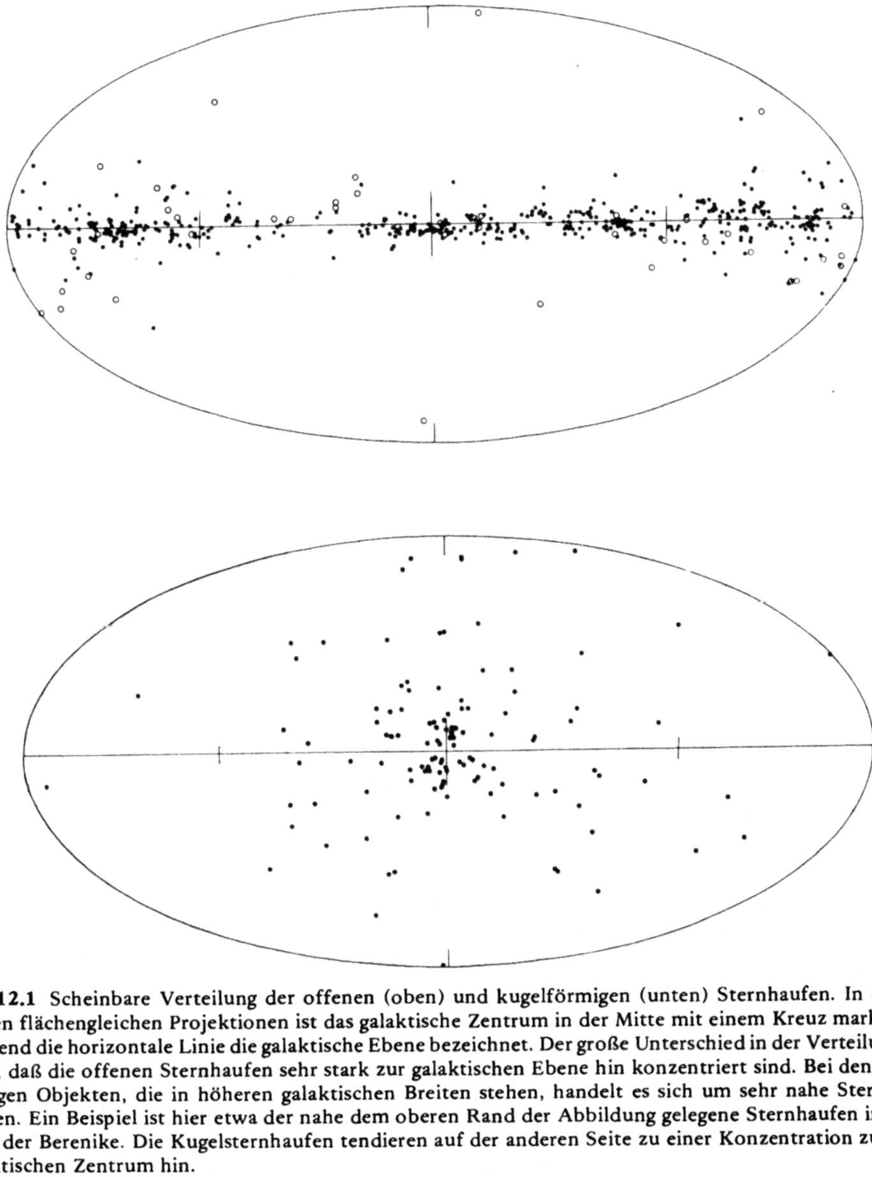

Bild 12.1 Scheinbare Verteilung der offenen (oben) und kugelförmigen (unten) Sternhaufen. In den beiden flächengleichen Projektionen ist das galaktische Zentrum in der Mitte mit einem Kreuz markiert, während die horizontale Linie die galaktische Ebene bezeichnet. Der große Unterschied in der Verteilung zeigt, daß die offenen Sternhaufen sehr stark zur galaktischen Ebene hin konzentriert sind. Bei den wenigen Objekten, die in höheren galaktischen Breiten stehen, handelt es sich um sehr nahe Sternhaufen. Ein Beispiel ist hier etwa der nahe dem oberen Rand der Abbildung gelegene Sternhaufen im Haar der Berenike. Die Kugelsternhaufen tendieren auf der anderen Seite zu einer Konzentration zum galaktischen Zentrum hin.

sternhaufen oft durch die Ebene gehen und mit ihren exzentrischen Bahnen sehr oft durch massive Gebiete geführt werden, wo sie starken Gezeiteneffekten ausgesetzt sind. Ohne Zweifel haben diese Abenteuer ihren Blutzoll gekostet, und es ist daher wahrscheinlich, daß die Kugelsternhaufen, wie wir sie heute sehen, bereits viele ihrer Mitglieder unter den Gezeiteneffekten verloren haben. Die Sterne mit den geringsten Massen werden auf diese Einflüsse am stärksten reagiert haben. Tatsächlich enthält der galaktische Halo eine

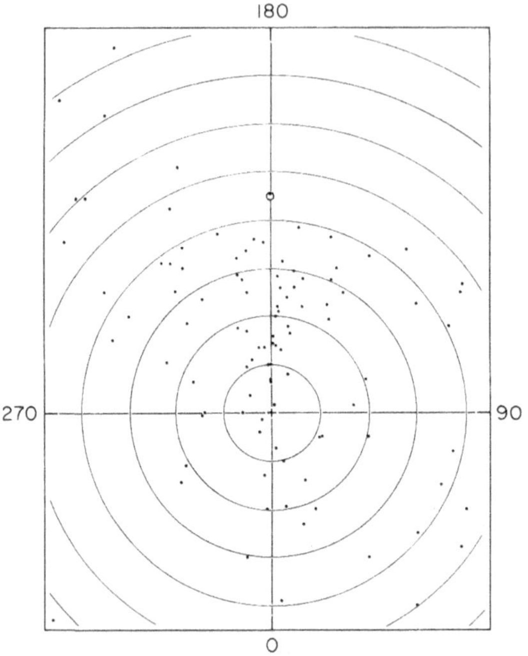

Bild 12.2
Verteilung von 101 Kugelsternhaufen in unserer Galaxie, projiziert auf die galaktische Ebene. Das Kreuz in der Mitte stellt das galaktische Zentrum dar, um das in Abständen von je zwei Kiloparsec Kreise gezogen sind. Der Kreis in der oberen Hälfte gibt die Position der Sonne an. Dreizehn Haufen befinden sich außerhalb dieses Diagramms. Sie bilden einen besonders weit entfernten Halo oder sind vielleicht sogar so etwas wie intergalaktische Wanderer. Die Sternhaufen konzentrieren sich zum galaktischen Zentrum hin, und es besteht kein Zweifel darüber, daß in der Nähe des Zentrums und auf der sonnenabgewandten Seite der Galaxie noch einige Kugelsternhaufen der Entdeckung harren.

große Menge von Sternen, die in Verteilung, Bewegung und Eigenschaften denen der Kugelsternhaufen sehr ähnlich sind. Diese Sterne können sehr wohl von den Haufen während ihrer immerwährenden gestörten Durchgänge durch die Ebene verloren worden sein. So sind die Kugelsternhaufen heute nur die Überlebenden einer viel größeren Zahl von ihnen; sie haben schon viele ihrer Mitglieder verloren.

Anders als die offenen Sternhaufen weisen die kugelförmigen Sternhaufen große Unterschiede ihrer chemischen Zusammensetzung auf. Einige wenige von ihnen stehen uns so nahe, daß man ihre Einzelsterne getrennt untersuchen kann. Die hellsten Sterne in den nächsten von ihnen sind nur Objekte der zehnten Größenklasse, während die hellsten Sterne in offenen Sternhaufen freisichtige Sterne darstellen. Aber die Kugelsternhaufen sind so reich an Mitgliedern, und ihre Gesamthelligkeit ist so groß, daß von den meisten von ihnen Kompositspektren (d. h. zusammengesetzte Spektren) aufgenommen werden konnten. Die Interpretation solcher Spektren führt auf spezielle Probleme, da sie ja aus vielen untereinander sehr verschiedenen Einzelspektren zusammengesetzt sind. Einem geschulten Auge hingegen mögen sie ähnlich viel Information bieten wie ein Einzelspektrum. Die Schlußfolgerung, die man aus solchen Untersuchungen ziehen kann, ist, daß die Kugelsternhaufen sehr unterschiedliche Metallgehalte aufweisen. Der Bereich, in dem der Metallgehalt variiert, ist viel größer als in den Sternen offener Sternhaufen.

Die letzte Spalte in Tabelle 12.1 (Metallindex[16]) gibt uns einen groben und empirischen Anhaltspunkt über den Metallgehalt dieser Objekte, wie sie aus dem Studium des integrierten Spektrums und der Farben der hellsten Sterne abgeleitet werden konnte. Genaue

16 Der Metallindex ist eine aus verschiedenen speziellen Helligkeiten gebildete Größe, die ein Maß für die Metallizität eines Objektes darstellt. (Anmerkung des Übersetzers)

spektroskopische Untersuchungen von Messier 13 (NGC 6205) führten auf einen Metallindex von 0,34 und auf ein Verhältnis von Eisen zu Wasserstoff, das nur neun Prozent von dem der Sonne beträgt. Für NGC 6341 (Messier 92) beträgt dieses Verhältnis bei einem Metallindex von 0,25 nur ein Prozent. NGC 6838 (Messier 71) und NGC 6352 besitzen einen wesentlich größeren Metallindex als NGC 6205, ihr Metallgehalt muß dem der Sonne ähnlich sein. NGC 4590 (Messier 68) ist mit einem Metallindex von nur 0,22 am metallärmsten – er besitzt weniger als ein Prozent des Sonnenwertes an Metallen. Diese genauen Analysen erlauben uns den Schluß, daß die Haufen mit einem größeren Metallindex als 0,50 relativ metallreich sind, immer aber noch ärmer als die Sonne. Diejenigen mit einem Metallindex von weniger als 0,30 sind bereits sehr metallarme Objekte.

Einige wenige Kugelsternhaufen, wie z. B. der sehr helle 47 Tucanae, besitzen einen sehr hohen Metallgehalt, die meisten jedoch weisen einen Wert auf, der ein Zehntel bis ein Hundertstel des Sonnenwertes beträgt, einige sind sogar noch metallärmer. Während wir also bei offenen Sternhaufen eine Variation um etwa einen Faktor zwei finden, so sind es hier mehr als zwei Größenordnungen.

Die Kugelsternhaufen im Zentralgebiet unserer Galaxie neigen zu einem größeren Metallreichtum (47 Tucanae ist hier eine Ausnahme); die weiter vom galaktischen Zentrum entfernten Kugelsternhaufen sind metallärmer. So stimmt also auch die Zusammensetzung der Kugelsternhaufen mit unserer Überlegung überein, daß wir innerhalb der Galaxie einen Zusammensetzungsgradienten finden können. Außerdem sind sie wertvoll für Betrachtungen zur Geschichte der Galaxie, da sie wahrscheinlich so alt sind wie die Milchstraße selbst. Allerdings muß man die Zusammensetzung eines Sternhaufens mit jenem Punkt in Verbindung bringen, an dem er entstanden ist und nicht mit dem Punkt, an dem er sich heute befindet, da er durch seine exzentrische Bahn schon öfter an dem gravitativ störenden galaktischen Zentrum vorbeigekommen sein muß. Wenn wir also glauben, daß die Zusammensetzung der Kugelsternhaufen Anzeichen ihrer Entstehung in sich trägt, so nehmen wir damit jene anthropomorphe Haltung ein, die in den Repräsentanten der Population II die Konservativen und in der Population I die Radikalen unter den Sternen sieht.

Kugelsternhaufen haben wesentlich mehr Mitglieder als offene Sternhaufen, so daß ihre Farben-Helligkeits-Diagramme vergleichsweise gut definiert sind. Auch wenn ihre Zentren so dicht besetzt sind, daß es nicht möglich ist, einzelne Sterne photometrisch zu untersuchen, so ist doch die Zahl der einzelnen Sterne in den Randgebieten groß genug, um ein klares Diagramm zu erhalten. Auch kann man hier die Zahl der Fremdsterne geringer halten als bei den offenen Sternhaufen, deren Winkeldurchmesser meist viel größer ist.

Unter den hellsten Sternen eines kugelförmigen Sternhaufens befinden sich immer einige von etwa der gleichen Größenklasse und Farbe, was schon allein darauf hinweist, daß diese Objekte von höherem Alter sind. Wie wir gesehen haben, besitzen die jüngsten offenen Sternhaufen nur sehr wenige Sterne am oberen Rand ihrer Farben-Helligkeits-Diagramme. Ältere Sternhaufen, auch wenn sie nur sehr schwach besetzt sind, besitzen eine große Zahl von ähnlichen, absolut natürlich schwächeren Sternen, unter ihren helleren Mitgliedern. Aus diesem Grund sind die älteren Sternhaufen wie etwa NGC 188 wesentlich weniger spektakuläre Objekte als etwa das Schatzkästchen.

Dieser Effekt resultiert aus der Form der Leuchtkraftfunktion, die die Anzahl der Sterne einer bestimmten Helligkeit mit den Massen verknüpft. Das normalerweise akzeptierte Bild ist, daß die relative Anzahl der Sterne in den verschiedenen Sternentstehungsgebieten immer gleich ist. Sterne geringerer Masse entstehen in zunehmend größerer Anzahl, was bedeutet, daß die Hauptreihe bei den niederen Leuchtkräften am populationsreichsten ist (was mindestens bis $+16^m$ absolut gilt). Natürlich erreichen nicht alle Sterne – auch wenn sie gleichzeitig entstanden sind –die Hauptreihe zur selben Zeit. Trotzdem sind aber in einer Sterngruppe die schwächsten Hauptreihensterne am zahlreichsten – mindestens genau so zahlreich aber sind die noch nicht entwickelten Sterne. Wenn eine Gruppe altert, so bewegen sich die helleren Sterne wesentlich rascher von der Spitze der Hauptreihe weg in Richtung des Riesenastes und verschwinden aus unserem Gesichtsfeld. Daher ist die Spitze der restlichen Hauptreihe immer rascher immer besser besetzt. Es ist eine Folge der allgemein anerkannten Massenhäufigkeit bei der Sternentstehung, daß die Farben-Helligkeits-Diagramme von älteren Systemen besser definiert sind als die von den jungen Objekten.

Die Hauptreihen von Kugelsternhaufen sind bereits bis zu sonnenähnlichen Sternen herab, von denen wir dort besonders viele finden, leer. Bei NGC 188, dem ältesten offenen Sternhaufen, den wir untersucht haben, konnten wir feststellen, daß der höchste Punkt im Farben-Helligkeits-Diagramm, der der am weitesten fortgeschrittenen Entwicklungsphase entspricht, die hellste Spitze des Riesenastes war. Jeder Kugelsternhaufen besitzt einen gut ausgebildeten Riesenast, der auf ein Entwicklungsstadium deutet, das mindestens so weit fortgeschritten ist wie das von NGC 188. Mit Entwicklungsstadium meine ich hier nicht unbedingt Alter, da dieses sehr stark von der Zusammensetzung abhängt, die ja hier bei beiden sehr verschieden ist.

Anders als bei den offenen Sternhaufen endet bei den kugelförmigen Sternhaufen das Farben-Helligkeits-Diagramm nicht an der Spitze des Riesenastes. Hier scheinen einige Sterne umzukehren und bei etwa gleichbleibender visueller Helligkeit in den blauen Bereich auf die Hauptreihe zurückzuwandern. Metallreiche Sternhaufen wie 47 Tucanae deuten diese Tendenz nur an. Aber je metallärmer die Sternhaufen werden, desto ausgeprägter wird diese Verlängerung ins Blaue, der „horizontale Ast“. Bei den metallärmsten Objekten reicht dieser Ast quer durch das gesamte Diagramm zurück zu den blauen, leuchtkraftarmen Sternen. Die gut ausgeprägten Farben-Helligkeits-Diagramme der beiden Kugelsternhaufen Messier 5 und Messier 3 illustrieren dieses für solche Objekte typische Verhalten (siehe Bilder 12.3 und 12.4);

Man könnte sich vorstellen, daß alle Kugelsternhaufen etwa das gleiche Alter aufweisen. Bei den offenen Sternhaufen war es relativ einfach, sie aufgrund der Änderungen in ihren Farben-Helligkeits-Diagrammen in der Abfolge ihres Alters anzuordnen. Ähnliches ist für

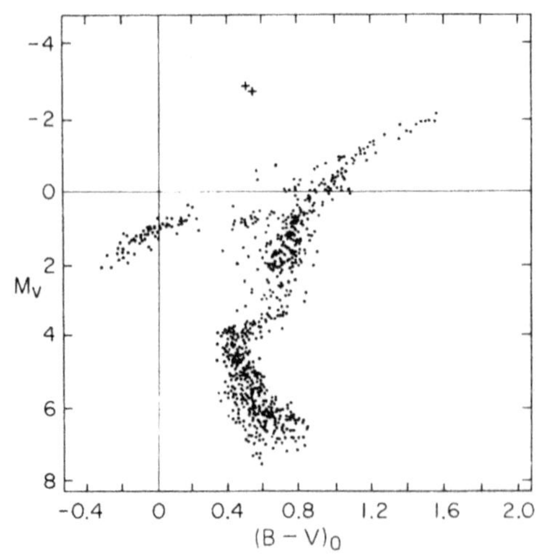

Bild 12.3

Farben-Helligkeits-Diagramm für NGC 5904 (Messier 5). Die beiden Cepheiden des Typs II sind mit kleinen Kreuzen bezeichnet. (Photographie siehe Bild 14.2)

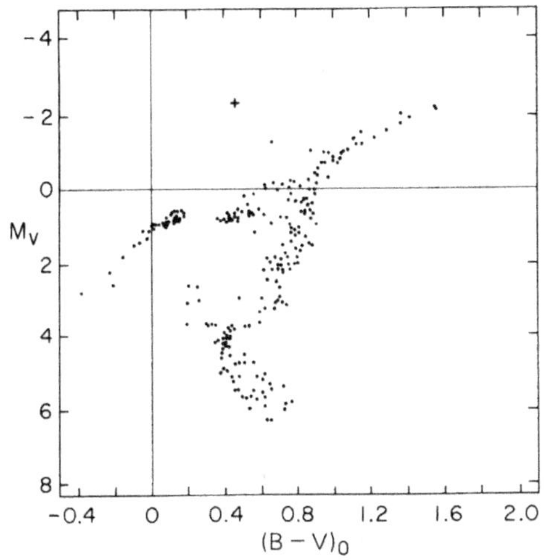

Bild 12.4
Farben-Helligkeits-Diagramm für NGC 5272 (Messier 3). Das Kreuz markiert einen Cepheiden des Typs II.
(Photographie siehe Bild 14.2)

die Kugelsternhaufen nicht möglich. Es ist zwar richtig, daß sie unterschiedliche Farben-Helligkeits-Diagramme aufweisen, allerdings scheinen diese Unterschiede eher auf unterschiedliche Metallgehalte bzw. differierende chemische Zusammensetzungen zurückzuführen zu sein. Wir werden daher im Folgenden die Kugelsternhaufen in der Reihenfolge ihres abnehmenden Metallgehaltes besprechen. Ein solches Auswahlkriterium stellt nur einen modus operandi dar und hat nichts mit einem tatsächlichen Alter zu tun. Bei den offenen Sternhaufen sind die Unterschiede in der chemischen Zusammensetzung so gering, daß sie keine große Rolle in der Entwicklung spielen, während diese Differenzen bei den kugelförmigen Sternhaufen so groß sind, daß sie dort wahrscheinlich von primärer Bedeutung sind.
Bei allen zeitlichen Entwicklungen innerhalb von Sterngruppen (sowohl bei offenen wie auch bei kugelförmigen Sternhaufen) steht die Entwicklungsgeschwindigkeit in direktem Zusammenhang mit den Massen der betroffenen Sterne. Je massiver ein Stern ist, desto schneller durchläuft er sein Leben. Je weiter sich der Abknickpunkt von der Hauptreihe nach unten verlagert, desto weniger massereiche Sterne treten in unser Gesichtsfeld. Dort werden dann auch die Änderungen im Farben-Helligkeits-Diagramm immer langsamer ablaufen. Die hellsten Sterne in den jüngsten offenen Sternhaufen besitzen etwa dreißigfache Sonnenmasse oder sogar mehr. Nach Erreichen des Entwicklungsstadiums der Hyaden, etwa sechshundert Millionen Jahre später, sind die hellsten Sterne nur mehr zwei- bis dreimal so schwer wie die Sonne. Jene in NGC 188, etwa zehn Milliarden Jahre später, sind nur mehr kaum massiver als die Sonne. Auf der anderen Seite sind aber auch die hellsten Sterne in den Kugelsternhaufen etwa von der gleichen Masse wie die Sonne. Wenn also auch die Zeitskalen nicht exakt übereinstimmen, so muß dennoch eine Entwicklung von Farben-Helligkeits-Diagrammen bei Kugelsternhaufen extrem langsam vor sich gehen.

Kapitel 13

Metallreiche Kugelsternhaufen und rote Veränderliche

Die metallreichsten Kugelsternhaufen weisen eine charakteristische Häufung in Richtung des galaktischen Zentrums auf. Viele von ihnen sind sehr lichtschwach, weit entfernt, stark von Staub verfinstert und weisen einen geringen Winkeldurchmesser auf und sind daher sehr schwierig zu untersuchen. Man kann sie auf Grund ihres integrierten Gesamtspektrums, welches vom G-Typ ist, erkennen. Diese Sternhaufen-„Kerne" sind ohne Zweifel Repräsentanten einer größeren Gruppe, die noch weiter entfernt, noch stärker durch interstellare Absorption abgeschwächt und daher noch schwächer sind. Würden wir ihre tatsächliche Anzahl kennen, so könnten sich diese metallreichen Haufen als der unter den galaktischen Kugelhaufen prädominante Typ herausstellen. Man glaubt heute, daß es in unserem System noch etwa einhundert unentdeckte Kugelhaufen gibt, von denen die meisten in Richtung des galaktischen Zentrums liegen müssen.

Es ist möglich, daß diese Kugelsternhaufen nicht nur klein und kompakt erscheinen, sondern es auch wirklich sind. Ihre galaktischen Bahnen müssen sehr eng sein, so daß sie ihr ganzes Leben lang um das galaktische Zentrum rasen und dort sehr starken Gezeitenkräften ausgesetzt sind.

Optische Untersuchungen dieser entfernten Sternhaufen sind sehr schwierig. In letzter Zeit konnten allerdings Fortschritte durch Beobachtungen im durch die interstellare Absorpiton nicht so stark beeinträchtigten infraroten Bereich erzielt werden. Noch interessanter sind Untersuchungen im Röntgenbereich: Bei NGC 6440, NGC 6441 und 6712 (alle relativ metallreich) wurden Emissionen von Röntgenenergie beobachtet, und bei der stärksten Quelle, NGC 6624, konnten sogar unregelmäßige Röntgeneruptionen festgestellt werden. Diese bemerkenswerten Untersuchungen sind bis jetzt allerdings noch nicht vollständig verstanden. Man hat sie mit der Kompaktheit der Haufen in Verbindung gebracht und mit der Möglichkeit, daß man in ihren Zentren supermassive Schwarze Löcher finden könnte.

Durch einen glücklichen Zufall ist einer der metallreichsten Haufen gleichzeitig auch einer der uns nächsten: Das freisichtige Objekt 47 Tucanae (NGC 104), das wie ein verwaschener Stern der fünften Größenklasse aussieht, und das von der interstellaren Absorption nicht betroffen ist.

Bild 13.1 ist ein zusammengesetztes Farben-Helligkeits-Diagramm von drei gutuntersuchten metallreichen Sternhaufen: 47 Tucanae, NGC 6838 (Messier 71) und NGC 6637 (Messier 69), wobei der letzte mit einem Metallindex von 0,66 am metallreichsten ist. Das Erscheinungsbild der Bilder 12.3 und 12.4, das lange Zeit als charakteristisch für Kugelsternhaufen gehalten wurde, finden wir hier nicht wieder. Der horizontale Arm ist hier nur im Ansatz vorhanden. Nur sehr wenige oder gar keine Sterne haben sich in den blauen Bereich zurück bewegt. Der Übergang von der Hauptreihe über die Unterriesen bis zum roten Ende des Riesenastes, der hier sehr deutlich ausgeprägt ist, ist gut bestimmt. Diese optischen Beobachtungen wurden durch Beobachtungen im nahen Infraroten noch bestätigt, die anzudeuten scheinen, daß die metallreichsten Kugelhaufen in ihren Farben-Helligkeits-

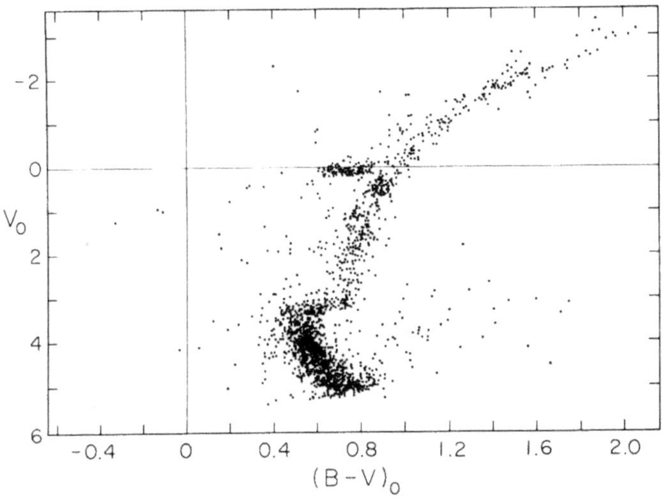

Bild 13.1

Zusammengesetztes Farben-Helligkeits-Diagramm der drei metallreichen Kugelsternhaufen NGC 104 (47 Tucanae), NGC 6838 (Messier 7) und NGC 6637 (Messier 69). Sie sind 3,9, 3,1 und 6,3 Kiloparsec von uns entfernt. Die Photographien der drei Sternhaufen (oben links: NGC 104, oben rechts: NGC 6838, unten: NGC 6637) sind im gleichen Maßstab. (Photographien: Harvard-Observatorium)

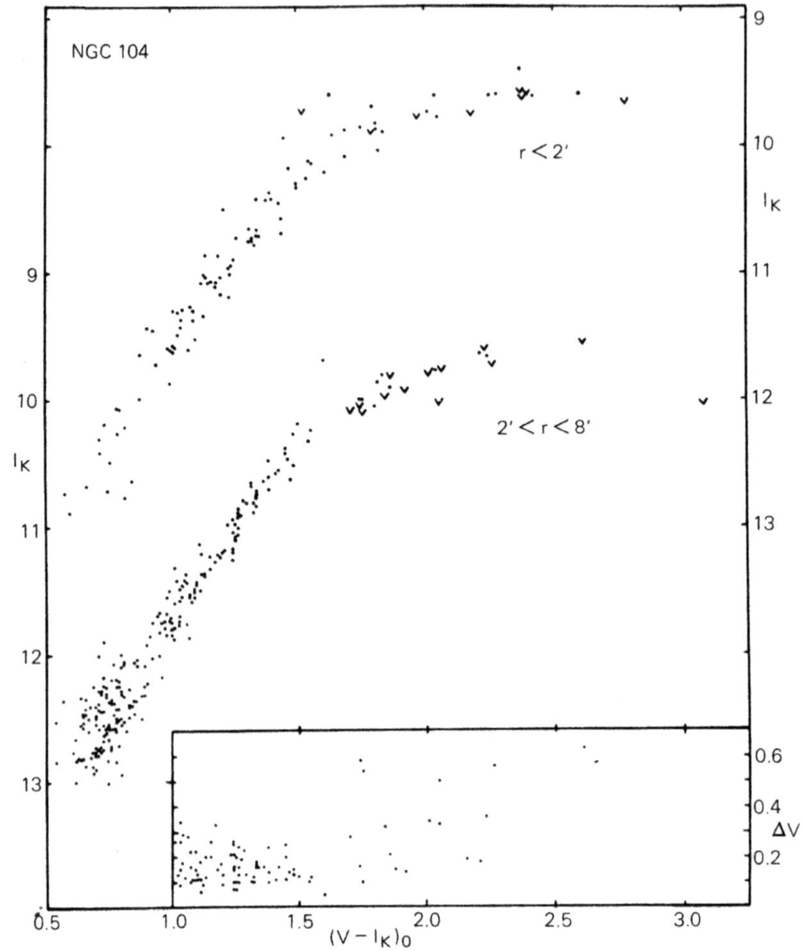

Bild 13.2 Rote Veränderliche im Sternhaufen NGC 104 (47 Tucanae). Der Wert (V-I_k) ist ein Farbenindex im infraroten Bereich. Im oberen Teil der Abbildung sind Sterne, die sich nicht weiter als 2' vom Zentrum des Haufens entfernt befinden, enthalten ($r < 2'$). Von den Sternen mit (V-I_k) größer als 1,50 sind alle, von denen mit kleineren (V-I_k)-Werten nur ausgewählte Einzelsterne eingezeichnet. I wurde nicht für interstellare Absorption korrigiert. Im mittleren Teil sind Sterne mit $2' < r < 8'$ eingezeichnet. In beiden Fällen sind Veränderliche Sterne mit V bezeichnet, wobei aber nur Sterne bezeichnet wurden, deren Veränderlichkeit genau bekannt ist und mehr als $0{,}3^m$ in V beträgt.
Der untere Teil des Diagramms zeigt die Variation der Helligkeit ΔV gegen (V-I_k) für Sterne mit (V-I_k) $\geqslant + 1{,}00$, die von acht photographischen Platten abgeleitet wurde.
V bedeutet die visuelle, I die infrarote Helligkeit, und der Index 0 bedeutet, daß der jeweilige Wert für interstellare Absorption korrigiert wurde.
(Nach T. Lloyd Evans und J. W. Menzies, *I.A.U. Colloquium Nr. 21*, 157 (1972))

Diagrammen sehr kühle Riesenäste aufweisen. Hier wurde absichtlich das Wort „kühl" und nicht das Wort „rot" verwendet, da die üblichen optischen Farbenangaben (wie sie durch Differenzbildung der Helligkeiten im blauen und im visuellen Bereich erhalten werden) durch Metalloxidabsorptionen verfremdet werden, ein Effekt, der wiederum bei den metallreichsten Sternhaufen am auffälligsten auftritt. Beobachtungen im nahen Infraroten liefern uns Farben, die diese Schwierigkeiten umgehen und die uns zeigen, daß die Sterne am oberen Ende des roten Riesenastes tatsächlich kühlere Objekte sind, obwohl in den optischen Beobachtungen keine zusätzlichen Rötungen auftreten. Bild 13.2 zeigt ein Farben-Helligkeits-Diagramm für 47 Tucanae, wobei die Farben aus der Differenz zwischen den Helligkeiten im Visuellen (V) und im Infraroten (I) ermittelt wurden. In dem Diagramm erkennt man deutlich die extreme Rötung des Riesenastes, und darüber hinaus, daß dieser Sternhaufen eine große Zahl von veränderlichen Sternen enthält.
Die in Bild 13.2 zu sehenden Veränderlichen weisen nur geringe Amplituden auf. Allerdings zählt 47 Tucanae auch drei Mira-Sterne mit Perioden um 200 Tage zu seinen hellsten Mitgliedern. Diese Sterne weisen ähnliche Helligkeits- und (noch signifikanter) Spektrenvariationen auf wie die vergleichbaren galaktischen Feld-Mirasterne.
Mira-Sterne findet man nicht allzuoft unter den Mitgliedern von Kugelhaufen. Bisher kennt man nur etwa zwei Dutzend von ihnen in solchen Objekten, wobei die bestuntersuchten in metallreichen Haufen liegen. Es gibt gewisse Anzeichen dafür, daß die Periode der in einem Sternhaufen gelegenen Mira-Sterne um so länger ist, je höher der Metallgehalt der Sternhaufen ist. Allerdings besitzen die meisten (wenn nicht alle) in Kugelhaufen befindlichen Mira-Sterne Perioden unter 220 Tagen, während der Mittelwert bei den Feld-Mirasternen bei über 300 Tagen liegt.
Man kennt heute etwa 5200 galaktische Mira-Sterne, eine Zahl, die nur mit der Anzahl der RR Lyrae-Sterne – blaue, pulsierende Veränderliche mit Perioden von etwa einem Tag – vergleichbar ist. Die RR Lyrae-Sterne können etwa mit der gleichen Wahrscheinlichkeit wie die Mira-Sterne entdeckt werden (die Chancen hängen natürlich von den Beobachtungsprogrammen ab; Programme für Mira-Sterne werden erst nach vielen Monaten zum Erfolg führen, während bei RR Lyrae-Sternen aufgrund der kürzeren Lichtwechselperiode schon wesentlich kürzere Zeitspannen ausreichen). In ihrer absoluten Größenklasse unterscheiden sich diese beiden Sterngruppen nicht wesentlich, auch hat man sie im galaktischen Feld in annähernd gleicher Anzahl gefunden, so daß man annehmen kann, daß ihre Häufigkeit zumindest in unserer Nachbarschaft etwa gleich ist. Etwa ein halbes Dutzend Mira-Sterne können in ihrem Helligkeits-Maximum freisichtig beobachtet werden, während RR Lyrae, der hellste der RR Lyrae-Sterne, ein Objekt von nur siebenter Größenklasse ist. Es ist daher bemerkenswert, daß unter den ungefähr 2000 Veränderlichen, die man in Kugelsternhaufen kennt, mehr als neunzig Prozent RR Lyrae-Sterne und nur ein Prozent Mira-Sterne sind. Ihre Massen sind, wie man heute weiß, nicht allzu weit von der Sonnenmasse entfernt. Warum also sind die Mira-Sterne in den Kugelsternhaufen soviel seltener als im galaktischen Feld?
Die Antwort liegt möglicherweise in der Beziehung der stellaren Entwicklungswege und dem Instabilitätsstreifen, da auch die Mira-Sterne ähnlich wie die Cepheiden in einem Streifen im Farben-Helligkeits-Diagramm vorkommen, in dem die Sternenoberfläche so beschaffen ist, daß Helligkeitsänderungen möglich sind. Möglicherweise ist der Temperaturunterschied an der Spitze des Riesenastes zwischen metallarmen und metallreichen Kugelhaufen groß genug, um Mira-Sternbedingungen auszuschließen.
Wenn wir Mira-Sterne untersuchen wollen, brauchen wir nicht allzulange nach ihnen zu suchen. Sie gibt es in allen Himmelsrichtungen, wo sie zu den Lieblingen der Amateure geworden sind, die eine große Informationsmenge über ihre Helligkeiten, Lichtkurven und

Perioden, die von 100 bis 1000 Tage reichen, angesammelt haben. Eine Liste der hellen Mira-Sterne findet man in Tabelle 13.1. Die häufigste Periode von Mira-Sterne im galaktischen Feld liegt bei etwa einem Jahr, während sie in den Kugelhaufen kaum 200 Tage überschreitet. Um Mira-Sterne zu beschreiben, sollten wir nicht Mira Ceti verwenden, dessen Periode bei 332 Tagen liegt, und der außerdem ein Doppelstern mit einem seltsamen Begleiter ist. Ein viel besseres Beispiel ist hier X Camelopardalis mit einer Periode von 143 Tagen. Die visuellen Lichtkurven von vier gutbekannten Mira-Sterne findet man zusammen mit den Lichtkurven von zwei halbregelmäßigen Veränderlichen in Bild 13.3.
Die Spektren von Mira-Sternen sind einander sehr ähnlich. Sie alle werden von Molekülabsorptionen dominiert, die am stärksten sind, wenn der Stern in seiner schwächsten und kühlsten Phase steht. Einige zeigen Absorptionen von Metalloxiden, andere von Kohlenstoffverbindungen. Auch bei den Metalloxiden gibt es einen gewissen Variationsreichtum, der von den Oxiden des Titans, Vanadiums, Zirkoniums bis zu denen ähnlicher Metalle reicht. Aber eine ihrer auffälligsten Eigenheiten ist, daß die kräftigen Linien des Wasserstoffs, von Eisen und von Magnesium in Übereinstimmung mit ihrer Periode zu- und abnehmen. Die Molekülabsorptionen deuten auf eine relativ niedrige Oberflächentemperatur von etwa 3000 Kelvin im Maximum hin, während dagegen die hellen Linien auf wesentlich höhere Temperaturen schließen lassen. Das alles läßt äußerst komplizierte Vorgänge sowie einen nichttrivialen Aufbau der Atmosphäre dieser Sterne vermuten. Es besteht wenig Zweifel darüber, daß sich die Störungen während jeder Periode durch die gesamte Atmosphäre fortsetzen, und daß diese Sterne periodisch Materie in den Weltraum verlieren.

Tabelle 13.1
Daten von dreiundzwanzig Mira-Veränderlichen

Name	Max.	Min.	Spektrum	Periode (Tage)	DM		Position				
							h	m	s	°	′
R And	6,0	14,9	S 6,6e	408,97	+37°	58	0	18	45	+38	01,4
o Cet	2,0	10,1	M52–M9e	331,65	− 3	353	2	14	18	− 3	25,1
R Tri	5,5	12,6	M4e–M8e	226,40	+33	470	2	30	59	+33	49,7
R Hor	4,7	14,3	M5e–M7e	402,67	−50	860	2	50	33	−50	17,9
R Lep	5,5	10,5	C7	432,47	−15	915	4	55	03	−14	57,4
U Ori	5,3	12,6	M6e–M8e	372,45	+20	1171a	5	49	53	+20	09,5
V Mon	6,0	13,7	M5e–M8e	334,07	− 2	1581	6	17	41	− 2	08,8
R Gem	6,0	14,0	S4–S7	369,63	+22	1577	7	01	20	+22	51,5
R Car	3,9	10,0	M4e–M8e	308,58	−62	396	9	29	43	−62	20,8
R Leo	4,4	11,3	M6e–M9e	312,57	+12	2096	9	42	11	+11	53,5
S Car	4,5	9,9	K7e–M4e	149,55	−60	2949	10	06	10	−61	03,5
SS Vir	6,0	9,6	C6	354,66	+ 1	2694	12	20	07	+ 1	19,4
R Hya	3	11	M6e–M8e	388,0	−22	3601	13	24	15	−22	45,9
R Cen	5,4	11,8	M4e–M7e	548,0	−59	5160	14	09	22	−59	26,9
R Ser	5,7	14,4	M6e–M8e	356,75	+15	2918	15	46	05	+15	26,2
RR Sco	5,0	12,4	M6e–M8e	279,74	−30	13626	16	50	15	−30	25,2
X Oph	5,9	9,2	M5e–M7e	334,22	+ 8	3780	18	33	34	+ 8	44,8
R Aql	5,7	12,0	M5e–M8e	293,0	+ 8	3970	19	01	33	+ 8	04,7
χ Cyg	3,3	14,2	S7–S10	406,84	+32	3593	19	46	43	+32	39,6
T Cep	5,4	11,0	M5e–M9e	387,79	+67	1291	21	08	13	+68	05,0
S Gru	6,0	15,0	M8e	401,54	—	—	22	19	56	−48	56,4
R Aqr	5,8	11,5	M7e	386,92	−16	6352	23	38	39	−15	50,3
R Cas	5,5	13,0	M6e–M8e	430,97	+50	4202	23	53	20	+50	49,9

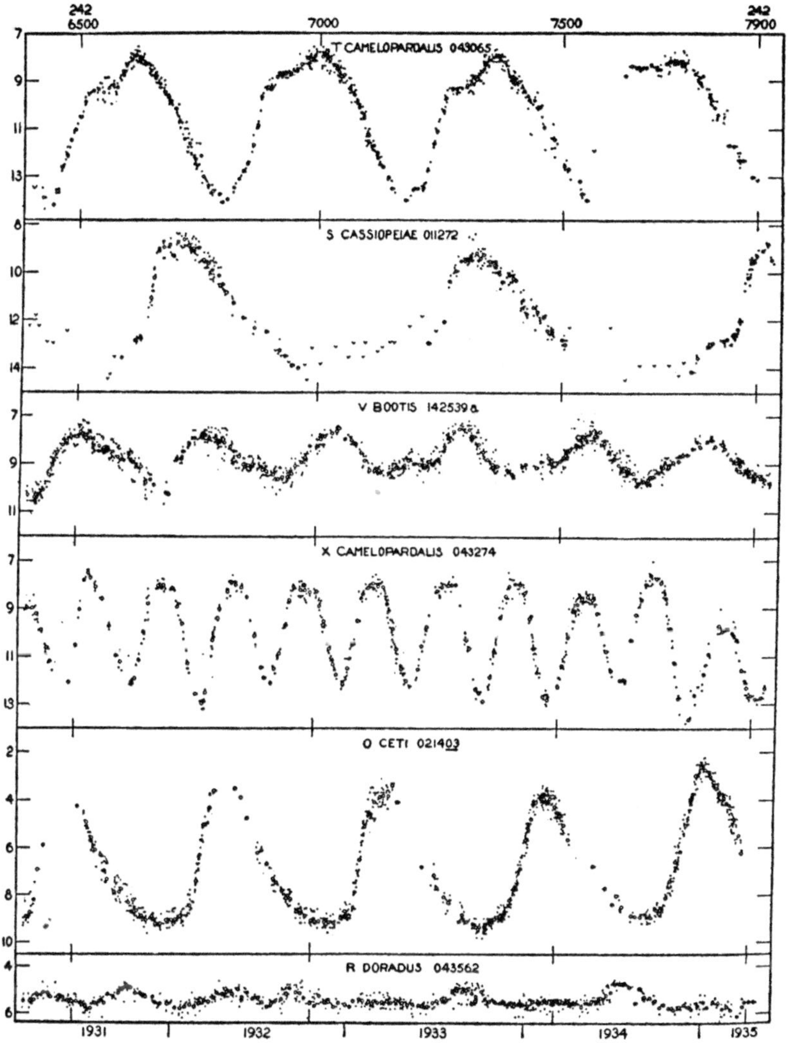

Bild 13.3 Visuelle Lichtkurven von vier Mira-Veränderlichen und zwei halbregelmäßigen Veränderlichen. Die Mirasterne sind: X Camelopardalis (mit einer Periode von 143 Tagen), *o* Ceti (Mira, mit einer Periode von 332 Tagen), T Camelopardalis (374 Tage) und S Cassiopeiae (611 Tage). Die halbregelmäßig Veränderlichen sind: V Bootis (258 Tage) und R Doradus (336 Tage). Alle Beobachtungen stammen von Mitgliedern der Amerikanischen Vereinigung der Beobachter von Veränderlichen Sternen (AAVSO) und wurden zwischen Juni 1931 und März 1934 gewonnen. Die Zeiteinteilung am oberen Rand der Abbildung ist in Julianischen Tagen (JD) gegeben, einer durchlaufenden Tageszählung ab dem Jahre 4713 vor Christus (1.1.), die momentan etwa bei zweieinhalb Millionen Tagen angelangt ist.

Die Koexistenz eines Molekülspektrums und eines hellen Linienspektrums ist eines der besten Kennzeichen von Mira-Sternen. Die langperiodischen Veränderlichen in 47 Tucanae werden zum Beispiel nur dann als Mira-Sterne bezeichnet, wenn sie eben dieses spektrale Merkmal aufweisen.

Diese zusammengefaßte Beschreibung deutet bereits darauf hin, daß die Probleme, die uns von den Mira-Sternen präsentiert werden, außergewöhnlich komplex sind. Paul Merrill, der viele wertvolle spektrale Untersuchungen dieser Objekte durchführte, hat so viele Widersprüchlichkeiten aufgezeigt, daß ich ihn immer mit dem Vorwurf zu reizen versuchte, er sei ein Pessimist, der meine, daß diese Probleme nie gelöst werden würden. Es ist allerdings leider eine Tatsache, daß sie bisher einer exakten Erklärung getrotzt haben.

Eine neue Dimension in der Untersuchung der Mira-Sterne konnte man durch Beobachtungen im Infraroten erreichen. Bei diesen relativ langen Wellenlängen (20000 Ångstroem und mehr) ändern sie sich in ihrer Helligkeit nur um etwa eine Größenklasse. Ihre großen visuellen Änderungen sind nur eine Täuschung, die aus dem Wechselspiel der Änderungen der Energieverteilung (die gerade bei diesen geringen Temperaturen im optischen Bereich einen großen Einfluß hat) und der molekularen Absorption entsteht. Untersuchungen von Molekülspektren im Infraroten und im Radiobereich halfen ebenfalls, die Atmosphärenstruktur dieser großen Sterne geringer Dichte zu klären, die wahrscheinlich, ähnlich wie die Cepheiden, eine Art Pulsation durchführen. Weiter zeigten die Beobachtungen im IR- und im Radiobereich, daß die Mira-Sterne von Hüllen mit zirkumstellarem Staub umgeben werden, was möglicherweise sowohl ein Produkt ihrer Aktivitäten als auch eine Hauptquelle ihrer besonderen Eigenschaften darstellt.

Mira-Sterne, wie sie in den Kugelhaufen auftreten, repräsentieren das eine Ende der Periodenverteilung aller bekannten Mira-Sterne, da im galaktischen Feld nur etwa zehn Prozent von ihnen eine Periode von weniger als 200 Tagen aufweisen. Die häufigste Periode liegt bei 275 Tagen, der Mittelwert bei etwas über 300 Tagen. Die Zahl der Feld-Mira-Sterne, die denjenigen in den Kugelhaufen vergleichbar sind, könnte aber sogar noch kleiner sein, als dieser Vergleich anzudeuten scheint.

Um diesen Punkt zu klären, ist es notwendig, die physikalischen Eigenschaften der Mira-Sterne im galaktischen Feld und derjenigen in Kugelsternhaufen zu vergleichen. Wir haben schon gesehen, daß die Mira-Sterne in 47 Tucanae den Feld-Mira-Sternen in Farbe und Spektrum sehr ähnlich sind. Sind sie ihnen aber auch bezüglich der Leuchtkraft ähnlich? Mit nur wenigen Ausnahmen (Doppelsternsysteme) war man bei den Mira-Sternen gezwungen, auf ihre Leuchtkräfte auf statistischem Weg aus ihren Bewegungen zu schließen. Das Resultat einer solchen Analyse ist in Bild 13.4 zu sehen: Je kürzer die Periode, desto heller (in absoluter visueller Größenklasse) ist der Stern. Die Daten, die man von Mira-Sternen mit physischen Begleitern erhalten hat (wie zum Beispiel von X Ophiuchi, einem Doppelstern mit einem K-Riesen), stimmen mit den statistischen Daten relativ gut überein. Der Datenpunkt, der die Sterne der kürzesten Periode (etwa 131 Tage) bezeichnet, fällt ebenso wie die Leuchtkraft von X Monocerotis (155,7 Tage) aus dem generellen Trend heraus. Die Mira-Sterne pulsieren also vermutlich ähnlich wie die Cepheiden und die RR Lyrae-Sterne mit Perioden, die von ihrem physikalischen Zustand (hauptsächlich vermutlich der Dichte) abhängig sind.

Es gibt tatsächlich eine Anzahl von Mira-Sternen im galaktischen Feld mit Perioden, die kleiner als 150 Tage sind. Man findet sie im Sternbild Schütze (Sagittarius) in Richtung zum galaktischen Zentrum (allerdings nicht weit genug entfernt, um tatsächlich im galaktischen Zentrum zu liegen). Diese Sterne, die ein charakteristisches Mira-Spektrum aufweisen, scheinen eine geringere Helligkeitsvariation als die üblicherweise auftretenden sechs Größenklassen zu besitzen. Man kann sie zu einer Gruppe zählen, die aus halbperiodischen und periodischen Veränderlichen mit noch kürzerer Periode und Amplitude bestehen und die den Mira-Sterne ähnlich sind. Ihre Spektren zeigen eine große Vielzahl von verschiedenen molekularen Absorptionen ebenso wie (abhängig von der Phase der Lichtkurve) auch einige helle Linien. Möglicherweise sollte man sie als physikalisch nicht

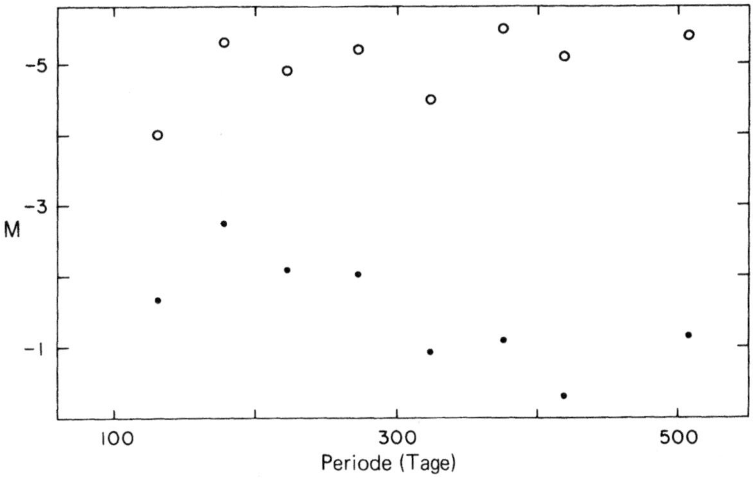

Bild 13.4 Perioden und absolute Helligkeiten für Mirasterne. Die Punkte bezeichnen Mittelwerte für einige Sterngruppen, deren absolute Helligkeit aus ihren Bewegungen abgeleitet wurde. Die Kreise geben die absolute Bolometrische Helligkeit (Gesamtstrahlung) der gleichen Sterngruppen wieder, diesmal jedoch aus deren Temperatur bestimmt. Die scheinbare Abnahme der Helligkeit mit der Periodenlänge ist auf inneratmosphärische Absorption in komplizierteren Molekülen zurückzuführen, die sich gerade im visuellen Teil des Spektrums bemerkbar macht. Dieser Effekt ist natürlich bei Betrachtung der gesamten Strahlung nicht mehr gegeben, wo eher auffällt, daß die Mirasterne wie auch schon die Cepheiden, zu längeren Perioden hin leuchtkräftiger werden.

allzuweit von den Mira-Sternen entfernt klassifizieren. Etwa dreißig solcher Sterne sind bis heute bekannt. Ihre Leuchtkräfte sind etwas größer als die der Mira-Sterne: Im visuellen und im photographischen Bereich ist ihre Leuchtkraft größer als die durchschnittliche Leuchtkraft der Mira-Sterne längerer Periode.

Aber die visuelle Helligkeit ist nur ein sehr trügerischer Hinweis auf die wahre Leuchtkraft. Die Mira-Sterne mit den längsten Perioden sind diejenigen mit den spätesten Spektralklassen und daher auch die kühlsten Objekte. Je kühler ein Stern ist, desto mehr Licht sendet er im für unsere Augen unsichtbaren Infrarot aus. Wenn man die nötigen Umrechnungen vornimmt, so scheinen alle Mira-Sterne inklusive der soeben besprochenen kurzperiodischen Sterne etwa die gleiche totale (bolometrische) Leuchtkraft aufzuweisen, wenn sie sich auch selbstverständlich in Größe und Dichte sehr unterscheiden. Nach dem Stefan-Boltzmann-Gesetz ändert sich die Strahlung pro Einheitsoberfläche mit der vierten Potenz der Temperatur. Da die Oberfläche proportional dem Quadrat des Radius ist, so müssen sich die Radien von Sternen gleicher Leuchtkraft umgekehrt proportional zum Quadrat der Temperatur verhalten. Die Temperaturen der Sterne kennt man natürlich nur sehr ungenau, außerdem ist dies nur eine sehr grobe Vereinfachung, da die Sterne als einheitliche Kugeln mit einer bestimmten Temperatur betrachtet werden. Trotzdem scheint es so zu sein, daß die Mira-Sterne mit den längsten Perioden die größten sind. Daß also die Perioden wie bei den Cepheiden mit den mittleren Dichten in Zusammenhang zu stehen scheinen, erscheint damit zumindest plausibel.

Der Berührungspunkt zwischen den Mira-Sternen in Kugelhaufen und denen im galaktischen Feld ist zumindest durch drei gut untersuchte Mira-Sterne in 47 Tucanae (siehe Bild 13.1) gegeben. Wir können annehmen, daß sie den galaktischen Mira-Sterne sowohl in Leuchtkraft wie auch im Spektrum ähnlich sind. Daher können wir die kurzperiodischen Feld-Mira-Sterne mit denjenigen in metallreichen Kugelsternhaufen in Verbindung bringen, wenn wir berücksichtigen, daß die Periode proportional zum Metallgehalt in Kugelhaufen zunimmt.

Dieses Ende der Periodenverteilung der Mira-Sterne und ihr Vergleich mit den Mitgliedern von metallreichen Kugelsternhaufen gibt uns nur sehr wenige Hinweise auf ihre Rolle in der Sternentwicklung. Allerdings haben wir hier eine Art „terminus ad quem". Die Mira-Sterne zeigen (wenn man von einer durch Oberschwingungspulsation möglichen Diskontinuität absieht) eine kontinuierliche Verteilung von Periode, Spektrum und visueller Leuchtkraft. Das ist aber noch nicht alles. Auch ihre Verteilung im galaktischen Feld und die Eigenheiten ihrer Bewegung weisen einen Zusammenhang mit der Periode auf. Diejenigen mit den längsten Perioden sind am stärksten zur galaktischen Ebene hin konzentriert, während dies bei kurzperiodischen nicht der Fall ist. Die Kugelsternhaufen sind wesentlich weniger zur galaktischen Ebene konzentriert als die Mira-Sterne mit den kürzesten Perioden, während die offenen Sternhaufen wiederum stärker konzentriert sind als die langperiodischen Mira-Sterne. Ähnliche Tendenzen zeigen sich auch bei ihren Bewegungen. Die Mira-Veränderlichen stellen also eine Art Brücke zwischen den beiden Sternhaufentypen dar. Die Sterne mit den kürzeren Perioden liegen in Richtung zum Halo, während die mit den längeren Perioden eine kontinuierlich steigende Tendenz aufweisen, sich in Richtung der Scheibe anzuordnen.

Kurzperiodische Mira-Sterne sind etwas metallärmer als die Sonne (etwa ein Viertel des Sonnenwertes) und weisen eine 47 Tucanae ähnliche Zusammensetzung auf. Ihre Massen sind in der Größenordnung der Sonnenmasse und ihre Alter liegen, wie auch die der Sternhaufen, bei etwa zehn Milliarden Jahren. Diejenigen mit längeren Perioden weisen eine sonnenähnliche Zusammensetzung auf. Je länger die Periode wird, desto jünger und massiver scheinen diese Sterne zu werden (was man aus ihren Verteilungen und Bewegungen ableiten kann). Auf die nachfolgenden Abenteuer von solchen langperiodischen Veränderlichen kann man möglicherweise durch die Suche nach Objekten von ähnlicher Verteilung und Bewegung schließen.

Schließlich sollte noch erwähnt werden, daß sich die Mira-Sterne in der Galaxie mit Perioden kürzer als 250 Tage zum galaktischen Zentrum hin konzentrieren. Dies sind etwa fünfzig Tage weniger als die durchschnittliche Periode und ist konsistent mit der Vorstellung, daß sie ihren Ursprung in metallreichen kugelförmigen Sternhaufen haben, die ebenfalls zum galaktischen Zentrum hin konzentriert sind. Die Mira-Sterne in den restlichen Teilen des Systems sind im Allgemeinen metallreicher und zeichnen sich durch längere Perioden aus (siehe Bild 13.5). Sind sie die Überreste von Sternhaufen von noch größerem Metallgehalt, als wir sie von den Kugelsternhaufenkernen her kennen? Wenn sie massenreicher sind als die von kürzerer Periode, so müssen wir ihre relativ große Zahl erklären: Erstens, weil generell massenreichere Sterne seltener sind (Leuchtkraftfunktion), und zweitens, weil sie sich bei gleicher Zusammensetzung schneller entwickeln müßten.

Die Beziehung der Mira-Sterne zum zweiten Riesenast in metallreichen Kugelsternhaufen läßt viele Fragen unbeantwortet. Warum gibt es sie nicht einmal in den ältesten offenen Sternhaufen? Warum sind sie andererseits im galaktischen Feld so zahlreich? Die Mira-Sterne sind in gewisser Weise die am wenigsten verstandenen Veränderlichen überhaupt. Die komplizierten Variationen in ihren Spektren harren noch immer einer genauen Erklärung. Trotzdem deuten die modernen Untersuchungen im Infraroten und im Radiobereich darauf hin, daß wir bald für diese kühlen, großen roten Sterne, die zirkumstellare Hüllen besitzen, eine physikalische Erklärung erwarten können.

Neben den Mira-Sternen enthalten diese Sternhaufen einige irreguläre und halbregelmäßige Veränderliche geringer Amplitude. Es scheint sogar so zu sein, daß alle Sterne, die sich am extremen Ende des roten Riesenastes befinden, veränderlich sind. Die in Bild 13.2 gezeigte Situation ist möglicherweise sogar typisch. In Kugelsternhaufen findet man wesentlich

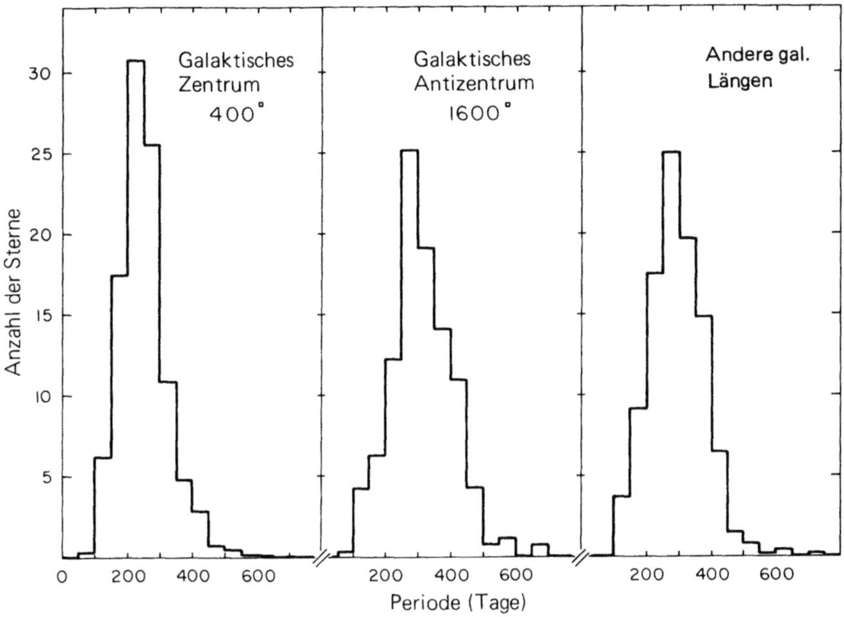

Bild 13.5 Häufigkeit der einzelnen Perioden von galaktischen Mirasternen in verschiedenen galaktischen Längen. Links: Mirasterne in einem Gebiet von 400 Quadratgrad rund um das galaktische Zentrum. Mitte: 1600 Quadratgrad um das galaktische Antizentrum (da sich dort von vorneherein weniger Sterne befinden, mußte ein größeres Gebiet gewählt werden). Rechts: andere Gebiete. Es zeigt sich deutlich eine Konzentration der kürzeren Perioden zum galaktischen Zentrum hin.

mehr un- und halbregelmäßige Veränderliche als in offenen Sternhaufen – und kein einziger Mira-Stern konnte bisher als Mitglied eines offenen Sternhaufens gefunden werden. Auch wenn wir uns daran erinnern, daß Kugelsternhaufen mindestens tausendmal besser besetzt sind als offene Sternhaufen, bleibt dieser Unterschied doch sehr auffällig.

Wenn wir sie vor dem Hintergrund der Kugelsternhaufen betrachten, so markieren die Mira-Sterne wieder eine neue kritische Phase der Sternentwicklung. Sie stellen ein Übergangsstadium innerhalb des Instabilitätsstreifens dar. Sie sind charakteristische Mitglieder von Sternhaufen, die Anzeichen eines horizontalen Astes aufweisen.

Wenn wir uns an die Entwicklungsabfolge von offenen Sternhaufen erinnern, so ist es uns möglich gewesen, diese mit den für eine bestimmte chemische Zusammensetzung berechneten Entwicklungswegen in Verbindung zu bringen. Solche Berechnungen werden aber bei den Kugelsternhaufen durch die vielen verschiedenen Metallgehalte, die berücksichtigt werden müssen, erschwert. Statt mit einem relativ einfachen Entwicklungsweg werden wir mit einem relativ komplizierten, sich ständig durchdringenden und überlagernden Entwicklungsmuster konfrontiert, so daß es immer schwieriger wird, Theorie und Beobachtung in Übereinstimmung zu bringen.

Anstatt daß der Stern sich einfach von der Spitze des Riesenastes entlang des horizontalen Astes in den blauen Bereich bewegt, verläßt er den horizontalen Arm an einem von Masse, Struktur und Zusammensetzung bestimmten Punkt. Er bewegt sich wieder zurück und erreicht den Riesenast ein zweites Mal (den sogenannten „asymptotischen Riesenast"). Dieser Abknickpunkt vom horizontalen Ast definiert dessen Ausdehnung, so daß für die metallreichen Kugelhaufen nur eine Andeutung des Riesenastes übrig bleibt. Die Mira-Sterne stehen in enger Verbindung mit diesem zweiten Ausflug in den roten Bereich.

Kapitel 14

Kugelsternhaufen und kurzperiodische Veränderliche

Die Form des Farben-Helligkeits-Diagramms ist deutlich mit dem Metallgehalt korreliert. Die metallreichen Kugelsternhaufen besitzen nur einen ansatzweise vorhandenen horizontalen Arm, während dieser bei den metallärmeren Objekten bereits von den roten bis zu den blauen Sternen reicht und bei den metallärmsten im blauen Teil die höchste Besetzungsdichte aufweist. Innerhalb des Farben-Helligkeits-Diagramms befinden sich zwei Instabilitätsstreifen: der eine am äußersten Ende des Riesenastes und der andere eher in der Nachbarschaft der blauen Sterne. Der erste erwähnte Instabilitätsstreifen ist das Gebiet der Mira-Veränderlichen. Der zweite Streifen kreuzt den horizontalen Arm und bildet dort ein kleines Gebiet von Zustandsgrößen, in dem so gut wie alle Sterne Helligkeitsvariationen aufweisen. Eine gewisse Ähnlichkeit mit dem Cepheiden-Instabilitätsstreifen, der sich in der Mitte der Hertzsprung-Lücke befindet, ist nicht von der Hand zu weisen. Hier finden wir in dem besagten Gebiet die RR Lyrae-Sterne. Manchmal werden sie als „Haufenveränderliche" bezeichnet, aber ich möchte hier diese falsche Bezeichnung nicht verwenden (falsch, da sie weder nur in Sternhaufen vorkommen noch die einzigen Veränderlichen sind, die man in solchen Haufen findet).

In seinen klassischen Untersuchungen von Veränderlichen in Kugelsternhaufen hatte sich Solon I. Bailey durch einen glücklichen Zufall auf Messier 3 und ω Centauri konzentiert. Diese beiden Sternhaufen enthalten eine große Anzahl von RR Lyrae-Sternen, blaue pulsierende Veränderliche, die in vielerlei Hinsicht an die Cepheiden erinnern. Sie wurden nach ihrem hellsten Repräsentanten, einem Stern im galaktischen Feld, benannt. Mehr als neunzig Prozent aller in kugelförmigen Sternhaufen bekannten Veränderlichen sind RR Lyrae-Sterne, obwohl man sie allerdings nicht in allen Kugelhaufen findet. Oder, wie es Helen Sawyer Hogg ausgedrückt hat: „Ihre meist-verbreitetste durchschnittliche Häufigkeit ist gleich Null". Sie sind im galaktischen Feld, wo man bisher über 5000 von ihnen katalogisiert hat, wesentlich häufiger als in Kugelsternhaufen.

Tabelle 14.1 faßt die RR Lyrae-Sterne in zweiundzwanzig gut untersuchten Kugelsternhaufen zusammen. Die metallreichen Kugelsternhaufen weisen offensichtlich die wenigsten RR Lyrae-Sterne auf. Auch in den reichsten Haufen, Messier 69 und 71, konnten keine gefunden werden, und 47 Tucanae, auch einer der besser besetzten Kugelhaufen, enthält nur zwei von ihnen. Ein dritter befindet sich in unmittelbarer Nachbarschaft und weist annähernd die gleiche Helligkeit auf, was ihn in eine vergleichbare Entfernung setzen würde, aber seine gemessene Raumbewegung schließt eine Mitgliedschaft zum Haufen aus. Es wäre vorstellbar, daß dieser Stern ein verlorengegangenes Mitglied des Sternhaufens ist. Vor vielen Jahren hatte schon Harlow Shapley ähnliche Ideen ausgesprochen. Er meinte, daß die galaktischen Feld-RR Lyrae-Sterne von den Kugelsternhaufen verloren worden waren. Anscheinend hat er damit recht gehabt. Man glaubt, daß die Kugelhaufen vieler ihrer ursprünglichen Mitglieder verlustig gegangen sind.

Tabelle 14.1
Daten für zweiundzwanzig Kugelsternhaufen

Sternhaufen (NGC)	Metall-index	Gesamt-spektrum	Typ (der RR Lyrae-Sterne)	RR Lyrae-Sterne beobachtet	geeicht
6637 (M69)	0,66	G5	—	0	0
6838 (M71)	0,59	G2	—	0	0
104 (47 Tucanae)	0,56	G3	—	2	0,5
6171 (M107)	0,50	G2	I	22	69
362	0,44	F8	I	12	17
6362	0,43	—	I	23	78
5904 (M5)	0,39	F5	I	92	46
6981 (M72)	0,38	G2	I	33	69
5272 (M3)	0,38	F7	I	200	97
5139 (ω Cen)	0,35	F7	II	137	11
6093 (M80)		F7	—	?	?
6752	0,35	F6	—	?	?
6205 (M13)	0,34	F5	—	2	1
6397	0,33	F5	—	0?	0?
6656 (M22)	0,32	F5	II	17	9
4833	0,31	—	II	11	11
7089 (M2)	0,30	F3	II	17	5
5024	0,30	F4	II	33	12
5897	0,26	—	?	5	7
7099 (M30)	0,26	F3	II?	3?	5?
7078 (M15)	0,25	F3	II	78	23
6341 (M92)	0,25	F2	II	13	8

Wenn wir die relativen Häufigkeiten von RR Lyrae-Sterne in Kugelsternhaufen bestimmen wollen, so müssen wir die Gesamtzahl der im Haufen vorhandenen Sterne berücksichtigen, eine Zahl, die unter den Kugelsternhaufen oft um einen Faktor bis zu 1000 variiert. Der helle Haufen 47 Tucanae etwa ist besonders sternreich und besitzt aber unter seinen mehr als eine Million Mitgliedern nur zwei RR Lyrae-Sterne. Man kennt 137 von ihnen in ω Centauri und zehn in NGC 5053, wobei aber der letztere relativ zur gesamten Sterndichte drei bis viermal so reich an RR Lyrae-Sternen ist wie der besser besetzte ω Centauri. Wenn wir hier die RR Lyrae-Häufigkeiten vergleichen, so haben wir sie auf einen willkürlichen Standard von $M_V = -7{,}5$ als Haufenleuchtkraft gebracht, was wenigstens einen groben Anhaltspunkt für die wahren Verhältnisse liefert. Die so korrigierten Werte sind in der letzten Spalte von Tabelle 14.1 gegeben.
Die Bilder 14.1 bis 14.5 zeigen fünf zusammengesetzte Farben-Helligkeits-Diagramme, die aus insgesamt neunzehn in Tabelle 14.1 enthaltenen Haufen zusammengesetzt wurden. Die Tabelle ist in sechs Gruppen mit abnehmendem Metallindex unterteilt. Der Typ des Haufens (I oder II) bezieht sich auf die Periodenverteilung der RR Lyrae-Sterne und wird weiter unten noch erklärt.
In Bild 14.1, in dem drei Sternhaufen mit einem Metallindex zwischen 0,50 und 0,43 enthalten sind, ist das rote Ende des horizontalen Arms sehr gut mit Sternen besetzt, obwohl man auch einen Fortsatz in den blauen Bereich erkennen kann. Dazwischen liegt die Lücke, die von den RR Lyrae-Sternen besetzt ist, und wo man eine noch größere Streuung von

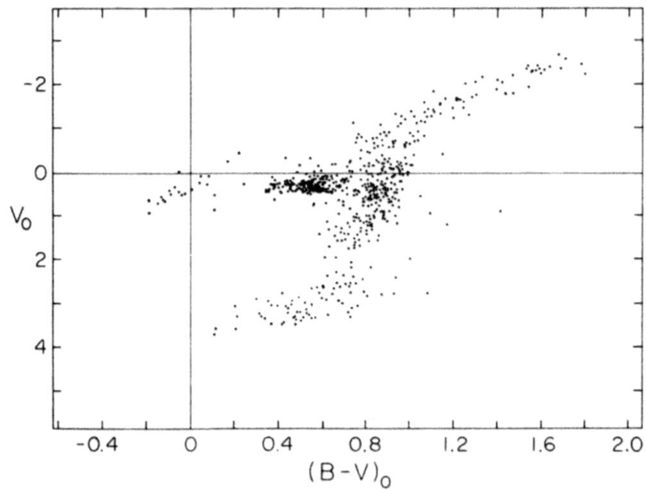

Bild 14.1 Zusammengesetztes Farben-Helligkeits-Diagramm der drei Kugelsternhaufen NGC 6362, 362 und 6171 (Messier 107), die sich in Entfernungen von 5,5, 7,6 und 5,2 Kiloparsec befinden. Sie sind etwas an Metallen angereichert, aber dennoch metallärmer als die in Kapitel 13 diskutierten.
Oben: Photographien von NGC 6362 und NGC 362 im gleichen Maßstab.
(Photographien: Harvard-Observatorium)

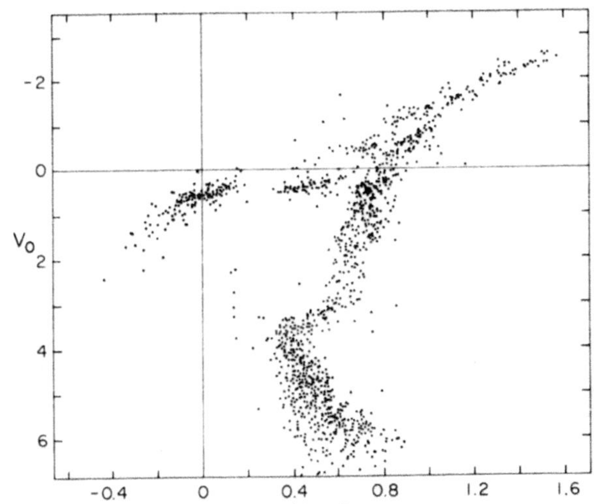

Bild 14.2 Zusammengesetztes Farben-Helligkeits-Diagramm der Kugelsternhaufen NGC 5272 (Messier 3), 6981 (Messier 72) und 5904 (Messier 5), die sich in einer Entfernung von 8,8, 15,4 und 6,7 Kiloparsec befinden. Sie sind etwas metallärmer als die in der Abbildung 14.1 gezeigten Haufen. Die beiden Photographien oben (NGC 5272, links, und NGC 5904, rechts) sind im gleichen Maßstab. Die Aufnahme von NGC 5272 wurde auf einer rotempfindlichen Platte gewonnen.
(Photographien: Harvard-Observatorium)

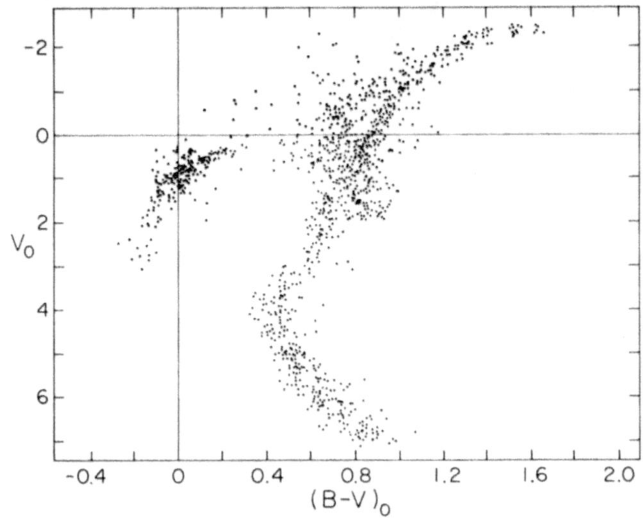

Bild 14.3 Zusammengesetztes Farben-Helligkeits-Diagramm der vier Kugelsternhaufen NGC 6205 (Messier 13 im Herkules), 6752, 6093 (Messier 80) und 5139 (ω Centauri), die sich in Entfernungen von 6,3, 4,0, 0,7 und 4,9 Kiloparsec befinden. Sie sind noch ärmer an Metallen als die in den beiden vorhergegangenen Abbildungen besprochenen Haufen. Oben: Aufnahmen von NGC 6205, 6093 und 5139 (von links nach rechts, im gleichen Abbildungsmaßstab).
(Photographien: Harvard-Observatorium)

blauen Sternen feststellen kann. Anders als in den metallreichen Sternhaufen findet man in den in Bild 14.1 enthaltenen Haufen mehrere RR Lyrae-Sterne.
In den Bildern 14.1 bis 14.5, die Sternhaufen mit jeweils abnehmendem Metallgehalt zeigen, kann man eine fortwährende Änderung der Verteilung der Sterne am horizontalen Ast erkennen. Das rote Ende der RR Lyrae-Lücke wird immer schlechter, das blaue Ende mit abnehmenden Metallgehalt immer besser besetzt. Die meisten dieser Haufen enthalten RR Lyrae-Sterne, allerdings bei sehr geringem Metallgehalt etwas weniger.
Wenn wir diese Diagramme betrachten, müssen wir uns an die Schwierigkeiten erinnern, mit denen Untersuchungen von Kugelsternhaufen verbunden sind. Da die Sterndichte in Zentrumsnähe sehr groß ist, sind hier eher nur Randsterne enthalten. Außerdem ist die Zahl der Sterne so groß, daß man eine gewisse Auswahl treffen muß und daher eher

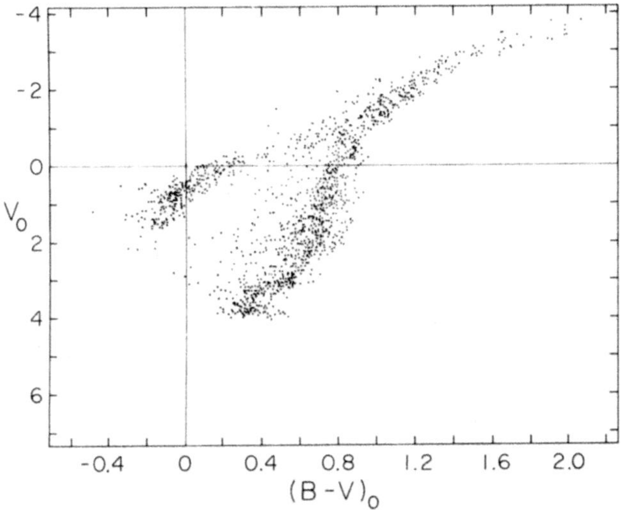

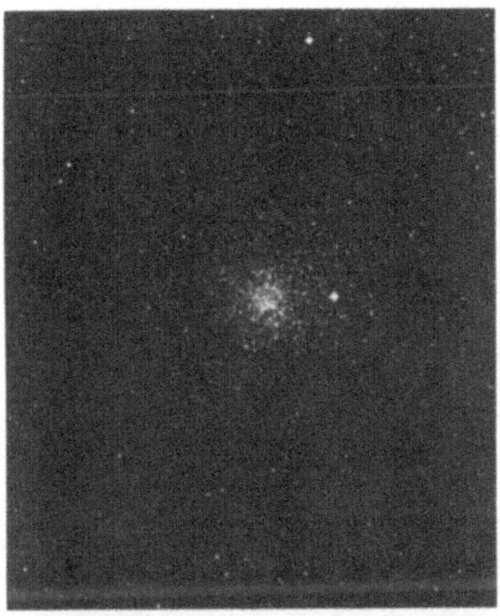

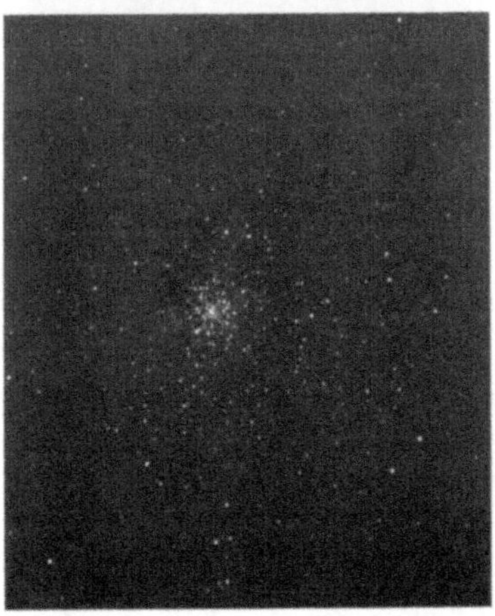

Bild 14.4

Zusammengesetztes Farben-Helligkeits-Diagramm der fünf Kugelsternhaufen NGC 5024 (Messier 53), 7089 (Messier 2), 4833, 6656 (Messier 22) und 6397. Sie sind noch metallärmer als die vorher behandelten Haufen. Mitte: Aufnahmen von NGC 4833 (links) und NGC 6656 (rechts); unten: Aufnahme von NGC 6397; alle im gleichen Maßstab. Sie sind 5,1, 2,7 und 2,0 Kiloparsec von uns entfernt. (Photographien: Harvard-Observatorium)

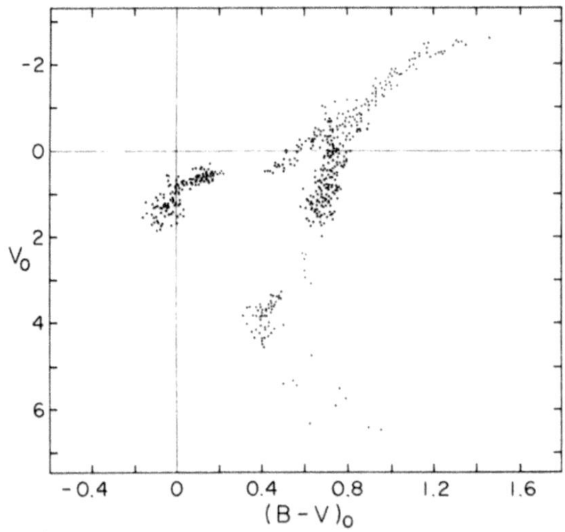

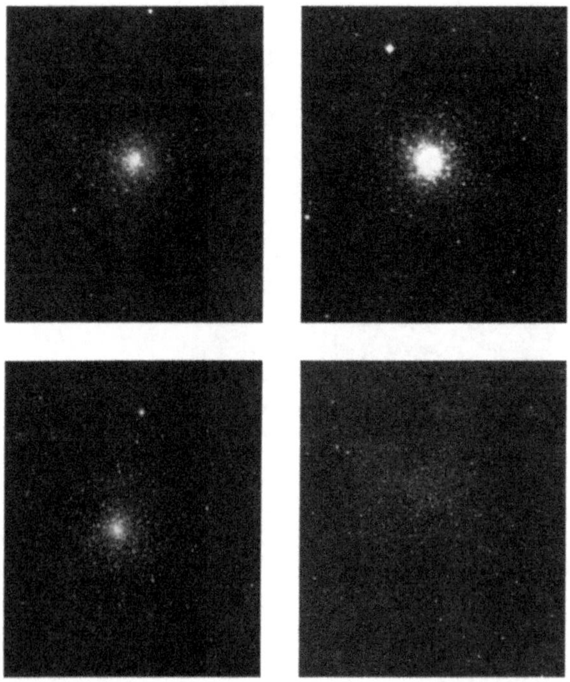

Bild 14.5
Zusammengesetztes Farben-Helligkeits-Diagramm der vier Kugelsternhaufen NGC 6341 (Messier 92), 7078 (Messier 15), 7099 (Messier 30) und 5897. Ihre Entfernungen betragen 7,5, 9,8, 7,4 und 10,8 Kiloparsec. Von allen abgebildeten Sternhaufen sind sie die metallärmsten. Unten: NGC 6341 (links), NGC 7078 (rechts); ganz unten: NGC 7099 (links) und NGC 5897 (rechts).
(Photographien: Harvard Observatorium)

die helleren Sterne in diesen Diagrammen findet. Weiterhin gibt es eine unvermeidliche Grenze bei den schwächeren Sternen die sowohl von der Entfernung des untersuchten Sternhaufens als auch vom verwendeten Instrument abhängt, weswegen man dem unteren Ende der Hauptreihe eine nicht zu große Bedeutung beimessen sollte. Daher geben diese Diagramme auch nur die Form der Farben-Helligkeits-Beziehung der Haufen an und nicht die relativen Sternhäufigkeiten in seinen Teilen. Als sicher kann gelten, daß die

Zahl der Sterne mit abnehmender Helligkeit bis zum Beobachtungslimit hin zunimmt, während jedoch eine genaue Bestimmung der Leuchtkraftfunktion wieder spezielle Probleme aufwerfen würde.

Die Zahl der in Tabelle 14.1 gegebenen veränderlichen Sterne ist außerdem etwas unsicher. In vielen Fällen ist die Zahl der RR Lyrae-Sterne kleiner als die Gesamtzahl der noch nicht genau auf Perioden untersuchten rasch veränderlichen Sterne, von denen sicherlich auch noch viele RR Lyrae-Sterne sind. Wir können daher die hier gegebenen Zahlen und auch die relativen Häufigkeiten der RR Lyrae-Sterne als Untergrenze ansehen. Die vorhandenen Trends sind aber so signifikant ausgeprägt, daß man sie als gültig bezeichnen kann. Jeder Sternhaufen ist allerdings ein Individuum für sich. Obwohl sie im groben alle etwa gleich alt sind, gilt das natürlich nicht im Detail – ebenso, wie es heute unmöglich ist, ein genaues Alter zu bestimmen oder sie in der Abfolge ihres Alters zu reihen. Wir haben sie hier einfacherweise in der Reihenfolge des abnehmenden Metallgehalts angeordnet.

Die RR Lyrae-Sterne sind pulsierende Veränderliche mit einer durchschnittlichen Periode von einem Tag. Typische Lichtkurven zeigen zwei verschiedene Verhaltensmuster (siehe Bild 14.6). Einige weisen eine rasche und starke Helligkeitsvariation auf, der eine kleinere Änderung vorangeht und die von einem langsameren Abfall gefolgt wird. Andere haben eine nahezu symmetrische sinusähnliche Lichtkurve mit einer geringeren Amplitude. Die asymmetrischen Lichtkurven mit großer Amplitude findet man vor allem bei längeren Perioden, die symmetrischen sinusförmigen Kurven eher bei kürzeren Perioden. In gut besetzten Sternhaufen, die Veränderliche beider Typen enthalten, fehlen Sterne mit einem intermediären Verhalten. Man glaubt heute zu wissen, daß die längeren Perioden mit der Grundschwingung und die kürzeren Perioden mit der ersten Oberschwingung in Übereinstimmung zu bringen sind, wobei die Beziehung zwischen diesen Perioden der Theorie entspricht.[17]

Diese Unterteilung in zwei Periodengruppen mit verschiedenen Lichtkurven existiert bei allen Kugelsternhaufen, die mehrere RR Lyrae-Sterne enthalten. Die betreffenden Perioden sind allerdings nicht für alle Haufen identisch. Sie zerfallen in zwei gut unterscheidbare Gruppen, die für NGC 5272 und für ω Centauri in Bild 14.7 illustriert sind. Im ersten Haufen liegt der Übergang von der Grundschwingung zur ersten Oberschwingung bei etwa einem halben Tag, beim letzteren bei 0,6 Tagen. Die Sternhaufen mit der niederen Übergangsperiode werden als Typ I, die mit der längeren Übergangsperiode als Typ II bezeichnet. Diese Typen findet man auch in Tabelle 14.1 (für die in den Bilder 14.1 bis 14.5 enthaltenen Sternhaufen). Auch die galaktischen Feld-RR Lyrae-Sterne zeigen eine ähnliche Periodenunterteilung, die allerdings wesentlich weniger gut ausgeprägt ist und vermutlich eine Mischung aus beiden Typen darstellt.

Wie man aus Tabelle 14.1 sehen kann, besteht ein enger Zusammenhang zwischen dem Metallgehalt eines Sternhaufens und den Eigenschaften der in ihm gelegenen RR Lyrae-

17 Den Unterschied zwischen Grundschwingungen und Oberschwingungen kann man sich am besten mit Hilfe eines Musikinstrumentes, etwa einer Flöte, verdeutlichen. Der Spieler bestimmt die Höhe des gespielten Tones dadurch, daß er verschieden lange Luftsäulen schwingen läßt (wodurch ja ein Ton hervorgerufen wird). Je kürzer die schwingende Luftsäule ist, desto höher ist auch der gespielte Ton. Eine Grundschwingung ist nun jeder Ton, der entsteht, wenn die Luftsäule im Instrument in ihrer vollen Länge schwingt. Oberschwingungen entstehen dann, wenn die schwingende Luftsäule in kleinere, auch schwingende Luftsäulen geteilt wird. Bei der ersten Oberschwingung ist die Luftsäule nun in zwei Teile geteilt, der entstandene Ton höher (um eine Oktave). Auch bei Sternen entstehen die verschiedenen Perioden (die den Tönen analog sind), durch Schwingungen des Sterns.

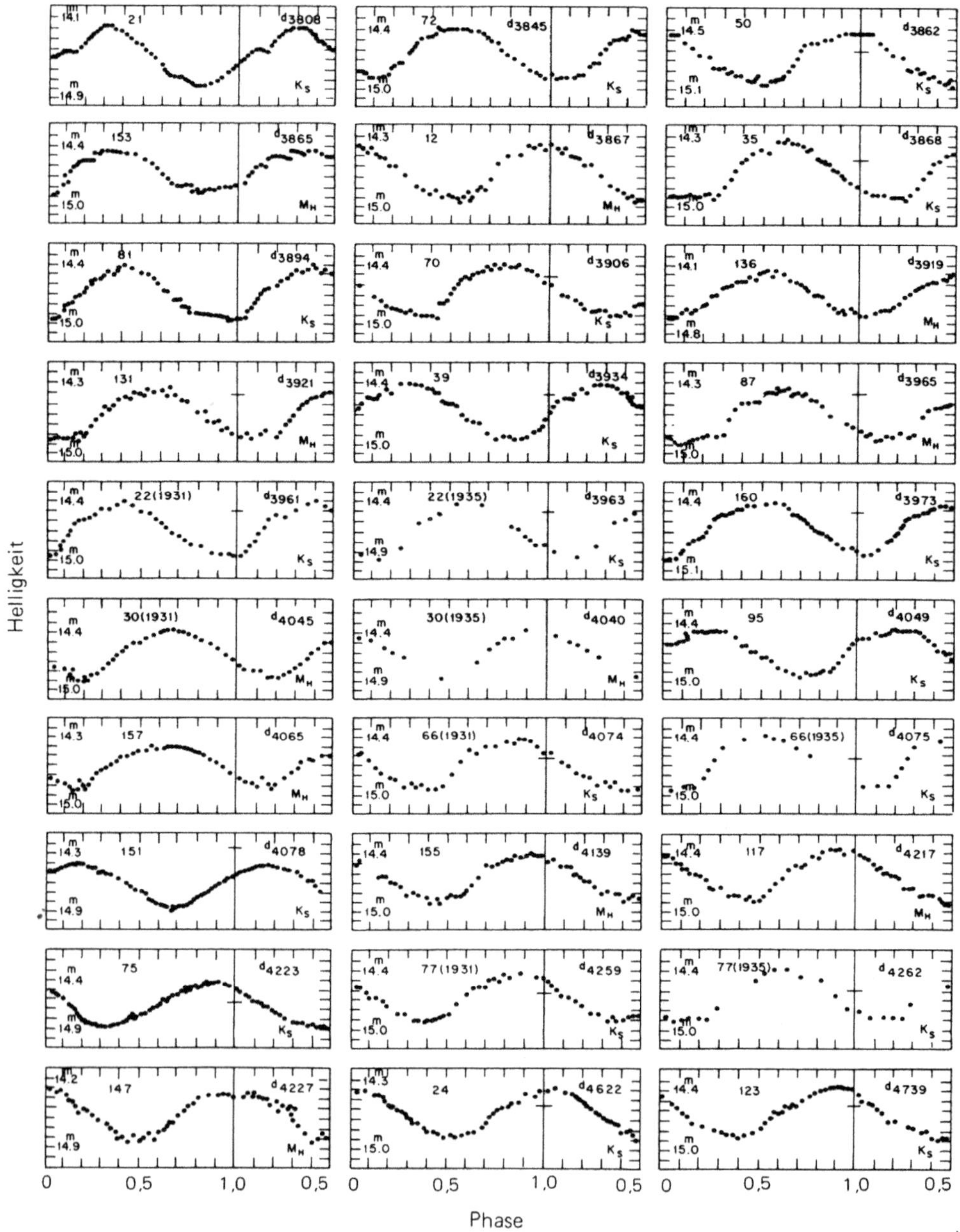
Helligkeit
Phase
21 d3808
72 d3845
50 d3862
153 d3865
12 d3867
35 d3868
81 d3894
70 d3906
136 d3919
131 d3921
39 d3934
87 d3965
22(1931) d3961
22(1935) d3963
160 d3973
30(1931) d4045
30(1935) d4040
95 d4049
157 d4065
66(1931) d4074
66(1935) d4075
151 d4078
155 d4139
117 d4217
75 d4223
77(1931) d4259
77(1935) d4262
147 d4227
24 d4622
123 d4739
0 0,5 1,0 0,5

a)

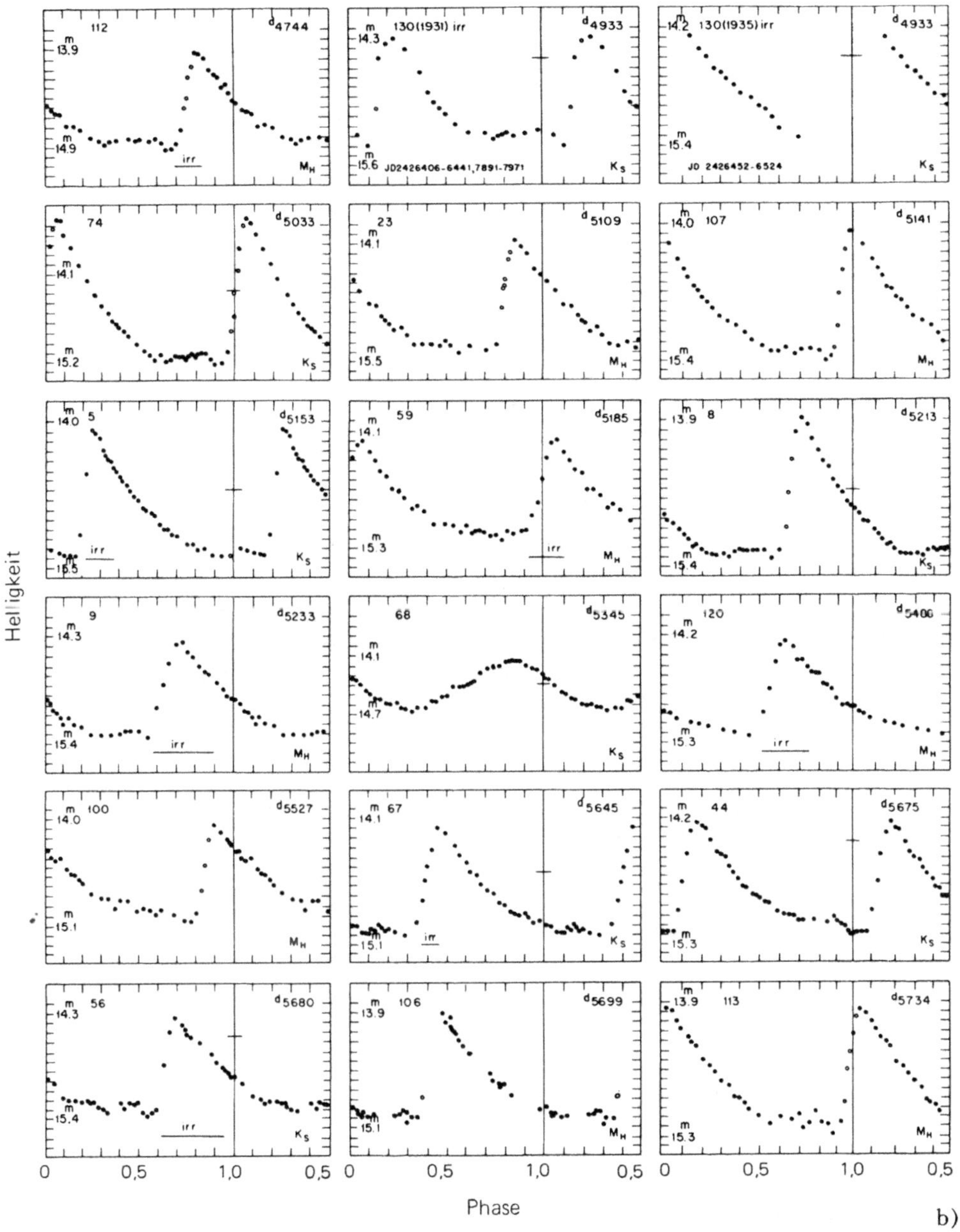

Bild 14.6 Lichtkurven von einigen der in NGC 5139 (ω Centauri) befindlichen RR Lyrae-Sterne. Die mit kurzen Perioden zeigen deutlich jene symmetrische Gestalt, die für die erste Oberschwingung charakteristisch ist. Bei etwa 0,474 Tagen erkennt man den Übergang zur asymmetrischen Grundschwingung.
(Nach einer Arbeit von W. C. T. Martin, ***Bulletin of the Astronomical Institutes of the Netherlands* 18**)

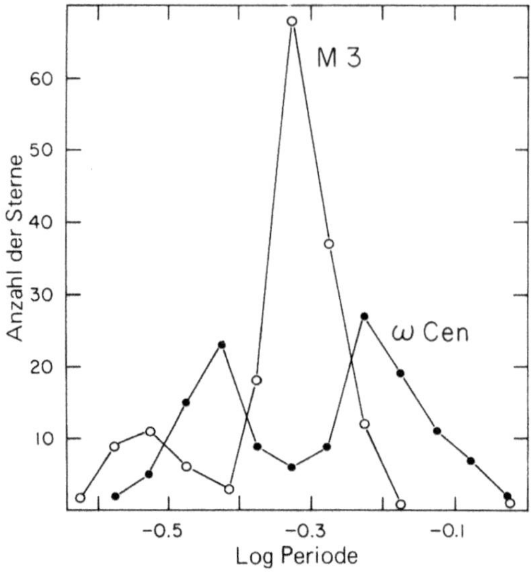

Bild 14.7
Periodenhäufigkeit von RR Lyrae-Sternen in NGC 5139 (ω Centauri) und in Messier 3 (NGC 5272). Die Verteilung im ersten Haufen ist von Typ II, im zweiten von Typ I.

Sterne. Wesentlich deutlicher ist dies in den Tabellen 14.2 und 14.3 zu sehen, die die Mittelwerte für die fünf Gruppen enthalten. In Sternhaufen des Typs I, die einen höheren Metallgehalt aufweisen, sind die RR Lyrae-Sterne wesentlich häufiger, ihre Übergangsperiode und ihre Leuchtkraft ist kleiner.

Tabelle 14.2
Metallindex und Eigenschaften von Kugelsternhaufen sowie die zugehörige Anzahl von RR Lyrae-Sternen

Durchschnittlicher Metallindex	Typ (nach RR Lyrae-Sternen)	Korrigierte Anzahl der RR Lyrae-Sterne
0,46	I	55
0,38	I	71
0,35	II	3
0,31	II	7
0,26	II	11

Tabelle 14.3
Metallindex von Kugelsternhaufen und Eigenschaften ihrer RR Lyrae-Sterne

Sternhaufentyp	Durchschnittlicher Metallindex	Korrigierte Anzahl der RR Lyrae-Sterne	Grundperiode (Tage)	Periodenänderungen
I	0,42	63	0,464	Zu- und Abnahmen
II	0,29	7	0,57	Zunahme

Es würde hier zu weit führen, die Interpretation der Daten zu beschreiben. Die Situation wird durch eine große Zahl von verschiedenen Parametern kompliziert. Allein aus der Zusammensetzung resultieren sehr viele verschiedene Möglichkeiten. Steht etwa der Metallgehalt in einem Zusammenhang mit dem jeweiligen Heliumgehalt? In welchem Ausmaß haben diese Sterne während ihrer Roten-Riesen-Phase Masse verloren? Wenn man annimmt, daß alle Sternhaufen gleich alt sind, weisen dann die Sterne mit unterschiedlicher chemischer Zusammensetzung an den identischen Punkten der Entwicklungswege dieselben physikalischen Eigenschaften (Leuchtkraft, Masse, Struktur) auf? Vermutlich nicht! Wir haben erwähnt, daß sich die RR Lyrae-Sterne in den Sternhaufen der Typen I und II in Übergangsperiode, Leuchtkraft und Häufigkeit unterscheiden. Vermutlich unterscheiden sie sich auch in der Masse. Dies wäre die einfachste Schlußfolgerung. Das Pulsieren der RR Lyrae-Sterne wäre einem bekannten Entwicklungsstadium zuzuordnen und mit eindeutigen physikalischen Bedingungen zu verknüpfen.

Die RR Lyrae-Sterne besetzen wie die Cepheiden einen Instabilitätsstreifen – um genau zu sein, sogar den gleichen, der auch von den Cepheiden und den δ Scuti-Sternen eingenommen wird. Nur könnte es hier sein, daß die Sterne (bei den metallreichen Kugelsternhaufen) nicht weit genug in Richtung zum blauen Bereich wandern, um den Instabilitätsstreifen völlig zu durchqueren, entweder, weil die Zeit dazu nicht ausreicht, oder (wahrscheinlicher) weil hier die Ausdehnung des Streifens durch die limitierte, dem Stern zur Verfügung stehende Energie begrenzt wird. Oder aber, sie bewegen sich wie die Cepheiden über den Instabilitätsstreifen hin und her, abwechselnd vom Blauen ins Rote und umgekehrt.

Hier gibt es eine mögliche Basis für das Verständnis von drei verschiedenen Kugelsternhaufenarten: jene ohne RR Lyrae-Sterne sowie die mit einer kurzen und die mit einer längeren Übergangsperiode. Die Entwicklungswege der ersten Gruppe haben vermutlich nie den Instabilitätsstreifen erreicht.

Die Sterne der zweiten Gruppe schwingen in der Grundschwingung und bewegen sich vom roten in den blauen Bereich. Auch wenn sie aufgrund ihres Aufbaues dann schon mit der ersten Oberschwingung pulsieren müßten, schwingen sie immer noch mit der Grundschwingung. Ihre Übergangsperiode wird also etwas verzögert; sie „schießen“ im Diagramm über den Übergangspunkt hinaus. Die Sterne der dritten Gruppe weisen das gleiche Verhalten in der umgekehrten Richtung auf. Da die Periode von der Dichte abhängt und da ein Stern, je blauer er wird, auch seine Dichte erhöht, müßte ein Stern, der sich vom roten in den blauen Bereich bewegt, eher eine abnehmende Periode besitzen, während ein Stern, der in der umgekehrten Richtung wandert, eher eine zunehmende Periode aufweist.

Die letzte Spalte in Tabelle 14.3 bezieht sich auf beobachtete Periodenänderungen, die man bei RR Lyrae-Sternen, sowohl in Sternhaufen als auch im galaktischen Feld, sehr häufig finden kann. Diese Periodenänderungen werfen einige Probleme auf, da sie sehr sprunghaft sind und plötzlich auftreten und somit leichte Zweifel an der Richtigkeit eines Bildes von stetigen physikalischen Änderungen aufkommen lassen. Trotzdem ist die Tendenz der RR Lyrae-Sterne in Sternhaufen zu einer Periodenverlängerung verträglich mit einer Lage auf dem Entwicklungsweg zum Roten hin. Die Mischung von zu- und abnehmenden Perioden in den Sternhaufen des Typs I ist weniger leicht zu interpretieren. Man könnte es, optimistisch betrachtet, auf ein mehrmaliges Durchlaufen ein und desselben Entwicklungsweges zurückführen. Dies ist allerdings nur ein sehr schwaches Argument, und es ist nicht geklärt, ob die Periodenänderungen von der Größe sind, die die Theorie verlangt.

Ungeachtet dieser Verwirrung muß man doch das Auftreten von RR Lyrae-Sternen in Kugelsternhaufen und ihre Beziehung zu einem kleinen, wohldefinierten Bereich des Farben-Helligkeits-Diagramms als sehr fundamental für die Sternentwicklung betrachten.

Die niedrige Leuchtkraft, mit der die Sterne in den kugelförmigen Sternhaufen die Hauptreihe verlassen, sowie das Vorhandensein von relativ vielen Unterriesen deuten auf ein bereits größeres Alter hin. Beides deutet auch darauf hin, daß die Sterne, die in dieser Phase stehen, bereits weniger massiv sind als die Sonne. Zeitlich folgt das RR Lyrae-Stadium nach dem Roten-Riesen-Stadium, aber vermutlich vor der Mira-Phase. In einigen besonders metallreichen Sternhaufen kommt es allerdings ziemlich sicher nie zur Bildung von RR Lyrae-Sternen.

In den meisten Kugelsternhaufen konnte man auch tatsächlich keine RR Lyrae-Sterne finden. Dafür kann es viele Gründe geben. Diese Sternhaufen können sehr metallreich sein; sie können, so wie NGC 6397, sehr wenige Mitglieder besitzen, oder aber die Veränderlichen in dem betreffenden Sternhaufen sind nur unvollständig untersucht (wie etwa in IC 4499, wo man über hundert Veränderliche, aber keine Perioden von ihnen kennt). Auch kann es sein, daß diese Haufen wegen ihrer geringen Helligkeit und extremen Lage noch überhaupt nicht auf Veränderliche untersucht worden sind, obwohl diese Gruppe rasch kleiner wird.

Die RR Lyrae-Sterne sind sehr zahlreich im galaktischen Feld; bisher konnten über 5000 von ihnen katalogisiert werden. Das Verhältnis von RR Lyrae-Sternen in Sternhaufen zu denen im galaktischen Feld beträgt etwa 0,22. Für Mira-Sterne liegt es bei nur 0,05, obwohl sich diese beiden Veränderlichentypen nur sehr wenig voneinander unterscheiden. Sie sind annähernd gleich leicht zu entdecken, haben in etwa die gleiche Leuchtkraft, die gleiche Masse und ein ähnliches Alter. Anders als die Mira-Sterne, die sowohl in Verteilung wie auch in Bewegung eine Brücke zwischen dem Halo und der Scheibe schlagen, zählen die RR Lyrae-Sterne hauptsächlich zum Halo. Dies bringt sie in eine enge Nachbarschaft zu den Kugelsternhaufen, was auch durch ihre Metallarmut im Vergleich zur Sonne bestätigt wird. Es gibt aber trotzdem einige RR Lyrae-Sterne der Scheibenpopulation, die einen höheren Metallgehalt sowie kürzere Perioden aufweisen. Sie könnten aus alten, den offenen Sternhaufen ähnlichen Gruppen entstanden sein, so ähnlich, wie wir es bei den langperiodischen Mira-Sternen angenommen haben. Zu dieser Gruppe zählen nahezu alle galaktischen Feld-Mira-Sterne, aber nur sehr wenige Feld-RR Lyrae-Sterne.

In offenen Sternhaufen allerdings konnte man bisher keine RR Lyrae-Sterne finden, und auch die Existenz eines horizontalen Astes ist für sie noch unbewiesen. In einigen alten offenen Sternhaufen gibt es über dem Abknickpunkt auf der Hauptreihe noch einige blaue Hauptreihensterne, die, wie wir in Kapitel 10 schon erwähnt haben, große Probleme für das Verständnis der Sternentwicklung aufwerfen. Einige Kugelsternhaufen (z. B. ω Centauri) zählen ebenfalls solche, als „blue stragglers" bekannte Objekte, zu ihren Mitgliedern. Sind sie sehr spät entstandene Sterne, oder sind sie Doppel- oder Mehrfachsysteme, so daß die beobachteten Eigenheiten auf die Wechselwirkung zwischen den beiden Partnern zurückzuführen sind? Diese Frage ist bis heute ungeklärt.

Es ist verlockend, an die schon erwähnte Ansicht von Shapley zu glauben. Die mehr als 5000 bekannten galaktischen Feld-RR Lyrae-Sterne waren vermutlich wirklich früher Mitglieder von Kugelsternhaufen. Die Mutterhaufen müssen nicht notwendigerweise heute noch beobachtbar sein oder überhaupt „überlebt " haben. Auch haben die RR Lyrae-Sterne, als sie den Sternhaufen verlustig gegangen sind, noch nicht notwendigerweise ihre heutigen Eigenschaften besessen, so daß ein direkter Vergleich zwischen den 1200 in Kugelsternhaufen bekannten und den im Feld auftretenden RR Lyrae-Sternen von nicht allzugroßer Bedeutung ist. Vermutlich haben die RR Lyrae-Sterne unterschiedliche Lebenserwartungen. Die vielen verschiedenen Zusammensetzungen der RR Lyrae-Sterne sind vergleichbar mit der äquivalenten Vielfalt bei den Kugelhaufen selbst.

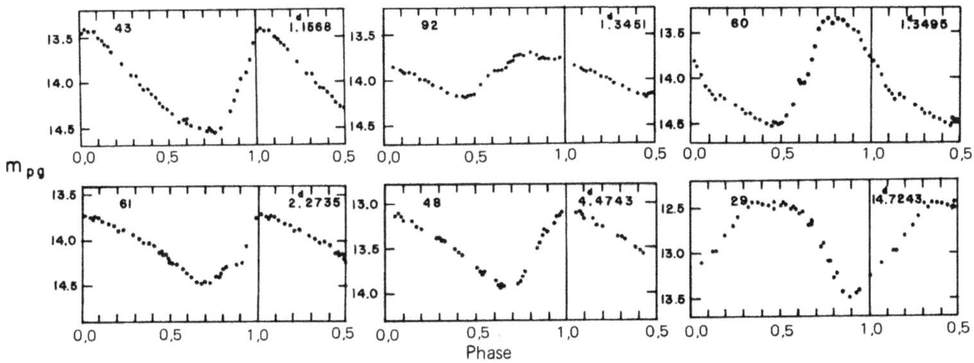

Bild 14.8 Lichtkurven von sechs Typ II-Cepheiden im Kugelsternhaufen NGC 5139. Links sind die photographischen Helligkeiten, unten die Phase in Intervallen von 0,1 Einheiten angegeben. Die Nummer des Veränderlichen im Sternhaufen ist oben links, die Periode in Tagen oben rechts in jedem Diagramm gegeben.
(Nach einer Arbeit von W. C. T. Martin, siehe Bild 14.6)

Neben den RR Lyrae-Sternen enthalten die Kugelsternhaufen noch einige Veränderliche, deren Perioden etwa im gleichen Bereich liegen wie diejenigen der Cepheiden im galaktischen Feld und in offenen Sternhaufen. Die Lichtkurven einiger dieser Sterne sind in Bild 14.8 zu sehen. Ihr Vorhandensein in den Kugelhaufen weist darauf hin, daß sie älter und schwächer sein müssen als die galaktischen Cepheiden. Im galaktischen Feld gibt es eine vergleichbare Gruppe von Veränderlichen, die vor allem aus den W Virginis-Sternen (nach ihrer Zugehörigkeit zur Population II auch als Typ II-Cepheiden bezeichnet; Cepheiden zählen zur Population I) und den RV Tauri-Sternen besteht; Lichtkurven von Typ II-Cepheiden siehe Bild 14.9.
Klassische Cepheiden weisen eine gut ausgeprägte Beziehung zwischen der Periode und der Form der Lichtkurve auf – anders die W Virginis-Sterne: Sie haben ein weniger ausgeprägtes Verhältnis zwischen Periode und Lichtkurve und auch geringere Amplituden. Die meisten Cepheiden zeichnen sich durch relativ konstante Perioden aus (trotz der Tendenz der längerperiodischen Sterne zu einem systematischen Wechsel) und wiederholen ihren Lichtwechsel mit großer Genauigkeit von Zyklus zu Zyklus. Die Perioden und Lichtkurven der W Virginis-Sterne hingegen ändern sich sehr unregelmäßig und nähern sich in ihrem Verhalten den halbregelmäßig veränderlichen RV Tauri-Sternen an. Die letzteren sind jenen kurzperiodischen Sternen ähnlich, die wir als Mira-Stern-Verwandte kennengelernt haben. In den Spektren der W Virginis-Sterne beobachtet man innerhalb der Periode Änderungen der Spektralklasse und der Radialgeschwindigkeit, was an die Cepheiden und an eine Art von Pulsationen erinnert. Allerdings zeigen sie auch bei Helligkeitszunahme ähnlich wie die Mira-Sterne Emissionslinien sowie gewisse Diskontinuitäten in der Radialgeschwindigkeitsperiode, die man am besten dann verstehen kann, wenn man annimmt, daß innerhalb jeder Periode eruptiv Material vom Stern ausgeworfen wird. Solche helle Linien und ähnliche Radialgeschwindigkeitsänderungen konnte man auch bei RR Lyrae-Sternen finden.
Weiterhin sind die Leuchtkräfte von W Virginis-Sternen wesentlich niedriger als die von klassischen Cepheiden mit einer ähnlichen Periode. Auch sie folgen ähnlich wie die Cepheiden einer Perioden-Leuchtkraft-Beziehung. Diese beiden Beziehungen laufen lange Zeit parallel, stimmen aber nicht überein, was nicht nur für die W Virginis-Sterne in Kugelhaufen, sondern auch in anderen Galaxien gilt. Die vierzehn in der Großen Magellanschen

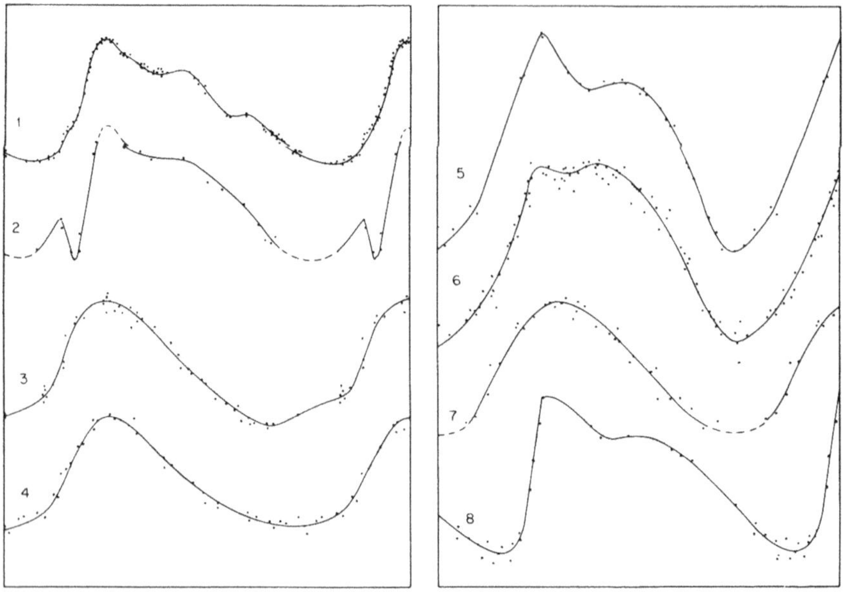

Bild 14.9 Lichtkurven von acht galaktischen Typ II-Cepheiden. Ein Vergleich mit Abbildung 8.13 zeigt, daß sowohl die Form der Lichtkurven wie auch ihre Beziehung zur Periode von denen der klassischen Cepheiden deutlich verschieden ist. Die Veränderlichen sind: (1) BL Herculis (Periode 1,307 Tage), (2) VZ Aquilae (1,668 Tage), (3) κ Pavonis (9,064 Tage), (4) AP Herculis (10,408 Tage), (5) CS Cassiopeiae (14,733 Tage), (6) W Virginis (Prototyp der Pop. II-Cepheiden, Periode 17,277 Tage), (7) RX Librae (24,932 Tage) und (8) TW Capricorni (28,558 Tage).

Wolke vorhandenen W Virginis-Sterne weisen eine um zwei Größenklassen niedriger liegende Perioden-Leuchtkraft-Beziehung auf als die Cepheiden. Daten von Messier 31, der großen Andromeda-Galaxie, unterstützen diese Schlußfolgerung.

Die W Virginis-Sterne unterscheiden sich auch in ihrer Zusammensetzung von den klassischen Cepheiden: Typisch für Cepheiden ist die metallreiche Zusammensetzung, die relativ junge Sterne in offenen Sternhaufen auszeichnet. Einige W Virginis-Sterne sind offensichtlich, wie etwa AC Herculis, sehr metallarm. Bei den Feld-W Virginis-Sternen scheinen die Daten darauf hinzuweisen, daß wir es mit einer Gruppe von alten, metallarmen Sternen mit relativ niedriger Leuchtkraft und Massen vergleichbar der Sonnenmasse zu tun haben, während die Cepheiden junge, metallreiche Objekte mit drei- bis neunfacher Sonnenmasse sind.

Die Verteilung dieser beiden Klassen von pulsierenden Veränderlichen ist ebenso verschieden wie ihr Verhalten. Cepheiden sind zur galaktischen Ebene hin konzentriert. Nur einige wenige sind mehr als 250 Parsec von ihr entfernt. Diejenigen mit den längsten Perioden deuten auf eine Art „Spiralstruktur" ähnlich wie die jungen offenen Sternhaufen und die hellen Wasserstoffwolken hin. Man muß aber sehr optimistisch sein, wenn man aus der Verteilung der Cepheiden im Ganzen eine Struktur ableiten will (was man ja auch angesichts ihres Alters nicht mehr erwarten würde). Im Gegensatz dazu findet man die W Virginis-Sterne in großen Entfernungen zur galaktischen Ebene – bis zu 4000 Parsec weit. Ihre Verteilung weist keinerlei Anzeichen einer Struktur auf. Außerdem zeigen sie eine klare Konzentration zum galaktischen Zentrum auf, was auf eine

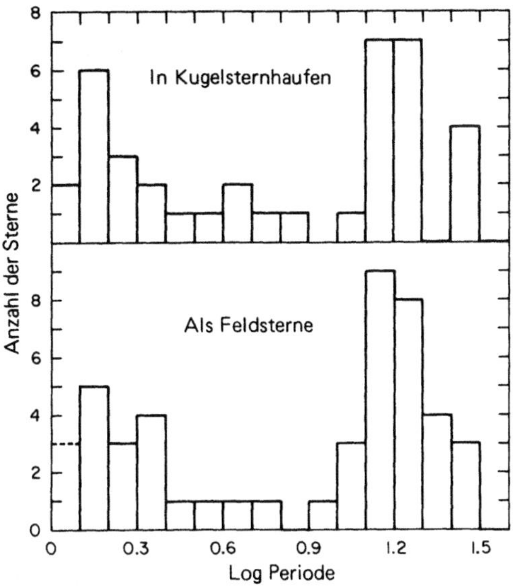

Bild 14.10
Periodenverteilung von W Viginis (bzw. Typ II-Cepheiden)-Sternen. Oben: W Viginis-Sterne in Kugelsternhaufen, unten: im galaktischen Feld. Es besteht eine große Ähnlichkeit in der Verteilung von Haufen- und Feldsternen.

Assoziation mit den Kugelsternhaufen und der Halo-Population hindeutet. In Kugelsternhaufen kennt man etwa drei Dutzend W Virginis- und RV Tauri-Sterne, im galaktischen Feld etwa zweihundert. Das Verhältnis von Feld- zu Haufen-W Virginis-Sternen ist also ungefähr dasselbe wie bei den RR Lyrae-Sternen. Wie wir bereits festgestellt haben, kommen aber Mira-Sterne wesentlich seltener in Kugelsternhaufen vor. Demnach sind die W Virginis-Sterne im Rahmen der Sternentwicklung wesentlich enger mit den RR Lyrae-Sternen verwandt als mit den Mira-Sternen.

Die Perioden der Cepheiden weisen eine annähernd kontinuierliche Verteilung auf, während aber die Häufigkeit der Perioden von Sternsystem zu Sternsystem variieren kann. So gibt es zum Beispiel einen Unterschied in der Periodenverteilung zwischen der Galaxie und den beiden Magellanschen Wolken und eine sehr deutliche Differenz zwischen dem Zentrum und dem Rand der Andromeda-Galaxie. Die Perioden der W Virginis-Sterne fallen aber in zwei Gruppen, die einander nicht überlappen (siehe Bild 14.10). Es existiert ein erstes Häufigkeitsmaximum bei einer Periode von zwei Tagen, dann eine Lücke zwischen sechs und acht Tagen und schließlich ein zweites Maximum bei sechzehn Tagen. Möglicherweise repräsentiert die kurzperiodische Gruppe das eine Ende der Verteilung der RR Lyrae-Sterne: Die Leuchtkräfte dieser beiden Gruppen sind vergleichbar. Eine gut ausgebildete Perioden-Leuchtkraft-Beziehung beginnt nach der Lücke bei einer Periode von etwa sieben Tagen und läuft annähernd parallel zu der der Cepheiden, liegt aber um zwei Größenklassen niedriger. Beide Periodengruppen gibt es sowohl in Sternhaufen des Typs I wie auch in solchen des Typs II. Die langperiodische Gruppe tendiert eher zum Typ I, die kurzperiodische eher zum Typ II, aber die Zahlen sind hier zu klein, um gültige Aussagen machen zu können. Die Perioden-Leuchtkraft-Beziehung ist in Bild 14.11 gegeben.

Es besteht wenig Zweifel darüber, daß die W Virginis-Sterne ein ähnliches Verhältnis zu den Roten Riesen in Kugelsternhaufen aufweisen wie die Cepheiden zum Riesenast der jüngeren Sterne. Wie wir in Kapitel 8 gesehen haben, kann man erwarten, daß die Sterne in einem bestimmten Entwicklungsweg einige Schleifen zwischen dem Riesenast und der

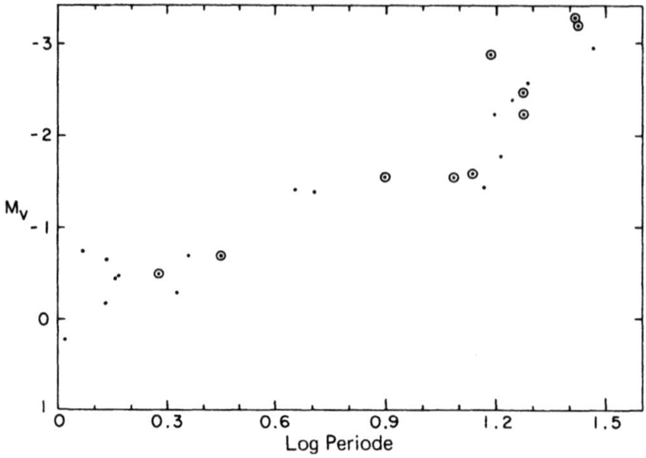

Bild 14.11
Perioden-Leuchtkraft-Beziehung von W Virginis-Sternen in Kugelsternhaufen. Punkte mit Kreisen bezeichnen Sterne in Sternhaufen des Typs I, Punkte in Typ II (bezüglich der Population).

Hauptreihe ziehen – hier finden wir dann die Cepheiden. Die Theorie für die vergleichbaren Stadien in Kugelsternhaufen ist wesentlich weniger vollständig, und auch die beobachteten Farben-Helligkeits-Diagramme sind wesentlich komplizierter. Trotzdem scheinen auch diese Sterne mit einer bestimmten (und wesentlich niedrigeren Masse) ähnliche Schleifen in der Nachbarschaft des Riesenastes durchzuführen und einige von ihnen einen Streifen ähnlich dem Cepheiden-Instabilitätsstreifen zu schneiden. All diese vorhergesagten Änderungen gehen sehr rasch vor sich, was in Übereinstimmung mit den heftigen Periodenfluktuationen der W Virginis-Sterne steht, die ein viel heftigeres ,,Eigenleben" aufweisen als ihre massiveren Gegenstücke.

Die W Virginis-Sterne mit kurzer Periode können den Beginn des Eintrittes des Sterns in Richtung auf den blauen Bereich in den Instabilitätsstreifen markieren. Wie die Entwicklung dann weitergeht, hängt stark von der Masse, der Struktur und der Zusammensetzung ab. Die Gruppe mit den längeren Perioden sind vermutlich Sterne, die sehr rasch über das Farben-Helligkeits-Diagramm wandern und nach dem Verlassen des zweiten Riesenastes unter ständigem Massenverlust den Instabilitätsstreifen immer wieder durchkreuzen. Wiederum sind Masse, Struktur und Zusammensetzung die bestimmenden Faktoren.

Dieser Überblick über die beiden Periodengruppen hat die kurzperiodischen W Virginis-Sterne in die Nähe der RR Lyrae-Sterne gerückt, was auch durch ihre Perioden und Leuchtkräfte bestätigt wird.

Wenn dieses Bild nur annähernd realistisch ist, so können wir das W Virginis-Stadium nicht als Vorgänger oder Nachfolger von RR Lyrae-Sternen bezeichnen. Gerade noch gerechtfertigt ist die Annahme, daß die kurzperiodischen W Virginis-Sterne vor den RR Lyrae-Sternen auftreten können – aber für die langperiodischen Sterne ist der Zusammenhang schon wesentlich unschärfer.

Ihre Beziehung zum blauen Ende des horizontalen Astes des Farben-Helligkeits-Diagrammes ist nicht sehr klar. Noch weniger kann man diese Sterne in eine definierte Zeitsequenz stellen. Ebenso war es nicht möglich gewesen, die Kugelsternhaufen aufgrund ihrer Farben-Helligkeits-Diagramme in eine zeitliche Abfolge zu bringen. Das Bild, daß wir von der Beobachtung erhalten, ist sehr kompliziert, da hier sehr viele Parameter und Annahmen hereinspielen.

Es ist eine Tatsache, daß man sowohl RR Lyrae-Sterne als auch W Virginis-Sterne in einigen Sternhaufen findet. Viele Sternhaufen, die sehr viele RR Lyrae-Sterne enthalten, besitzen keine W Virginis-Sterne. Und einige wenige von mittlerem Metallgehalt besitzen zwar W Virginis-Sterne, aber keine RR Lyrae-Sterne. Keiner der dreizehn Sternhaufen, in denen man W Virginis-Sterne finden kann, weist einen sehr hohen Metallgehalt auf. In Bezug auf die Periodenverteilung der RR Lyrae-Sterne findet man sie sowohl in Haufen des Typs I wie auch in solchen des Typs II. Wenn die Annahmen des vorangegangenen Kapitels richtig waren, so repräsentieren ihre horizontalen Äste sowohl blau- als auch rotgerichtete Entwicklungswege. So wissen wir wenigstens ungefähr, wenn auch nicht genau, in welche Lebensphase eines Sterns das W Virginis-Stadium fällt.

Kapitel 15

Die letzte Szene?

Endstadien sind, wie auch Anfangsstadien, nur sehr schwer in den Griff zu bekommen. Es wäre verlockend, – allerdings typisch anthropomorph – ein hohes Alter mit einem fortgeschrittenen Entwicklungsstadium in Verbindung zu bringen. Auch unter lebenden Wesen ist das Vergreisen nicht unbedingt mit einem hohen Alter verknüpft. Diese Beziehungen sind bei Sternen noch viel schwieriger zu erfassen. Was ist etwa ein „seniler Stern"? Ein Weißer Zwerg? Ein Pulsar? Ein schwarzes Loch? Hier handelt es sich sicherlich um Sterne, die am Ende ihres Weges angelangt sind. Das bedeutet aber nicht notwendigerweise, daß sie auch in Jahren gezählt alt sind. Wo findet man solche Sterne? Es gibt bereits in dem relativ jungen offenen Sternhaufen der Hyaden einige Weiße Zwerge und deren viele in dem etwas weiter entwickelten Haufen Messier 67. Sowohl der Hauptreihenstern Sirius als auch der nicht viel ältere Procyon besitzen Weiße Zwerge als Begleiter. Aufgrund ihrer Verteilung und ihrer Bewegung lassen sich aber Weiße Zwerge nicht eindeutig in die Halo-Population einordnen, wie es für alte Objekte charakteristisch wäre.
Als wir uns mit der Lebensgeschichte der Sterne beschäftigten, mußten wir zwischen zwei verschiedenen Arten von „Alter" unterscheiden: das rein chronologische Alter in Jahren und das Entwicklungsalter bzw. -stadium, das von den Prozessen im Sterninneren diktiert wird und das sich in den Eigenschaften des Sterns und in seinem Verhalten äußert. Der Faktor, der die Aufspaltung in diese beiden Arten verursacht, ist die Masse.
Die Sterne mit den niedrigsten Massen hat man „Federgewichte"[18] genannt. Sie weisen nur etwa sieben Prozent der Sonnenmasse auf. Sie sind, obwohl sie äußerst zahlreich sind, sehr schwach und unauffällig. Rein vom Entwicklungsalter her sind sie sehr jung: Sie befinden sich immer noch in Kontraktion zur Hauptreihe hin. An Jahren allerdings können sie so alt wie die Kugelsternhaufen sein.
Die „Leichtgewichte" unter den Sternen haben Massen bis zu vierfachen Sonnenmasse. Sie sind sehr häufig, allerdings nicht so verbreitet wie die „Federgewichte". Fast alle Sterne, die uns bisher begegnet sind, gehören in diese Klasse: alle Mitglieder der Kugelsternhaufen und die der älteren offenen Sternhaufen. Sie verbrennen Wasserstoff und Helium, und einige von ihnen haben während ihrer langen Entwicklung das Rote-Riesen-Stadium erreicht. Einige sind irreguläre Veränderliche geworden, oder Mira-, RR Lyrae- oder W Virginis-Sterne. Nach ihrem Aufenthalt am Roten-Riesen-Ast verlieren sie vermutlich Masse. Wenn wir hier von Kugelsternhaufen ausgehen können, so ist es uns möglich, vorherzusagen, daß sie sich schließlich über den horizontalen Arm in den blauen Bereich und von dort weiter zu den Weißen Zwergen entwickeln werden.
Die „Mittelgewichte" unter den Sternen sind massenreicher: etwa acht- bis neunfache Sonnenmasse. Sie werden, bevor sie den Riesenast erreichen, zuerst blaue Überriesen und

18 Die Bezeichnungen, die in diesem Kapitel verwendet werden, sind von Martin Schwarzschild vorgeschlagen worden.

dann Cepheiden. Diese Sterne gehen über das Wasserstoff- und Heliumbrennen hinaus und steigen schließlich auf Kohlenstoff als Brennstoff um. Ihre weitere Entwicklung ist alles andere als ereignislos. Entweder machen sie eine sehr heftige Explosion durch – einen „stellaren Selbstmord", wie es Hubble einmal nannte – oder einen plötzlichen Kollaps, der mit einer überaus starken Abstoßung der äußeren Schalen verbunden ist und einen Neutronenstern zurückläßt. In beiden Fällen kann man eine Supernova beobachten, im letzteren Fall überlebt ein Pulsar (eine Radioquelle mit sehr raschen periodischen Variationen) die Katastrophe. Sterne von solcher Masse benötigen nicht allzulange, um ihr katastrophales Ende zu erreichen. Pulsare (bzw. Neutronensterne) sind zwar am Ende ihres Weges angelangt, aber nicht notwendigerweise alte Objekte.

Bei unseren Untersuchungen des Lebens der Sterne sind uns nahezu alle Veränderlichen außer den eruptiven Veränderlichen begegnet; nun haben die Supernovae unsere Bühne betreten. Den Novae und Zwergnovae hingegen werden wir erst im letzten Kapitel begegnen. Jetzt soll aber noch ein weiterer Veränderlicher, der R Coronae Borealis-Stern, erwähnt werden. Diese Art Sterne sind ganz besonders selten: Man kennt nur wenige Dutzend von ihnen. Ihre Variationen bestehen aus raschen und unregelmäßigen Helligkeitsabnahmen – eine Art von umgekehrtem Nova-Verhalten. Ihre Zusammensetzung könnte einen Schlüssel für ihr Verhalten und ihre Herkunft geben. Ihre Hauptbestandteile sind Helium und Kohlenstoff, während Wasserstoff fast völlig fehlt. Ihre plötzlichen Helligkeitsabnahmen kann man unregelmäßig ausgestoßenen Kohlenstoffwolken zuschreiben, die dann als Graphithüllen kondensieren. Wasserstofflose Sterne sind tatsächlich sehr selten. Möglicherweise haben diese leichten „Mittelgewichtssterne" ihre Hüllen (und damit den Wasserstoff) bereits abgestoßen und den kohlenstoffreichen Kern freigelegt. Es erscheint unwahrscheinlich, daß sich ein solcher Stern sehr lange in diesem Stadium aufhalten kann; möglicherweise besteht hier eine Verbindung zu den Planetarischen Nebeln. Aus diesem Grund ist es wohl verständlich, daß die R Coronae Borealis-Sterne sehr selten sind.

Schließlich können wir noch das Schicksal der „schwergewichtigen" Sterne, deren Massen von neun- bis zu hundertfacher Sonnenmasse reichen, untersuchen. Auch sie erreichen einen Punkt, an dem sie Kohlenstoff und möglicherweise noch schwerere Kerne verbrennen, ehe sie ihrem Ende entgegengehen. Hier steht möglicherweise keine Explosion am Ende, sondern nur ein Kollaps, der eventuell zur Bildung eines Schwarzen Lochs führt. Dies ist ein Zustand, in dem die gesamte Masse des Sternes sich unter dem Einfluß der eigenen Schwerkraft nahezu in einem Punkt vereinigt hat, so daß nicht einmal mehr das Licht entrinnen kann. Verglichen mit leichteren Sternen muß ein Stern, der ein Schwarzes Loch geworden ist, seinen Entwicklungsweg sehr rasch durchlaufen haben und somit noch relativ jung sein. Schwarze Löcher können aber nicht nur bei Einzelsternen entstehen: Der vielzitierte Cygnus X-1 ist ein Doppelstern. Heute glaubt man, daß gigantische Schwarze Löcher in den Kernen von Kugelsternhaufen auftreten, wo sie aus vielen verschiedenen einzelnen Sternen entstanden sind und immer noch weitere Sterne verschlingen und somit weiterwachsen. Diese Objekte wären dann auch in Übereinstimmung mit dem Alter der Kugelsternhaufen, in denen man sie findet, an Jahren sehr alt.

Unsere „senilen" Sterne, wie wir sie genannt haben, können sehr jung an Jahren sein, obwohl sie bereits viel durchgemacht haben. Aber diese alten Einwohner der Sternsysteme haben einen großen Einfluß auf das Leben der nachfolgenden Generationen, da sie das interstellare Medium mit ihren eigenen Verbrennungsprodukten angereichert haben. Sowohl die „selbstmörderischen" wie die kollabierenden Supernovae verteilen die in ihnen entstandenen schweren Elemente in den Raum, wobei dann die neugeborenen Sterne immer metallreicher werden.

Die Kugelsternhaufen und alle (ausgenommen die jüngsten) offenen Sternhaufen, die nahezu alle unserer „Schauspieler" zur Verfügung gestellt haben, sind Heimstätten der „leichtgewichtigen" Sterne. Hier können wir als Endstadium der Sternentwicklung den Weißen Zwerg suchen und finden. In den Plejaden, in Coma Berenices und in den Hyaden findet man einige, in Messier 67 sogar über hundert von ihnen. Auch die viel stärker besetzten Kugelsternhaufen müssen sie in großer Zahl enthalten. Und in Messier 15 befindet sich zumindest ein Planetarischer Nebel.

Die Planetarischen Nebel, die man in der Galaxie sehr häufig findet, besitzen eine Verteilung, die sie sowohl mit der Scheiben- wie auch mit der Halopopulation in Verbindung bringt. Sie erscheinen in großen Entfernungen von der galaktischen Ebene, sind aber zum galaktischen Zentrum hin konzentriert. Die Kerne von Planetarischen Nebeln sind Weiße Zwerge, kleine, ungeheuer dichte Sterne aus degenerierter (= entarteter) Materie, die ihre letzten Reserven verbraucht haben und nur mehr von einer Schale aus nichtdegenerierter Materie umgeben sind. Der umgebende Nebel expandiert sehr rasch in den Raum hinein und verliert Materie, ist daher ein sehr vergängliches Objekt mit einer Lebenserwartung von nur wenigen tausend Jahren. Es besteht nur wenig Zweifel darüber, daß er ein sehr spätes Stadium der Sternentwicklung – eventuell anschließend an ein Mira-, W Virginis- oder R Cononae Borealis-Stadium – darstellt. Nachdem der Stern seine äußere Hülle abgestoßen hat, legt er im Inneren den Weißen Zwerg frei. Einige Weiße Zwerge können daher durchaus, wie etwa die in den Hyaden, an Jahren sehr jung sein. Auch in NGC 2818, einem offenen Sternhaufen, der im Alter den Hyaden ähnlich ist, gibt es einen Planetarischen Nebel. Andere Weiße Zwerge sind, was schon durch den Planetarischen Nebel in Messier 15 angedeutet wird, viel älter. Ein Stern kann das Ende seiner Entwicklung auf vielen verschiedenen Wegen erreichen.

Kapitel 16

Finale – Pas de deux

Unser „Theaterstück" stützte sich überwiegend auf Massenszenen: große Sterngruppen, deren Beziehungen untereinander uns sehr viel über ihre Geschichte verraten haben. Ihre theoretisch vorhergesagten Entwicklungswege, – wiedergeben als Isochronen –, stellen das Verhalten dieser Sterngruppen sehr gut dar. Sternhaufen, ob reich oder schlecht besetzt, passen in ein wohldefiniertes Muster, wenn man ihre individuellen Eigenheiten (wobei die chemische Zusammensetzung der dominierende Faktor ist) berücksichtigt.
Die schwächste mögliche Besetzung eines Sternhaufens sind nur zwei Sterne – ein Doppelstern also. Wir können erwarten, daß sich die beiden Komponenten eines Doppelsterns auf einer Isochrone befinden, da sie sich ja immer in unmittelbarer Nachbarschaft zueinander aufgehalten haben. Daß einer von den beiden vom anderen eingefangen wurde, ist ziemlich unmöglich. Aber es stellt sich heraus, daß sich viele bekannte Sternpaare als äußerst unorthodox in ihrem Verhalten entpuppen. Dies ist besonders deshalb ärgerlich, da sie diejenigen Sterne sind, über die wir am meisten wissen. Sie sind die einzigen Sterne, bei denen wir genau ihre Masse, die wichtigste der stellaren Eigenschaften, kennen. Außerdem sind (zumindest im galaktischen Feld) mehr als die Hälfte aller bekannten Sterne Mitglieder von Doppel- oder Mehrfachsystemen, so daß wir noch lange nicht die ganze Geschichte beisammen haben, wenn wir uns auf Einzelsterne beschränken. Vor allem muß hier noch das Problem des gegenseitigen Einflusses der Sterne untereinander untersucht werden. Wie etwa beeinflußt das Vorhandensein eines Begleiters die Sternentwicklung? Wie weit sind die Entwicklungswege von Einzelsternen, die von ihrem inneren Aufbau gesteuert werden, für Mitglieder von engen Doppelsternpaaren repräsentativ? Wird das Verhalten von Doppelsternen durch die Anziehungskraft oder durch physischen Kontakt bestimmt? Gibt es hier eine kritische Gravitation oder gibt es Materiewechselwirkung? Wir werden noch sehen, daß diese beiden Faktoren sehr eng miteinander verknüpft sind.
Die meisten der von uns erwähnten Doppelsterne scheinen relativ normal gewesen zu sein. Neben einer hellen und gut ausgeprägten Hauptreihe besitzen die Plejaden und die Hyaden noch einen dazu parallelen Bereich von hellen Sternen, die eindeutig nicht aufgelöste Doppelsterne (d. h., Sterne, die man nicht getrennt beobachten kann) sind und die recht gut in das allgemeine Entwicklungsmuster passen. Die Bedeckungsveränderlichen und die spektroskopischen Doppelsterne, wie zum Beispiel QX Cygni in NGC 7790, SZ Camelopardalis in NGC 1502 oder einige der helleren Sterne in Messier 7, befinden sich nicht weit von jenem Entwicklungsstadium entfernt, das sie auch als Einzelsterne erreicht haben würden. TX Cancri in der Praesepe sowie DS Andromedae in NGC 752 scheinen noch relativ unentwickelt zu sein. Auch die kurzperiodischen Bedeckungsveränderlichen in NGC 188, die wir als ebenso alt wie den Sternhaufen selbst betrachten müssen, passen sich in dieses Muster ein.

Wenn wir uns den vielen vorhandenen Doppelsternen im galaktischen Feld zuwenden, so besitzen wir drei verschiedene Informationsquellen, die uns einen Doppelstern verraten können: Es kann sich um visuelle Doppelsterne handeln, Sterne die einander in deutlich sichtbaren Bahnen umkreisen; um spektroskopische Doppelsterne, deren Bahnbewegung aus den periodischen Radialgeschwindigkeitsänderungen abgeleitet wird; sowie um Bedeckungsveränderliche, die sich während eines Umlaufs gegenseitig bedecken. Um getrennt beobachtet werden zu können, müssen die Komponenten von visuellen Doppelsternen weit genug auseinanderstehen und ihre Umlaufsperioden daher sehr lang sein. Unter den bekannten visuellen Doppelsternen reichen die Umlaufperioden von etwa zwei Jahren bis zu vielen Jahrhunderten, einige von ihnen besitzen so lange Revolutionszeiten, daß bisher nur ein kleiner Ausschnitt der Bahn beobachtet werden konnte. Bei spektroskopischen Doppelsternen findet man eher wesentlich kleinere Umlaufperioden, da die Änderung umso leichter zu beobachten ist, je kleiner die Bahn ist. Wenn die Bahnen von visuellen oder spektroskopischen Doppelsternen in Richtung zur Erde entsprechend orientiert sind, so kann es zu gegenseitigen Sternbedeckungen kommen, wobei aber auch hier kleinere Bahnen begünstigt sind, da die Sterne dann einander näher stehen. Das Schöne an den Bedeckungsveränderlichen ist, daß man bei ihnen eine genaue Bestimmung der Bahnneigung und somit der Massen durchführen kann, wenn man beide Radialgeschwindigkeitskurven beobachtet.

Unter den visuellen Doppelsternen finden wir häufig ganz gewöhnliche Sternpaare, Sterne, die auf einer Isochrone stehen. Einige dieser Paare sind tatsächlich fast Zwillinge, wie zum Beispiel die Komponenten von γ Virginis (zwei Hauptreihen-F0-Sterne); andere sind noch schwache, wenig entwickelte Hauptreihensterne, wie die beiden Mitglieder von ξ Bootis. Eine etwas komplexere, aber noch immer relativ gewöhnliche Gruppe ist Castor (α Geminorum), der drei Hauptreihensternpaare enthält, wobei jedes Paar selbst noch ein spektroskopischer Doppelstern ist, und der schwächste, YY Geminorum, einen Bedekkungsveränderlichen bildet (siehe Bilder 16.1 bis 16.3).

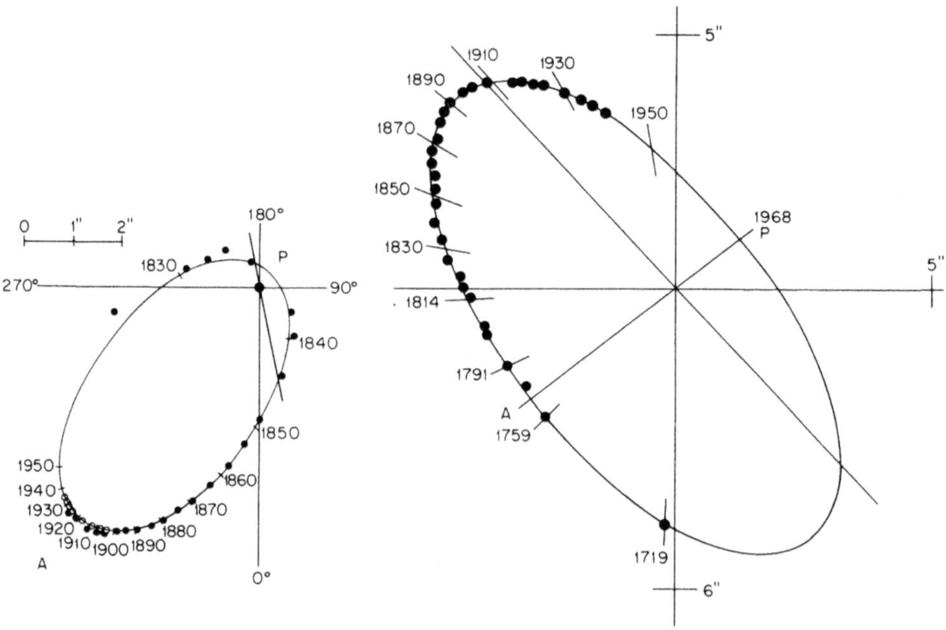

Bild 16.1 Scheinbare Bahnen (Projektionen an den Himmel) von γ Virginis (links) und von Castor (α Geminiorum). Die Umlaufperioden betragen 177,8 und 380 Jahre.

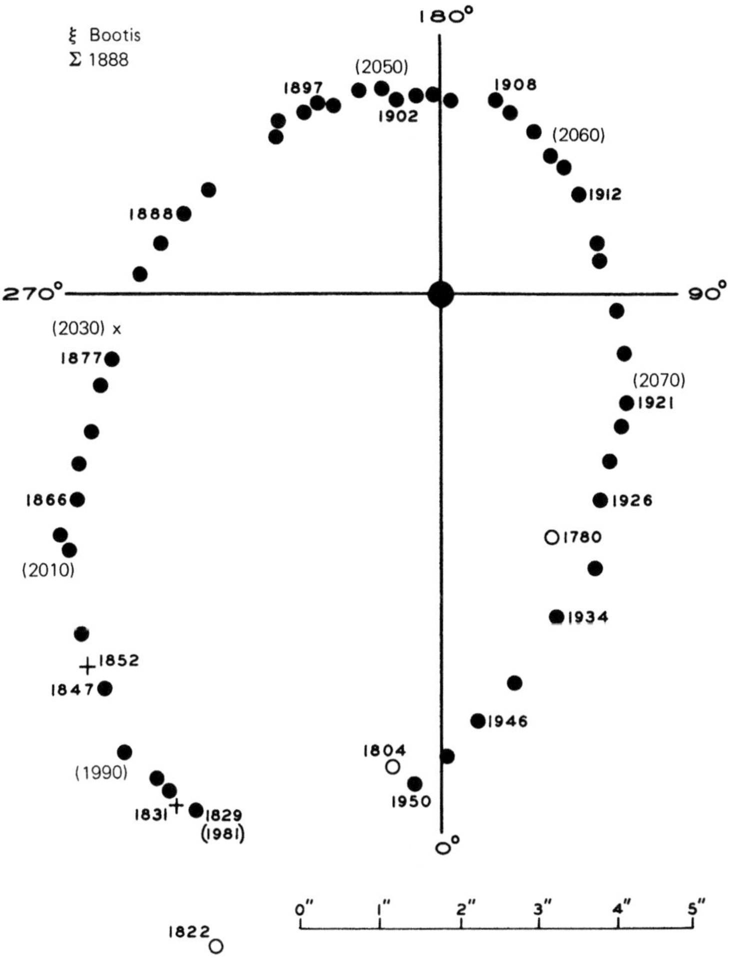

Bild 16.2 Scheinbare Bahn des visuellen Doppelsterns ξ Bootis, der bereits leicht mit einem kleinen Fernrohr gesehen werden kann. Die beiden Sterne sind von fünfter und siebenter Größenklasse. Die Umlaufperiode beträgt 150 Jahre.
(Nach einer Arbeit von O. Struve, *Sky and Telescope*, **17**, September 1958, p. 548)

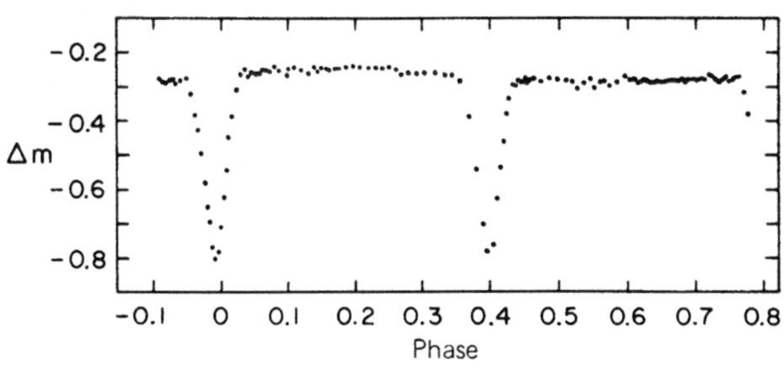

Bild 16.3
Lichtkurve des Bedeckungsveränderlichen YY Geminicorum, der schwächeren Komponente des Sechsfachsystems des Castor. Die Kurve wurde im Jahre 1949 im infraroten Bereich aufgenommen.
(Nach einer Arbeit von Gerald Kron)

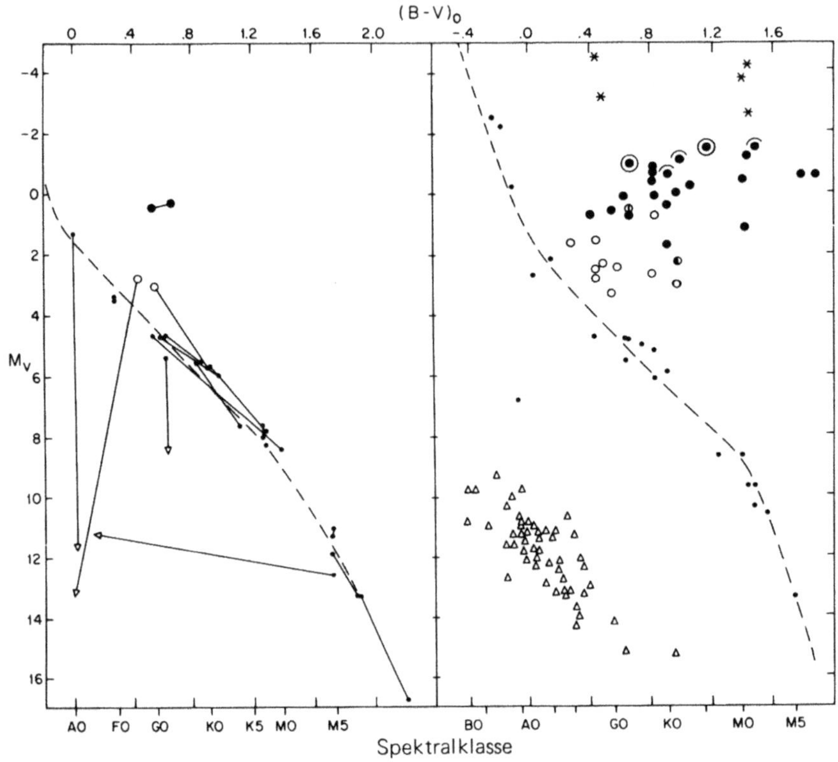

Bild 16.4 Beziehungen zwischen den Komponenten von visuellen Doppelsternen. Links: einige gut untersuchte Doppelsterne, rechts: Sekundärkomponenten von Doppelsternen, deren Primärkomponenten Hauptreihensterne sind, die hier nicht eingetragen wurden. Sternchen bezeichnen Überriesen, Punkte mit Kreisen helle Riesen, Punkte Riesen, Kreise Unterriesen, kleine Punkte Hauptreihensterne und Dreiecke Weiße Zwerge.

Es muß nicht immer so sein, daß Hauptreihensterne mit anderen Hauptreihensternen in Zusammenhang stehen. In Bild 16.4 sehen wir, daß sie auch noch von anderen Sternen, von Überriesen bis zu Weißen Zwergen, begleitet werden können. In den meisten Fällen scheinen der Hauptreihenstern und der weiter entwickelte Stern tatsächlich auch auf derselben Isochrone zu liegen. Genaueres kann man allerdings nicht aussagen, bis nicht die Massen der Sterne genau bekannt sind. Aber die Verbindung von Hauptreihensternen mit Weißen Zwergen deutet bereits auf eine Abkehr vom normalen Verhalten hin. Sowohl Sirius, ein Hauptreihenstern, Procyon, ein Unterriese, als auch 40 Eridani, ein Hauptreihen-G-Stern, besitzen einen Weißen Zwerg als Begleiter, wobei der letztere noch von einem weiteren, ferneren schwachen Hauptreihen-M-Stern begleitet wird. Die meisten der Weißen Zwerge in Bild 16.4 werden von schwachen M-Sternen umkreist. Wir müssen hier offen zugeben, daß die Geschichte eines solchen Doppelsterns nicht mehr mit den gleichen einfachen Isochronen erklärt werden kann, die uns bisher gute Dienste geleistet haben. Ein ähnliches Problem ergibt sich, wenn wir die Weißen Zwerge in den Hyaden und anderen noch nicht allzu alten Sternhaufen betrachten. Sie müssen die Überreste von ursprünglich sehr massenreichen Sternen darstellen, die ihren Entwicklungsweg bereits beendet haben. Man kann argumentieren, daß all die Komponenten dieser weit auseinan-

Tabelle 16.1
Daten von sechzehn Bedeckungsveränderlichen[a)]

Name	Max.	Min.	Spektren	Periode (Tage)	DM		Position				
							h	m	s	°	′
AO Cas	5,96	6,11	O9 III + O9 III	3,52349	+50°	46	0	12	25	+50	52,7
β Per (26 Per)	2,13	3,40	B7,7 V + G8 III	2,86739	+40	673	3	1	40	+40	34,2
ε Aur (7 Aur)	2,94	3,83	F0ep I + ?	9898,5	+43	1166	4	54	47	+43	40,5
ζ Aur (8 Aur)	3,75	3,90	K4 Ib–II + B7	972,176	+40	1142	4	55	29	+40	55,5
VV Ori	5,14	5,51	B1 V + A	1,48538	− 1	943	5	28	27	− 1	13,6
UW CMa (29 CMa)	4,5	4,8	O8f + O8f	4,3934	−24	5173	7	14	30	−24	22,6
V Pup	4,74	5,25	B1 V + B1 V	1,45449	−48	3349	7	55	22	−48	58,4
α Vir (67 Vir)	0,97	1,04	B1 V + B3 V	4,01416	−10	3672	13	19	55	−10	38,4
α CrB (5 CrB)	2,21	2,32	A0 V	17,3599	+27	2512	15	30	28	+27	3,0
μ^1 Sco	3,0	3,28	B1,5 Vp + B7	1,44027	−37	11033	16	45	6	−37	52,6
μ Sgr (13 Sgr)	3,79	3,92	B8ep Ia	180,45	−21	4908	18	7	47	−21	5,1
β Lyr (10 Lyr)	3,34	4,20	B8p I + B6,5?	12,90814	+33	3223	18	46	23	+33	14,8
υ Sgr (46 Sgr)	4,34	4,44	B8p + F2p	137,939	−16	5283	19	16	0	−16	8,6
V 695 Cyg (31 Cyg)	3,78	3,88	K2 II + B3 V	3784,2	+46	2882	20	10	29	+46	26,3
V 1488 Cyg (32 Cyg)	4,11	4,14	K5 Iab + B4 V	1147,4	+47	3059	20	12	23	+47	24,2
VV Cep	6,65	7,46	M2ep Ia + Be	743,0	+62	2007	21	53	50	+63	9,0

a) Diese Tabelle enthält sowohl einige separierte Paare (Algol-Sterne) als auch sehr enge Paare, bei denen sich die Sterne gegenseitig verzerren (β Lyrae-Sterne). Zu den ersteren zählen α Persei (Algol), α Coronae Borealis, μ Sagittarii, V 695 Cygni, V 1488 Cygni und VV Cephei. Zu den letzteren zählen AO Cassiopeiae, VV Orionis, UW Canis Majoris, V Puppis, μ^1 Scorpii, und β Lyrae. Die Sterne V 695 und V 1488 Cygni sind Ausnahmen von der Regel, daß Veränderliche mit griechischen Bezeichnungen keine spezielle Veränderlichennummer mehr erhalten: Neben ihren Flamsteed-Nummern sind sie noch unter den Bezeichnungen o^1 und o^2 Cygni bekannt. Kursiv gedruckte Größenklassen sind im photographischen Bereich gemessen.

derliegenden visuellen Paare ihre Lebensgeschichte jeweils unabhängig voneinander durchlaufen haben, ohne vom entfernten Begleiter beeinflußt worden zu sein. Die Gravitation hat sie aneinandergekettet und ihre Bahnen bestimmt, aber sonst ist es zu keinen weiteren gegenseitigen Beeinflussungen gekommen.

Um das Verhalten von engeren Doppelsternen zu untersuchen, müssen wir uns den Bedeckungsveränderlichen zuwenden, deren Beziehung von „nahezu Kontakt" zwischen den beiden Sternen bis zu größeren Abständen reicht (siehe Tabelle 16.1).

Auch unter den Bedeckungsveränderlichen von relativ kurzer Periode finden wir einige ganz normale Sterne, wie zum Beispiel α Coronae Borealis (Alphecca oder Gemma), ZZ Bootis, WZ Ophiuchi und YY Geminorum (siehe Bild 16.5). Die letzten drei Systeme bestehen aus nahezu identischen Hauptreihensternen, während nur der erstere aus zwei verschiedenen Hauptreihensternen besteht. Sie alle liegen relativ weit auseinander und scheinen sich nur sehr wenig gegenseitig zu beeinflussen. Die Lichtkurven der gerade erwähnten Sterne sind vom sogenannten Algol-Typ, was bedeutet, daß sie zwischen den Bedekkungen nahezu keine Helligkeitsänderungen aufweisen. Aber wir würden einen großen Fehler machen, wenn wir annehmen, daß die Komponenten von allen Algol-Sternen sich gegenseitig nicht beeinflussen. Schon ein Blick auf den ersten dieser Sterne enthüllt uns eine sehr starke Wechselwirkung.

Algol, der Teufelsstern, war vermutlich der erste überhaupt bekannte Bedeckungsveränderliche (siehe Bild 16.6). Es handelt sich hier sogar um ein Mehrfachsystem, wobei der Bedeckungsveränderliche die hellere Komponente ist: Ein heißer Hauptreihenstern und ein großer, kühler Stern, der zu schwach ist, um getrennt beobachtet werden zu können. Da das Spektrum der schwachen roten Komponente sogar im Infraroten neben dem Spektrum des heißen blauen Sterns nicht gesehen werden kann, konnten bis heute die Massen

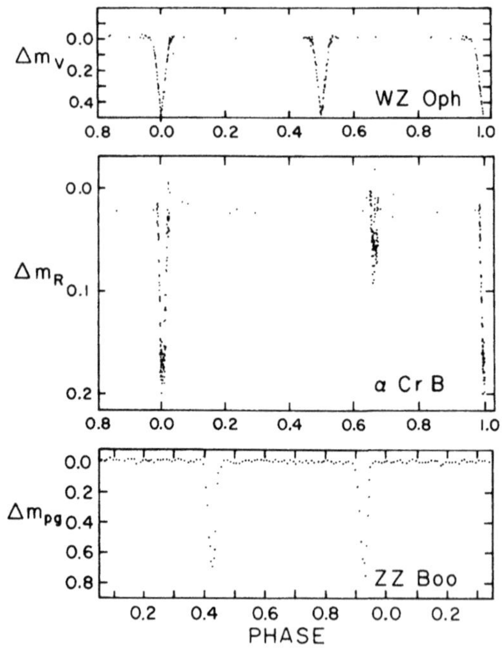

Bild 16.5

Lichtkurven von WZ Ophiuchi, ZZ Bootis und α Coronae Borealis, drei Bedeckungsveränderlichen.
(Lichtkurven von WZ Ophiuchi und von α Coronae Borealis aus: M. G. Fracastoro, *An Atlas of Light Curves of Eclipsing Binaries*, Turin, Osservatorio Astronomico di Torino, 1972; von ZZ Bootis aus: S. Gaposchkin, *Astronomical Journal* **59**, 196 (1954))

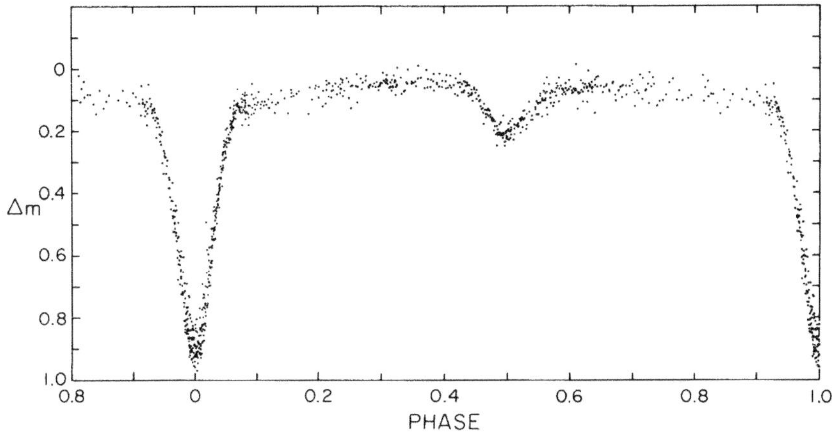

Bild 16.6 Lichtkurve von Algol (β Persei) im Infraroten. (Nach M. G. Fracastoro, siehe Bild 16.5)

der beiden Sterne nicht genau bestimmt werden. Es besteht aber sehr wenig Zweifel darüber, daß der schwächere Stern der weiterentwickelte ist, auch wenn wir seine Daten, wie Größe, Leuchtkraft und Temperatur, nur aus den Finsternissen abgeleitet haben. Allerdings sollten wir ja eigentlich genau das Umgekehrte erwarten, daß sich nämlich die schwächere Komponente noch näher an der Hauptreihe befinden sollte und nicht sein Begleiter. Algol bildet hier aber keine Ausnahme. Es ist typisch für die große Gruppe der Algol-Sterne, daß sie aus einem hellen Hauptreihenstern und einem schwachen, weiterentwickelten Begleiter bestehen.

Der helle Stern U Cephei ist ein weiteres Beispiel für einen Algol-Stern. Hier kann man beide Spektren beobachten, und daher aus den Radialgeschwindigkeitskurven die Sternmassen ableiten. In Bild 16.7 sehen wir die photometrisch bestimmte Lichtkurve von U Cephei. Das tiefe Minimum, daß beobachtet wird, entsteht dann, wenn der rote (schwächere) Stern vor dem hellen blauen Stern vorbeiwandert, das Nebenminimum dann, wenn umgekehrt der blaue Stern zwischen uns und dem roten Stern steht. Beide Finsternisse sind zentral, und wir beobachten die Bahn nahezu von der Kante. Die Helligkeit während der Totalität ist nicht so konstant, wie man es aus dem Bild von zwei einheitlich leuchtenden Kugeln, die einander bedecken, erwarten würde.

Eine genaue Zeitbestimmung der einzelnen Finsternisphasen zeigt, daß die Bahn kreisförmig oder nahezu kreisförmig ist. In einer kreisförmigen Bahn umkreisen sich die beiden Sterne immer mit der gleichen Geschwindigkeit, und die Projektion der Radialgeschwindigkeiten stellt daher eine Sinus-Kurve dar. Als man zum erstenmal die spektroskopische Radialgeschwindigkeitskurve des blauen Sterns bestimmte, war man sehr überrascht, als sich keine Sinus-Kurve ergab, sondern Hinweise auf eine deutliche Exzentrizität vorhanden waren. Daraufhin kam es zu Streitigkeiten, U Cephei wurde zum *cause célèbre:* Die Bahn konnte schließlich nicht zugleich kreisförmig und elliptisch sein. Eine kritische Untersuchung der Geschwindigkeiten und der Struktur der Spektrallinien, auf der sie basierten, konnten schließlich zur Aufklärung des Rätsels führen. Die Linien waren verzerrt und stammen teilweise direkt vom hellen blauen Stern, teilweise aber von einem Gasstrom zwischen den beiden Sternen. Das verbesserte Bild, das daraufhin entwickelt wurde, zeigt uns die beiden Sterne auf kreisförmigen Bahnen, zwischen ihnen und wahrscheinlich auch um sie herum strömt Gas.

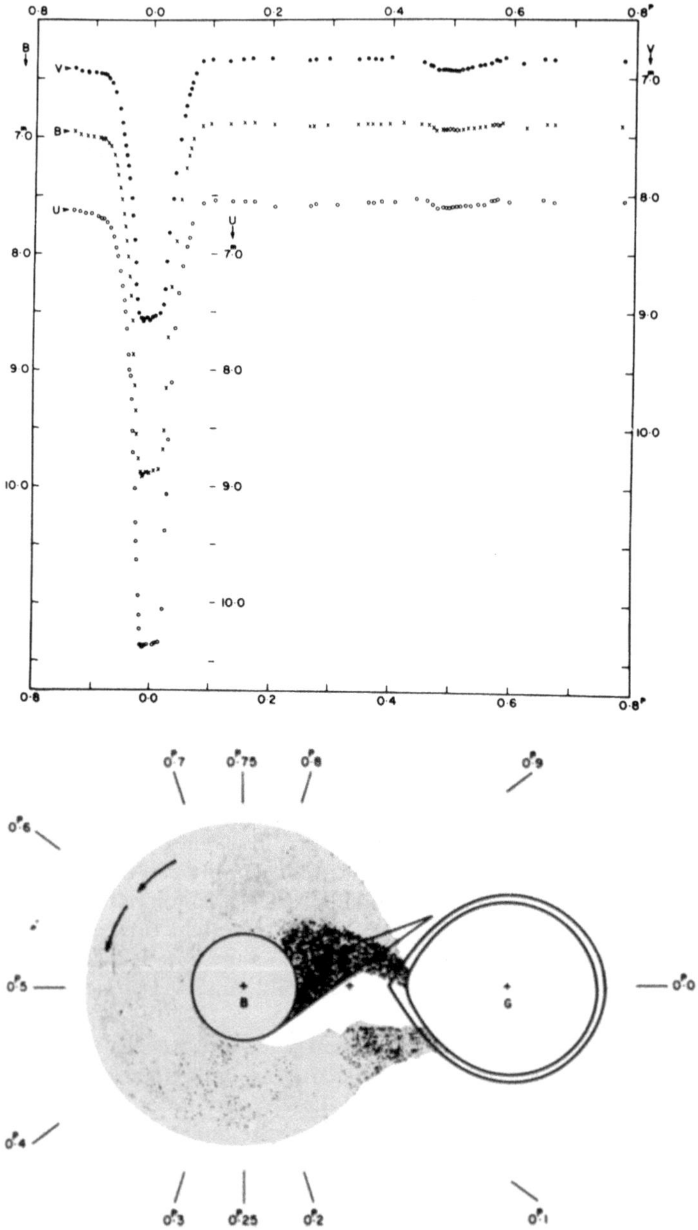

Bild 16.7 Oben: Lichtkurve von U Cephei im gelben (V), blauen (B) und ultravioletten Bereich (U). Unten: Skizze der Verteilung der zirkumstellaren Materie in der Bahnebene von U Cephei. Der dichteste Teil des Materiestromes fließt direkt von dem G-Stern auf den B7-Stern, was in der Abbildung durch ein Dreieck markiert ist, und in der Phase (Zahlen rund um die beiden Sterne) mit der Lichtkurve übereinstimmt. Die Pfeile weisen darauf hin, daß die dort strömende Materie für die in den jeweiligen Phasen auftretenden Änderungen in den Linien des ionisierten Calciums und Magnesiums verantwortlich sein könnte. Ein Teil der Materie könnte auf den G8-Stern zurückstürzen, ohne den B-Stern völlig umrundet zu haben.
(Nach A. H. Batten, *Publications of the Dominion Astrophysical Observatory* **14**, 264, 265 (1974))

Die Komponenten von U Cephei besitzen Spektren der Klassen B7 V und GB III-IV, so daß der hellere, heißere Stern auf der Hauptreihe liegt und sein Begleiter ein Riese oder Unterriese ist. Aus den Radialgeschwindigkeiten folgt, daß der hellere Stern 4,2 Sonnenmassen, der schwächere 2,8 Sonnenmassen hat. Hier besitzen wir sichere Anzeichen dafür, daß der massivere Stern der weniger weit entwickelte ist, wie es auch für Algol, wo die Massen nicht genau bestimmt werden konnten, angenommen wird.
Bild 16.7 zeigt auch eine Skizze des U Cephei-Systems, gesehen senkrecht zur Bahn. Der Massenfluß vom B zum G-Stern ist deutlich sichtbar, wobei möglicherweise auch Materieverlust in den interstellaren Raum auftritt. Dieser Massenverlust und der Massentransfer ändert ständig beide Komponenten, und es verwundert daher nicht, daß sich jeder Stern anders verhält, als wenn er alleine wäre. Auch die Umlaufperiode ändert sich vermutlich unter denselben Einflüssen; sie zeigt eine ständige Zunahme ebenso wie gewisse kleine Fluktuationen. Sogar die Helligkeit ist nicht konstant. Die Minima sind nicht so flach und gleichförmig, wie man es erwarten würde. Und zumindest einmal hat man bei U Cephei einen Flare (einen raschen Helligkeitsausbruch) beobachten können, der eindeutig in dem zirkumstellaren Gasstrom stattgefunden hat.
Auch bei anderen Algol-Sternen kann man solche Materieströme feststellen. Bild 16.8 zeigt uns eine Ansicht des RW Tauri-Systems, wo sich das Gas anscheinend in einem Ring um den blauen Stern angeordnet hat, der ein helles Linienspektrum aufweist und bei jedem Umlauf ebenfalls bedeckt wird.
Sterne wie U Cephei oder RW Tauri besitzen Komponenten, die nicht allzu eng beieinander liegen. Die Entfernung zwischen den beiden Sternen in Bild 16.7 liegt – von Rand zu Rand gemessen – etwa in der Größenordnung ihres Durchmessers. Die Helligkeit des Systems zwischen den Finsternissen ist annähernd konstant. Dies kann man sogar als eine Art grobe Definition der Algol-Sterne bezeichnen. Die anderen Klassen von Bedeckungsveränderlichen, vor allem die leuchtkraftstarken β Lyrae-Sterne und die leuchtkraftarmen W Ursae Majoris-Sterne, erkennt man durch eine kontinuierliche Helligkeitsänderung auch zwischen den Finsternissen (siehe Bild 16.9). Sie umlaufen einander so eng, daß sich ihre Ränder fast berühren – sie sind sogenannte „Kontaktsysteme".[19] Ihre gegenseitige Beeinflussung führt zu einer Verformung eines oder beider Sterne, so daß ihre zusammengesetzte Helligkeit nicht nur eine Funktion der gegenseitigen Bedeckung ist, sondern auch von den unterschiedlichen Querschnitten abhängt, die uns die Sterne im Lauf des Umlaufes zeigen. Durch die Gravitation werden sie in Sphäroide oder sogar in Ellipsoide verformt. Algol-Sterne liegen andererseits weit genug auseinander, so daß die geringe Verformung bei der Helligkeitsänderung außerhalb der Finsternis keine Rolle spielt.
Studien ihrer Spektren haben unter Zuhilfenahme von theoretischen Untersuchungen gezeigt, daß sich diese Kontaktdoppelsterne nicht nur unter dem Einfluß ihrer Gravitation verformen, sondern auch, daß sie in viel stärkerem Maß als die Algol-Sterne Materie austauschen. Zwischen den beiden Sternen fließt ständig Masse, ebenso, wie sie dauernd Ma-

19 Um genauer zu sein, kann man hier noch zwei verschiedene Arten unterscheiden. Die Lichtkurven der β Lyrae-Sterne zeichnen sich durch ein etwas geringeres Nebenminimum aus, man nennt sie „halbgetrennte Systeme", während die W Ursae Majoris-Sterne gleichgroße Minima aufweisen – sie zählen zu den echten Kontaktsystemen. Der Unterschied läßt sich erstens dadurch erklären, daß bei der ersten Gruppe die Sterne unterschiedlich groß sind und bei der zweiten von vergleichbarer Größe, und zweitens dadurch, daß es in Folge der Gesetze der Himmelsmechanik bei Doppelsternsystemen für jeden Stern ein größtes erlaubtes Volumen (das sogenannte Rochesche Volumen) gibt, und im ersten Fall (bei den halbgetrennten Systemen) nur eine Komponente im zweiten Fall beide Komponenten dieses größte erlaubte Volumen ausfüllen. (Anmerkung des Übersetzers)

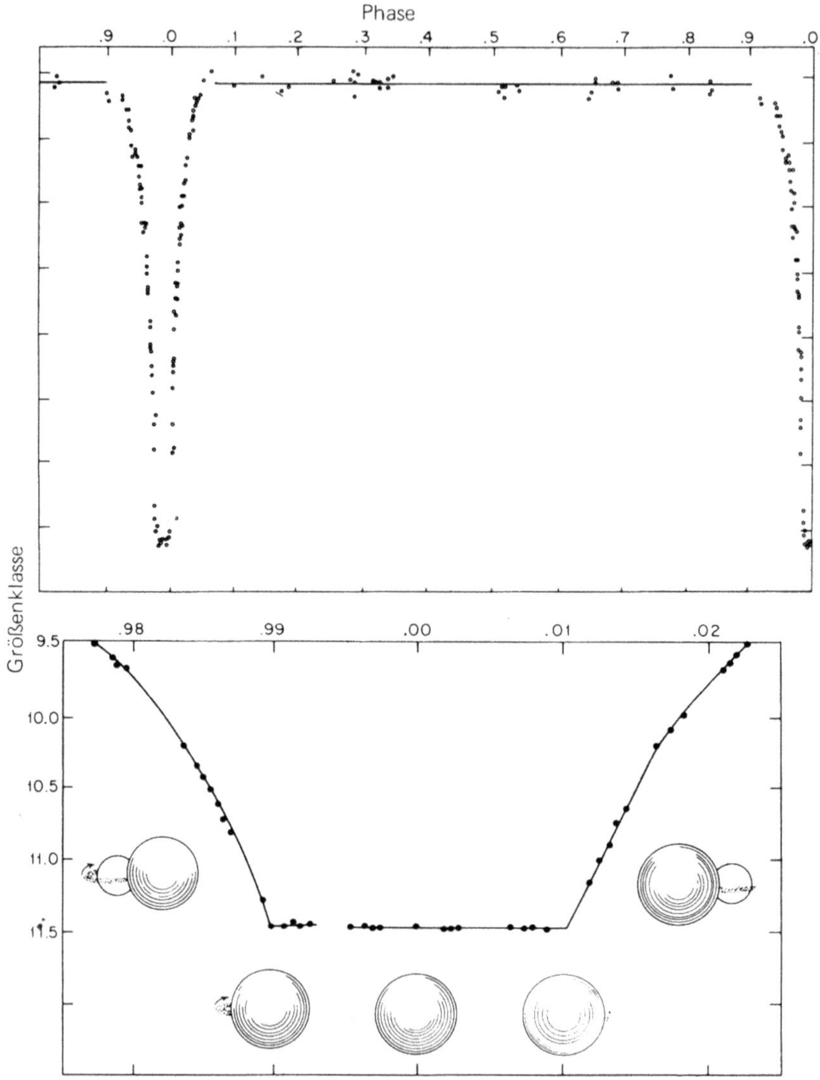

Bild 16.8 Das System des Bedeckungsveränderlichen RW Tauri. Die beiden Komponenten sind einander sehr unähnlich: B8 V und K0 IV, mit einer Periode von 2,769 Tagen. Oben: die komplette Lichtkurve im Visuellen, nach Beobachtungen von Wendell. Unten: der unterste Teil des tiefen Minimums nach photoelektrischen Beobachtungen von G. Grant. Die fünf kleinen Bilder zeigen die Positionen der beiden Sterne relativ zur Erde, wobei der B-Stern der kleinere ist. Aus dem Spektrum konnte man schließen, daß der B-Stern von einem leuchtkräftigen Ring umgeben wird, der während der Finsternis von dem großen K-Stern völlig bedeckt wird.
(Nach einer Arbeit von Alfred H. Joy)

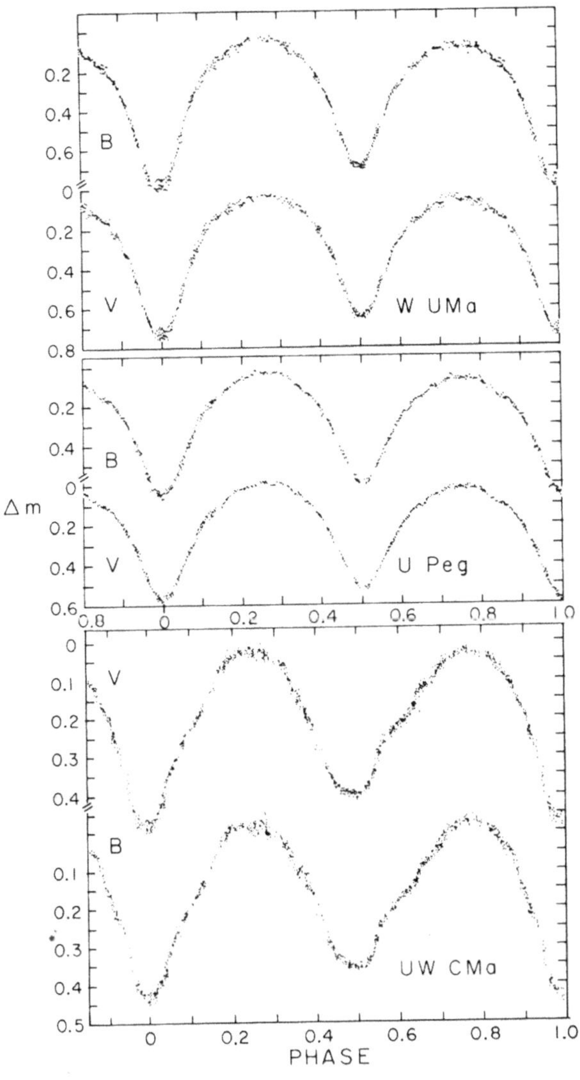

Bild 16.9
Lichtkurven von den Kontaktsystemen W Ursae Majoris, U Pegasi und VW Canis Majoris. Die ersten beiden sind W Ursae Majoris-Sterne von geringer Leuchtkraft, der dritte ist ein leuchtkräftiger Vertreter der β Lyrae-Sterne.
(Lichtkurven von W Ursae Majoris und von U Pegasi nach M. G. Fracastoro, siehe Bild 16.5; VW Canis Majoris nach H. Ogata und C. Hukusaku, *Information Bulletin on Variable Stars*, Nr. 1235, (1977))

terie in den Raum verlieren, so daß ihre Gesamtmasse ständig abnimmt. Einige von ihnen, wie etwa SV Centauri, weisen sehr rasche Periodenänderungen auf. Bei diesem Stern verkürzt sich die Periode sehr schnell. Die beiden Sterne stehen einander schon so nahe, daß sie die Form einer Hantel aufweisen (siehe Bild 16.10).

Die Beobachtungen von Kontaktsystemen und von Algol-Sternen haben uns wichtige Hinweise darauf geben können, wie die Entwicklung eines Sterns durch einen Begleiter beeinflußt werden kann. So erscheint es etwa sehr überraschend, daß TX Cancri, ein Stern, der sich nahe der Hauptreihe der Praesepe befindet, noch relativ unentwickelt ist, obwohl er ein Kontaktsystem bildet. Hier ist es möglicherweise so, daß abwechselnd Materie vom einen zum anderen Stern fließt und dann wieder zurück, so daß sich dieses Objekt ohne Massenverlust in den interstellaren Raum durch diese Balance noch auf der Hauptreihe gehalten hat.

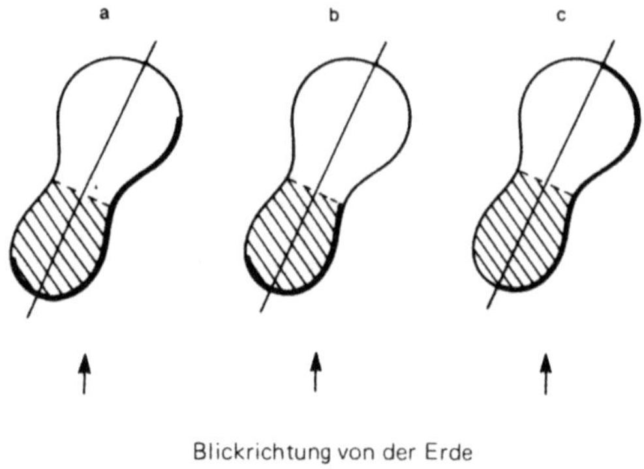

Bild 16.10
Drei schematische Abbildungen des Systems SV Centauri, die den hohen Kontaktgrad illustrieren sollen. Gebiete, die einen lokalen Temperaturexzeß aufweisen, sind schraffiert und durch stark ausgezogene Linien gekennzeichnet. Die Umlaufperiode nimmt ständig ab, – und dies mit einer Geschwindigkeit, die wesentlich größer ist als bei irgendeinem anderen bekannten Doppelstern. Die beiden Komponenten befinden sich also offensichtlich in sehr starker Wechselwirkung.
(Nach S. M. Rucinski, ***Publications of the Astronomical Society of the Pacific* 88**, 247 (1976))

Auch die engen Doppelsterne unter den hellsten Sternen von offenen Sternhaufen, wie zum Beispiel DH Cephei oder SZ Camelopardalis, befinden sich noch immer in der Nähe der Hauptreihe. Was wird das Schicksal dieser leuchtkräftigen, kurzperiodischen Kontaktsysteme sein? Möglicherweise werden sie auf ihrem Weg in den roten Bereich des Farben-Helligkeits-Diagramms eine Art Fusion durchmachen, zwei Sternkerne in einer Hülle: eine Art SV Centauri-Stadium. Wenn sie sich dann entlang von Entwicklungswegen bewegen werden, die ihren höheren Massen entsprechen, werden sie sich dann wie ein schwerer Stern weiterentwickeln und zur Supernova werden?
Hat die gegenseitige Einflußnahme einen Effekt auf die verschiedenen kritischen Phasen während der Sternentwicklung, die wir kennengelernt haben? Wie wir bereits bemerkt haben, entstehen Sterne immer in Assoziationen und Gruppen und weisen dann mit fortschreitendem Alter eine immer geringer werdende Gruppentendenz auf, obwohl wir vor allem unter den Mitgliedern von offenen Sternhaufen sehr viele Veränderliche finden. Was wäre die Antwort auf eine gleichlautende Frage für die Mitglieder eines Doppelsternsystems?
Die Mitgliedschaft in einem Doppelsternsystem ist sicherlich nicht völlig unvergleichbar dem Verhalten eines veränderlichen Stern. Unter den physisch Veränderlichen, die uns im Lauf der Sternentwicklung begegnet sind, war einer der ersten β Canis Majoris. Eine große Zahl von ihnen sind Doppelsternsysteme, so auch β Canis Majoris selbst mit 49 Tagen Umlaufperiode und σ Scorpii mit 34 Tagen. Aber ihr Doppelsterncharakter scheint nicht die Ursache ihrer Variationen im Stundenbereich zu sein. Einer der bestuntersuchten dieser Sterne, γ Pegasi (Algenib) ist ein Einzelstern. Und nur etwa ein Viertel aller freisichtigen β Canis Majoris-Sterne sind Doppelsterne.
Bei den α Canum Venaticorum-Sternen, die sich parallel zur Hauptreihe bei etwas niedrigeren Leuchtkräften befinden, liegt die Situation ähnlich. Der Prototyp selbst ist Mitglied eines weiten Doppelsternsystems von unbekannt langer Periode, ι Cassiopeiae besitzt eine Umlaufperiode von 52 Jahren, β Coronae Borealis von 10,5 Jahren und ϵ Ursae Majoris von etwa vier Jahren. Aber auch hier läßt nichts zwingend darauf schließen, daß ihre Veränderungen durch den Begleiter hervorgerufen werden. Auch hier sind nur etwa ein Viertel aller freisichtigen Sterne dieser Klasse Doppelsternsysteme.
Die nächsten Sterne in der Folge der Entwicklung, die eine Variabilität aufweisen können, sind die Cepheiden. Man kennt einundzwanzig freisichtige Cepheiden, von denen vier (der Prototyp selbst, dann noch Polaris, S Sagittae und FF Aquilae) Doppelsterne sind. Einige schwächere Cepheiden sind ebenfalls als Doppelsterne bekannt und wurden als solche aus den periodischen Änderungen ihrer Pulsationsradialgeschwindigkeitskurven er-

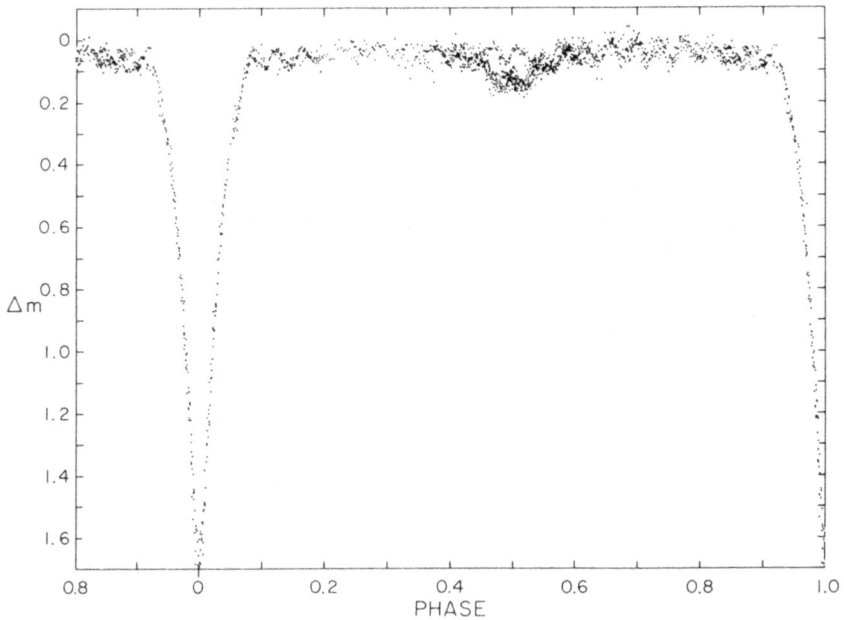

Bild 16.11 Lichtkurve von AB Cassiopeiae.
(Nach M. G. Fracastoro, siehe Bild 16.5)

kannt. Aber in keiner Weise sind alle Cepheiden, sondern wahrscheinlich sogar nur weniger als ein Viertel Mitglieder von Doppelsternsystemen – und auch bei ihnen steht der Lichtwechsel in keinem Zusammenhang mit dem Begleiter.

Ähnliche Aussagen kann man für die δ Scuti-Sterne, die den unteren Teil des Cepheideninstabilitätsstreifens einnehmen, erhalten. Einige wenige sind weite Doppelsterne mit Umlaufperioden von Jahrzehnten, einige andere sind spektroskopische Doppelsterne von kürzerer Periode. Am auffälligsten ist hier die hellere Komponente von AB Cassiopeiae, ein Bedeckungsveränderlicher mit einer Periode von etwas über einem Tag (Bild 16.11). Aber auch hier sind wieder nur etwa ein Viertel aller freisichtigen Sterne dieser Klasse doppelt, und auch hier besteht kein Grund zur Annahme, daß die Helligkeitsänderungen von dem Begleiter verursacht wurden.

Später im Sternenleben folgt der Mira-Stern, dessen spektakuläre Veränderungen ihn zu einem Leuchtturm am Himmel machen. Etwa einer von je fünf mit dem freien Auge beobachtbaren Mira-Sterne ist Mitglied eines Doppelsternsystems: o Ceti (Mira), R Aquarii, R Hydrae und X Ophiuchi. Auch hier hat der Doppelsterncharakter nichts mit der Veränderlichkeit zu tun. Trotzdem deuten diese Sterne zum erstenmal darauf hin, daß Wechselwirkungen zwischen Doppelsternen die Variationen beeinflussen können. Die Bahnperioden von Mira, R Hydrae, und X Ophiuchi sind sehr lang – im Bereich von Jahrhunderten oder mehr. Diejenige von R Aquarii muß kürzer sein und, obwohl sie noch nicht genau bekannt ist, in der Gegend von tausend Tagen liegen, so daß sich hier die beiden Sterne wesentlich näher stehen als bei den anderen drei Sternen. Es ist daher interessant festzustellen, daß die langperiodischen Variationen von R Aquarii von Zeit zu Zeit vom Verhalten des Begleiters beeinflußt werden. Der Begleiter von X Ophiuchi ist ein eher unauffälliger gelber Riesenstern, während die Begleiter von Mira und R Aquarii auffällige blaue Sterne sind.

Mögliche Doppelsterne unter den RR Lyrae-Sternen bringen ein gewisses Problem mit sich. Die komplexen Veränderungen von AC Andromedae wurden einem System von zwei RR Lyrae-Sternen zugeschrieben. So hat es sich gezeigt, daß der komplizierte Lichtwechsel von CE Cassiopeiae von zwei einander umkreisenden Cepheiden nahezu identischer Periode verursacht wurde. Später konnte man auch die beiden Sterne tatsächlich getrennt beobachten und die Perioden von CE Cassiopeiae a und b wurden bestätigt. Aber bei AC Andromedae handelt es sich wahrscheinlich um das komplexe Verhalten eines Einzelsterns, was für RR Lyrae-Sterne nichts ungewöhnliches wäre.

Diese kurze Beschreibung der physisch Veränderlichen als Komponenten eines Doppelsterns zeigt an, daß in den meisten Fällen die innere Struktur entscheidend ist und nicht die Nähe des Begleiters. Das Verhalten so eines Paares wird eher durch die Gravitation als durch physischen Kontakt bestimmt, wobei sie im Großen und Ganzen relativ gut getrennte Paare darstellen – und AB Cassiopeiae wahrscheinlich eine Ausnahme darstellt. Aber für sehr große Sterne, wie es die Mira-Sterne sind, existieren Anzeichen für eine physische Wechselwirkung zwischen den Komponenten. Andere große, kühle Sterne – die Roten Riesen und Überriesen in VV Cephei, AR Pavonis und CI Cygni – weisen neben ihren eigenen Veränderungen auch Anzeichen für gegenseitige Wechselwirkungen auf. Aber auch hier gibt es sehr viele solcher Sterne, die nicht Mitglieder von Doppelsternen sind.

Wir können also daraus schließen, daß der Doppelsterncharakter nicht der primäre Grund der Variabilität bei solchen Sternen ist, obwohl viele von ihnen doppelt sein können. Nachdem ein großer Teil aller Sterne zu Doppel- oder Mehrfachsystemen zählen, machen hier also die intrinsisch Veränderlichen keine Ausnahme.

Nun ist es aber an der Zeit, eines der größten stellaren Ereignisse, die kataklysmischen Veränderungen, die bei den Novae und bei den Zwergnovae oder U Geminorum-Sternen auftreten, zu besprechen. Novae verhalten sich nicht wie andere Sterne. Ihre Ausbrüche scheinen eher vom Vorhandensein eines engen Begleiters und nicht von ihrer inneren Struktur verursacht zu werden. Novae sind die einzigen Veränderlichen, die immer nur in Doppelsternsystemen auftreten.

Klassische Novae weisen eine plötzliche Helligkeitszunahme auf, die normalerweise etwa dreizehn Größenklassen beträgt, manchmal aber, wie im Fall der Nova V 1500 Cygni 1975 mehr als achtzehn Größenklassen ausmachen kann (siehe Bild 16.12). Möglicherweise gibt es bereits vor dem eigentlichen Ausbruch einen kleinen Helligkeitsanstieg. Ihre Spektren deuten auf die Existenz einer sehr rasch expandierenden Hülle hin, die sich zuerst mit einer Geschwindigkeit von über tausend Kilometern pro Sekunde, später dann mit einigen hundert Kilometern pro Sekunde ausdehnt. Zunächst sieht das Spektrum wie das eines gewöhnlichen Überriesen aus, entwickelt aber sehr bald komplizierte Absorptionsliniensysteme; später erscheinen helle Emissionslinien (zuerst von erlaubten, dann von verbotenen Übergängen). Feststellbar ist auch eine häufige axialsymmetrische Eruption von Materie. Normalerweise (aber nicht immer) kehrt die Nova anschließend zu der Helligkeit zurück, die sie vor dem Ausbruch besessen hat. Ich kann hier nur schwer der Versuchung widerstehen, die interessanten Details näher zu beschreiben.

Die frühen Untersuchungen an Novae zielten verständlicherweise auf eine Analyse der Explosion, der physikalischen Änderungen in der Hülle und der Geometrie des ausgeworfenen Materials. Langsam wurde auch klar, warum die Novae im Ausbruch so verschieden sein können (rascher oder langsamer Helligkeitswechsel, irreguläre Fluktuationen etc.) und im Nach- und Vor-Novastadium so ähnlich sind. Sie sind schwache blaue Sterne, die manchmal helle Linien im Spektrum aufweisen und manchmal einen Hinweis auf einen Begleiter von spätem Spektraltyp geben.

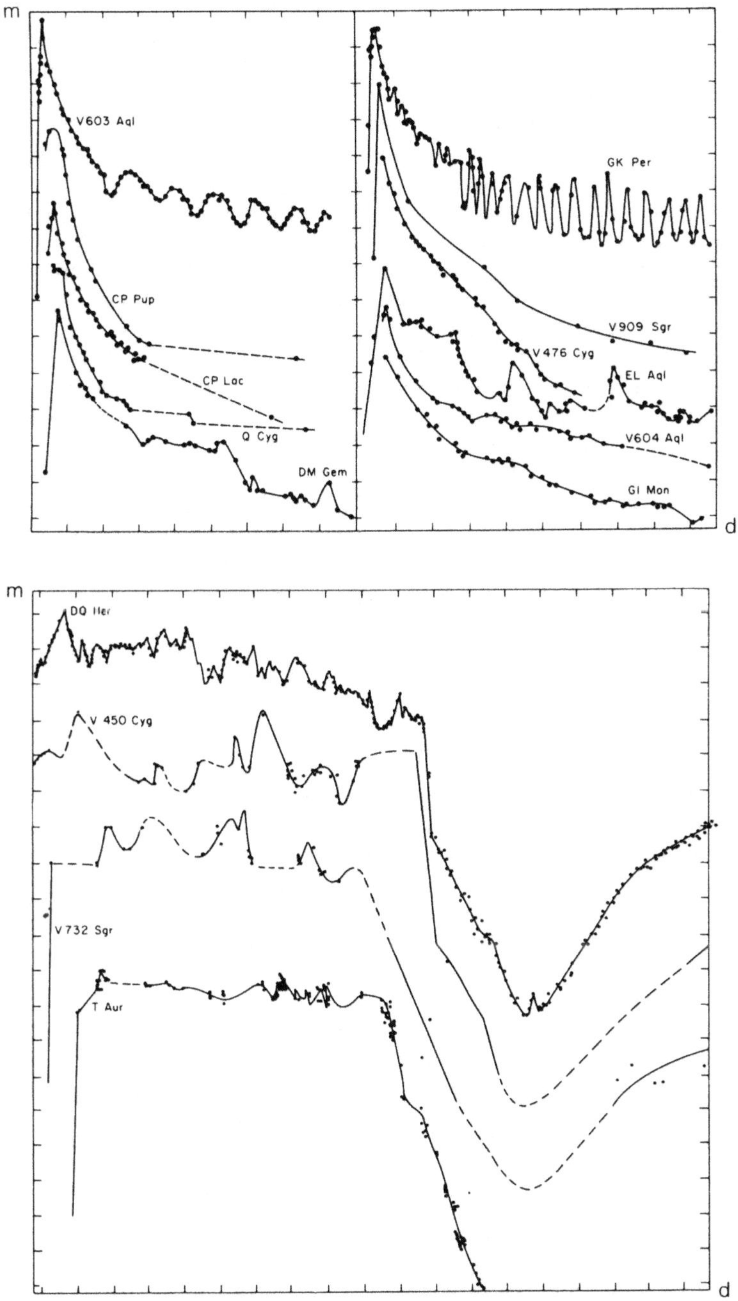

Bild 16.12 Lichtkurven von fünfzehn typischen Novae, im gleichen Maßstab. Das Diagramm zeigt deutlich die verschiedenen möglichen Entwicklungen. Alle Novae zeigen einen raschen Helligkeitsanstieg. Der Abfall der Helligkeit aber kann langsam oder schnell, ruhig oder stark variabel sein. Die Ordinaten sind in Einheiten von Größenklassen, die Abszissen in Intervallen von zehn zu zehn Tagen unterteilt.

Die Zwergnovae oder U Geminorum- und Z Camelopardalis-Sterne scheinen sich von den Novae mehr zu unterscheiden als die Novae untereinander. Ihre Ausbrüche sind von wesentlich kleinerer Amplitude und kehren manchmal in Zyklen von Wochen oder Monaten wieder. Die Spektren weisen nie so komplexe Absorptionssysteme und auch keine Emissionslinien (weder verbotene noch erlaubte) auf, wie man sie bei den Novae findet. Eines aber haben sie mit den Novae gemein: Im Minimum sind ihre Spektren mit denen von schwachen blauen Sternen und manchmal von späten Begleitsternen vergleichbar. Die blauen Sterne scheinen trotz ihrer niedrigeren Temperatur den Postnovae sehr zu ähneln.
Das erste Anzeichen auf die Doppelsternnatur der kataklysmischen Veränderlichen erhielt man, als der U Geminorum-Stern SS Cygni als ein spektroskopischer Doppelstern mit einer Periode von einem Viertel eines Tages erkannt wurde, ein System, das aus einem sehr blauen Stern und einem der Sonne nicht unähnlichen G5-Stern besteht (Bild 16.13). Ein sicheres Indiz auf die Doppelsternnatur der Novae war die Entdeckung, daß die Nova DQ Herculis (1934), ein Bedeckungsveränderlicher mit einer Periode von 0,2 Tagen auch ein spektroskopischer Doppelstern ist. Wir kennen heute drei klassische Novae (RR Pictoris, DQ Herculis und T Aurigae), die bedeckungsveränderlich sind und vier (V 603 Aquilae, HR Delphini, DQ Herculis und GK Persei), die spektroskopische Doppelsterne sind. Von den Zwergnovae sind sechs Bedeckungsveränderliche und neun spektroskopische Doppelsterne. Die Daten sprechen dafür, daß alle Novae und Zwergnovae doppelt sind und sehr ähnliche Systeme, bestehend aus einem schwachen blauen Stern und einer späten Hauptreihenkomponente, bilden. Bild 16.14 zeigt uns den Lichtwechsel von DQ Herculis (eine Nova), U Geminorum (eine Zwergnova) und UX Ursae Majoris (eine potentielle Nova). Bild 16.15 zeigt uns eine Skizze, die die Physik einer Nova darstellen soll.
Seit dem zweiten Ausbruch von T Pyxidis im Jahre 1902 (als Nova schon 1890 beobachtet) wissen wir, daß eine Nova mehr als einmal ausbrechen kann. Diese Nova hat auch noch später mehrere Ausbrüche erlebt, etwa 1920, 1944, und 1970, die alle von ähnlicher Art waren. Die Nova T Coronae Borealis, die 1866 und wieder 1946 ausbrach, sowie einige andere rekurrierende Novae sind heute bekannt. Diese Sterne bieten ein Verbindungsglied zwischen den klassischen Novae und den Zwergnovae: Ihre Helligkeitsausbrüche sind von mittlerer Stärke und ihre Zyklen (im Bereich von Jahrzehnten) sind länger als die der Zwergnovae (Zyklen von einigen Wochen). Ob alle Novae rekurrierend sind, ist eine offene Frage: Ausbrüche, die in mehreren Hunderten von Jahren aufeinander folgten, konnten nicht aufgezeichnet werden, während diejenigen mit einer kleinen Amplitude weiterhin beobachtet werden sollten in der Hoffnung, weitere Ausbrüche zu registrieren.
Zwischen den klassischen Novae und den rekurrierenden Novae scheint ein Unterschied zu bestehen. Während die ersteren aus einem schwachen blauen Stern und einem Hauptreihenstern zu bestehen scheinen, so haben die letzteren einen Riesen-M-Begleiter. So besteht zum Beispiel die Nova T Coronae Borealis aus einem schwachen blauen Stern und einem M-Riesen als Begleiter. Es ist sicher, daß alle Novae Doppelsterne sind, aber nicht immer von identischer Art. Was haben sie gemeinsam? Der Ausbruch von T Coronae Borealis war, obwohl vielleicht ungewöhnlich heftig, nicht allzusehr anders als der einer klassischen Nova.
Ein Nebenprodukt dieser Untersuchungen ist die Entdeckung einer großen Zahl von ähnlichen Systemen gewesen, die allerdings noch keinen großen Ausbruch hinter sich haben. Diese reichen von relativ ruhigen Bedeckungsveränderlichen wie UX Ursae Majoris und RW Trianguli zu offensichtlich stark gestörten Sternen wie VV Puppis, TT Arietis, VZ Sculptoris und EM Cygni, die sowohl Bedeckungsveränderliche wie auch spektroskopische Doppelsterne sind. Wir brauchen nicht zu zögern, diese Sterne als enge Verwandte der Novae zu bezeichnen. Möglicherweise haben sie bereits in der Vergangenheit einmal

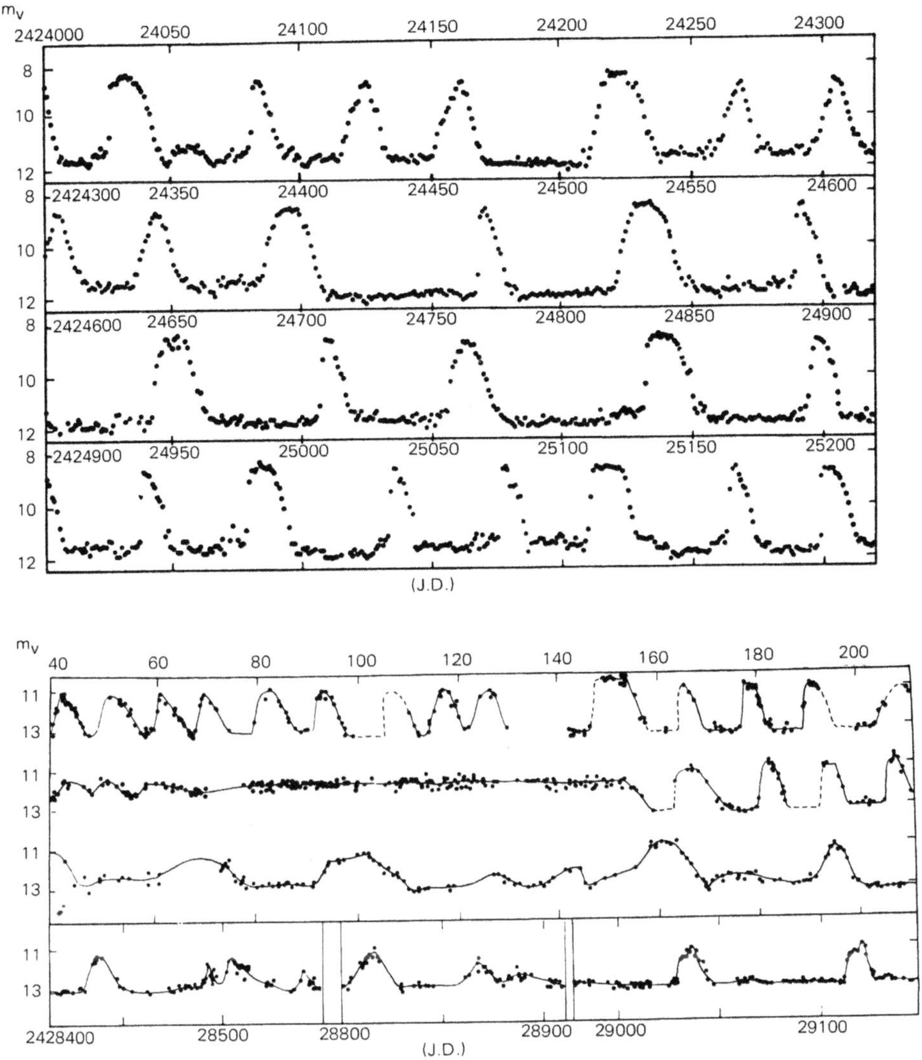

Bild 16.13 Helligkeitsvariationen von zwei Zwegnovae: SS Cygni (oben) und Z Camelopardalis (unten). SS Cygni weist in annähernd regelmäßigen Intervallen Ausbrüche aus, während Z Camelopardalis Ausbrüche besitzt, die von unregelmäßigen Ruheperioden abgewechselt werden.
(Nach Beobachtungen der AAVSO und von Luigi Jacchia)

einen ähnlichen Ausbruch durchgemacht, oder aber sie bereiten sich auf einen vor; vielleicht trifft auch beides zu. Novaeausbrüche sind in unserer Galaxie nicht selten. Auch in der Vergangenheit sind sie mit der gleichen Rate wie heute aufgetreten, was bedeutet, daß es innerhalb unserer Beobachtungsgrenzen Tausende Ex-Novae geben muß. Es kann aber auch sein, daß einige dieser Nova-ähnlichen Systeme immer nur vor sich hin „kochen", ohne jemals einen richtigen Ausbruch zu erleben.

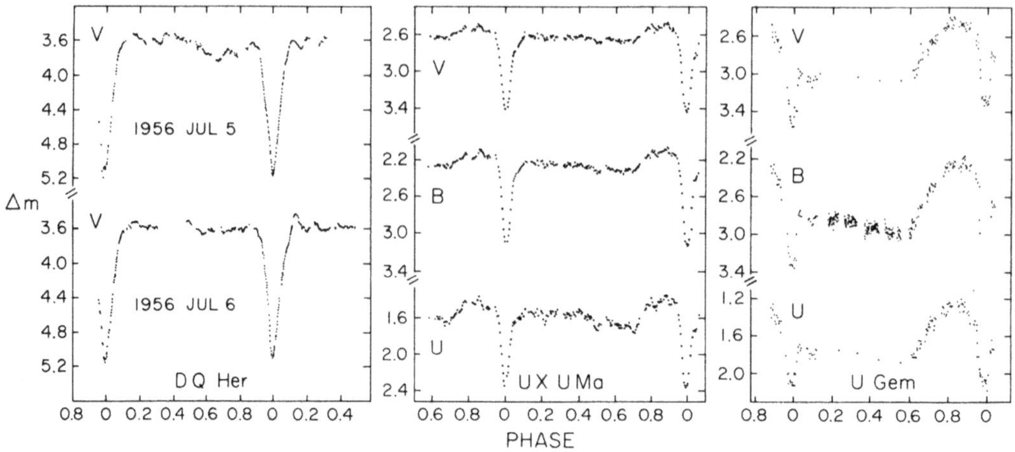

Bild 16.14 Lichtkurven der Bedeckungsveränderlichen DQ Herculis, UX Ursae Majoris und U Geminorum. (DQ Herculis nach Merle Walker, *Astrophysical Journal* **127**, 319 (1958); UX UMa nach H. Johnson, B. Perkins und W. A. Hiltner, *Astrophysical Journal Supplement* **1**, 91 (1954); U Geminorum nach G. Mumford, *Astrophysical Journal* **139**, 476 (1964))

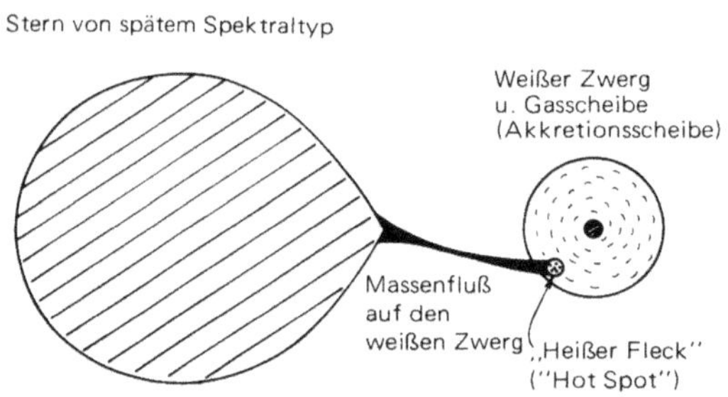

Bild 16.15
Grundmodell für kataklysmische Veränderliche (bzw. kataklysmische Doppelsterne). Das Bild hier stellt Z Camelopardalis, eine Zwergnova, dar. Die Umlaufbewegung erfolgt gegen den Uhrzeigersinn.
(Nach E. L. Robinson, *Annual Review of Astronomy and Astrophysics* **14**, 121 (1976))

Die Sicherheit, mit der wir feststellen konnten, daß es sich bei den Novae um Doppelsterne handelt, deren wesentlichste „Zutat" ein schwacher blauer Stern ist, führt uns in die Nähe der wichtigen Frage: Was verursacht die Nova-Ausbrüche? Die Entdeckung der rekurrierenden Novae hat es unmöglich gemacht, der alten Theorie weiter anzuhängen, daß ein Nova-Ausbruch eine Endphase, eine endgültige Zerstörung des Sterns ist. Die Häufigkeit des Nova-Phänomens schließt auch die Möglichkeit aus, daß es sich hierbei um einen wenig wahrscheinlichen Unfall wie den Zusammenstoß zweier Sterne handelt. Die Tatsache, daß wir es hier mit engen Doppelsternen zu tun haben, legt den Schluß nahe, daß wir in aller Deutlichkeit die Effekte der Wechselwirkungen vor uns sehen. Daß solche Effekte auftreten und sehr heftig in die Sternentwicklung eingreifen, wußten wir bereits von den Algol-Sternen und deutlicher noch von den W Ursae Majoris-Sternen, den Kontaktsystemen.

Kataklysmische Doppelsterne sind Kontaktsysteme einer ganz besonderen Art. Die hier notwendigen „Zutaten" sind ein Weißer Zwerg und ein anderer Stern (ein Hauptreihen-

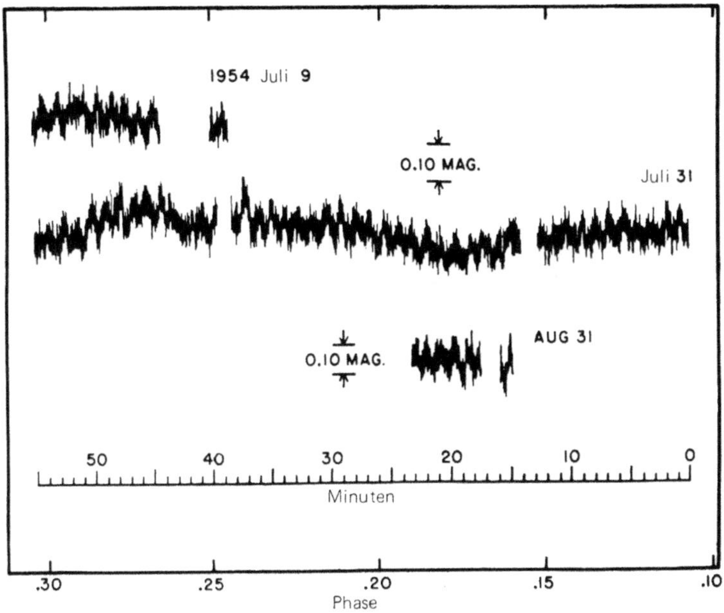

Bild 16.16 Rasche Helligkeitsfluktuationen von DQ Herculis, was auf Oszillationen der Weißen-Zwerg-Komponente hinweist.
(Nach Merle Walker, *Astrophysical Journal* **123**, 81 (1956))

stern für kurzperiodische Doppelsterne und ein Riesenstern für langperiodische Systeme wie T Coronae Borealis), die so zueinander stehen, daß die Materie auf Grund der Anziehungskräfte gezwungen ist, in Richtung des Weißen Zwerges zu fließen. Das Material akkumuliert sich in einer Scheibe (einer sogenannten Akkretionsscheibe) um den Weißen Zwerg, wobei der Punkt, an dem der Materiestrom die Scheibe trifft, als heißer Fleck („hot spot") zu sehen ist. Der Weiße Zwerg wird von der ihn umgebenden Scheibe versteckt. Auf sein Vorhandensein kann man aus sehr kurzperiodischen Oszillationen (im Bereich von Zehntelsekunden) schließen, die von der Gasscheibe herrühren (Bild 16.16). Die Perioden dieser Oszillationen sind etwa die, die man auch theoretisch vom Vorhandensein eines Körpers etwa von der Dichte eines Weißen Zwerges erwarten würde. Sie werden als Anzeichen seiner Existenz genommen, obwohl man ihn wohl kaum direkt wird beobachten können.

Diese relativ genaue Beschreibung eines kataklysmischen Doppelsterns ist kein Phantasieprodukt. Sie basiert auf ausführlichen Studien ihrer Helligkeit und ihres Spektrums, die allerdings zu kompliziert sind, um hier beschrieben zu werden. Die Lichtkurven und die Perioden der kataklysmischen Variablen sind das Produkt der Wechselwirkung zwischen dem heißen Fleck und der Scheibe, wobei je nach der Geometrie des Systems der eine über den anderen dominiert. Wenn der Massenfluß auf die Scheibe unregelmäßig ist, so ändert sich die Helligkeit des heißen Flecks sehr rasch und ist daher vermutlich für die beobachteten unregelmäßigen und kurzzeitig auftretenden Helligkeitsfluktuationen verantwortlich. Jedes System weist seine eigenen charakteristischen physikalischen Bedingungen auf. Bild 16.17 zeigt uns die unregelmäßigen Helligkeitsänderungen von GK Persei nach seiner Rückkehr zur Pränovahelligkeit nach dem Ausbruch im Jahre 1901.

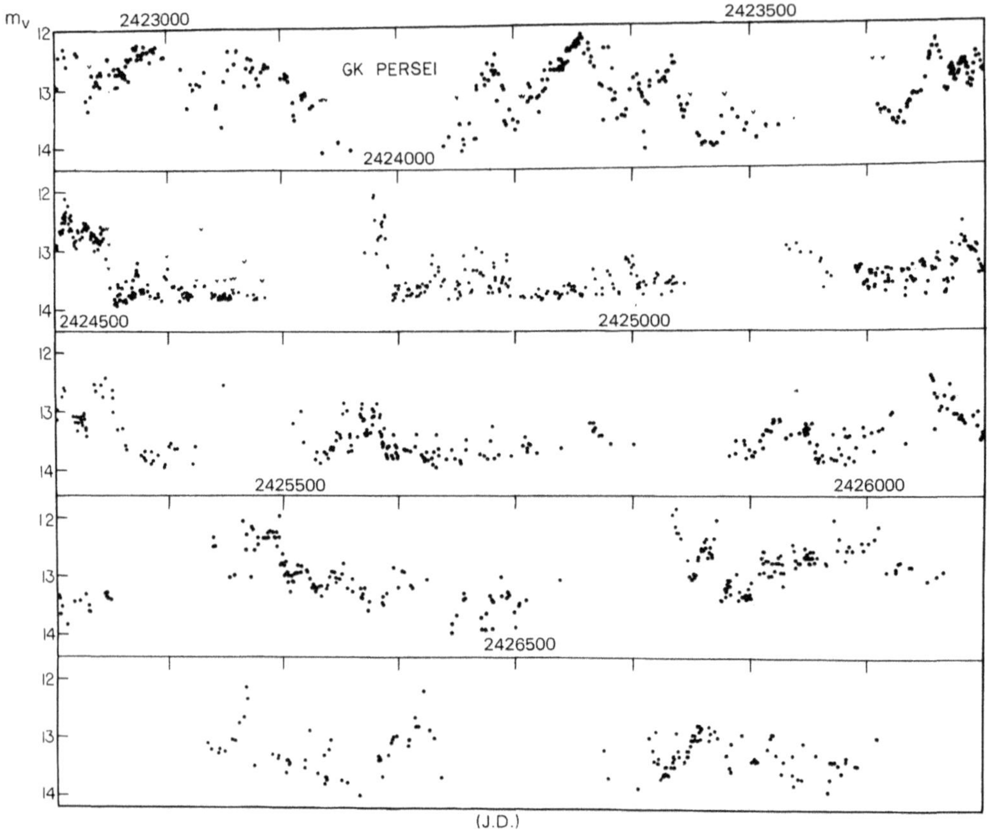

Bild 16.17 Lichtwechsel von GK Persei (die helle Nova aus dem Jahre 1901) nach Erreichen der Ausgangshelligkeit. Das Datum ist in Julianischen Tagen (J. D.) zwischen 1921 und 1932 angegeben. Die Helligkeitsänderungen sind groß und aperiodisch.
(Nach visuellen Beobachtungen von W. H. Steavenson und B. M. Peek)

Diese kurze Skizze der kataklysmischen Veränderlichen im Minimum, die von langen Beobachtungen abgeleitet wurde, vereint die klassischen Novae, die Zwergnovae und die nova-ähnlichen Veränderlichen oder potentiellen Novae. Für ein volles Verständnis des Problems muß man das Modell an die vielen verschiedenen Ausbrüche anpassen: von den klassischen Novae über die rekurrierenden Novae zu den Zwergnovae und den Systemen, die noch keinen heftigen Ausbruch durchgemacht haben. Die Bahnen der Doppelsterne scheinen relativ wenig mit der Heftigkeit oder der Dauer eines Ausbruchs zu tun zu haben. Man glaubt heute, daß die Ursache der Ausbrüche eine Art „Durchbrennen" der thermonuklearen Reaktionen in der Hülle um den Weißen Zwerg ist, und daß der Ausbruch vom akkretierten Material in der Scheibe gesteuert wird. Solch ein explosives Wasserstoff-Helium-Brennen verlangt, daß der Weiße Zwerg (auch in Bezug auf die Sonne) ungewöhnlich reich an schwereren Elementen wie Kohlenstoff, Stickstoff und Sauerstoff ist. Eine chemische Analyse des Auswurfmaterials der Novae ist sehr schwierig, aber die bisher erhaltenen Resultate scheinen tatsächlich auf eine solche Anreicherung hinzudeuten. Der Ausbruch einer Nova kann sehr wohl bedeuten, daß hier die Wechselwirkung

zwischen zwei Sternen durch die Gravitation und die Kernphysik an ihre äußerste Grenze getrieben wird.
Dieser Prozeß ist allerdings zur Erklärung der Zwergnovae zu heftig: Sie zeigen ja keine so plötzliche Explosion. Wie bei den klassischen Novae scheint auch hier der Weiße Zwerg der Sitz des Ausbruches zu sein. In einigen, vielleicht sogar in allen Fällen werden die Helligkeitsänderungen in der Scheibe, wahrscheinlich unter Mithilfe des Weißen Zwerges, ihren Ursprung haben.
Das Bild für die rekurrierenden Novae mag ähnlich aussehen, aber hier muß man statt des Hauptreihensterns einen Roten Riesen einsetzen. Dies macht vieles einfacher, da die sehr dünnen Roten Riesen relativ leicht Materie abgeben und eine Wechselwirkung leichter wird. Aber ein genaues Modell wurde bisher noch nicht aufgestellt.
Die kataklysmischen Veränderlichen beeindrucken durch ihre Vielfalt: Klassische Novae mit langsamer oder schneller Entwicklung, rekurrierende Novae, Zwergnovae und potentielle Novae. Alle sind sie sich im Minimum sehr ähnlich: verborgene Weiße Zwerge, auf die von ihren kühleren Begleitern Materie strömt. Jedes System hat in gewisser Weise sein eigenes Repertoire. Die jeweiligen Ausbrüche einer rekurrierenden Nova ähneln sich sehr. Die U Geminiorum und Z Camelopardalis-Sterne wiederholen ihre Eigenheiten zwar unregelmäßig, aber erkennbar. Jedes System bleibt sich selbst treu. Neben dem bekannten System aus Weißem Zwerg, Rotem Riesen, Scheibe und heißem Fleck gibt es noch eine Individualität, die uns nicht zugänglich ist.
Die rekurrierenden Novae stellen außerdem ein Verbindungsglied zur großen Gruppe der „symbiotischen Veränderlichen" dar (ein Name, der, wenn er noch nicht vergeben wäre, ausgezeichnet auf die kataklysmischen Veränderlichen gepaßt hätte). Drei gut bekannte Beispiele sind AG Pegasi, BF Cygni und CI Cygni (siehe Bild 16.18). Der erste besteht aus einem Wolf-Rayet-Stern und einem M-Riesen, die anderen beiden aus einem Emissionslinien-B-Stern und einem M-Riesenbegleiter. Alle sind sie spektroskopische Doppelsterne mit Perioden zwischen 750 und 855 Tagen. Die blauen Komponenten besitzen Massen, die den blauen Komponenten der kataklysmischen Veränderlichen vergleichbar sind, und weisen eine Tendenz zur Variabilität auf. CI Cygni ist ein spektroskopischer Doppelstern, ein Bedeckungsveränderlicher, und hat schon nova-ähnliche Ausbrüche hinter sich (1911, 1937, 1971 und 1975). Wenn T Coronae Borealis ein Analogon zu einer klassischen Nova ist, so sind diese Sterne möglicherweise mit den U Geminorum-Sternen verwandt. Daß sie in irgendeiner Art kataklysmische Veränderliche sind, kann nicht bezweifelt werden. Zwei andere Sterne, die in dieselbe Klasse fallen, aber keine spektroskopischen Doppelsterne sind, sind AX Persei und Z Andromedae. Beide bestehen aus einem blauen Stern mit einem M-Riesen als Begleiter und beide haben bereits nova-ähnliche Ausbrüche erfahren (siehe Bild 16.19). Diese Sterne sind sicherlich das Ergebnis einer physischen Wechselwirkung mit kataklysmischen Resultaten.

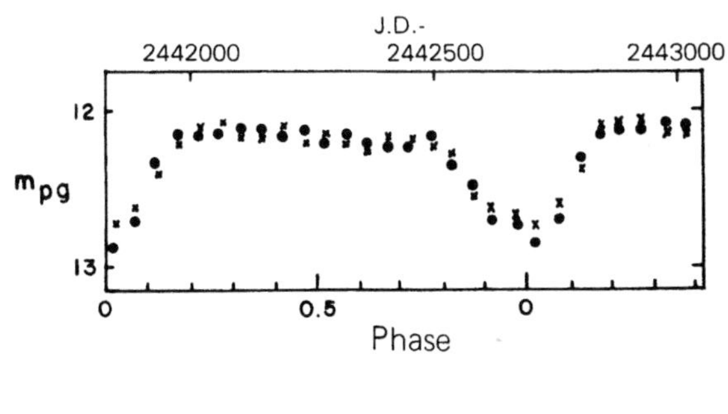

Bild 16.18
Durchschnittliche Lichtkurve des eruptiven Bedeckungsveränderlichen CI Cygni (Periode: 855 Tage). (Nach einer Arbeit von T. S. Belyakina)

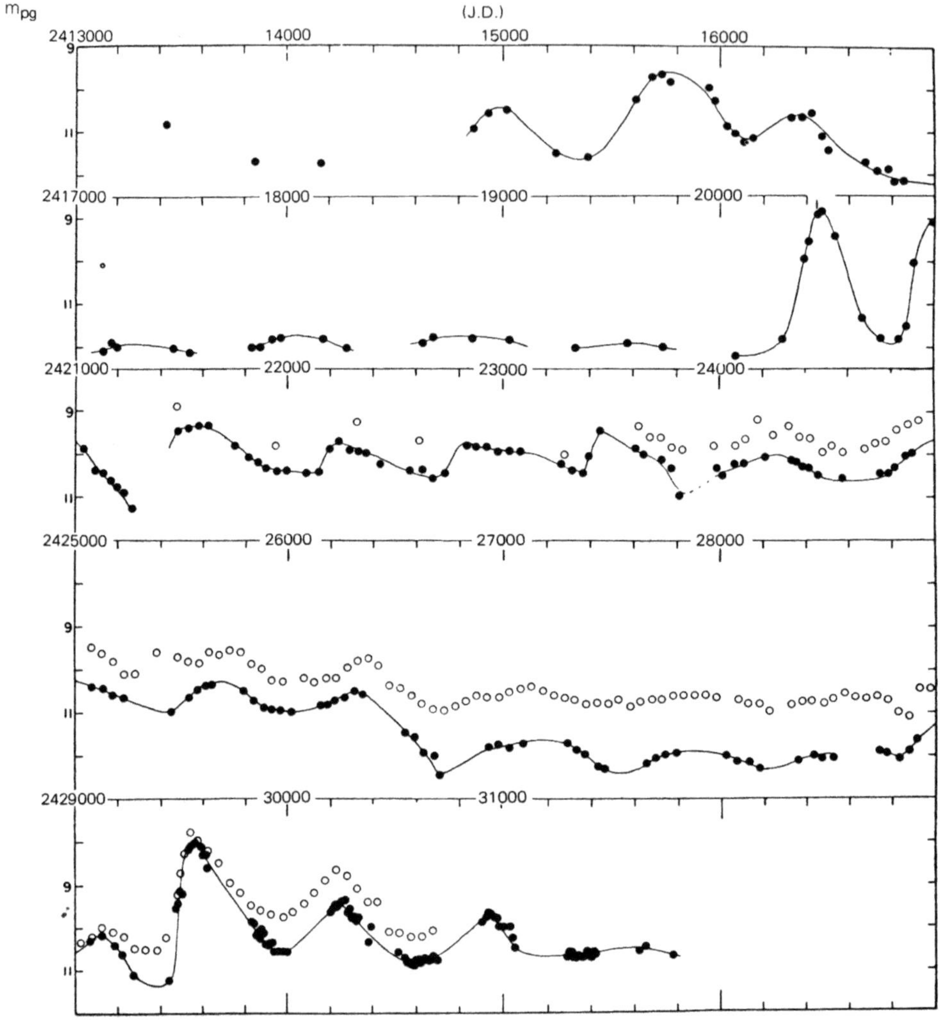

Bild 16.19 Photographisch erhaltene Lichtkurve von Z Andromedae, einem eruptiven Veränderlichen, im blauen Bereich (Punkte) sowie im gelben Bereich (Kreise). Es zeigt sich, daß die blaue (heiße) Komponente des Systems nur in hellen Phasen von Bedeutung ist.
(Nach C. Payne-Gaposchkin und C. Boyd, *Astrophysical Journal* **104**, 363 (1946))

Schlußendlich kommen wir zu den Mira-Sternen mit blauen Begleitern, Mira Ceti und R Aquarii (siehe Bild 16.20). Den letzteren muß man bereits als echten kataklysmischen Veränderlichen einstufen. Im Jahr 1921 erlitt die blaue Komponente einen Ausbruch, und das Kontinuum dominierte mehrere Monate lang das Spektrum, während zur selben Zeit die charakteristische Änderung der roten Komponente unterdrückt wurde und erst wieder zu Tage trat, als die Helligkeit der blauen Komponente wieder abnahm – ein sehr drastisches Beispiel für die Wechselwirkung zwischen diesen Sternen. In der Vergangenheit hat es mindestens schon einen solchen Ausbruch gegeben, da das System von einem

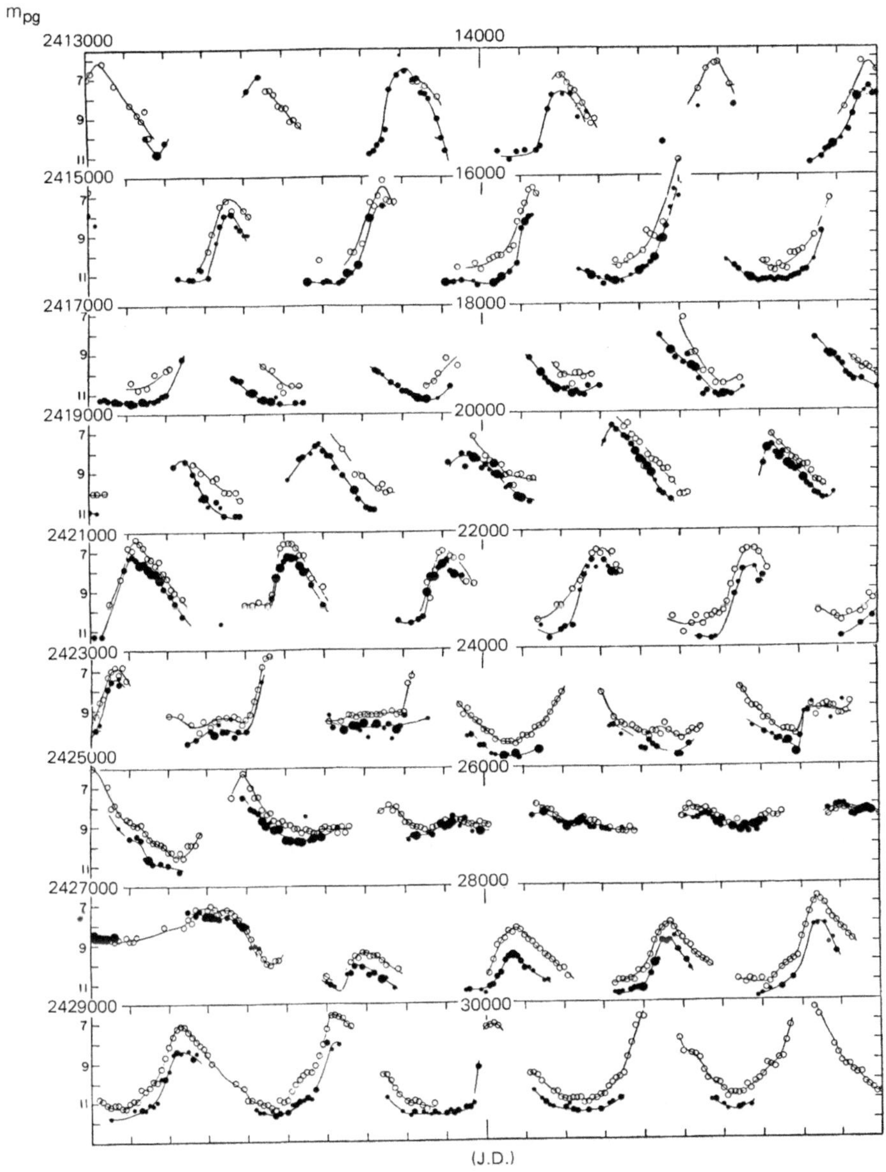

Bild 16.20 Beobachtungen des Mira-Sterns R Aquiarii im blauen (Punkte) und im gelben (Kreise) Bereich. Eine Unterdrückung der langperiodischen Variationen ist besonders dann deutlich zu sehen, wenn die blaue Komponente ihr Helligkeitsmaximum erreicht hat (etwa zwischen J. D. 2426000 und 2427000 (entspricht 1930 bis 1933)).
(Nach C. Payne-Gaposchkin und C. Boyd, *Astrophysical Journal* **104**, 358 (1946))

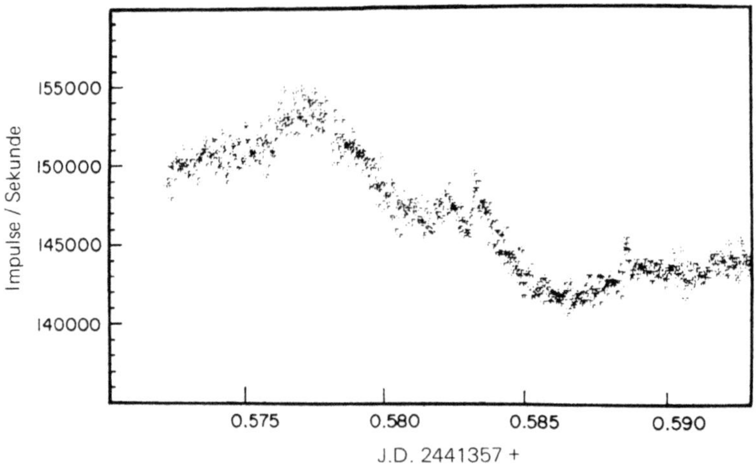

Bild 16.21 Rasche irreguläre Helligkeitsänderungen von Mira (o Ceti) während eines Intervalls von etwas mehr als einer halben Stunde, die dem schwachen blauen Begleiter, VZ Ceti, zugeschrieben werden müssen.
(Nach Brian Warner, *Monthly Notices of the Royal Astronomical Society* **159**, 95 (1972))

expandierenden Nebel umgeben ist, in dessen Spektrum noch immer die Linien des verbotenen Übergangs von O III (zweifach ionisierter Sauerstoff) zu sehen sind.

Der Fall Mira (o Ceti) liegt da etwas anders (siehe Bild 16.21). VZ Ceti befindet sich in einem wesentlich größeren Abstand von Mira als der Begleiter von R Aquarii von seinem Zentralstern, aber sein pekuliares Spektrum und die raschen Variationen erinnern sehr stark an die schwachen blauen Nova-Sterne. Es wäre sehr schwer, der Vorstellung zu widerstehen, daß das Material, das von Mira im Laufe seiner Pulsationen ausgestoßen wird, seinen Begleiter erreicht und beeinflußt.

Wir konnten einige kritische Phasen der Sternentwicklung betrachten und in eine in sich konsistente Zeitskala einfügen. Die meisten Sterne haben ihren Platz in diesem Entwicklungsschema gefunden. Aber einige Doppelsterne, vor allem sehr enge Systeme, haben bisher den Versuchen, sie in dieses Muster einordnen zu wollen, widerstanden. Man kann heute sagen, daß die Theorie der Sternentwicklung sehr gut ist, wobei allerdings größte Vorsicht angebracht ist, wenn man sie auf enge Doppelsterne anwenden will.

Auf die Frage, wo denn die Novae ihren Platz in der Sternentwicklung haben, können wir leider keine eindeutige Antwort geben. Wenn wir ihre galaktische Verteilung untersuchen, so sehen wir, daß sie in einer Art flacher Scheibenpopulation auftreten. Allerdings weisen sie auch eine Konzentration zum galaktischen Zentrum auf, aber ihre Verteilung stellt sie nicht eindeutig in die Halo-Population. Einige befinden sich auch in größeren Abständen von der galaktischen Ebene. Sie scheinen also nicht einer der normalen Populationen anzugehören.

Bisher kennt man drei Novae als Mitglieder von Kugelsternhaufen, was sie eher in den Halo stellen würde. Im Jahre 1860 erschien T Scorpii in Messier 80 (NGC 6093), 1943 V 1148 Sagittarii in der Nähe von NGC 6553 (aber nicht nahe genug, um seine Mitgliedschaft eindeutig zu sichern), und 1938 erschien in Messier 14 (NGC 6402) ebenfalls eine Nova. Drei Zwergnovae wurden bisher in Kugelsternhaufen beobachtet: eine in Messier 30 (NGC 7099), eine in Messier 5 (NGC 5904) und eine in NGC 6712. Das Auftreten

dieser sechs Sterne scheint, anders als bei den RR Lyrae-Sternen oder den Mira-Sternen, nicht mit dem Metallgehalt dieser Sternhaufen oder mit der Form ihrer Farben-Helligkeits-Diagramme korreliert zu sein. Andererseits wurde auch eine Zwergnova als mögliches Mitglied von NGC 2482, einem den Hyaden nicht unähnlichem Sternhaufen, vorgeschlagen. Wenn BX Puppis tatsächlich ein Mitglied dieses relativ jungen Systems ist, so bedeutet das, daß die Novae nicht notwendigerweise alte Objekte sind.
In der Gegend von kugelförmigen Sternhaufen hat man nur sehr wenige Doppelsterne gefunden – insgesamt nur etwa ein halbes Dutzend Bedeckungsveränderliche, von denen einige nicht einmal an der Bewegung des Haufens teilnehmen. Wenn man berücksichtigt, welch intensive Suche nach Veränderlichen in Kugelhaufen durchgeführt wird, so muß man daraus den Schluß ziehen, daß Doppelsterne in Kugelsternhaufen tatsächlich sehr selten sind, anders als im galaktischen Feld oder in den offenen Sternhaufen, wo etwa die W Ursae Majoris-Sterne sehr häufig sind. Vor vielen Jahren hat Walter Baade eine Untersuchung durchgeführt, die ausdrücklich nur dazu diente, in Messier 3 unter den schwächsten Sternen W Ursae Majoris-Sterne zu entdecken. Das Ergebnis (das er, glaube ich, nie veröffentlicht hat) war, daß es keine gibt. Ein weiterer Punkt, an den wir uns erinnern müssen, ist, daß die Kugelsternhaufen wesentlich metallärmer sind als die meisten Sterne im galaktischen Feld. Die heutigen Theorien der Nova-Ausbrüche fordern aber, das die Weißen Zwerge sehr kohlenstoff-, stickstoff- und sauerstoffreich sein müssen, was bedeutet, daß sie nicht gerade metallarm sein dürfen (zur Erinnerung: „Metalle“ sind in der Astronomie alle chemischen Elemente, die schwerer als Wasserstoff und Helium sind).
Auf der Suche nach Novavorgängern wurde manchmal der Versuch unternommen, W Ursae Majoris-Sterne als ihre Vorläufer zu betrachten. Diese Bedeckungsveränderlichen sind tatsächlich sehr häufig und, wenn man den geringen bisher untersuchten Raumbereich in Betracht zieht, um einen Faktor zehn bis dreißig häufiger als alle anderen Bedeckungsveränderlichen zusammen. Wir haben gesehen, daß sie als Kontaktsysteme einem kontinuierlichen Massenfluß unterliegen, und daß es sehr schwer ist, sie unter Berücksichtigung des dauernden gegenseitigen Einflusses in eine Zeitskala einzuordnen. Vielleicht ist das einzige, was man über das Novaphänomen sagen kann, daß es irgendwann einmal jeden Doppelstern, der aus einem Weißen Zwerg und einem Hauptreihenstern besteht, die nahe genug beieinander stehen, „erwischen“ kann.
Wir haben jetzt die Wechselwirkungen von Sternpaaren einigermaßen ausführlich beschrieben. Neue Dimensionen eröffnen sich, wenn man die Wechselwirkungen von ganzen Sternsystemen untereinander untersucht. Aus Berechnungen der dynamischen Evolution von Kugelsternhaufen weiß man, daß ihre Kerne nach etwa 10^{10} Jahren einen unausweichlichen Kollaps durchführen müssen und sozusagen in einer extrem massiven Super-Supernova vergehen. Sehen wir vielleicht schon die ersten Anzeichen der sich ankündigenden Katastrophe durch die neueren Beobachtungen von Ausbrüchen im Röntgenbereich (also extrem energiereiche Strahlung) im Zentrum unserer Galaxie und in den Zentren der Kugelsternhaufen? Ein solches Ereignis – eine übermassive Supernova – würde wohl alles in den Schatten stellen, was wir bisher auf der begrenzten Bühne unserer eigenen Galaxie erlebt haben.

A.A.V.S.O. = AMERICAN
ASSOCIATION OF VARIABLE
STAR OBSERVERS

A.A.V.S.O. STERN-ATLAS

ÜBERSICHTSKARTEN UND SYMBOLE

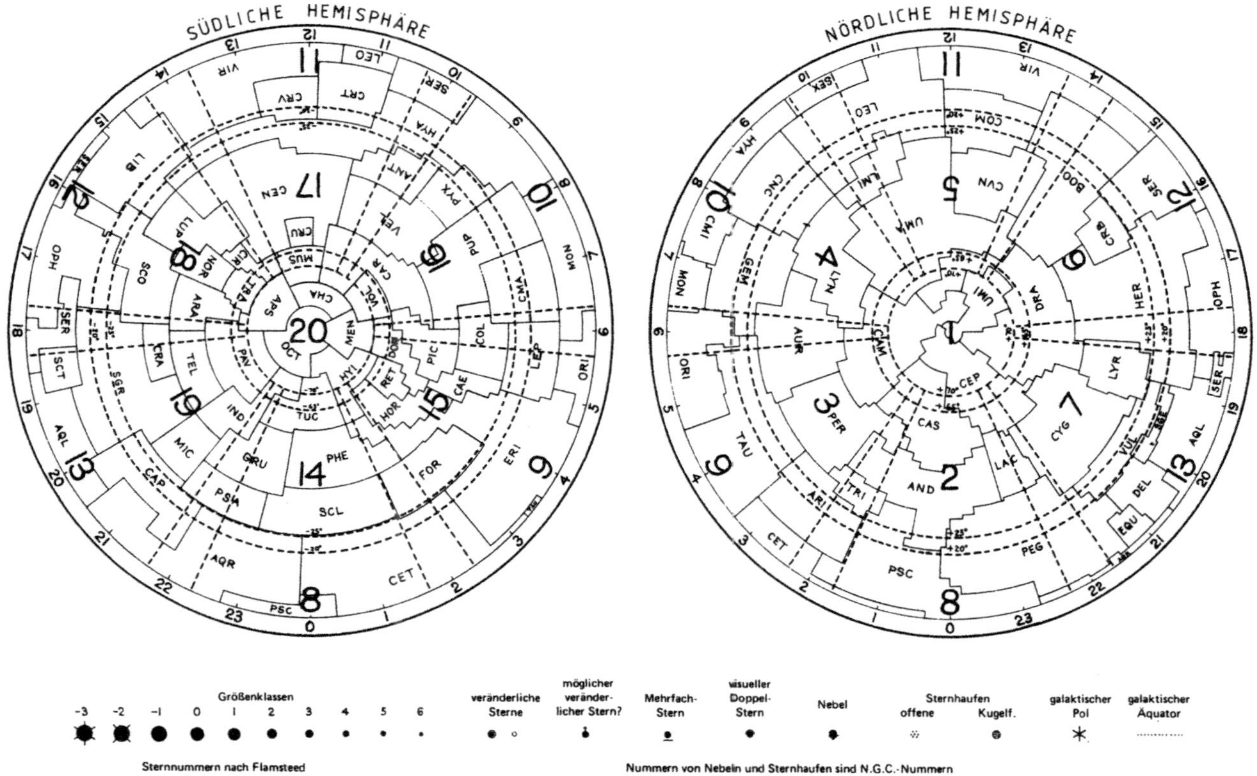

MADE BY D.F.B. FROM SCIENT. DEL. OF CONST.

A.A.V.S.O STERN-ATLAS

EPOCHE 1900

DATEN HELLER STERNE

Alpha Andromedae
Helligkeit 2,15^m;
Spektroskopischer Doppelstern,
Periode 96,7 d; Parallaxe 0,024″;
Entfernung 136 Lichtjahre;
Leuchtkraft 209 $L_\odot$;
Eigenbewegung + 0,143″ (R.A.),
− 0,163″ (Dekl.).

Alpha Cassiopeiae
Unregelm. Veränderl. –
Hell. 2,1–2,6^m; Parallaxe 0,011″;
Entfernung 296 Lichtj.;
Max. Leuchtkraft 1 040 $L_\odot$;
Eigenbew. + 0,053″, − 0,033″.

Alpha Ursae Minoris
Cepheid, Hell. 2,1–2,2^m;
Periode 3,968577 d;
Visueller Doppelstern (8,8^m);
Parallaxe 0,003″;
Entf. 1 086 Lichtj.;
Max. Leuchtkr. 13 900 $L_\odot$;
Eigenbew. + 0,043″, + 0,001″.

Alpha Eridani
Helligkeit 0,60^m;
Parallaxe 0,049″; Entf. 66 Lichtj.;
Leuchtkr. 209 $L_\odot$;
Eigenbew. + 0,088″, − 0,031″.

Gamma Andromedae
Helligkeit 2,20^m
(2,28, 5,39, 6,59); Visueller
Doppelst., Periode (BC) 55 a;
Entf. A-BC 10″;
Leuchtkraft 4 589 $L_\odot$;
Eigenbew. (A) + 0,049″, − 0,054″,
(BC) + 0,048″, − 0,057″,
Entf. 652 Lichtj.

Omikron Ceti
(Mira) Helligkeit 2,0–10,1^m;
langper. Veränderl. (332 d);
A spektroskop. Doppelst.
(Periode 331 d), AB visueller
Doppelst.; Parallaxe 0,013″;
Entfernung 251 Lichtj.;
Max. Leuchtkraft 816 $L_\odot$;
Leuchtkraftverh.
(Max.: Min.) 1 738 : 1;
Max. Durchmesser (A) 461 $D_\odot$;
Max. Volumen 97 923 000 $Vol._\odot$;
Eigenbew. + 0,002″, − 0,239″.

Beta Persei
Bedeckungsveränderlicher;
Helligkeit 2,2–3,5^m; Algol;
Periode 2,86731016 d;
Spektroskop. Dreifachst.
Periode 1,87 a; Parallaxe 0,031″;
Entfernung 105 Lichtj.;
Max. Leuchtkraft 119 $L_\odot$;
Durchmesser (A) 1,22 $D_\odot$;
Volumen (A) 1,8 $V_\odot$;
Eigenbew. + 0,008″, − 0,007″.

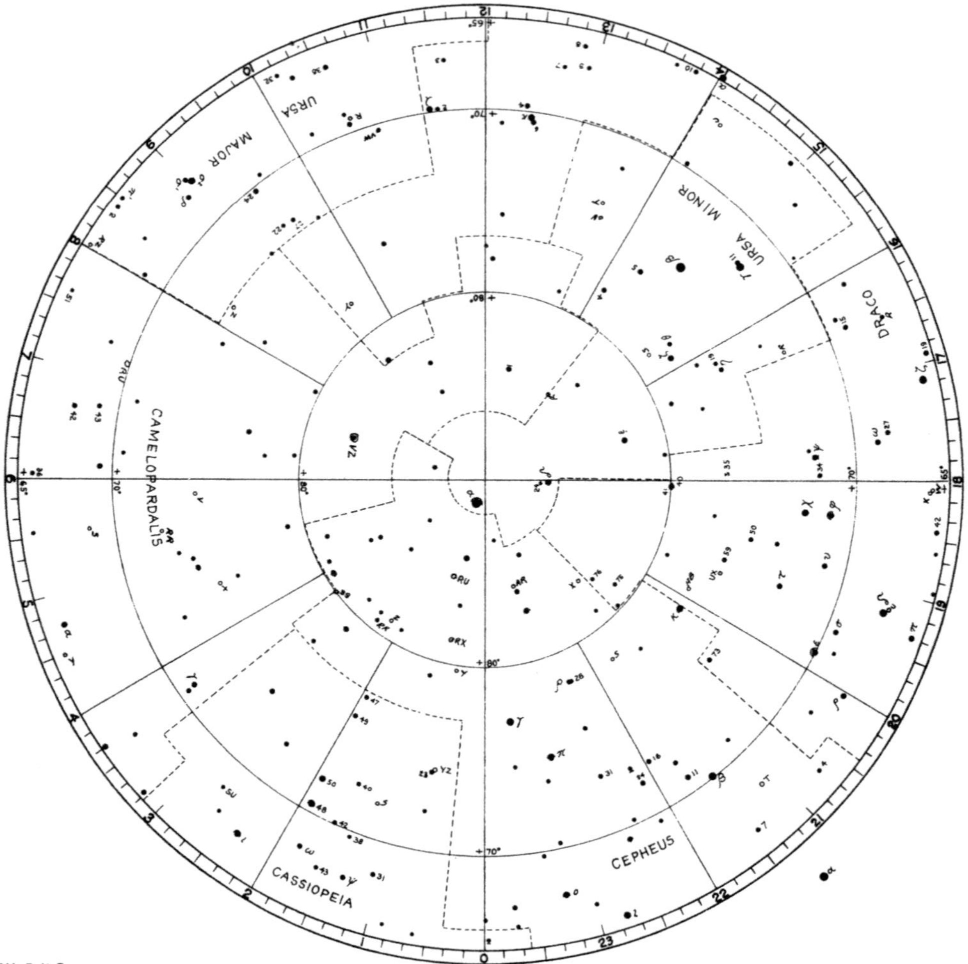

MADE BY D. F. B. FROM R. H. P.

MASSTAB 1° = 5 mm

KARTE 1

Alpha Persei
Helligk. 1,90^m; Parallaxe 0,009″;
Entfernung 362 Lichtj.;
Leuchtkraft 1 867 $L_\odot$;
Eigenbew. + 0,028″, − 0,030″.

Alpha Tauri
Helligk. 1,06^m; Begleiter 13^m,
Entf. 31″; Parallaxe 0,046″;
Entfernung 71 Lichtj.;
Leuchtkraft 155 $L_\odot$;
Durchm. 47 $D_\odot$;
Volumen 100 700 $V_\odot$;
Eigenbew. + 0,071″, − 0,192″.

Epsilon Aurigae
Bedeckungsveränderl.;
Hell. 3,1–3,8^m; Periode 27,059 a;
Parallaxe 0,002″;
Entfernung 1 629 Lichtj.;
Max. Leuchtkr. 12 521 $L_\odot$;
Eigenbew. + 0,006″, − 0,014″.

Alpha Aurigae
Hell. 0,21^m (0,8, 1,1)
Spektroskop. Doppelst.,
Periode 104,022 d;
Parallaxe 0,068″;
Entfernung 48 Lichtjahre;
Leuchtkraft 155 $L_\odot$;
Durchm. (A) 12 $D_\odot$;
Volumen 1 728 $V_\odot$;
Eigenbew. + 0,088″, − 0,430″.

Beta Orionis
Hell. 0,34^m (0,34, 8,7, 8,7);
A spektroskop. Doppelst.;
Periode 21,9 d; BC visueller
Doppelst.; Entf. A–BC 9″;
Parallaxe 0,006″;
Entfernung 543 Lichtj.;
Leuchtkraft 17 676 $L_\odot$;
Eigenbew. + 0,005″, − 0,002″.

Gamma Orionis
Helligkeit 1,70^m;
Parallaxe 0,017″;
Entfernung 192 Lichtj.;
Leuchtkr. 629 $L_\odot$;
Eigenbew. + 0,004″, − 0,019″.

Beta Tauri
Helligkeit 1,68^m;
Parallaxe 0,022″;
Entfernung 148 Lichtj.;
Leuchtkr. 383 $L_\odot$;
Eigenbew. + 0,034″, − 0,177″.

Epsilon Orionis
Helligk. 1,75^m;
Parallaxe < 0,001″;
Entfernung > 3 300 Lichtj.;
Leuchtkr. > 173 000 $L_\odot$;
Eigenbew. + 0,003″, − 0,002″.

(Fortsetzung auf Karte 2)

1

EPOCHE 1900

DATEN HELLER STERNE
(Fortsetzung von Karte 1)

Zeta Orionis
Hell. $1{,}91^m$ (2,05, 4,21);
Visueller Doppelst.;
Parallaxe 0,014″;
Entfernung 233 Lichtj.;
Leuchtkraft 765 $L_\odot$;
Eigenbew. + 0,010″, − 0,007″.

Alpha Orionis
Hell. $0{,}1-1{,}2^m$; Irr. Veränderl.,
Periode 5,67 a; Parallaxe 0,012″;
Entfernung 272 Lichtj.;
Max. Leuchtkr. 5 512 $L_\odot$;
Max. Durchm. 419 $D_\odot$;
Max. Vol. 73 604 000 $V_\odot$;
Eigenbew. + 0,031″, + 0,008″.

Beta Aurigae
Bedeckungsveränderl.;
Hell. $2{,}1-2{,}2^m$;
Periode 3,960077 d;
Parallaxe 0,037″;
Entfernung 88 Lichtj.;
Max. Leuchtkr. 92 $L_\odot$;
Durchm. (A) 2,4 $D_\odot$;
Vol. (A) 14 $V_\odot$;
Eigenbew. − 0,046″, − 0,005″.

Beta Canis Majoris
Hell. $1{,}99^m$; Spektrosk.
Doppelst., Periode 0,25 d
und 42 d; Parallaxe 0,018″;
Entfernung 181 Lichtj.;
Leuchtkr. 430 $L_\odot$;
Eigenbew. − 0,003″, 0,000″.

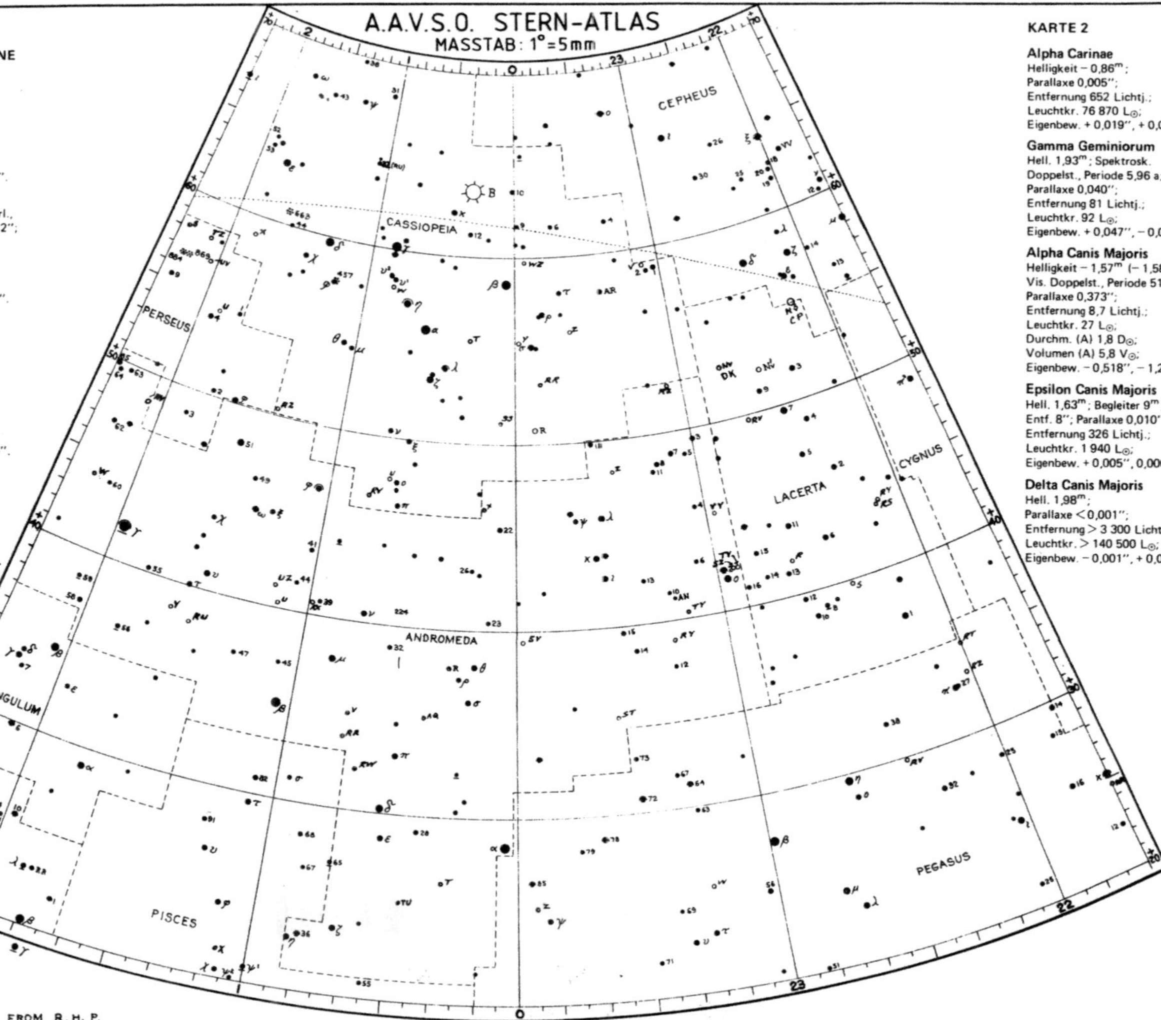

MADE BY D. F. B. FROM R. H. P.

KARTE 2

Alpha Carinae
Helligkeit $-0{,}86^m$;
Parallaxe 0,005″;
Entfernung 652 Lichtj.;
Leuchtkr. 76 870 $L_\odot$;
Eigenbew. + 0,019″, + 0,010″.

Gamma Geminiorum
Hell. $1{,}93^m$; Spektrosk.
Doppelst., Periode 5,96 a;
Parallaxe 0,040″;
Entfernung 81 Lichtj.;
Leuchtkr. 92 $L_\odot$;
Eigenbew. + 0,047″, − 0,047″.

Alpha Canis Majoris
Helligkeit $-1{,}57^m$ (− 1,58, 8,5);
Vis. Doppelst., Periode 51 a;
Parallaxe 0,373″;
Entfernung 8,7 Lichtj.;
Leuchtkr. 27 $L_\odot$;
Durchm. (A) 1,8 $D_\odot$;
Volumen (A) 5,8 $V_\odot$;
Eigenbew. − 0,518″, − 1,207″.

Epsilon Canis Majoris
Hell. $1{,}63^m$; Begleiter 9^m,
Entf. 8″; Parallaxe 0,010″;
Entfernung 326 Lichtj.;
Leuchtkr. 1 940 $L_\odot$;
Eigenbew. + 0,005″, 0,000″.

Delta Canis Majoris
Hell. $1{,}98^m$;
Parallaxe < 0,001″;
Entfernung > 3 300 Lichtj.;
Leuchtkr. > 140 500 $L_\odot$;
Eigenbew. − 0,001″, + 0,003″.

②

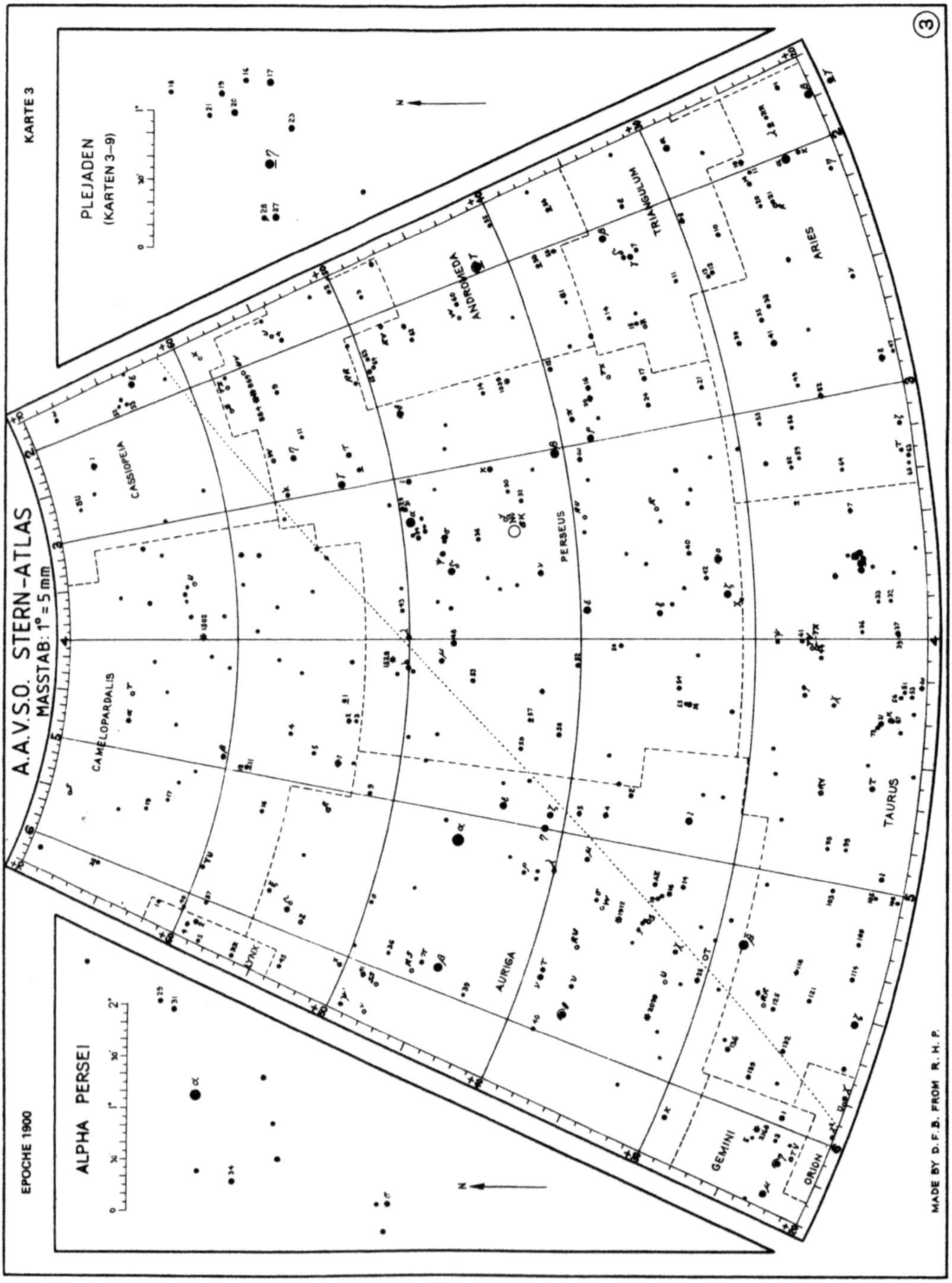
A.A.V.S.O. STERN-ATLAS
MASSTAB: 1° = 5 mm
EPOCHE 1900
KARTE 3
ALPHA PERSEI
PLEJADEN
(KARTEN 3–9)
CAMELOPARDALIS
CASSIOPEIA
LYNX
AURIGA
PERSEUS
ANDROMEDA
TRIANGULUM
GEMINI
ORION
TAURUS
ARIES
MADE BY D. F. B. FROM R. H. P.
3

EPOCHE 1900

DATEN HELLER STERNE
(Fortsetzung von Karte 2)

Alpha Geminiorum
Hell. $1{,}58^m$; (1,99, 2,85);
vis. Doppelst., Periode 300 a;
A: spektrosk. Doppelst.,
Periode 9,21883 d;
B: spektrosk. Doppelst.,
Periode 2,92835 d;
Parallaxe 0,073″;
Entfernung 45 Lichtj.;
Leuchtkr. 38 $L_\odot$;
Eigenbew. −0,169″, −0,109″.

Alpha Canis Minoris
Hell. $0{,}48^m$ (0,48, 14);
vis. Doppelst., Periode 40 a;
Parallaxe 0,291″;
Entfernung 11,2 Lichtj.;
Leuchtkr. 6,6 $L_\odot$;
Durchm. 1,9 $D_\odot$;
Volumen 6,9 $V_\odot$;
Eigenbew. −0,690″, −1,030″.

Beta Geminiorum
Hell. $1{,}21^m$; Parallaxe 0,100″;
Entfernung 32,6 Lichtj.;
Leuchtkr. 29 $L_\odot$;
Eigenbew. −0,620″, −0,059″.

Epsilon Carinae
Hell. $1{,}74^m$; Parallaxe 0,010″;
Entfernung 326 Lichtj.;
Leuchtkr. 1 753 $L_\odot$;
Eigenbew. −0,026″, +0,015″.

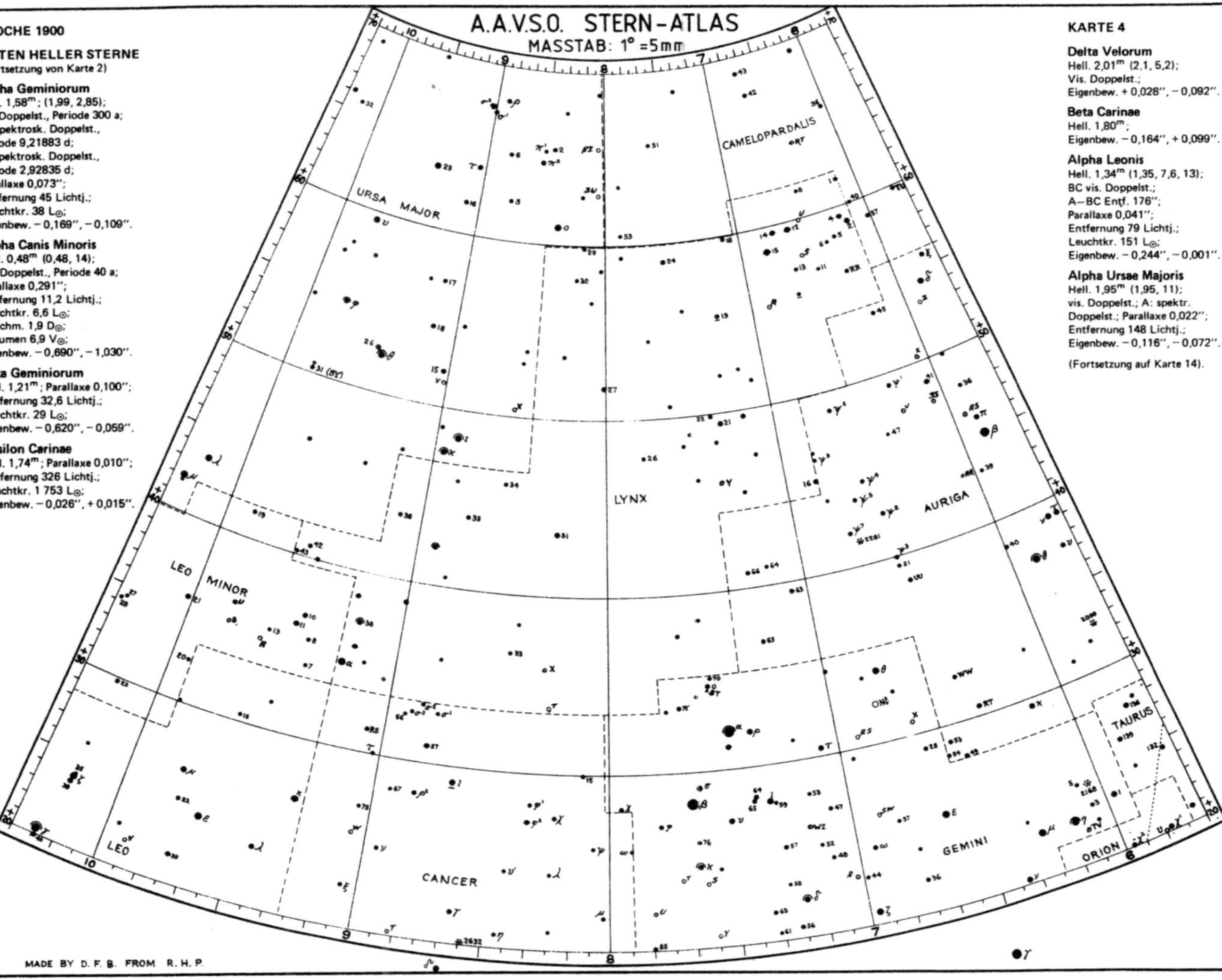

KARTE 4

Delta Velorum
Hell. $2{,}01^m$ (2,1, 5,2);
Vis. Doppelst.;
Eigenbew. +0,028″, −0,092″.

Beta Carinae
Hell. $1{,}80^m$;
Eigenbew. −0,164″, +0,099″.

Alpha Leonis
Hell. $1{,}34^m$ (1,35, 7,6, 13);
BC vis. Doppelst.;
A–BC Entf. 176″;
Parallaxe 0,041″;
Entfernung 79 Lichtj.;
Leuchtkr. 151 $L_\odot$;
Eigenbew. −0,244″, −0,001″.

Alpha Ursae Majoris
Hell. $1{,}95^m$ (1,95, 11);
vis. Doppelst.; A: spektr.
Doppelst.; Parallaxe 0,022″;
Entfernung 148 Lichtj.;
Eigenbew. −0,116″, −0,072″.

(Fortsetzung auf Karte 14).

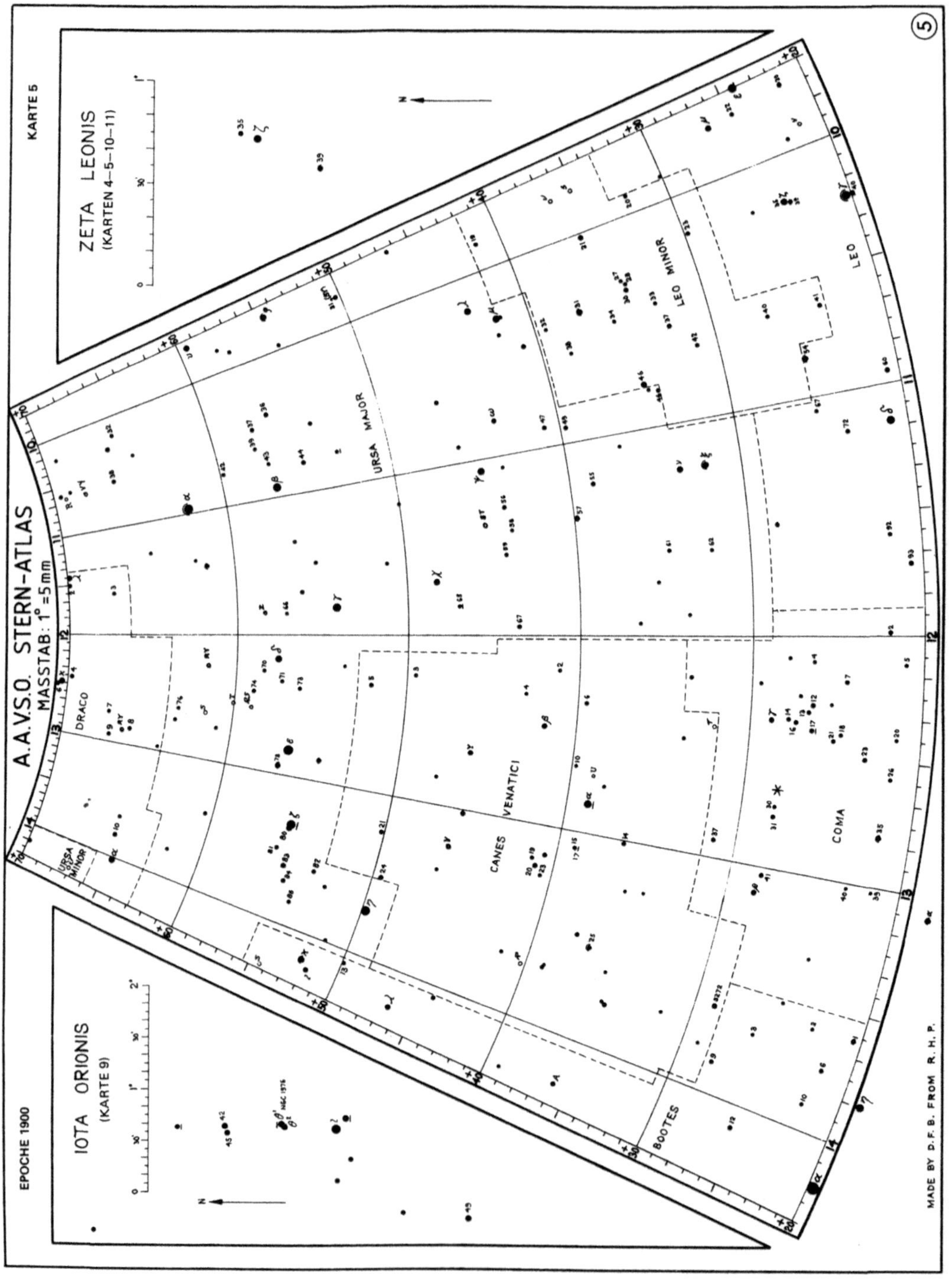
A.A.V.S.O. STERN-ATLAS
MASSTAB: 1° = 5 mm
KARTE 5
5
EPOCHE 1900
ZETA LEONIS
(KARTEN 4–5–10–11)
IOTA ORIONIS
(KARTE 9)
NGC 1976
DRACO
URSA MINOR
URSA MAJOR
LEO MINOR
LEO
CANES VENATICI
COMA
BOOTES
MADE BY D.F.B. FROM R.H.P.

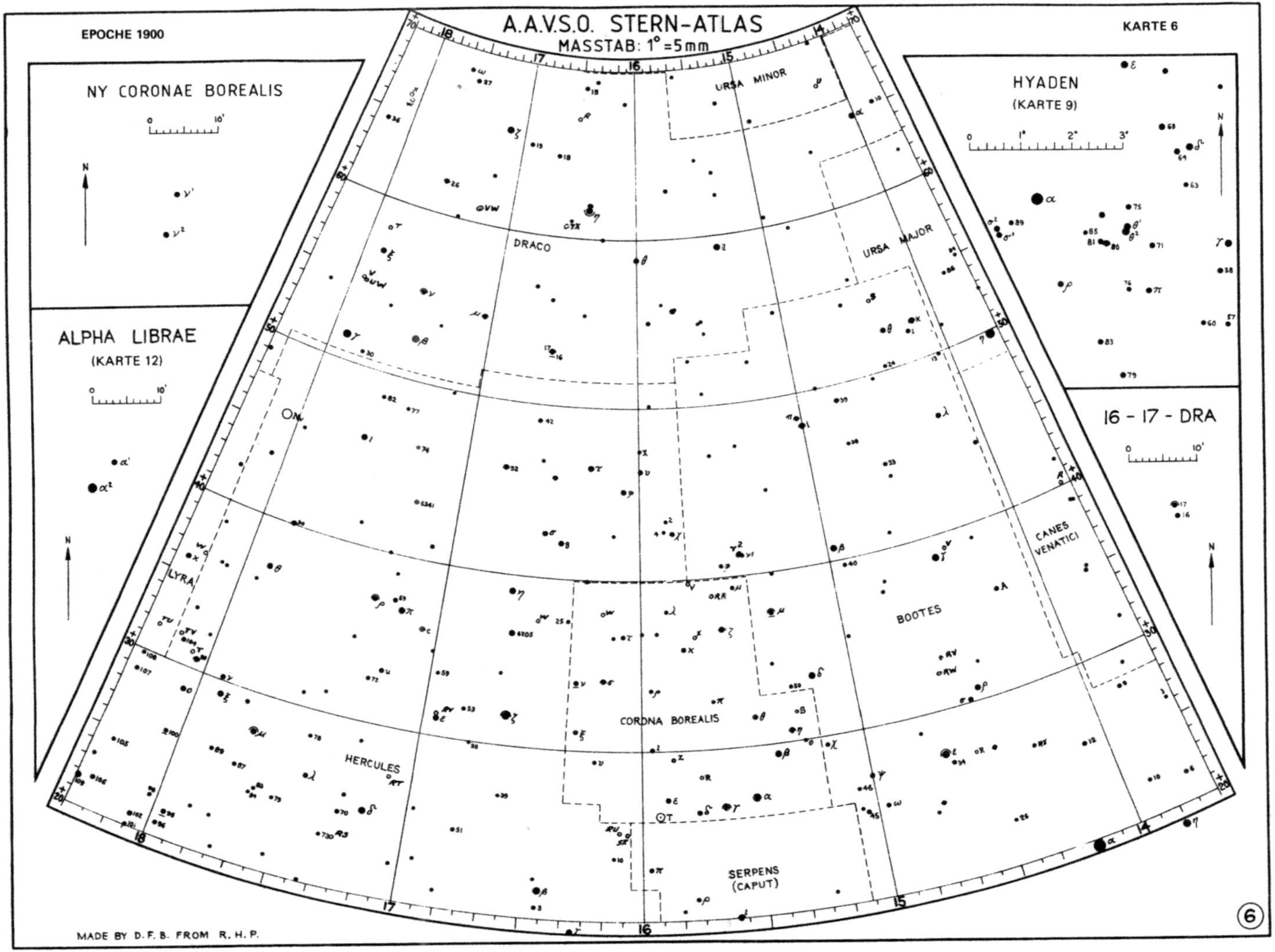
A.A.V.S.O. STERN-ATLAS
MASSTAB: 1° = 5mm
EPOCHE 1900
KARTE 6
NY CORONAE BOREALIS
ALPHA LIBRAE
(KARTE 12)
HYADEN
(KARTE 9)
16 - 17 - DRA
URSA MINOR
URSA MAJOR
DRACO
CANES VENATICI
BOOTES
CORONA BOREALIS
HERCULES
LYRA
SERPENS
(CAPUT)
MADE BY D. F. B. FROM R. H. P.
6

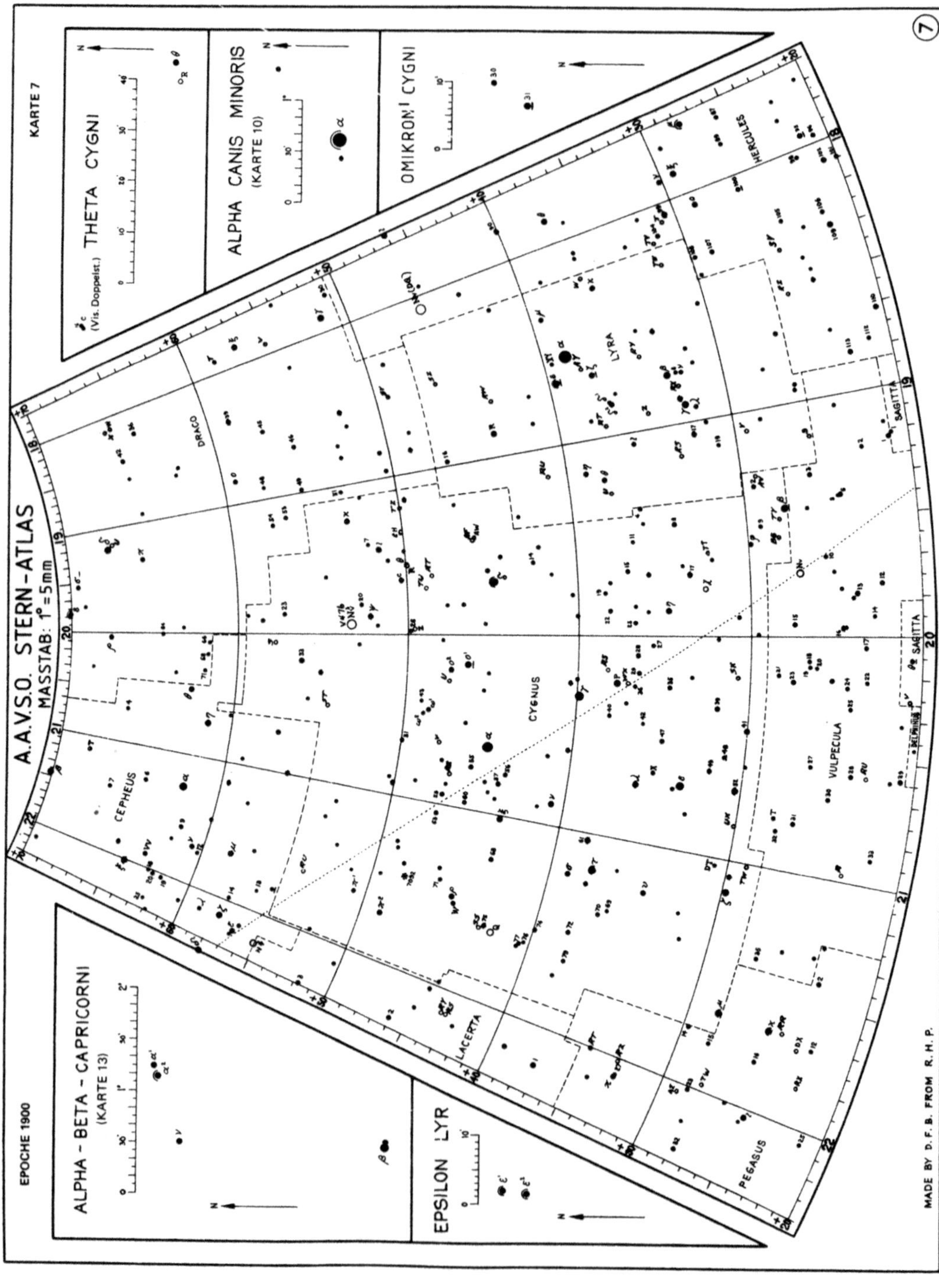
KARTE 7
A.A.V.S.O. STERN-ATLAS
MASSTAB: 1° = 5mm
EPOCHE 1900
THETA CYGNI
(Vis. Doppelst.)
ALPHA CANIS MINORIS
(KARTE 10)
OMIKRON¹ CYGNI
ALPHA - BETA - CAPRICORNI
(KARTE 13)
EPSILON LYR
DRACO
CEPHEUS
CYGNUS
LYRA
HERCULES
SAGITTA
VULPECULA
DELPHINUS
LACERTA
PEGASUS
MADE BY D. F. B. FROM R. H. P.

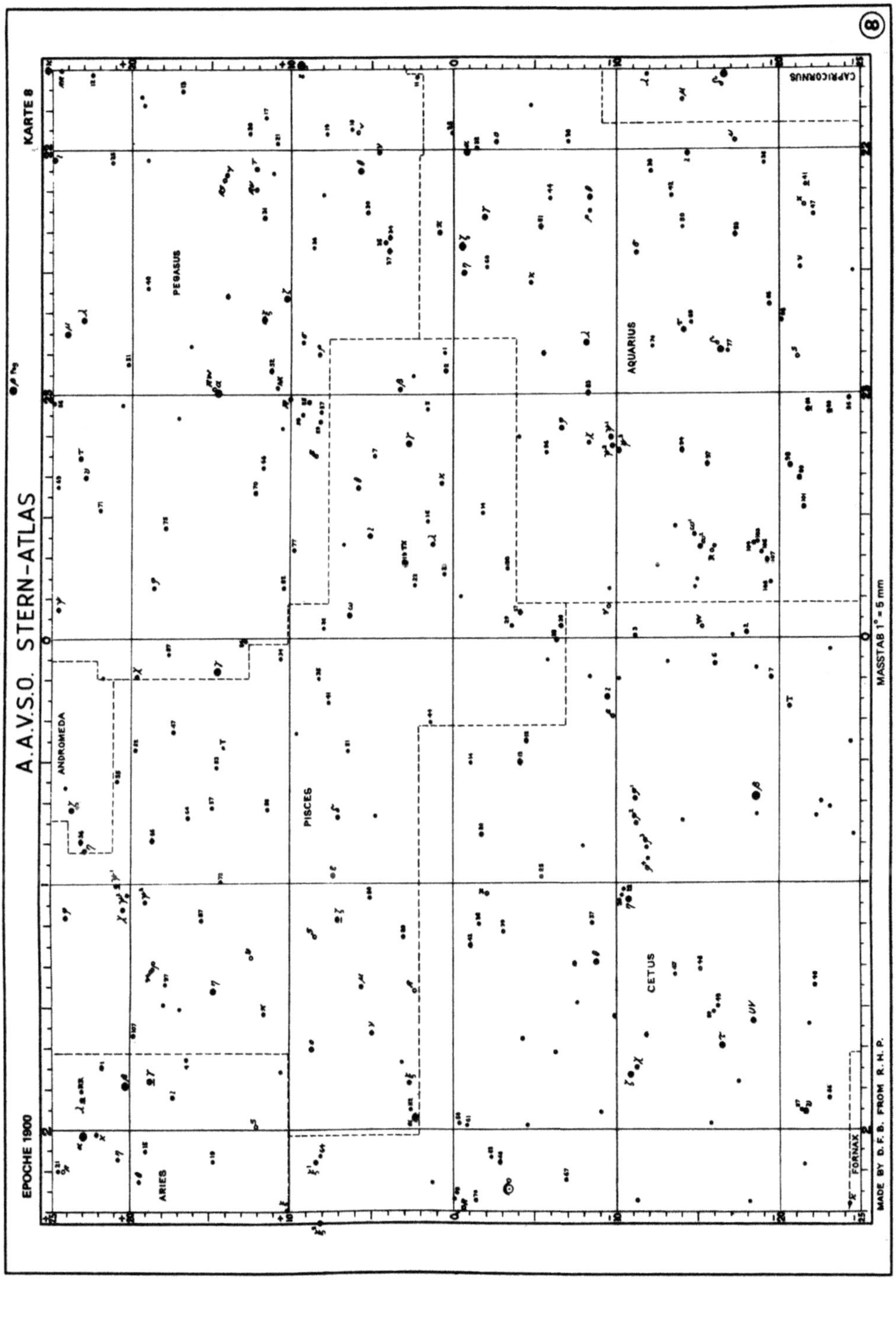
A.A.V.S.O. STERN-ATLAS
KARTE 8
EPOCHE 1900
ANDROMEDA
PEGASUS
PISCES
ARIES
AQUARIUS
CETUS
CAPRICORNUS
FORNAX
MASSTAB 1° = 5 mm
MADE BY D.F.B. FROM R.H.P.

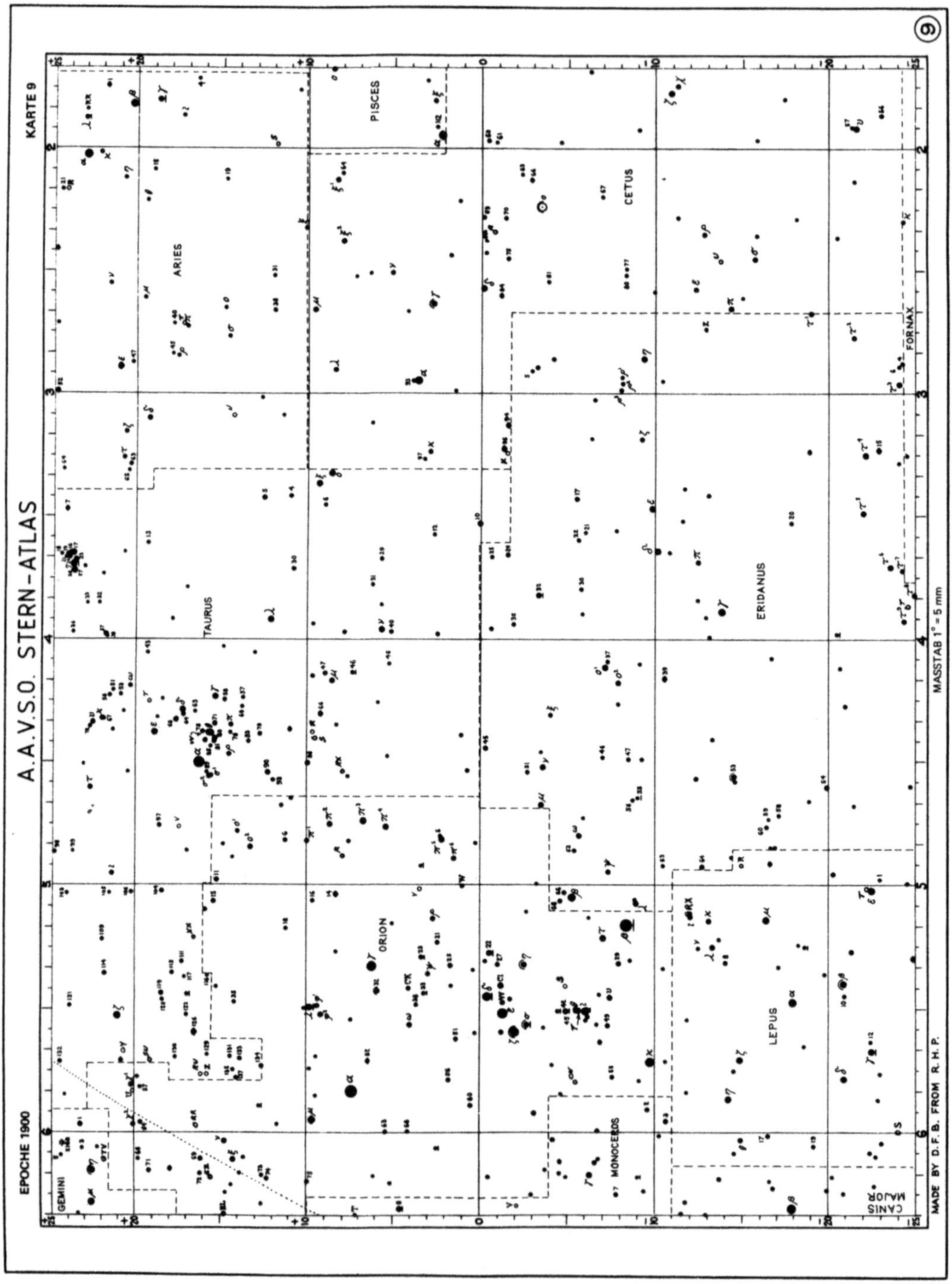
KARTE 9
A.A.V.S.O. STERN-ATLAS
EPOCHE 1900
9
ARIES
PISCES
CETUS
TAURUS
ERIDANUS
FORNAX
ORION
LEPUS
MONOCEROS
GEMINI
CANIS MAJOR
MASSTAB 1° = 5 mm
MADE BY D. F. B. FROM R. H. P.

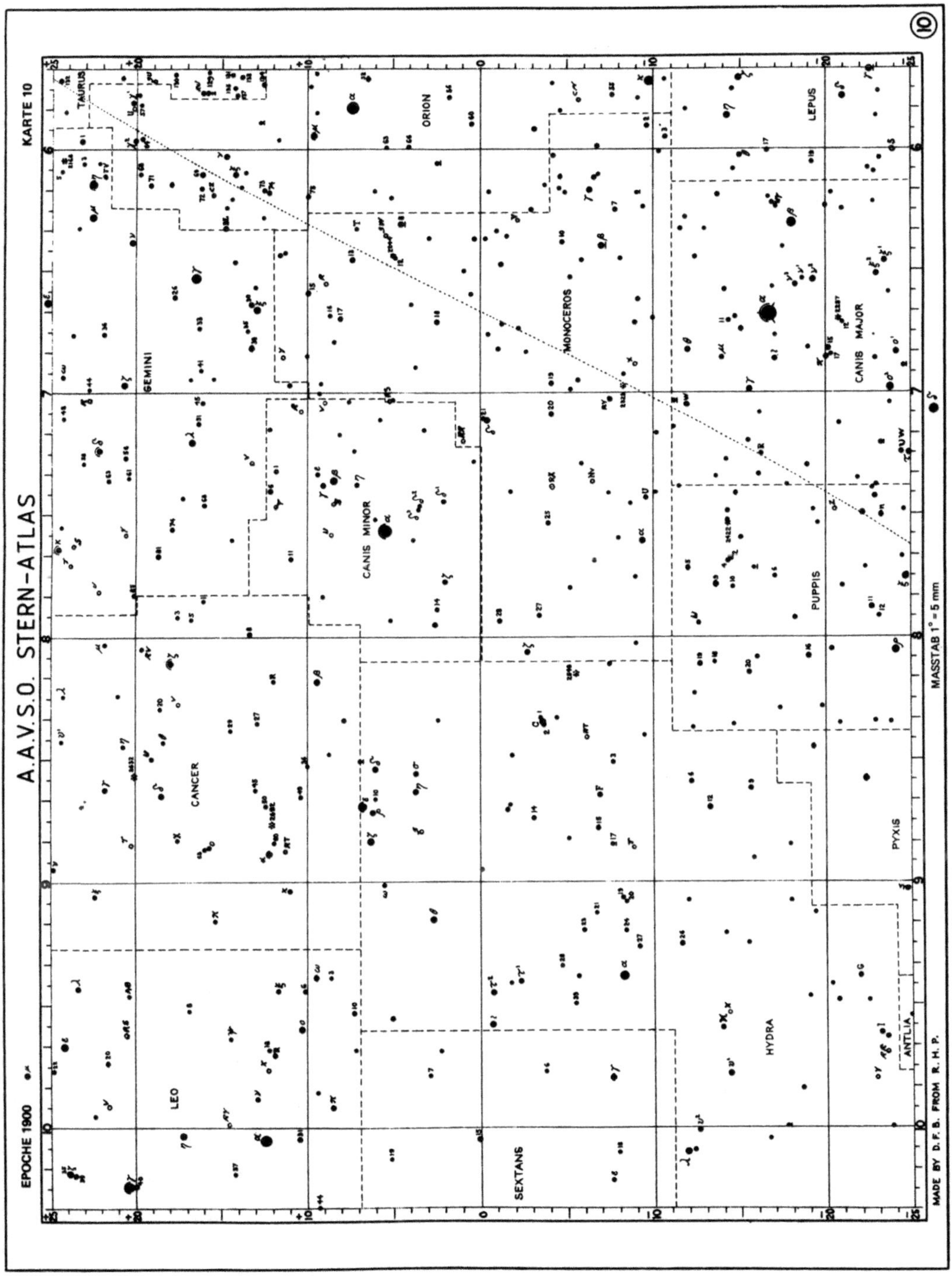
A.A.V.S.O. STERN-ATLAS
KARTE 10
EPOCHE 1900
MASSTAB 1° = 5 mm
MADE BY D. F. B. FROM R. H. P.
10
TAURUS
ORION
LEPUS
GEMINI
MONOCEROS
CANIS MAJOR
CANIS MINOR
PUPPIS
CANCER
PYXIS
LEO
SEXTANS
HYDRA
ANTLIA

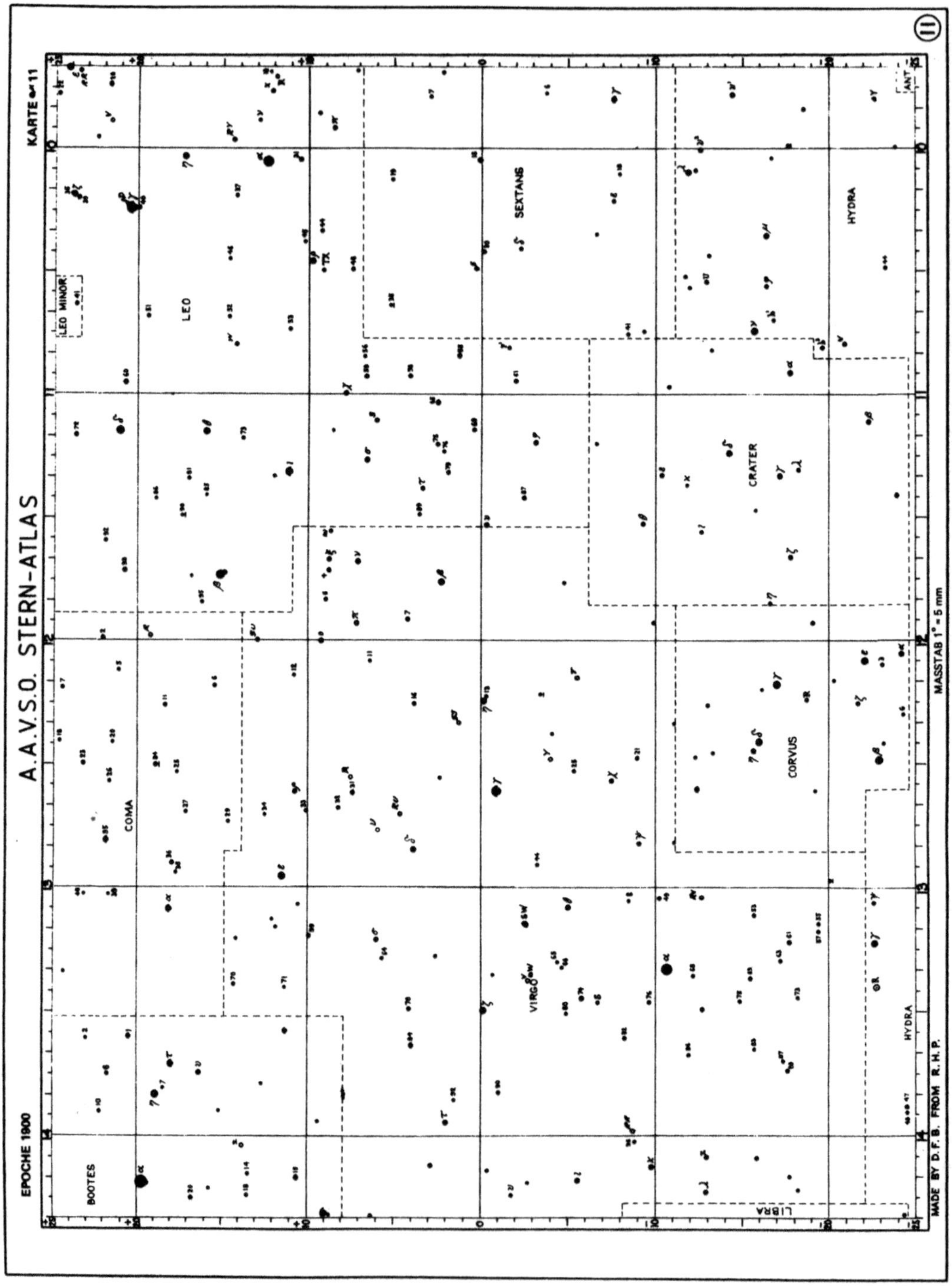
A.A.V.S.O. STERN-ATLAS
KARTE 11
EPOCHE 1900
MASSTAB 1° = 5 mm
MADE BY D. F. B. FROM R. H. P.
LEO MINOR
LEO
SEXTANS
HYDRA
ANT
CRATER
CORVUS
COMA
VIRGO
BOOTES
LIBRA
11

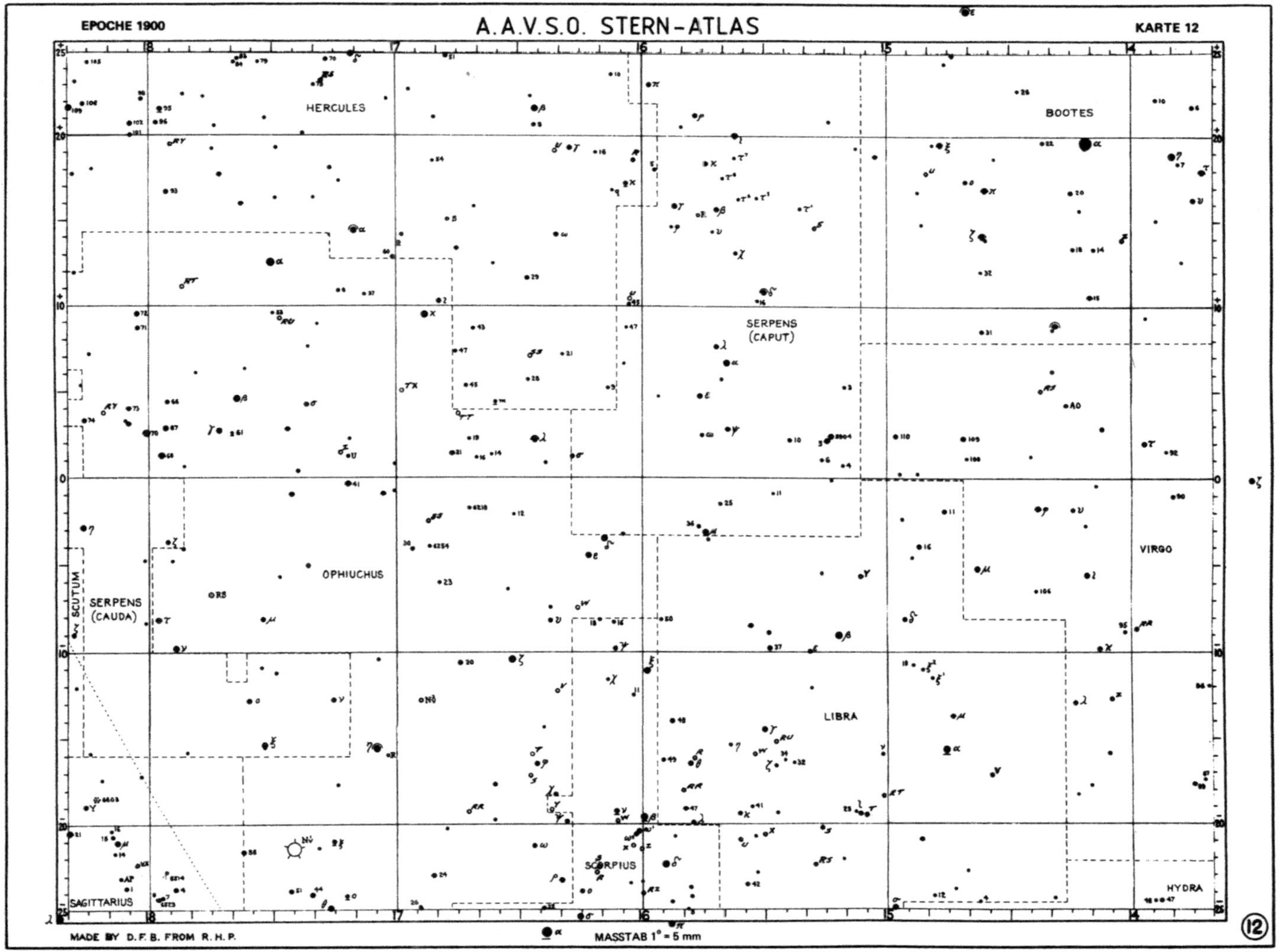
EPOCHE 1900
A.A.V.S.O. STERN-ATLAS
KARTE 12
HERCULES
BOOTES
SERPENS
(CAPUT)
OPHIUCHUS
VIRGO
SERPENS
(CAUDA)
SCUTUM
LIBRA
SCORPIUS
SAGITTARIUS
HYDRA
MADE BY D.F.B. FROM R.H.P.
MASSTAB 1° = 5 mm
12

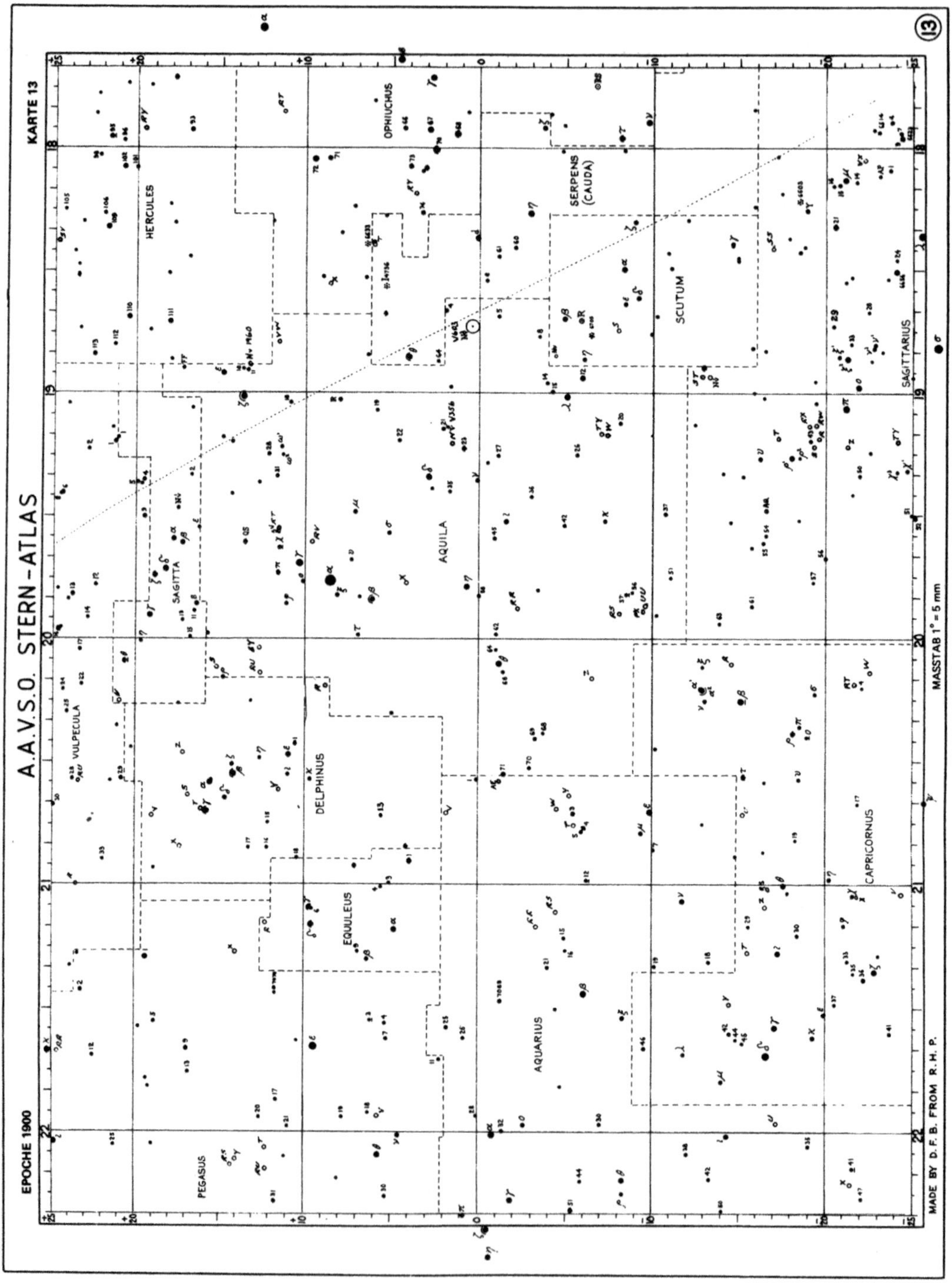
A.A.V.S.O. STERN-ATLAS
KARTE 13
EPOCHE 1900
MASSTAB 1° = 5 mm
MADE BY D. F. B. FROM R. H. P.
13
HERCULES
OPHIUCHUS
SERPENS (CAUDA)
SCUTUM
SAGITTARIUS
AQUILA
SAGITTA
VULPECULA
DELPHINUS
EQUULEUS
CAPRICORNUS
AQUARIUS
PEGASUS

EPOCHE 1900

DATEN HELLER STERNE
(Fortsetzung von Karte 4)

Alpha Crucis
Hell. 1,03^m (1,58, 2,09, 5,14);
AB: vis. Doppelst.;
A: spektr. Doppelst.,
Periode 0,977029 d;
B: spektr. Doppelst.,
Periode 0,97623 d;
AB–C Entf. 89″;
Parallaxe (AB) 0,030″;
Entfernung (AB) 109 Lichtj.;
Leuchtkr. (AB) 370 $L_\odot$;
Eigenbew. (AB) −0,040″, −0,022″;
Eigenbew. (C) −0,035″, −0,038″.

Gamma Crucis
Hell. 1,60^m (1,61, 6,68);
Doppelst., Entf. 101″;
Eigenbew. (A) + 0,021″, −0,270″.

Beta Crucis
Hell. 1,50^m; Spektr. Doppelst.,
Parallaxe 0,002″;
Entf. 1 629 Lichtj.;
Leuchtkr. 54 600 $L_\odot$;
Eigenbew. −0,047″, −0,026″.

Epsilon Ursae Majoris
Hell. 1,68^m; spektr. Doppelst.,
Periode 4,2 a; Parallaxe 0,067″;
Entfernung 49 Lichtj.;
Leuchtkr. 41 $L_\odot$;
Eigenbew. + 0,117″, −0,009″.

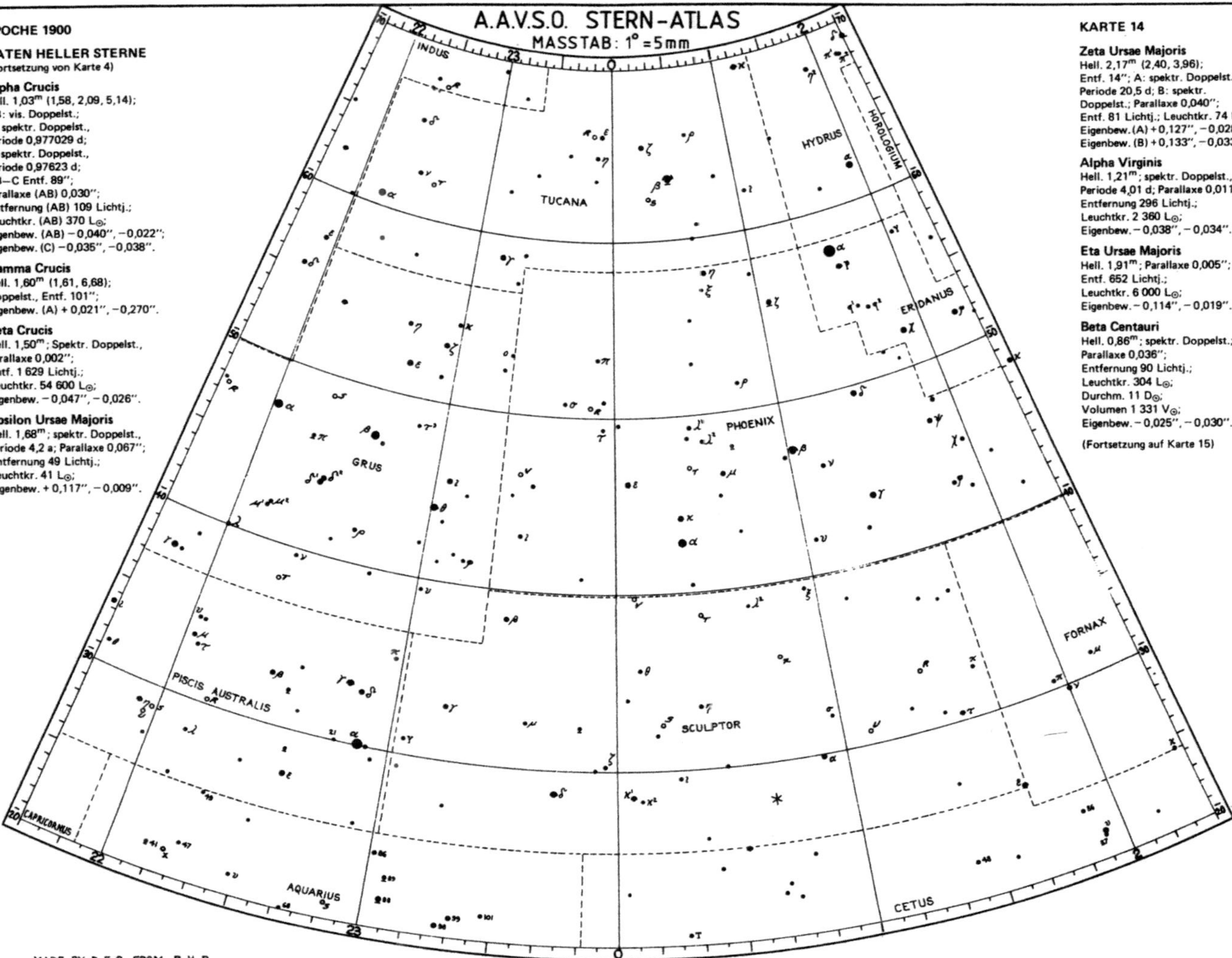

KARTE 14

Zeta Ursae Majoris
Hell. 2,17^m (2,40, 3,96);
Entf. 14″; A: spektr. Doppelst.,
Periode 20,5 d; B: spektr.
Doppelst.; Parallaxe 0,040″;
Entf. 81 Lichtj.; Leuchtkr. 74 $L_\odot$;
Eigenbew. (A) + 0,127″, −0,028″;
Eigenbew. (B) + 0,133″, −0,033″.

Alpha Virginis
Hell. 1,21^m; spektr. Doppelst.,
Periode 4,01 d; Parallaxe 0,011″;
Entfernung 296 Lichtj.;
Leuchtkr. 2 360 $L_\odot$;
Eigenbew. −0,038″, −0,034″.

Eta Ursae Majoris
Hell. 1,91^m; Parallaxe 0,005″;
Entf. 652 Lichtj.;
Leuchtkr. 6 000 $L_\odot$;
Eigenbew. −0,114″, −0,019″.

Beta Centauri
Hell. 0,86^m; spektr. Doppelst.;
Parallaxe 0,036″;
Entfernung 90 Lichtj.;
Leuchtkr. 304 $L_\odot$;
Durchm. 11 $D_\odot$;
Volumen 1 331 $V_\odot$;
Eigenbew. −0,025″, −0,030″.

(Fortsetzung auf Karte 15)

(14)

MADE BY D. F. B. FROM R. H. P.

EPOCHE 1900

DATEN HELLER STERNE
(Fortsetzung von Karte 14)

Alpha Bootis
Hell. 0,24^m; Parallaxe 0,085″;
Entfernung 38 Lichtj.;
Leuchtkr. 97 $L_\odot$;
Durchm. 25 $D_\odot$;
Volumen 16 000 $V_\odot$;
Eigenbew. −1,104″, −1,999″.

Alpha Centauri
Hell. 0,06^m (0,33, 1,70);
vis. Doppelst., Periode 80 a;
Parallaxe 0,756″;
Entfernung 4,31 Lichtj.;
Leuchtkr. 1,44 $L_\odot$;
Dimensionen: wie Sonne;
Eigenbew. −3,604″, +0,739″.
Proxima Centauri: Hell. 11^m;
Entf. zu Alpha 2°11′;
Parallaxe 0,785″;
Entfernung 4,15 Lichtj.;
Leuchtkr. 0,000056 $L_\odot$;
gemeinsame Eigenbew.
mit Alpha.

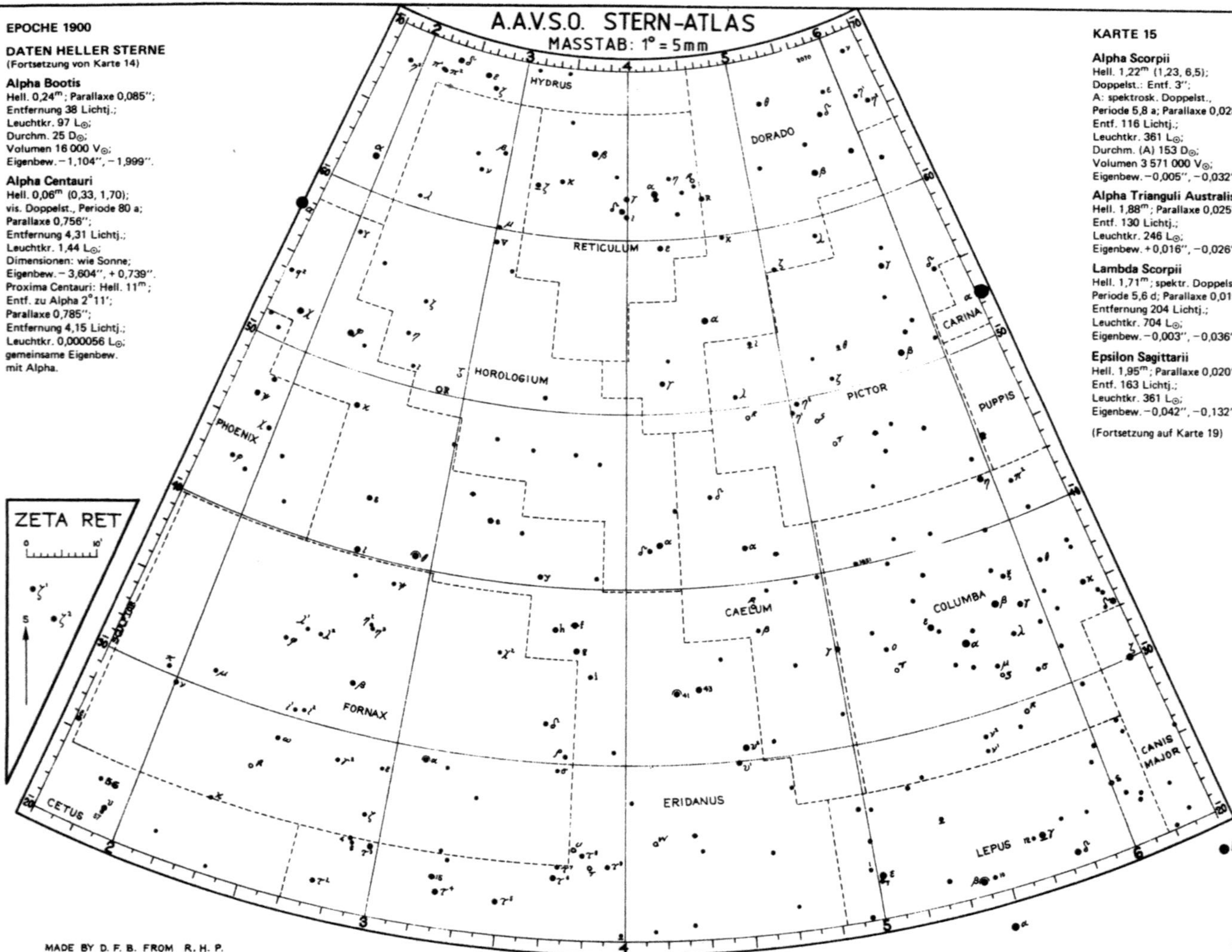

KARTE 15

Alpha Scorpii
Hell. 1,22^m (1,23, 6,5);
Doppelst.: Entf. 3″;
A: spektrosk. Doppelst.,
Periode 5,8 a; Parallaxe 0,028″;
Entf. 116 Lichtj.;
Leuchtkr. 361 $L_\odot$;
Durchm. (A) 153 $D_\odot$;
Volumen 3 571 000 $V_\odot$;
Eigenbew. −0,005″, −0,032″.

Alpha Trianguli Australis
Hell. 1,88^m; Parallaxe 0,025″;
Entf. 130 Lichtj.;
Leuchtkr. 246 $L_\odot$;
Eigenbew. +0,016″, −0,026″.

Lambda Scorpii
Hell. 1,71^m; spektr. Doppelst.,
Periode 5,6 d; Parallaxe 0,016″;
Entfernung 204 Lichtj.;
Leuchtkr. 704 $L_\odot$;
Eigenbew. −0,003″, −0,036″.

Epsilon Sagittarii
Hell. 1,95^m; Parallaxe 0,020″;
Entf. 163 Lichtj.;
Leuchtkr. 361 $L_\odot$;
Eigenbew. −0,042″, −0,132″.

(Fortsetzung auf Karte 19)

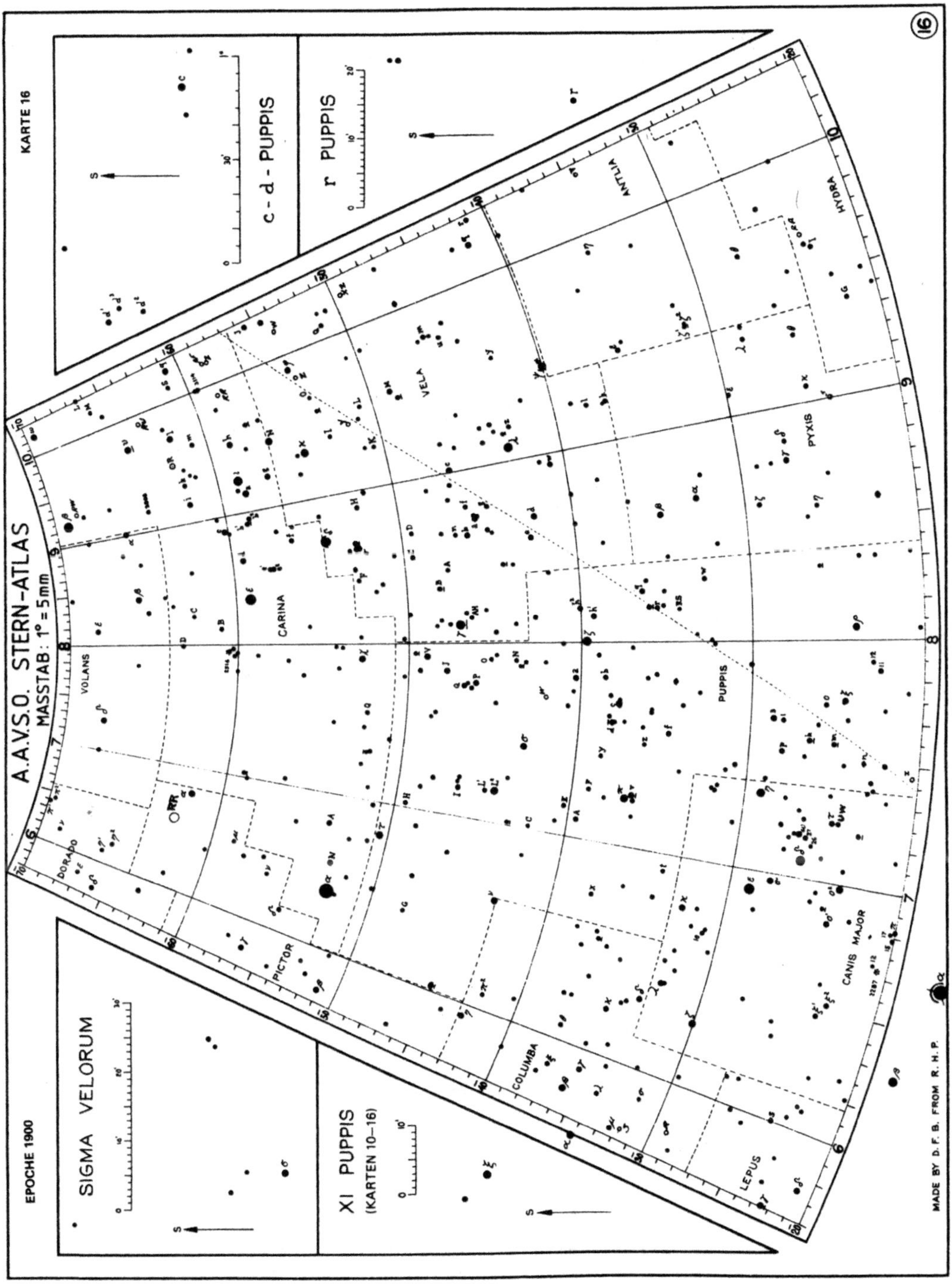
A.A.V.S.O. STERN-ATLAS
MASSTAB: 1° = 5mm
KARTE 16
EPOCHE 1900
16
c - d - PUPPIS
r PUPPIS
SIGMA VELORUM
XI PUPPIS
(KARTEN 10–16)
VOLANS
DORADO
PICTOR
CARINA
VELA
ANTLIA
HYDRA
PYXIS
PUPPIS
COLUMBA
CANIS MAJOR
LEPUS
MADE BY D. F. B. FROM R. H. P.

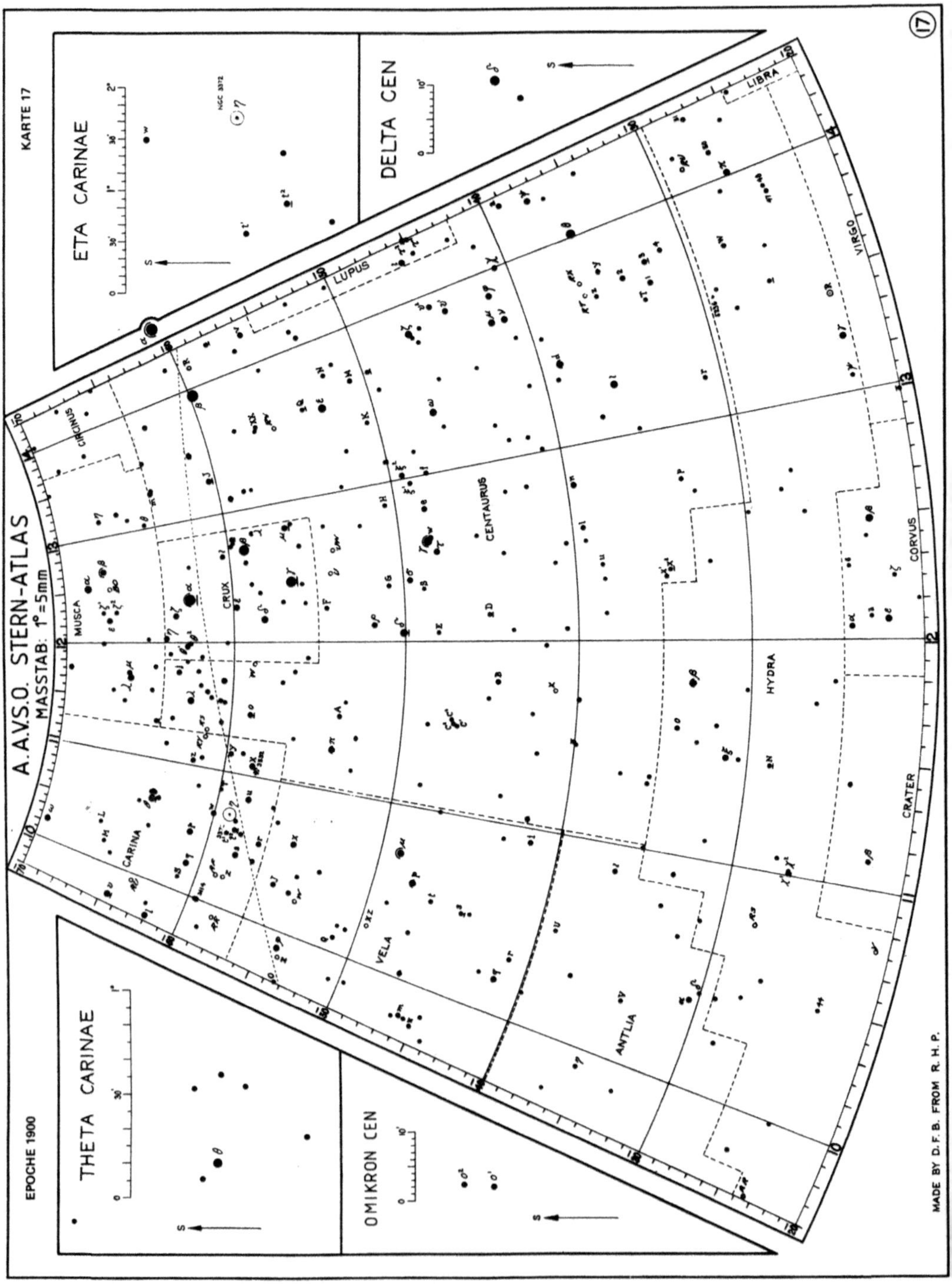
A.A.V.S.O. STERN-ATLAS
MASSTAB: 1°=5mm
KARTE 17
EPOCHE 1900
17
ETA CARINAE
DELTA CEN
THETA CARINAE
OMIKRON CEN
MADE BY D.F.B. FROM R.H.P.
MUSCA
CIRCINUS
CRUX
CARINA
LUPUS
LIBRA
CENTAURUS
VELA
ANTLIA
HYDRA
CRATER
CORVUS
VIRGO

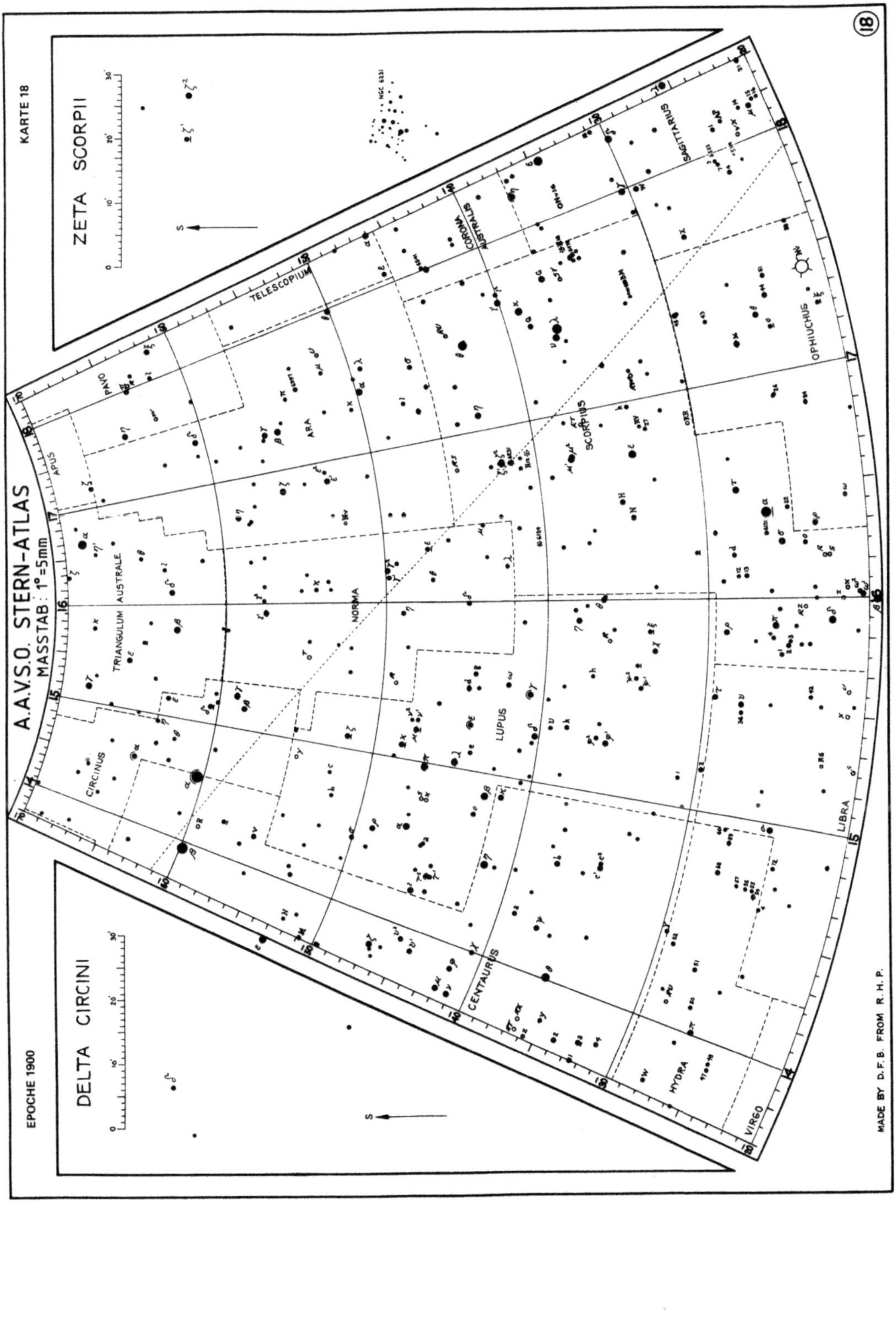

A.A.V.S.O. STERN-ATLAS
MASSTAB: 1°=5mm
KARTE 18
EPOCHE 1900
ZETA SCORPII
DELTA CIRCINI
18
APUS
PAVO
TELESCOPIUM
CORONA AUSTRALIS
SAGITTARIUS
ARA
SCORPIUS
OPHIUCHUS
TRIANGULUM AUSTRALE
NORMA
LUPUS
CIRCINUS
CENTAURUS
LIBRA
HYDRA
VIRGO
NGC 6231
MADE BY D.F.B. FROM R.H.P.

EPOCHE 1900

DATEN HELLER STERNE
(Fortsetzung von Karte 15)

Alpha Lyrae
Hell. 0,14^m; Parallaxe 0,121″;
Entfern. 27 Lichtj.;
Leuchtkr. 52 L$_\odot$;
Durchm. 2,4 D$_\odot$;
Volumen 14 V$_\odot$;
Eigenbew. +0,209″, +0,278″.

Beta Lyrae
Hell. 3,4–4,3^m; Begleiter 6,7^m,
Entf. 46″; A: Bedeckungs-
veränderl., Periode 12,9079954 d,
dreifach; B: spektrosk. Doppelst.;
Parallaxe < 0,001″;
Entf. > 3300 Lichtj.;
Max. Leuchtkr. > 38 000 L$_\odot$;
Eigenbew. (A) +0,008″,
−0,007″.

Alpha Aquilae
Hell. 0,89^m; Parallaxe 0,208″;
Entf. 15,7 Lichtj.;
Leuchtkr. 8,9 L$_\odot$;
Durchm. 1,4 D$_\odot$;
Volumen 2,7 V$_\odot$;
Eigenbew. +0,540″, +0,378″.

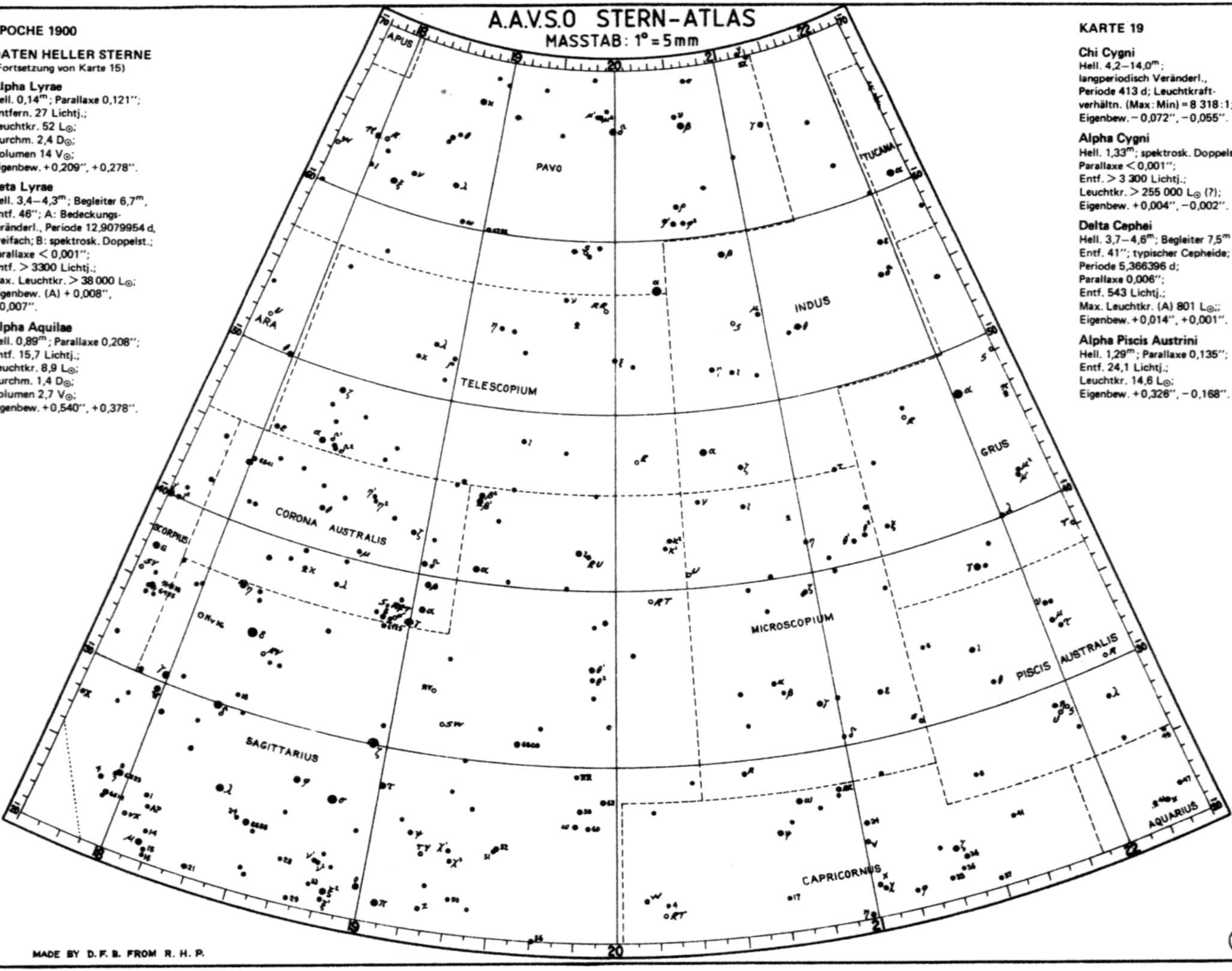

KARTE 19

Chi Cygni
Hell. 4,2–14,0^m;
langperiodisch Veränderl.,
Periode 413 d; Leuchtkraft-
verhältn. (Max : Min) = 8 318 : 1;
Eigenbew. −0,072″, −0,055″.

Alpha Cygni
Hell. 1,33^m; spektrosk. Doppelst.;
Parallaxe < 0,001″;
Entf. > 3 300 Lichtj.;
Leuchtkr. > 255 000 L$_\odot$ (?);
Eigenbew. +0,004″, −0,002″.

Delta Cephei
Hell. 3,7–4,6^m; Begleiter 7,5^m,
Entf. 41″; typischer Cepheide;
Periode 5,366396 d;
Parallaxe 0,006″;
Entf. 543 Lichtj.;
Max. Leuchtkr. (A) 801 L$_\odot$;
Eigenbew. +0,014″, +0,001″.

Alpha Piscis Austrini
Hell. 1,29^m; Parallaxe 0,135″;
Entf. 24,1 Lichtj.;
Leuchtkr. 14,6 L$_\odot$;
Eigenbew. +0,326″, −0,168″.

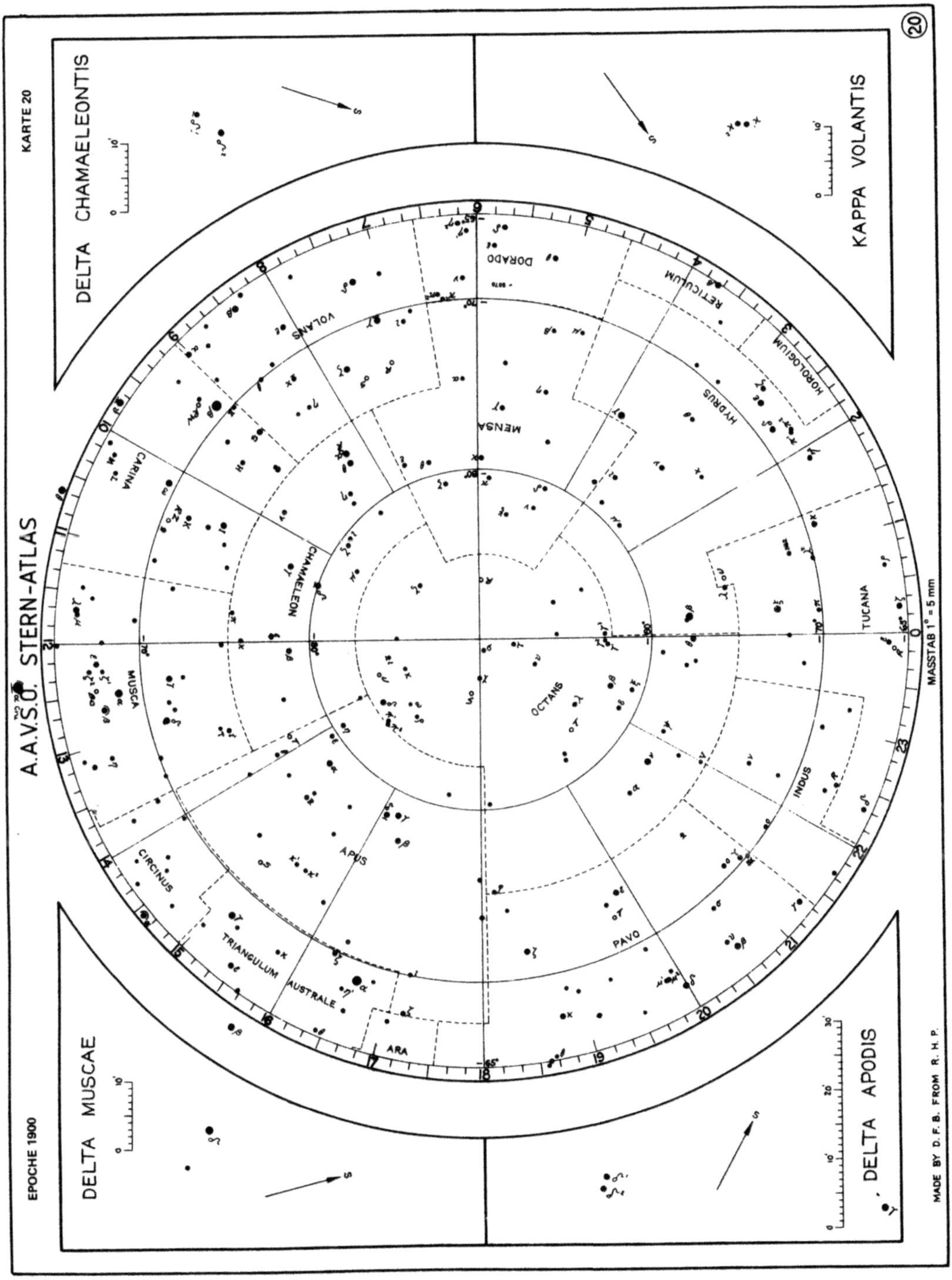
A.A.V.S.O. STERN-ATLAS
KARTE 20
EPOCHE 1900
20
DELTA CHAMAELEONTIS
KAPPA VOLANTIS
DELTA MUSCAE
DELTA APODIS
MASSTAB 1° = 5 mm
MADE BY D. F. B. FROM R. H. P.
DORADO
RETICULUM
HOROLOGIUM
HYDRUS
MENSA
VOLANS
CARINA
CHAMAELEON
MUSCA
OCTANS
TUCANA
INDUS
PAVO
APUS
CIRCINUS
TRIANGULUM AUSTRALE
ARA

Bildquellenverzeichnis

Die folgenden Abbildungen sind aus *Introduction to Astronomy*, 2nd ed., von Cecilia Payne-Gaposchkin und Katherine Haramundanis (Englewood Cliffs: Prentice-Hall; © 1970, 1954 by Prentice-Hall. Inc., Englewood Cliffs, New Jersey): Bilder 1-4, 1-5, 1-6, 2-3, 2-5, 4-14, 5-2, 8-1, 8-13, 8-14, 12-1, 13-3, 14-9, 16-1, 16-4, 16-8, 16-12, 16-13. Abbildungen aus dem *Astrophysical Journal*, veröffentlicht von der University of Chicago Press, © 1946, 1946, 1954, 1956, 1958, 1962, 1973, 1974, 1976 by the American Astronomical Society. Die Abbildungen 3-2 und 5-4 werden reproduziert mit Erlaubnis der University of Chicago Press (© 1963 and © 1943 by the University of Chicago Press). Lola Chaisson, Beryl Langer, and June Wallace fertigten Diagramme und Zeichnungen.

Sachwortverzeichnis

Sternverzeichnis

Sternhaufen- und Nebelverzeichnis

GPSR Compliance

The European Union's (EU) General Product Safety Regulation (GPSR) is a set of rules that requires consumer products to be safe and our obligations to ensure this.

If you have any concerns about our products, you can contact us on ProductSafety@springernature.com

In case Publisher is established outside the EU, the EU authorized representative is:

Springer Nature Customer Service Center GmbH
Europaplatz 3
69115 Heidelberg, Germany

Batch number: 10577896

Printed by Printforce, the Netherlands